U0211234

受 浙江大学文科高水平学术著作出版基金 资助
中央高校基本科研业务费专项基金

神经科学与社会丛书

丛书主编：唐孝威　罗卫东
执行主编：李恒威

脑 的 历 史

从石器时代的外科手术
到现代神经科学

A HISTORY OF
THE BRAIN
from Stone Age Surgery to Modern Neuroscience

［英］ 安得烈·P.威肯斯（Andrew P. Wickens）著

李恒熙 译

ZHEJIANG UNIVERSITY PRESS
浙江大学出版社

· 杭州 ·

图书在版编目（CIP）数据

脑的历史：从石器时代的外科手术到现代神经科学 /
（英）安得烈·P.威肯斯著；李恒熙译. —杭州：浙江
大学出版社，2022.8
（神经科学与社会丛书）
书名原文：A History of the Brain from Stone
Age Surgery to modern neuroscience
ISBN 978-7-308-22182-5

Ⅰ.①脑… Ⅱ.①安… ②李… Ⅲ.①神经科学—科
学史—研究 Ⅳ.①Q189-09

中国版本图书馆 CIP 数据核字（2021）第 274117 号

脑的历史：从石器时代的外科手术到现代神经科学

[英]安得烈·P.威肯斯（Andrew P. Wickens） 著
李恒熙 译

责任编辑	陈佩钰 宁 檬	
责任校对	陈逸行	
封面设计	雷建军	
出版发行	浙江大学出版社	
	（杭州市天目山路 148 号 邮政编码 310007）	
	（网址：http://www.zjupress.com）	
排 版	杭州青翊图文设计有限公司	
印 刷	杭州宏雅印刷有限公司	
开 本	710mm×1000mm 1/16	
印 张	34.75	
字 数	540 千	
版 印 次	2022 年 8 月第 1 版 2022 年 8 月第 1 次印刷	
书 号	ISBN 978-7-308-22182-5	
定 价	128.00 元	

版权所有 翻印必究 印装差错 负责调换

浙江大学出版社市场运营中心联系方式：0571 - 88925591；http://zjdxcbs.tmall.com

前　言

回顾得越远,可能前瞻得越远。

——温斯顿·丘吉尔1944年3月在皇家医学院的演讲

写作本书的想法最初是在 2001 年萌生的,那时我刚写作完一本生物心理学的教科书。在第一章,我尝试对生物心理学这一主题做一个历史概述,突出在脑的理解方面里程碑式的研究和脑的错综复杂的运作方式。这不仅是为了介绍生物心理学,也是对新生的一种鼓励,因为这样的概述会向他们展示何以续写一个伟大神秘的故事,这个故事的起源溯及我们遥远的过去,而它的未来又无远弗届。然而,我知道我对历史方面的了解充其量只是零散的,无论是学院还是大学都没有开设过神经科学史这门课程。和大多数人一样,我是从偶然的学习中逐渐学到知识的。我知道在这些知识中有很多空白,这幅拼图的某些部分是缺失的。对一个严肃看待自己的教育角色的人来说,这让我感到不安,于是我开始到处寻找可以帮助自己拓展知识的书籍。让我吃惊的是,这样的书籍并不多。我读到的第一本著作是斯坦利·芬格(Stanley Finger)的《神经科学的起源》(*Origins of Neuroscience*),这本书配有大量插图,是为专业读者写的大部头著作。虽然并没有逐页阅读,但这本书让我爱不释手。之后,我又发现了芬格的另一本书《神经科学史上的伟大人物》(*Minds Behind the Brain*),这本书是为普通读者撰写的,内容集中在从古埃及到 20 世纪这段漫长历史中重要人物的工作。这本书对我启发很大,因为它表明历史不仅具有教育意义,而且也可以颇为有趣。

正是在这个时刻我突然有了写一本书的念头。我开始想是否有可能通过持续的追溯,叙述从古到今的历史发展过程。不用说,这是一个雄心勃勃的想法,但它让我兴奋不已,因为我知道如果所有的线索都以一种有意义的方式连接起来,那么所呈现的图景会让人们对神经科学的发展形成新的认识。目标已定,我就兴冲冲地扬帆起航,进入一片新的领域,但实际的航程远比我想象中更长。我必须要说,这段时间我把生物心理学教科书的内容更新了两次,生活并不安定,且在一所并不关心撰写通俗但有教育意义的书籍的大学里工作也让我失望透顶。要是当初知道写作这本书要花 10 年的时间,我也许会在设定目标的时候更加小心谨慎。虽然如此,努力也不是没有回报,写作这本书让我感到快乐。

就我们所知,在我们这个小小星球上,人脑是宇宙中唯一有意识、自由意志和能够自我反思的东西。在我们的认识中,它还是宇宙中最复杂的事物,是一个超越它各部分总和的生物机器。要让学生了解这种复杂性是一项挑战。脑的解剖学构成无疑会让人们惊叹不已,它包含着大约 1000 亿或者说 10^{11} 个微小的神经细胞,这个数字大到如果你每秒数一个,也要数 3 万年。每一个神经细胞不仅是一个微小的电脉冲发生器,脉冲会以每小时接近 100 英里的速度运动,而且这个脉冲是在一个系统中运动的,这个系统中的神经纤维的长度达到 15 万公里。在每一个神经纤维的末梢会发生化学事件,神经纤维的末梢也被称为突触,它是脑中真正处理信息的地方。据信,在人脑中有 500 万亿(5×10^{14})个这种微小的连接,数量和地球上的砂粒差不多。就在读着这些字词的时候,你的脑中有多少个神经细胞和突触正在工作,这一点没有人能说得清楚。但是有一点是确定的:在活着的每一个时刻,你的脑中都充满了数十亿个快速移动的电信号,这些信号以各种变化模式令人难以置信地交织在一起,导致脑中充满了形形色色的化学物质。这本书至少有一部分就是想要说明我们是如何获知这些生物学事实的。

然而,所有这些巨大的复杂性并不能解释头颅中像凝固的燕麦粥一样的物质的真正性质。在 1942 年,英国神经生理学家查尔斯·谢灵顿(Charles Sherrington)把人脑比作一台神奇的织布机,它有物理零件,但却配之以非常特殊的、额外的神秘成分,也就是意识。事实上,科学无法调和这两类"事物"。谢灵顿无法想象这台复杂的机械织布机为何会具有意识，而在多年以后，我们仍旧不知道这个问题的答案。可以说，这是我们今天面临的最大的科学谜团，尽管理论上我们应该能够破解这个谜团，因为答案就在我们的脑袋里。解决这个令人费解的谜团至关重要，因为它不仅会最终解释我们是谁，而且还可能给其他的难解之谜，比如灵魂的性质、心身关系问题带来深刻的洞见，甚至也许可以更为深入地理解物理宇宙。

在本书中，我试图描述人类在逐渐理解自己的脑的过程中所走过的道路。我想要呈现一个漫长的冒险之旅，它可以追溯至人类文明的开端，其中，许多伟大的哲学家和科学家殚精竭虑。我相信，这是一个值得讲述的故事，就像任何其他科学领域的故事一样，令人激动，引人入胜。我还要不揣冒昧地说，这是人类第一次尝试对脑的探索过程做出历史性的叙述，就此来说，我觉得可以把这个历史性的叙述称为一个故事，尽管这个叙述的目的在于教育。

撰写一部关于脑的凝练的历史是一项颇具挑战性的任务，实际上，在此之前从未有过这一类的书籍就是明证。比如，要进行这项任务，一个人必须是许多不同领域的专家，这些领域(仅举几例)包括解剖学、生物化学、生理学、药理学、哲学和心理学。如果一个人完全诚实，就会承认或许没有人能够满足要求，或者即使有，也为数甚少。再者说，要把所有这些学科变成一段一致且完整的描述就好像玩魔方一样，是一项挑战。当开始写作这本书的时候，我更大的担忧是，渐渐意识到，历史不仅与确凿的事实有关，更多地涉及重构与解释。然而，要用一种更加简单、更有意义和更可把握的方式来理解复杂的过去，这种加工是必要的。照此说来，对历史的叙述不可避免地反映了作者的偏见、偏好和无知。

所以，有第二条路吗？没有。虽说对历史的叙述不可避免地混合着事实与主观性，但历史是重要的。事实上，如果不将我们的世界置于历史之中，那么要想充分理解它也是很困难的，即使不是不可能。对于人们所关心的任何学术主题来说，概莫能外。在本书的写作中，我力求简单，用一种清晰和不带术语的方式表达想法，因此这本书适合于任何对脑感兴趣的人。不过我也力图严谨，以便为更需要认真思考此问题的学生和教师提供一个有关神经科学史的既有用又内容丰富的导论，因此这本书的完成实在不易。虽说我相信这是一个可以讲述，也值得讲述的故事，但我是否能够胜任这项任务就另当别论。如果这是我力所不逮的，那我希望有其他人能够更上一层楼。无论结果如何，让我聊以自慰的是，我已经为一些事情播下了新的、有价值的种子。

安得烈·P.威肯斯

2014 年 4 月

注释：

1 Finger, S. （1994）. *Origins of Neuroscience*. Oxford：Oxford University Press.

2 Finger, S. （2000）. *Minds Behind the Brain*. Oxford：Oxford University Press.

目　录

1 脑袋还是心脏？古人对灵魂的探索

我们都应当知道，和悲伤、痛苦、焦虑，以及泪水一样，欢乐、愉
快、欢笑，以及开心的源泉都只是脑。

希波克拉底

当然，脑根本不负责任何感觉。正确的观点是，感觉的基础与原
动力都是心脏。

亚里士多德

概　要

本章的大部分内容涉及从大约公元前 3000 年到公元前 5 世纪这段
时期。大约公元前 3000 年，在美索不达米亚和古埃及，西方文明放射出
了第一缕曙光，而在公元前 5 世纪，作为文化中心，雅典的崛起让古希
腊繁荣昌盛。这是本书跨度最长的一段历史，绵延了 2000 多年。令人
好奇的是，那时的人们会用和今天比起来不同的原因来理解他们的行
为。他们相信自己的思想、欲望和行动并不来自脑，而是来自心脏。我
们在古埃及人那里可以清楚地看到这一信念，他们会为来世保存尸体。
制作木乃伊的过程向我们透露了古埃及人是如何看待灵魂的，因为他

们会小心翼翼地保存心脏，把它看作灵魂的尘世行为的储存之所，把它的"良善"看作通向永恒的钥匙。与心脏不同，脑会被一个伸进鼻子的铁钩取出来，直接扔掉。并不是只有古埃及人轻视脑，在整个圣经时代，人们都把心脏看作首要的。实际上，《圣经》从未将脑作为产生行为的原因来提及，但在很多地方都提到了心脏，这是一个发人深省的事实。即使说到用逻辑和理性取代神话和迷信的希腊人，他们也仍旧认为心脏具有心智力量，这一点在他们最早的故事《荷马史诗》中就可以看到。《荷马史诗》中的那些人物常常都被描述为命运的傀儡，被神意和源自心脏的情绪冲动所驱使做出行动。尽管荷马知道脑的存在，但他从未将脑看作产生行为的原因。事实上，在伊奥尼亚哲学家阿尔克迈翁（Alcmaeon）的著作残篇中最早提到脑是理性的所在，而这已经是公元前 5 世纪了。不过，这一观点在希波克拉底（也是公元前 5 世纪）的大量著作中得到了更有力的认可，希波克拉底让读者相信脑赋予了个体全部的心智能力和智能。然而，这个理念并没有被普遍接受。虽然脑的重要性得到了大哲学家柏拉图的支持，但他的学生亚里士多德却无视这一点，继续认为心脏才具有感觉和心智能力。这可能会让现代读者感到费解，但人们一定不要忘了，一直到亚里士多德为止，古希腊人都没有发现神经系统。所以，他们不得不将身体主要的交流部位归于心脏和它的大量血管。这个系统也被看作包含着灵魂（psyche），灵魂是一个精神实体，它赋予一个人活力与生命。

人类心智的出现

人们常说，除非从演化的角度来理解，否则生物学中的一切都没有意义，这一点对于人脑来说也必定是适用的。可以说，人脑是演化旅程中最巨大的成就,这一旅程在地球上开始于 30 亿年到 40 亿年前,那时最简单的生命形式,比如单个细胞,开始出现。在这样久远的时间跨度中,人脑是相对晚近才出现的。事实上,现代人类基本上是两足行走的古人类中的最新成员,而古人类是大约 700 万年前由类似黑猩猩一样的祖先分化而来的。虽然古人类有许多类型,但人们相信通向人类的人科谱系最早是从出现在 300 多万年前的南方古猿阿法种(最著名的例子是"露西")开始的。这些动物大约 4 英尺(1.2 米)高,脑容量大约 450 立方厘米(cc),相对来说较小,和黑猩猩差不多。然而,直立姿势和两足行走让它们可以解放双手,走很长的距离,这一特点可以让它们有非常不同的生活方式。尽管南方古猿阿法种在 100 万年中都没有变化,但在大约 230 万年前的东非,它们演化成了脑部更大的像人类的能人(字面的意思是"手巧的人")。[1]这种类人猿继而又成为其他几种古人类物种的祖先,其中包括直立人(Homo erectus),关于他们的化石记录出现在大约 50 万年以后。直立人的骨骼更强健,也更高,在眼睛的上方有突出的眉脊。不过,这种类人猿最显著的特征也许是他们的脑容量,达到了 1100 cc,几乎是能人的 2 倍。因此,从南方古猿阿法种开始的 200 多万年中,古人类的脑容量增长了几乎 2 倍。

化石记录显示,在大约 60 万年前,一种新的类人猿开始在非洲出现,他们没有能人突出的眉部。相反,他们有一个更高的拱形头盖骨,其中包含的脑的大小和今天的人差不多,达到了 1400 cc。尽管很少有他们遗下骨骼的证据留存下来,但这些生物通常被看作早期智人(Homo spiens,意思是"聪明的人")。就我们所知,他们在大约 20 万年前发展成了现代人类(或者晚期智人)。晚期智人起源于埃塞俄比亚、苏丹、坦桑尼亚和南非,他们的骨架轻巧且身体灵活,对生拇指可以灵活地操纵物体。尽管晚期智人是古人类家族唯一延续下来的分支,但在早期进化的大部分时间里,晚期智人并不孤单。从 15 万年前一直到 3 万年前,尼安德特人[2]广布在上一个冰河期的欧洲,他们身材矮小,体格健壮,肌肉发达。尽管尼安德特人是人科演化树的旁枝,最终灭绝了,但人们对他们有着浓厚的兴趣,主要是因为他们的脑比我们的大,容量达到了 1550 cc。尼安德特人为什么会灭绝还不清楚。最有可能的原因是他们争夺资源的效率比不上智人,尽管近来的遗传学证据表明,他们和人类之间可能还有过某种程度的杂交。

最早的智人善用石器技术,他们制造了各种工具,包括锋利的石刀、轻巧便携的斧子,还有长矛。石器技术帮助智人成为四处游走的熟练猎人和采集者,他们成群结队地迁徙和探索环境,寻找猎物和食物。各种迁徙活动最终促成了智人离开非洲家园,在 6 万年前穿过阿拉伯半岛,到达亚洲和澳大利亚。虽然智人要比他们的祖先更聪明,但有些人类学家已经指出,这些最初的人类并没有在行为上表现出与他们的祖先有任何明显的不同,他们没有将技术诉诸任何全新的用途。但是在大约 4 万年前的石器时代晚期,这种情况在一次文化变迁中突然发生了变化,有些人将其称为"心智大爆炸"。在欧洲可以发现这一变化的最早证据,它们来自那些生活在法国和西班牙北部山洞里的被称为"克罗马农人"的行为。[3] 突然之间,这些早期的人类开始建造栖身之处和简易的住所,用火照明和取暖,加工熟食,建立稳固的居住地。克罗马农人还用骨头、象牙和鹿角制造工具,穿着装饰有珠子和扣子的毛皮衣服。他们带着雕刻的护身符、项链和手镯,这增加了他们的时尚气息。克罗马农人还是最早创造艺术的人,他们创作的山洞壁画描绘了马、猛犸象、驯鹿还有其他哺乳动物。他们的艺术天赋甚至还包括音乐,他们用骨头制造了像笛子一样的乐器。对于为什么会出现这样的变化,在人类学家之间有着巨大的争议,有些人认为这意味着人类思维突然出现了一次重大进步,[4] 原因也许是社会压力,或者是因为语言的发展激发了新的思想过程,而另一些人则将其看作渐进出现的事物。无论原因是什么,有一点是清楚的:从我们的祖先开始出现了一种非常特殊的东西——一种和今天的我们非常相似的生物出现了。

旧石器时代晚期的人还有另一个显著的变化:他们埋葬死者,而且还用各种各样的私人物品陪葬,比如项链、手镯、狩猎用的武器和动物骨头。早期的人类也常常不辞辛劳地安置尸体,小心翼翼地摆放墓穴边的石头。尽管大约 10 万年前的尼安德特人也会把死者埋葬在浅坑里,而且偶尔还会有简单的陪葬品,但他们的安葬和仪式却不像智人那样复杂。智人的葬礼常常用到赭石(一种氧化铁,加热时会变成颜料),它可以将墓穴里陪葬动物的骨头染成红色。这样的做法表明我们的智人祖先把这种颜料与死亡联系起来,在象征性的葬礼仪式中采用这种做法是心智的一次重要飞跃。埋葬死者是在行为上极具启发意义的变化,因为它表明,我们最早的信念之一就是相信有一个超越了尘世感官的精神性存在,相信灵魂会在个体死亡以后离开,这个信念大概出现在 2.7 万年到 2.3 万年前。换句话说,人开始向世界提问,开始意识到自己的存在。这可以说是意识在人脑中出现的最早证据。

对来生的思索是人类旅程中的一个关键转折点,因为它必定包含着某种精神信念,鼓励人们去觉知终有一死的事实,而对一个人在更为深远的存在图景中的位置的困惑又导向了宗教实践。早期的人类一定注意到死者停止了呼吸,也一定意识到呼吸[后来,在古希腊的著作中,呼吸变成了灵魂或普纽玛(pneuma)]对于生命至关重要。这就不可避免地促使人们相信存在两个世界:一个是人们在其中生活的、物理的、实在的世界;另一个则是非物质的、精神的世界。只需要一小步就可以从这个信念中得到结论:生物和非生物有着根本的不同,因为生物包含着某种非物质的元素或者精神力量为它们提供生命与活力。[5]采纳这样的信念会带来一些深远的后果,其中之一是相信万物有灵论,按照这种认识,诸如动物、植物、岩石、雷电等都被灌注了一种生命的气息。另一个后果是相信身体和精神是独立存在的实体。这一点成为世界上所有伟大宗教的中心信条,而且还提供了这样一个观点:精神性的心智和物理性的身体之间存在差异。虽然这个观点非常古老,但仍旧强烈地影响着我们如今思考自己的方式。事实上,有些人,其中也包括一些卓越的科学家,仍旧相信人脑大于其生物成分的总和,并受制于一种精神力量。

石器时代的外科手术:环钻术

旧石器时代晚期开始于 5 万年前的欧洲,一直延续到新石器时代,新石器时代的时间跨度大概是从公元前 10000—前 1800 年。[6] 在从旧石器时代到新石器时代这段时间,人类运用他们的智能发展农业实践,种植农作物,养殖动物。他们打磨石器,发明了陶器,而且建立了小型定居点,这些都是创造性行为的体现。然而,在这一时期,还出现了另一件完全出乎意料的事,它显示了早期人类心智的创造性:人类头盖骨上最初的穿孔是用专门的石器通过外科手术完成的。所以说新石器时代的人用刮刀和尖锐的工具做了被称为环钻术(trepanation,这个词来自希腊语 trypanon,意思是"钻孔")的手术,这是已知人类进行的最早的外科手术。

19 世纪 30 年代,人们在秘鲁的印加墓地发现了第一块被钻孔的头盖骨。美国外交官伊福瑞·乔治·斯奎尔(Ephraom George Squier)得到了这块头盖骨。1865 年,他把这块头盖骨送给了纽约医学协会(见图 1.1)。1867 年,这块头盖骨被带到巴黎,交给了建立世界上第一个人类学协会的保罗·布洛卡(Paul Broca)来检查。让布洛卡大吃一惊的是,头盖骨上的孔明显是由专门的切割工具造成的,这可不是简单的外科手术。布洛卡以前从没想过那些他眼中的"原始人"能够做这种手术。这块头盖骨鼓励了其他人在法国寻找类似的骨头。不出几年,布洛卡的同事普吕尼埃博士(Dr Prunières)就在新石器时代的埋葬地点挖掘出了不少更古老的有孔头盖骨。这些被发现的有孔头盖骨是最早一批显示伤口周围的骨头还会再生的头盖骨,这表明在手术之后,患者还活了几个月甚至几年。在许多墓穴中,和这些头盖骨一起的还有一些更小的被处理过的椭圆形头盖骨,它们都有钻孔,被称为圆切片(rondelles)。这些切片就像现代的坠饰一样,是戴在脖子上的,明显做装饰之用。

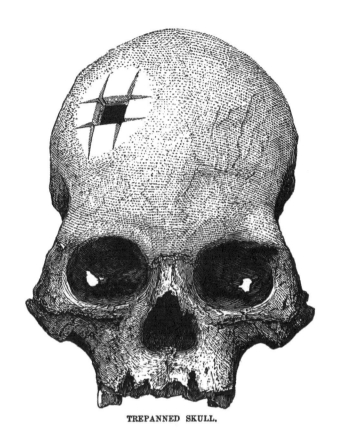

TREPANNED SKULL.

图 1.1 秘鲁的这块头盖骨是展示环钻术的证据。这块头盖骨由伊福瑞·乔治·斯奎尔在 1865 年送给了纽约医学协会，后来又交给了保罗·布洛卡。实际上，这块头盖骨距今并不远，大约在公元前 1400—1530 年。它目前被收藏在纽约自然历史博物馆。

来源：斯奎尔，1877，第 457 页。

起初，人们对这些头盖骨的质疑不断，尤其是因为环钻术是当时医院 6 运用的一项死亡率很高的手术技术。但是随着发现的头盖骨越来越多，也许对新石器时代的外科医生来说，环钻术是一项可行的手术，也就没有什么可怀疑的了。而且，古生物学家也开始意识到在头盖骨上钻孔是可以很快完成的。实际上，布洛卡亲自验证了这一点，只要花 4 分钟就可以在一个夭折的 2 岁孩子的头盖骨上钻一个孔，尽管在更厚的成人头盖骨上钻孔要花 50 分钟。布洛卡还在活着的狗身上进行了环钻术，结果表明，要避免损伤脑的保护性硬膜和表面也没有那么难。事实上，我们如今知道，环钻术在新石器时代的欧洲普遍存在，而且令人惊讶的是，在某些地方它还很平常。在法国、西班牙、丹麦、德国、英格兰、意大利、俄罗斯和巴尔干地区都发现了这样的头盖骨，其中法国最多。虽然大多数头盖骨都是通过估计墓地的年代来确定出现时间的，但也有少数头盖骨是通过放射性碳来测定时间的。这些研究表明，有些在乌克兰出土的头盖骨，时间大概在公元前 7300—前 6200 年，而在法国出土的时间大概在公元前 5100 年—前 4900 年。不过绝大多数环钻术出现的时间是在公元前 3000—前 2000 年（见图 1.2）。有趣的是，最早的环钻术可以追溯到大约公元前 1 万年，地点在北非和中东，这表明环钻术并不源自欧洲。

7

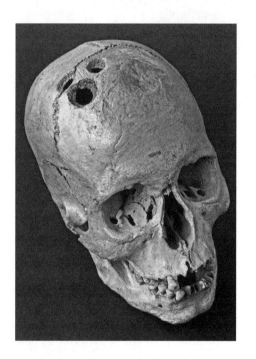

图 1.2 一具来自巴勒斯坦杰里科的青铜时代的头盖骨，年代在公元前 2200—前 2000 年。

来源：伦敦威尔克姆图书馆。

在不同时期和不同地点，用来实施环钻术的工具也不相同。在最古老的遗址出土的头盖骨曾被尖锐的石器刮过，当时的人会用手来清除骨屑。但是随着时间的推移，技术也更为先进，比如用边缘锋利的工具开槽、钻孔和切削。尽管工具粗糙,但是外科医生还是常常能够在头盖骨上开出边缘倾斜的孔,这有助于他们在手术中安全地清除碎屑。在绝大多数新石器时代的环钻术中,头盖骨上的孔都是圆形或椭圆形的,直径有几厘米。但其中有一例,孔的大小达到了 13 厘米×10 厘米,几乎是除去了整个颅骨的左半边。环钻术中的开孔也主要出现在头盖骨的左侧,位于前后轴(frontal and posterior axis)之间。虽然最为常见的是头盖骨上只有一个开孔,但也发现了几次手术造成多个开孔的例子。做这些手术的新石器时代的外科医生一定都技艺不凡。要知道,切开头皮暴露出头盖骨的表面是一个痛苦的过程,手术是非常具有挑战性的,在没有有效麻醉剂的情况下更是如此。在手术过程中,外科医生也绝对不能伤及有着丰富血管的脑表面,因为血管一旦破裂,将会造成无法控制的出血和死亡。脑就在颅顶下几毫米的地方,手术时动作必须小心翼翼。除此之外,由于开放性的伤口极易感染,患者必须进行某种形式的术后护理。尽管我们并不确定新石器时代的外科医生是如何看待脑的,但他们一定认识到了脑对于生命的重要性。尽管手术有明显的危险性,但据估计,有 50%～90% 的患者在环钻术之后活了下来,其中有些康复时间较长。

　　我们只能推测,新石器时代的人为什么要大费周折进行这种既痛苦又危险的手术。在布洛卡看来,环钻术最有可能是为了清除头脑中的邪灵,这种观点得到了事实的支持,今天在某些地区(例如非洲和波利尼西亚),人们还会出于大致相同的考虑做原始的手术。布洛卡还提出了一个假说:大多数实施环钻术的患者是罹患婴儿痉挛症的婴儿,新石器时代的医生最有可能把这种症状解释成恶魔附体的结果。维多利亚时代的英国神经外科医生维克多·霍斯利(Victor Horsley)不反对布洛卡的观点,不过他认为环钻术更有可能是用来治疗颅骨凹陷性骨折造成的惊厥。实施环钻术的确切原因我们不太可能知道了。然而,作为一项外科手术,环钻术从未退出历史,人们因为各种原因实施这项手术,其中包括治疗疯癫、低能、道德堕落、头痛,清除异物,以及释放压力、空气、水蒸气和体液。

8

记载最早的脑病：癫痫

如果有什么能区别史前和古代，那一定是文字的发明。虽然书写起源自古代世界的不同文化，但最早可以追溯到大约公元前 3300 年的美索不达米亚和埃及。在此之前，唯一有意义的沟通形式（也许艺术是个例外）就是口头交流，它是一种传递知识的高度主观的媒介。随着书写的出现，一切都变了，它能够将信息记录下来，并让人进行细致的检查。最为重要的是，它鼓励怀疑主义，并推动新型理智活动的发展。例如，在早期的巴比伦我们就能看到这种进展，在那里，书写的发明让巴比伦人可以进行详细的天象观测记录，这些信息是绝对无法用口头语言精确表达的。结果，人们记录了恒星和行星的运动轨迹，并预测它们未来的位置。不过，像我们今天所知的这种书写的发展是非常缓慢的，花了大约 3000 年才完全出现。最早的书写形式是简单的象形文字，例如用麦穗代表谷物，刻在湿泥板上。在公元前 3000 年，埃及人不再使用这种类型的文字，他们转而在纸莎草芦苇上刻下记号，这就产生了卷轴手稿。随着时间的推移，象形文字的使用也变得更加完善了，一些符号就代表了一个词语的实际发音，这不仅导致出现了字母书写，而且也使人类言语的要素得以表现出来。最终，在公元前 800 年左右，一套完整的字母书写形式在希腊出现了，它使用不同的记号代表辅音和元音。这构成了拉丁语、英语和其他大多数如今在用的现代书写语言的基础。对于奠定西方后来的哲学与科学的根基来说，这一发展至关重要。

书写的进一步好处是，可以制定成文的法律法规，并对大面积的土地实施司法管理。创建巴比伦城邦的巴比伦国王汉谟拉比（公元前 1792—前1750 年）制定了最早的一套法律。汉谟拉比将法律条文铭刻在一根巨大的石柱上，并将这根石柱矗立在西帕尔城内，将法律公之于众。这根石柱目前收藏在巴黎的卢浮宫，上面列出了 282 条法律，其中最著名的一条是"谁让别人的眼睛失明，谁就要付出自己失明的代价"（我们如今说的"以眼还眼，以牙还牙"就出自这里，这个说法在《圣经》中也得到重申）。另一条有趣的法律规定是：要是奴隶在被卖出的一个月内出现了"本努"（bennu）病，他们可以被退还给卖家，而钱也要返给买家。尽管对此有不同的解释，但研究古巴比伦的历史学家马丁·斯多尔（Marten Stol）提出了一个强有力的观点："本努"是神祇突然附身在一个人身上才会出现的症状。用今天的话来说，"本努"指的就是一种癫痫，这种癫痫最可能是由于绦虫的幼虫感染（囊尾幼虫病）引发的，在当时这种病很普遍。如果是这样，癫痫就成了最早见之于记录的脑部疾病了。

古埃及人的脑

对许多人来说，古埃及是早期文明世界中最有趣的地方，这不仅是因为它有丰富的考古宝藏，而且还因为古埃及人用象形文字所记录的事情让我们可以理解他们的世界观和信念。古埃及也有着悠久而迷人的历史，这段历史从大约公元前 3100 年美尼斯成为第一任法老统治尼罗河水泛滥的土地开始，经过了大约 3000 年的时间。从美尼斯开始，古埃及延续了 30 个王朝。经过数百位国君的统治，古埃及创造了极其复杂的文明，一直到公元前 332 年被亚历山大大帝征服。古埃及人也将自己视为神的子民，宗教是社会生活的中心，法老被当作神来崇拜，他们由此生活在一个超自然与自然紧密纠缠在一起的世界里。然而，古埃及人最显著的信念是关于来世的，巨大的金字塔群和那些令人眼花缭乱的墓葬遗迹就是最好的写照。

古埃及人相信，要想成功地抵达下一个世界就必须保存好尸体，这样，在审判日到来之前，灵魂才有一个安全的寄居之所。在早王朝时期，这一点是通过将尸体保存在浸透了树脂的亚麻层中做到的。到了中王国时期（公元前 2040—前 1675 年），保存尸体的做法更加精细，各种器官被从身体中取出，留下要被干化处理和用布包起来的空腔。然后尸体被包裹起来，戴上面具，放置在木制的棺材里，这些工作要由训练极为有素的技师团队完成。在这个过程中古埃及人对待身体各个部位的方式让我们洞悉了他们的信念。到目前为止，要保存的最为重要的身体器官是心脏，它总是被小心翼翼地放回木乃伊中。古埃及人之所以这样做,一部分是因为心脏代表了一个人的自我,而且还因为心脏被视作掌握着通向永生的钥匙,阿努比斯神(Anubis)会在一个特殊的仪式中称量心脏,以决定它的善恶。如果称量的心脏罪恶深重,它就会被叫作阿米特(Ammit)的怪物吃掉;而如果它比代表真理与正义的女神马特(Ma'at)的羽毛还轻,这个人就会去往精神的世界。肠子、肺、肝还有胃也被认为是很重要的,会被进行防腐处理,储存在紧挨着木乃伊的一个放置内脏的罐子(canopic jar)中。所有这些崇敬行为与对脑的处理形成了截然的反差:技师们会用一个铁钩穿过鼻孔将脑取出,然后直接扔掉![7]就我们所知,除了把脑看作一个囊室,能将黏液或鼻涕运送到鼻子之外,古埃及人基本没把脑当回事儿。

　　古埃及人留下的文字,尤其是装饰墓穴墙壁的文字清楚地表明,他们不仅认为心脏储藏着灵魂的尘世行为,而且他们还赋予心脏思考、推理和情感的力量。这也是当时其他古人的观点,包括美索不达米亚人,他们认为肝脏具有类似灵魂的性质。之所以这样看,可能是受到了如下事实的影响:肝脏是身体中最大的器官,负载着丰富的血液。心脏的首要地位在圣经时代依旧保持着。实际上,在旧约被翻译成希腊文的时候(时间在公元前2世纪),人们大都认为人的智力和情感存在于心脏而不是脑中。事实上,在《圣经》中并未提及脑,但却在数以百计的地方提到了心。[8]人们很容易把古人的观点看作长久迷信和相信魔法的结果而弃之不顾,不过我们不要忘记古埃及人尤其以医术高超而著称,即使后来的古希腊人也这样看。[9]然而,他们的医学知识并没有妨碍他们不在乎脑的重要性。这也情有可原,因为有几个因素会对人们的看法造成强有力的影响,其中包括心脏位于身体的中央,它的热性(这是生命的确切标记),以及它和众多血管相连,这是唯一已知的连通身体各个部位的方式。[10]

有关脑的最早记录

　　古埃及人也留下了最早提到脑的文字。这些文字被记录在一部叫作

《艾德温·史密斯纸草文稿》(*Edwin Smith Papyrus*)的医学作品中。这部作品由一个名叫埃德温·史密斯(Edwin Smith)的美国人在 1862 年从卢克索购得,詹姆士·亨利·布莱斯提德(James Henry Brested)在 19 世纪 20 年代将其译为英文。虽然人们认为这部作品大致成书于公元前 1700 年,但有可能它是一部更古老文本的抄本,可能是军队外科医生使用的手册,时间可以追溯到大约公元前 3000 年。这部纸莎草作品卷轴展开的长度超过了 15 英尺,上面描述了 48 种头颅损伤以及对治疗和外科干预的建议。第一次提到脑是在开头的地方(案例 6),它由一个 4 部分构成的象形文字表示,这 4 个部分分别是"秃鹫""芦苇""折叠的布"和表示"小"的后缀(见图 1.3)。尽管它们都是图画的形式,但这些象形文字的前 3 个实际上都是可以发出声音的音素,人们相信它们读起来就像"阿——依——斯"。这个象形文字也可以译作"颅骨—废料"或者"颅骨—骨髓"。有趣的是,我们现在使用的"brain"(脑)这个词也有一个类似的来历,人们认为它来自古英语词(1000年)"braegen",而这个词似乎与更古老的法语词"bran"有关,这个法语词的意思是垃圾。[11]

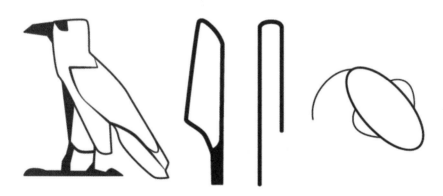

图 1.3 《艾德温·史密斯纸草文稿》中显示的脑的象形文字(布雷斯特 1930,卷 1,板块 IIA)。

来源:http://Wikepedia.org/wiki/file:Hieroglyphic-brain.jpg.

《艾德温·史密斯纸草文稿》对脑还有另一种描述,在这种描述中,脑看上去就好像熔化的铜的波纹,当暴露出来的时候,它会"颤动"。这显然可能与颅骨的开放性伤口有关,通过这种伤口,可以看到表面血管的搏动。《艾德温·史密斯纸草文稿》还提到一层覆盖着脑的东西(也就是脑膜)和脑膜下的液体,这也许指的就是脑脊液。作者似乎也了解脑的一些功能,因为他们描述了头部损伤的后果,包括异常的眼动、麻痹和失语症。《艾德温·史密斯纸草文稿》还提到,如果把手指伸进伤口,伤者就会剧烈地颤动。然而,一个有趣的事实是,"脑"这个词在已知古埃及的历史记载中只出现了8次,其中有6次来自《艾德温·史密斯纸草文稿》。如果有必要的话,这一点进一步表明,古埃及人并不认为脑在产生行为上有什么重要性。

荷马时代对行为原因的理解

当古埃及衰落的时候,古希腊开始在克里特岛崛起,时间在公元前1900—前1450年。尽管在克里特岛上有宏伟的城镇,但这个文明在公元前800年左右神秘地消失了,取而代之的是大陆上的定居点。这个新的希腊世界由大约300个城邦组成,包括南意大利与爱琴海和黑海沿岸的殖民地。在这一时期,先进的希腊文化开始形成,它鼓励读写和学习。《伊利亚特》(*Ilid*)和《奥德赛》(*Odssey*)这两部著名史诗就在这一时期创作而成,它们有可能是在公元前9世纪和公元前8世纪由荷马构思的,然后一直口头流传,直到公元前400年左右辑录成书。《伊利亚特》和《奥德赛》取材于特洛伊战争,讲述了奥德修斯、阿基里斯和赫克托耳这些古希腊英雄的冒险故事。这些英雄也有许多人类的弱点,不得不在一个充满着神话和魔法的世界生存,应对各种挑战。这些似真似幻的故事有一些可怕阴森,让人毛骨悚然,一直到今天,还为学生们津津乐道,延续着2500年未曾中断的希腊教育,但人们或许常常都忽略了《荷马史诗》所透露出的信息,这些信息揭示了在西方文明的第一次困境中,古希腊人是如何理解他们自己的。

即使是粗略地阅读《荷马史诗》也不难发现,自我是由许多不同的精神因素(agents)和力量构成的,其中之一就是灵魂。从词源上说,这个词与psychēin有关,它的意思是呼吸,特别意指让人活着的那种攸关生死的生命力量。这种力量在死后会离开身体。例如荷马描述道，它会从四肢飞走，通过嘴和胸部的伤口离开身体。这种力量似乎是不朽的，就像赫克托耳临死的时候对阿基里斯说的那样，"他的心灵离开四肢，飞往冥府（Hades）"。然而，奇怪的是，灵魂没有任何理智功能。相反，荷马把心智能力赋予了其他几种位于胸部的灵魂形式。其中最重要的也许是血气（thymos）（仅在《伊利亚特》一书中，血气就被提及了 400 多次），它位于横膈膜，是从热血中散发出的空气与水蒸气的混合物。对血气最好的描述也许是，它是情绪的源头，人们因为它的驱使而行动。比如，友谊、喜悦、悲伤、忧郁和仇恨都源自血气，就像阿喀琉斯愤怒时被看到的样子："他英勇的血气唤醒了他。"不过，血气也能够引起理性的行动，就好像奥德修斯问道："但是为什么我的血气会考虑这个？"

　　在灵魂中，与理智最为相像的是努斯（noos，"nous"这个词就来源于此）。例如，因为狡猾与聪明闻名的奥德修斯就被认为他的努斯胜过了所有凡人。努斯还用来指为行动做计划或者洞悉事情的真相。然而虽说努斯具有理智的本性，但荷马仍旧将其置于胸部。实际上，在荷马的作品中，他并没有将脑看成产生行为的原因而赋予它明显的重要性。与此相反，荷马始终认为胸部才是对生活中那些喜悦、悲伤和各种挑战做出反应的地方。要想理解荷马对人的行动的看法是很难的，因为即使有，他似乎也并不怎么看重像反省或自我觉知这样的自我决定的心智过程。在他眼里，人是被命运摆布的木偶，至多就是同时根据神意和人性的冲动来解释人的行为。例如，当狄奥米德斯报告说阿基里斯要重返战场的时候，我们就能看到这双重力量，"他的心吩咐他，他的神驱使他"。但是，在大多数情况下，个体的心智状态是由他无法控制的外部力量塑造的。

　　这种缺乏自我决定的状况让有些专家感到困扰，他们甚至因此主张早期希腊人的心智并没有觉醒或者说没有任何其他形式的、有组织的意识存在。例如学者布鲁诺·斯奈尔（Bruno Snell）认为，只是在荷马之后，人们才开始在写作中显示出他们是自己心智状态的"主人"。在此之前，希腊人将他们的行动归因于外部力量。美国心理学家朱利安·捷恩斯（Julian

12

Jaynes)甚至走得更远,他认为,以我们现代的标准看来,在公元前1200年以前,所有的人类都是前意识的(preconscious)。捷恩斯主张,古人就像一个精神分裂症患者,只是听到神的声音告诉他该做什么,而不是自我决定。因此,根据捷恩斯的说法,古代的人们没有对意识的意识(awareness of awareness),甚至没有自我意志感,他们相信自己是被神的力量控制的。他声称,这是由于在控制行为上,占据主导地位的是脑的右半球,而不是调控语言的左半球。[12]然而,这是一个极具争议的理论。在《上帝错觉》(*The God Delusion*)一书中,理查德·道金斯(Richard Dawkins)甚至说它要么完全是一派胡言,要么是完美天才的杰作。尽管如此,我们至少应该考虑这样一种可能性,即古人的思维很可能与我们今天的思维不同,从而导致他们用不同的理由来解释他们的行为。如果是这样的话,这可能是导致将心脏而不是脑视为人类行为驱动力的另一个因素。

就本书来说,我们要注意到,《伊利亚特》和《奥德赛》用到的许多词已经成为现代词汇的一部分,其中也包括那些描述身体不同部位的词。事实上,荷马用到的词语中,有150多个与解剖学有关,而其中与脑有关的只有3个。它们是:(1)enkephalos,字面意思是我们头内部的物质(即脑),它是词语encephalon(脑髓)和cerebrum(大脑)的来源;(2)muelos指的是脊柱内的骨髓,髓质一词就来自这个词;(3)sinew指韧带或肌腱。虽然它似乎与脑没有任何明显的关系,但由于neuron(神经细胞)这个词来源于它,它还是和神经系统有关联的。

作为感觉器官的脑:克罗托纳的阿尔克迈翁

古希腊人抛弃了用诸神和神话来解释他们的世界,转而通过理性来分析人类经验,这是人类历史进程中最深刻的转变之一,这种新方向的端倪可以在公元前6世纪居住在爱奥尼亚(现在位于西土耳其)米利都城的一小群思想家的教导中看到。在公元前6世纪,米利都城是一个大型港口,位于几条重要的海上贸易路线的交汇点,这使爱奥尼亚人能够了解各种各样的人和新思想。他们的文化修养很高,而学习、探索和商业活动这种令人兴奋的混合又鼓励他们提出新的问题,寻求理性的答案。这在泰勒斯(公元前 652—前 548 年)的著作中表现得很清楚。泰勒斯发现了许多新的数学定律,解释了星座如何用于导航,并预测了日食。他还扩展了荷马的灵魂概念,将其看成是在宇宙星辰中运动的生命力,而这样的想法似乎是他在思考磁石的吸力时获得的!其他爱奥尼亚哲学家包括绘制了第一张世界地图的阿那克西曼德,以及意识到普纽玛(古希腊哲学用以指"气")对生命至关重要的阿那克西美尼。

在接下来的两个世纪里,爱奥尼亚人对哲学的兴趣也扩展到了其他地方,这段时期因此而成为理智进步的一个非常显著的时期,出现了许多重要的哲学家,包括著名的数学家毕达哥拉斯(公元前 570—前 500 年),他把灵魂与理性和思维联系起来;恩培多克勒(公元前 500—前 430 年),他提出了土、气、火和水这四种基本元素;以及德谟克利特(公元前 460—前 370 年),他认为世界是由被称为原子的微小粒子组成的。值得注意的是,所有这些伟大的思想家仍然继续信奉将心脏视为身体最重要的推理器官的传统。事实上,恩培多克勒是第一个提出血管携带的普纽玛可在周身运行的人,他似乎相信围绕着心脏的血液是人灵魂的所在地,也是思想和推理的源泉,他甚至说智慧取决于血液的组成方式。

然而,大胆地承认脑具有心智能力只是时间问题。第一个实现这种巨大飞跃的哲学家似乎是阿尔克迈翁(Alcmaeon,约公元前 510—前 440 年)。阿尔克迈翁出生在克罗托纳(Crotona,现在意大利南部的卡拉布里亚),有关他的信息很少,只知道他写了几部重要的著作,但没有一部流传下来。因此,我们要依靠别人来了解他的工作。这其中最重要的是泰奥弗拉斯图斯(Theophrastus),[13]他告诉我们阿尔克迈翁是第一个通过解剖动物来研究解剖学的人。在这一过程中,阿尔克迈翁发现了两条从眼睛后部通往脑的通道,我们今天将其称为视神经。根据这个简单的观察,阿尔克迈翁还假设耳朵、鼻子和舌头也有类似的通道,被称为多孔管。这一工作让阿尔克迈翁宣称"所有的感觉都与脑相连"。这是一个大胆的观点,而阿尔克迈翁是通过注意到脑的"运动"(可能与头部受伤或脑震荡有关)会造成感觉丧失来支持这一观点的。另一位评论阿尔克迈翁的评论家是生活在同一时

13

期的阿伊提乌斯(Aetius)。他甚至比泰奥弗拉斯图斯更进一步,将"智慧的支配能力在脑中"的说法也归于阿尔克迈翁。如果泰奥弗拉斯图斯和阿伊提乌斯是正确的,那么阿尔克迈翁的洞察力标志着人类对自身认识的革命性转变。一些现代评论家甚至说阿尔克迈翁的成就可以与哥白尼和达尔文相媲美。[14]

希波克拉底与脑

在脑在心智过程中的作用这方面,我们只有有关阿尔克迈翁准确说法的二手材料,但对于现代医学之父希波克拉底(公元前 460—前 370 年)来说,在这方面就没有什么不确定了。作为一个历史人物,希波克拉底也成了一个神话(见图 1.4)。比起古代的其他任何人,希波克拉底都更能将医学实践从神秘主义和迷信中解放出来,取而代之的是这样一种观点:健康是一个可以经由观察和推理来理解的物理过程。希波克拉底在希腊的科斯岛出生、长大,他从父亲那里学习医学,并创办了一所学校,为所有学生提供教育,无论贫富。他生前备受尊崇,死后,他的作品被亚历山大图书馆的学者们收集起来,形成了一整套著作,被称为《希波克拉底文集》(*Corpus Hippocraticum*)。这本著作的编纂引发了许多猜测,因为现在人们都知道它的大部分内容不是希波克拉底自己写的,而是他的许多学生和追随者写的。其中包含了大约 70 篇涉及广泛医学问题的作品,其中包括书籍、讲座、论文和临床笔记,强调了希波克拉底的许多信念和实践。例如,体液疾病理论,它将疾病解释为四种体液(血液、痰液、黄胆汁和黑胆汁)的不平衡;基于全面观察做出诊断的重要性以及医患之间的伦理关系,这些被浓缩在如今的医生都要践行的希波克拉底誓言中。

14

图 1.4　大英博物馆展出的希波克拉底半身像,据信是公元前 2 世纪或公元前 3 世纪罗马人的仿制品。

来源:伦敦威尔克姆图书馆。

在《希波克拉底文集》中提到脑的地方比比皆是,其中最著名的是出现在治疗癫痫的《论圣病》(*On the Sacred Disease*)一书中。在那个时候,癫痫基本被看作恶魔附体的一种表现,是对某些罪孽的神圣惩罚(因此才叫"圣病")。希波克拉底不遗余力地驳斥了这一观点,他指出,这种恶魔附体的看法与巫医、信念治疗师、庸医和江湖骗子有关。与此相反,他用令人信服的案例表明,癫痫是一种脑部疾病,是由于过多的黏液阻碍了空气流过血管,此时只有通过突然而猛烈的癫痫发作才能解决空气受阻问题。更为重要的是,《论圣病》的第一部分就以最清楚的方式告诉读者,我们所有的心智活动,包括智力与疯癫,皆是由脑引起的。下面的这段引文是对这个如今人们

15

习以为常的简单事实最早也最直截了当的断言：

> 我们都应当知道，和悲伤、痛苦、焦虑，以及泪水一样，欢乐、愉快、欢笑，以及开心的源泉都只是脑。脑是一个特别的器官，它让我们能够思考、看、听，让我们能够辨别美丑、善恶、悲喜……它也是我们疯癫与谵妄的温床，是害怕与恐惧的源头……脑是我们失眠、梦游、幻想、遗忘和有各种怪癖的原因。只要脑还完好，一个人的心智就是健全的。[15]

这一段话描述了脑在感官知觉、判断和情绪中的作用，以及脑和心智紊乱之间的联系，它如此连贯，听起来又很现代，不可能不让人印象深刻，但这段话却是写于公元前 400 多年。我们真的可以说，这是一个历史性的时刻，因为在这时，人们终于认识到脑是意识的器官，是独一无二的产生人类行为的原因。

《论圣病》一书还记录了对人脑的极好的解剖学描述。例如，它说人脑就像所有其他动物的脑一样，有一层垂直的膜从中间将其分成两半，这是在说脑的两个半球。它还提到了脑的血液供应，其中许多血管是细长的，但有两根很粗，一根来自肝脏，一根来自脾脏。尽管这个解剖描述还很含糊，但仍旧是一个非凡的观察，因为希波克拉底说的肯定是为脑供血的颈动脉和椎动脉。尽管《希波克拉底文集》的作家们描述了脑，但他们对脑的看法和今天相比还是迥然不同的。由于他们不知道神经系统的存在，所以不可避免地对生理功能的理解与我们非常不同。实际上，希波克拉底认为，血液中充满着一种"生气"（vital air），它是活的，具有一种精神力量，并能自我延续。希波克拉底还认为，这种物质不仅能提供智能，还能引起身体器官和四肢的运动。这一点在《呼吸》（Breaths）中表述得最为清楚："身体中没有什么成分对智力做出的贡献能够超过血液。"

尽管如此，可以肯定的是，《希波克拉底文集》的作者们在解剖中观察到了神经通路，只是他们没有认出所看到的东西。例如，《骨骼的性质》（Nature of Bones）描述了两根"很粗的索"，它们从脑中沿着气管的两侧向

下,在脊柱和横膈膜之间终止。这说的可能是迷走神经,也可能是从颅骨底 16
部到尾骨的交感神经干。此外,还描述了通到肋骨、肝脏和脾脏的类似的索
状通路。尽管被称为"弦"(tonoi),但《希波克拉底文集》的作者们很明显认
为它们的功能与静脉类似。同样,《肌肉》(Fleshs)描述了两根从脑到眼睛的
细小的"静脉",它们必定是视神经(和阿尔克迈翁观察到的一样)。然而,
《希波克拉底文集》的作者们并没有认识到它们的真正作用。实际上,还要
再过 100 年左右,亚历山大港的解剖学家才被允许开展最初的人体解剖,到
那时才终于开始了对神经系统的了解(见下一章)。

柏拉图似乎肯定了脑的重要性

公元前 5 世纪是古希腊最辉煌的时期。此时的雅典已经成为希腊世界
的文化中心,民主的诞生地,作家、艺术家和哲学家的天堂。尽管雅典的全
盛时期非常短暂,仅仅持续了大约 50 年,但在这里却出现了两位古代最伟
大的哲学家:柏拉图(公元前 424—前 347 年)和亚里士多德(公元前 384—前
322 年)。尽管一直要到公元 12 世纪和 13 世纪,他们的作品才又回到欧洲,
但是这些作品对西方思想的进程产生了重要的影响。这两位哲学家的作品
涉及的题材很广,而且大部分都保存完好。例如,柏拉图的作品几乎是完整
的,而亚里士多德则留下了 31 部论著,这还只是他实际作品中的一小部分。
这两位哲学家的著作涵盖了数量惊人的不同主题,提出了各种各样的理论
问题,这些问题如今仍旧是哲学论辩的核心。人们有时认为,柏拉图试图通
过纯粹的理性来理解世界,而亚里士多德则更注重经验,愿意进行观察。尽
管实际情况远非如此,但这两位哲学家确实在不同思想领域都非常卓越。
柏拉图对政治学、神学、伦理学和美学的影响更为巨大,而亚里士多德则对
科学造成了更强烈的影响。

柏拉图生于雅典的名门望族,照理应该从政,但年轻的他受到了苏格拉
底的影响(见图 1.5)。苏格拉底是一位深刻的思想家,虽然没有留下只言片
语,但是他的演讲和哲学诘问却让他声名赫赫。公元前 399 年,由于被控腐
蚀青年,苏格拉底受到审判并被处以死刑,在这之后,柏拉图就决意做一名

哲学家。柏拉图继续了老师的风格，他的大部分著作都是对话体的形式，其中的一个对话者通常是苏格拉底，而另一个则是作品以之命名的学生［比如《斐多篇》(Phaedro)《蒂迈欧篇》(Timaeus)等］。尽管难以描述，但柏拉图的一个特点是，他想要抓住隐藏在我们日常经验的直接现实背后的东西。也就是说，他试图揭示事物真正的性质，而不是表面现象。柏拉图相信，存在着一个超出了我们直接感官的、不变的、非物质的完美世界，这个世界由只能通过深入的哲学研究才能揭示的理念（或形式）构成。为了佐证这一思想，柏拉图提出，人对无法通过经验了解的事物具有一种直观的认识，这些事物包括美、善、勇敢、正义和爱的理念。在柏拉图看来，这些事物只可能是来自非物质世界的神圣存在物，而这个非物质世界也是我们精神性自我(spiritual self)的来源。

17

图 1.5　柏拉图的大理石半身像，据信是取自于古代肖像的罗马复制品。

来源：伦敦威尔克姆图书馆。

柏拉图的形式理论让他认为人的身体属于尘世,终将朽坏,被一个精神性的或者说类似灵魂的自我占据,柏拉图将其称为灵魂。这种观点是一种二元论(也就是身体和灵魂被看作不同的实体),在《斐多篇》中,苏格拉底死前和他的几个学生进行的对话对这一观点做了最有力的阐述。在这次对话中,苏格拉底论证了灵魂是不朽的,它最终会在肉体死亡的时刻离开身体,去到在降生之前就居于其中的真知领域。苏格拉底还将灵魂说成是一种会为身体带来生命的力量,赋予身体自我意志,使其能够运动和展开有意识的行动。不过最为重要的也许是,苏格拉底主张,在物质的尘世里,灵魂的真正目的是通过理性确立(或者更确切地说"回忆")真理。因此,灵魂就远远不只是传统中的生命力。相反,它是思维的器官,是个体的真正自我。这是一个重要的变化,因为在这种情况下,psyche 被看作一种实体,如今许多人以及不同的宗教将其称为 soul(灵魂)。[16]

然而,柏拉图的灵魂概念和我们的非常不同,因为他将灵魂分为了 3 个不同的部分:欲望(epithymetikon)、激情(thymos)和理性(logistikon)。欲望与肝脏和肠道有关,它负责一个人基本的营养需求;而激情位于心脏,它会带来愤怒、恐惧、骄傲和勇敢这样的情绪。人们认为这两部分是其他动物也有的,当动物死亡了,它们也就没有了。然而,灵魂的理性部分是不同的,它是独属于人的精神力量,赋予了一个人思想和智慧。理性是不朽的,能够再生(reincarnation),它位于脑部。柏拉图的灵魂概念对西方文化有着持久的影响,因为它的许多方面都被基督教思想家吸收了。尤其是圣奥古斯丁(Saint Augustine,公元前 430—前 354 年)借鉴了柏拉图的许多思想,将它们融入了基督教的教义中。这样一来,柏拉图的权威得到了强化,他认为脑是产生理性的唯一器官的思想也就得到了正式认可。

柏拉图无论如何都不能算是一个生物学家,或者神经科学的奠基人,但是他在许多对话中都谈到了头部和脑在理智方面的能力。例如,在《斐多篇》中,柏拉图写道:"脑是听觉、视觉、嗅觉感知的始发力量,记忆和意见就来自它们。"在《蒂迈欧篇》中也有明显类似的说法,在这本书中,柏拉图写道:"头部……是最神圣的部分,它掌管着我们身体的其余部分。"不过,在《斐德罗篇》中,柏拉图用一个战车的比喻对脑的功能做了最著名的描述。

18

在这本书中,他将灵魂比作两匹马,一匹黑色而丑陋,代表了灵魂中最为基本的欲望;另一匹白色而尊贵。智慧与理性的驭者驾驭着这两匹马,他必须千方百计地阻止它们跑向不同的方向。因此,柏拉图大概认为脑在对我们最为基本的欲望施加控制。

亚里士多德对灵魂的另一种看法

鉴于希波克拉底和柏拉图的权威看法,人们会想象在公元前 4 世纪,脑已经被普遍地看作负责理性和智能的器官。然而,即使是在雅典,情况也并非如此。许多人并没有打算抛弃从早期文明发端以来就存在的传统观点,而且有一个思想家仍旧认为心脏才是心智的器官,这个思想家就是亚里士多德。亚里士多德可以说是最伟大的哲学家,他出生在一个与马其顿王室有联系的贵族家庭(他的父亲是马其顿国王阿明塔斯三世的宫廷御医),17 岁时被送往雅典的柏拉图学园学习。他在那里待了将近 20 年,成为学园最杰出的学生和老师(见图 1.6)。据说亚里士多德是一个非常讲究外表的人,他在手指上戴戒指和剪并不流行的短发来吸引人们的注意。尽管如此,当柏拉图在公元前 347 年去世以后,他仍旧是最有实力继承柏拉图地位的人。然而,最终继承柏拉图的是他的外甥斯彪西波(Speusippus)。由于不受待见,遭到排挤,亚里士多德离开了雅典,游历到了小亚细亚,之后蒙召做了一段时间马其顿国王腓力的儿子亚历山大的私人导师,后来亚历山大因为征服了众多地区而成了亚历山大大帝。[17] 在 49 岁时,亚里士多德回到了雅典,在那里创立了自己的学校,名叫吕克昂(Lyceum)。正是在雅典的这些年里,亚里士多德完成了许多伟大的作品,这些作品包含的事实性知识要比柏拉图提供的多得多。实际上,人们认为,亚里士多德是那个时代知道一切已知东西的人。亚历山大大帝死于公元前 323 年,在他死后,雅典爆发了强烈的反马其顿的情绪,亚里士多德在受到"不虔敬"的指控以后被迫逃离雅典。次年,他在卡尔塞斯[Chalcis,如今的哈尔基斯(Khalkis)]去世,享年 62 岁。

图 1.6　雕刻在法国沙特尔大教堂墙壁上的亚里士多德（公元前 384—前 322 年）石像。

来源：伦敦威尔克姆图书馆。

　　尽管亚里士多德的灵魂理论与柏拉图有一些共同之处，但在几个重要的方面却有着根本的不同。和柏拉图一样，亚里士多德认为，灵魂是由分层的三部分构成。最底的部分是营养的灵魂，这是植物也有的，它控制营养、生长和衰败；居中的部分是感觉的灵魂，这是所有动物都有的，它负责知觉、欲望和运动；最后是只有人才拥有的理智的灵魂，人因此而能够思考、推理和理解。然而，亚里士多德和柏拉图有着关键的不同，他认为这些灵魂并不是作为个体实体而存在的，相反，它们结合在一起发挥作用，这使得灵魂只有一个，而不是三个。换句话说，不能把它们分开。说到身体的形式，亚里 20

士多德也有类似的想法。尽管他认为身体是由两种实体构成的，一种是称之为原质(hyle)的物质要素，另一种是赋予这种物质要素以形式的称之为形态(morphe)的非物质要素，但亚里士多德认为这两种实体是不能分离的。换句话说，它们是同一个事物的不同面，它们结合在一起，创造了类似灵魂的统一体。这样的看法与柏拉图提出的观念很不相同，因为柏拉图相信一个分离的精神性的灵魂作用在物理的身体上。

在《论灵魂》(Psyche)一书中，亚里士多德试图更清楚地解释他的理论。他把身体和灵魂之间的关系比作一块压上图案的蜡。亚里士多德指出，将蜡和它的印记看作两种分离的东西是荒谬的。把同样的想法用于灵魂，亚里士多德论证说，灵魂不可能作为纯粹的精神实体存在，因为没有肉体它就什么也不是。换句话说，灵魂是具有智能的生命力，它完全依靠身体的构造为它提供动力。要理解亚里士多德，这可能很困难，用一个现代的关于视觉的例子(亚里士多德没有举这样的例子)也许可以更好地解释这个概念。按照这个理论，我们可以说，肉体需要灵魂才能看见，但是没有眼睛(一个物质器官)，灵魂就不可能看见。

毫不奇怪，人们对亚里士多德的灵魂理论做出了不同的解释。有些人论证说，既然亚里士多德没有提出心智实体理论，那么他必定支持唯物主义，否定心智的精神性成分。这种观点导向一元论的学说(是二元论的反面)，认为心智必定是由脑的物理结构产生的。然而也有人认为，亚里士多德的灵魂理论保留有某种"类精神性"的属性，因为灵魂并不能还原成任何物质的实体。由此看来，亚里士多德的灵魂理论最好被看作一种活力论，按照活力论，活的生物体包含一种特殊的，可以将它们与无生命的事物区别开来的非物质力量。活力论有各种表现形式，一直到 19 世纪，都是流行的理论。无论如何，亚里士多德的灵魂理论都和柏拉图的二元论不同。[18]

亚里士多德与脑

人们普遍认为，亚里士多德是古代最伟大的生物学家。他研究的最为广泛的是植物和动物的性质，这些研究占他现存著作的五分之一。当然，亚里士多德并不是第一个提出有关生物性质问题的人，但他是第一个把研究所有生物作为学术追求的人。在这一过程中，亚里士多德取得了许多重要的进展，其中包括通过分级将动物进行分类，他将动物划分为"红血动物"和"非红血动物"（这个分类大体对应如今我们所说的哺乳动物和无脊椎动物）。他还区分了不同的种（eidos）和属（genus）。除此之外，亚里士多德描述了超过 500 种动物的外观与习性，这让他成为名副其实的动物学的奠基人。不过，亚里士多德最伟大的生物学成就是他对比较解剖学的研究。由于想搞清楚身体如何运转，亚里士多德解剖的动物种类令人惊叹，从简单的头足类动物、软体动物和鱼类一直到爬行动物、鸟类和哺乳动物，甚至包括大象。[19] 通过解剖，亚里士多德取得了一些重要进展，包括对胆囊、牛有分室的胃和心脏的大动脉进行了描述。他还用我们今天仍在使用的词汇准确地描述了雌性的子宫。虽然如此，亚里士多德也犯了许多错误，其中最有名的一个是他相信自发生成是可能的，他之所以相信自发生成，一定程度上是因为看到苍蝇从动物的尸体中出现。亚里士多德也没有区分静脉和动脉，这个错误为后来笃信他的权威的研究者带来了诸多困扰。

21

　　亚里士多德还将他的解剖工作扩展到了脑（encephalos），这在《动物史》（*History of Animals*）和《动物的构成》（*Parts of Animals*）等著作中都提到过。关于脊椎动物的脑，亚里士多德提到，它被两层膜覆盖着，膜上密布着细小的血管，硬的一层靠近头骨表面，而另一层要软得多。亚里士多德在这里所指的有可能是脑膜，或者说得更具体一些，指的是硬脑膜和软脑膜。亚里士多德还将脑描述为"成对的"，这分明指的就是脑的两个半球。他还识别出一个"位于后部的"单独结构，他将其称为小脑（parencephalis），这个结构在外观和质地上都与其他的明显不同。亚里士多德并不满足于观察，因为他提到了脑的中央有"一个小空洞"（一个脑室）和"包围着它的液体"（这极有可能指的是脑脊液）。然而，亚里士多德做出的其他观察更加令人困惑，尤其是他断定脑并没有充满颅腔，这导致颅腔的后部有一个大空洞。可以肯定，这说的一定不是人脑，实际上说的也不会是脊椎动物的脑。更有甚者，由于脑本身摸起来是温凉的，亚里士多德错误地认为，脑是无血的，也完全没有血管。

　　亚里士多德在脑的功能方面犯了最严重的错误。似乎是由于脑触摸起来是凉的,而且看起来结构匀整,亚里士多德才强调了心脏对于感觉、运动和思维的重要性。可以说,亚里士多德用了许多论证来辩护自己的这个主张。其中之一是,他认为,温度对于生命是至关重要的。因为心脏被看作身体的火炉,亚里士多德认为把心脏看作灵魂存在的地方才是合情合理的,正是心脏赋予了个体以生命和运动。亚里士多德研究了小鸡胚胎在蛋内的发育,而且观察到仅仅在 4 天之后就开始有了心脏这个器官的微弱跳动,所以以此作为对他的观点的佐证。心脏还和脑形成了鲜明的对比,脑在亚里士多德看来是身体中最冷和最湿的部分,这让他认为脑不过是一个冰冷的器官。由于热量增加,亚里士多德推论覆盖脑表面的血管网络一定是起到了冷却心脏血液的作用。亚里士多德甚至用这种逻辑来解释为什么人脑会这么大。亚里士多德并没有将人脑为什么这么大归因于智力更发达,而是认为人比其他动物更温暖,因此需要更大的脑来冷却血液。

　　排除了脑,亚里士多德开始将心脏看作所有感官汇聚的地方,称之为统感(sensus commune)。对此,他同样是有佐证的。例如,亚里士多德合理地指出,如果一个人触摸活的动物的脑,它并不会产生任何感觉。因此,脑很明显是没有感觉的。除此之外,亚里士多德注意到,像蠕虫和海胆这样非常简单的生物并没有脑,但它们明显是有感觉的。尽管亚里士多德知道阿尔克迈翁和希波克拉底等人曾描述过从眼睛通往大脑的中空管道,但他驳斥了这种观察,他认为这些通道实际上是通往脑外部表面上布满血管的膜的。这样,这些膜就可以通过血液和心脏直接沟通。人们也许会问,如果是这样的话,为什么眼睛更靠近头部,而不是心脏? 对此亚里士多德还有答案:眼睛是由水构成的,它需要保持凉爽。至于他仔细解剖过的另一个器官耳朵,亚里士多德又一次否认它和脑之间有任何联系,但是他知道有一条通往上颚的通道,我们如今称其为咽鼓管。

　　亚里士多德的统感理论面临的一个问题是无法解释心脏如何通过血液接收感觉。对这个问题,他的解决方法是诉诸一种被称为普纽玛的类似于气的物质。亚里士多德认为有两种普纽玛:一种通过肺吸入,在心脏这个火炉中加热血液;另一种更加神秘,在怀孕期间,它通过父亲的精子进入胚胎

22

的血液中。第二种类型的普纽玛是理解亚里士多德生理学的关键,因为它的目的是充当灵魂和身体之间机械运作的中介。实际上,它是灵魂的工具,用来在控制身体的生理活动中执行灵魂的命令。在它的诸多功能之中,有一种就是将感觉印象传递到心脏。亚里士多德也用类似的方式解释运动。在这种解释中,亚里士多德强调心脏是所有自愿行动的主要中介,它的有节律的跳动引起普纽玛在血液中的收缩和扩张,于是肢体就运动起来。[20]此外,亚里士多德认为,心脏是有筋的,延伸到骨骼的关节处。亚里士多德还赋予了这些筋在运动中的重要作用,他把这些筋比作牵着骨头的细线,就像活动的木偶。然而,必须强调的是,亚里士多德所理解的筋指的并不是神经。相反,它指的是将身体连在一起的纤维组织,包括肌腱、韧带和筋。

23

亚里士多德对西方思想的影响是巨大的。他的作品在西方的黑暗时代散佚了,但在中世纪又被重新发现,受到极大的尊敬与崇拜(见图 1.7)。实际上,到了 16 世纪,亚里士多德的学说最大限度地综合了物理学和生物学,并被广泛认为是无可争议的。这些学说的权威性阻止人们做出进一步的探索长达几个世纪。尽管亚里士多德的观点保留着从古埃及开始就已经存在的传统,而且也是古希腊思想的一部分,但亚里士多德对脑的错误理解很难不让人们感到失望,甚至震惊。如今,我们的语言中仍旧充斥着数以百计的表达,比如"让某人心碎",揭示了这些古老思想的残迹。[21]在某种程度上,我们也许不用苛责亚里士多德,因为他并没有神经系统的概念,或者也没有一种方法,让他可以认识到脑的真实性质。不过,亚里士多德的这种心脏中心论的观点仍旧让人觉得有些古怪。这并不只是现代人才有的感觉,因为公元 2 世纪的古罗马医生盖伦也承认,引用亚里士多德有关脑的学说让他"感到脸红"。然而,在亚里士多德死后没有多少年,亚历山大城的解剖学最终揭示了神经系统的存在,并且搞清楚了心脏的真实性质。下一章我们就来一探这些伟大的发现。

图 1.7　一本 18 世纪出版的书的封面,包含了亚里士多德的部分著作。

注释:

1.英国人类学家理查德·朗汉姆(Richard Wrangham)在其著作《着火》(*Catching Fire*)中也提出,直立人也许是最早用火做饭的人,这是一个让他们的脑生长,而消化道缩短的发展过程。

2.之所以起这个名字是因为他们最早是在德国的尼安德谷被发现的。

3.这个名字来源于法国西南部的克罗马农岩洞,那里是发现第一具骸骨的地方。

4.人类学家理查德·克莱因(Richard Klein)把这种变化称为"文选编辑者所能发现的最显著的变化"。

5.实际上,这形成了活力论概念,一直到 19 世纪,这个概念都是对生物过程的一个流行解释。

6. 新石器时代在世界上的不同地区出现的时间是不同的。例如,在中国,这个时间大约是公元前 10000—前 2000 年;在北印度,是公元前 8000—前 4500 年;在埃及,是公元前 7000—前 4500 年;而在东地中海,则是公元前 10000—前 3300 年。

7. 这是由古希腊历史学家希罗多德(Herodotus)观察并记录下来的一种实践,希罗多德在大约公元前 450 年到访过埃及。

8. 例如在英国国王詹姆士的钦定版《圣经》中,"心"这个词在超过 762 节中出现了 830 次。

9. 在《奥德赛》中,荷马写道:"埃及人要比任何其他地方的人都更擅长医学。"

10. 埃及人相信,血管不仅向全身输送血液,而且是空气、唾液、黏液、精子、营养,甚至是身体的废料通行的管道。

11. 在中世纪的德国,"bregen"这个词用来指被屠宰动物的脑,它们被当作加工布雷根香肠的材料。

12. 在这里我们不论及脑的两个半球的功能,在本书的其他章会谈到这一点(例如,第八章和第十三章)。然而,有大量的证据表明,对于绝大多数人,语言功能是位于脑的左半球的。 24

13. 泰奥弗拉斯图斯(约公元前 371—前 287 年)是古希腊逍遥学派的哲学家,是亚里士多德在吕克昂学园的直接继承人。

14. Doty (2007). *Neuroscience*, 147, 561-568.

15. Chadwick, J. and Mann, N. W. (1983). *Hippocratic Writings*. London: Penguin.

16. 柏拉图并没用"soul"(灵魂)这个词,但在此时引入这个词是合适的。据信,soul 这个词来自古英语 sáwol 或 sáwel,最早似乎出现在 8 世纪的诗歌《贝奥武甫》中。它也可能源自希腊语"ensouled",意思是"活着的",并由早期的传教士传到日耳曼人,比如哥特人。

17. 除了亚历山大总是随身带着一本亚里士多德注释的《伊利亚特》之外,人们对他们的这种关系知之甚少。

18. 在被认为是亚里士多德最令人困扰的著作《论动物》(*De anima*)一

书中，他描述了"主动的理智"（active intellect），它可以和身体分离，是不朽和永恒的，这让事情变得更加复杂。然而，这种描述与亚里士多德的其他观点相左。

19. 没有证据表明亚里士多德曾解剖过人的尸体，在他那个时代的古希腊，解剖人的尸体是被严格禁止的。

20. 在亚里士多德的时代，肌肉只被看作负责触觉的感觉器官。

21. 同样有趣的是，《牛津词典》用了 16 栏来收录单词"heart（心脏）"和包含"heart"的所有表达，而"brain"（脑）这个单词只占了 3 栏。

参考文献

Allen, J. S. (2009). *The Lives of the Brain*. Cambridge, MA: Belknap Press.

Alt, K. W., Jeunesse, C., Buitrago-Téllez, C. H., et al. (1997). Evidence for stone age cranial surgery. *Nature*, 387, 360.

Arnott, R., Finger, S. and Smith C. U. M. (eds.) (2003). *Trepanation: History, Discovery, Theory*. Lisse: Swets & Zeitlinger.

Barcia Goyanes, J. J. (1995). Notes on the historical vocabulary of neuroanatomy. *History of Psychiatry*, 24(4), 471-482.

Barnes, J. (1984). *The Complete Works of Aristotle: The Revised Oxford Translation*. Princeton, NJ: Princeton University Press.

Barnes, J. (ed.) (1995). *The Cambridge Companion to Aristotle*. Cambridge: Cambridge University Press.

Barnes, J. (2000). *Aristotle: A Very Short Introduction*. Oxford: Oxford University Press.

Bremmer, J. N. (1983). *The Early Greek Concept of the Soul*. Princeton, NJ: Princeton University Press.

Brested, J. H. (1930). *The Edwin Smith Papyrus*. Chicago, IL: University of Chicago Press.

Bruyn, G. W. (1982). The seat of the soul. In Clifford Rose, F. and Brnum, W. F. (eds.), *Historical Aspects of the Neurosciences*. New York: Raven Press.

Chadwick, J. and Mann, N. W. (1950). *The Medical Works of Hippocrates*. London: Blackwell.

Clarke, E. (1963). Aristotelian concepts of the form and function of the brain. *Bulletin of the History of Medicine*, 37(1), 1-14.

Clarke, E. and Stannard, J. (1963). Aristotle on the anatomy of the brain. *Journal of the History of Medicine*, 18(2), 130-148.

Clifford Rose, F. (1994). The neurology of Ancient Greece-an overview. *Journal of the History of Neuroscience*, 3(4), 237-260.

Clifford Rose, F. (2009). Cerebral localisation in antiquity. *Journal of the History of the Neurosciences*, 18(3), 239-247.

Codellas, P. S. (1932). Alcmaeon of Croton: His life, work and fragments. *Proceedings of the Royal Society of Medicine*, 25(7), 1041-1046.

Critchley, M. (1966). *The Divine Banquet of the Brain: The Harveian Oration* 1966. London: Harrison.

Crivellato, E. and Ribatti, D. (2007). Soul, mind, brain: Greek philosophy and the birth of neuroscience. *Brain Research Bulletin*, 71, 327-336.

Doty, R. W. (2007). Alkmaion's discovery that brain creates mind: A revolution in human knowledge comparable to that of Copernicus and Darwin. *Neuroscience*, 147(3), 561-568.

Fales, F. M. (2010). Mesopotamia. In Finger, S., Boller, F. and Tyler, K. L. (eds.), *Handbook of Clinical Neurology*, vol. 95. Amsterdam: Elsevier.

Feinsod, M. (2010). Neurology in the Bible and the Talmud. In Finger, S., Boller, F. and Tyler, K. L. (eds.), *Handbook of Clinical Neurology*, vol. 95. Amsterdam: Elsevier.

Finger, S. (1994). *Origins of Neuroscience*. Oxford: Oxford University Press.

25

French,R. K. (1978). The thorax in history 1:From ancient times to Aristotle. *Thorax*,33,1-8.

Green,C. D. and Groff,P. R. (2003). *Early Psychological Thought: Ancient Accounts of Mind and Soul*. London:Praeger.

Goetz,S. and Taliaferro,C. (2011). *A Brief History of the Soul*. Chichester:Wiley-Blackwell.

Gross,C. G. (1995). Aristotle on the Brain. *The Neuroscientist*,1(4), 245-250.

Gross,C. G. (2009). *A Hole in the Head*. Cambridge,MA:MIT Press.

Hergenhahn, B. R. (2001). *An Introduction to the History of Psychology*. Belmont,CA:Wadsworth.

Jaynes,J. (1976). *The Origins of Consciousness in the Breakdown of the Bicameral Mind*. Boston,MA:Houghton-Mifflin.

Jowett,B. (1892). *The Dialogues of Plato*. Oxford:Clarendon Press.

Karenberg,A. (2010). The Greco-Roman world. In Finger,S. ,Boller, F. and Tyler, K. L. (eds.), *Handbook of Clinical Neurology*, vol. 95. Amsterdam:Elsevier.

Katona,G. (2002). The evolution of the concept of psyche from Homer to Aristotle. *Journal of Theoretical and Philosophical Psychology*,22(1), 28-44.

Kenny,A. (1998). *A Brief History of Western Philosophy*. Oxford: Blackwell.

Lewin,R. (2005). *Human Evolution:An Illustrated Introduction*. Oxford:Blackwell.

Lillie,M. C. (1998). Cranial surgery dates back to Mesolithic. *Nature*, 391,853-854.

Lindberg,D. C. (2007). *The Beginnings of Western Science*. Chicago, IL:University of Chicago Press.

Lloyd, G. (1975). Alcmaeon and the early history of dissection.

Sudhoffs Archives, 59(2), 113-147.

MacDonald, P. S. (2004). *History of the Concept of the Mind*. Aldershot: Ashgate.

Magner, L. N. (1994). *A History of the Life Sciences*. New York: Marcel Dekker.

Malomo, A. O., Idowu, O. E. and Osuagwu, F. C. (2006). Lessons from history: Human anatomy, from the origin to the Renaissance. *International Journal of Morphology*, 24(1), 99-104.

Margetts, E. L. (1967). Trepanation of the skull by the medicine-men of primitive cultures, with particular reference to present-day native East African practice. In Brothwell, D. and Sandison A. (eds.), *Diseases in Antiquity*. Springfield, IL: C. Thomas Publications.

Mazzone, P., Banchero, M. A. and Esposito, S. (1987). Neurological sciences at their origin: Neurology and neurological surgery in the medicine of Ancient Egypt. *Pathologica*, 79(1064), 787-800.

Mithen, S. (1996). *The Prehistory of the Mind*. Guernsey: Phoenix Books.

Mumford, D. B. (1996). Somatic symptoms and psychological distress in the Illiad of Homer. *Journal of Psychosomatic Research*, 41(2), 139-148.

Osmond, R. (2003). *Imaging the Soul: A History*. Stroud: Sutton Publishing.

Philips, E. D. (1957). The beginnings of medical and biological science among the Greeks. *The Irish Journal of Medical Science*, 373, 1-14.

Philips, E. D. (1957). The brain and nervous phenomena in the Hippocratic writings. *The Irish Journal of Medical Science*, 32, 377-390.

Plato (1937). *Plato's cosmology: The Timaeus of Plato*. New York: Harcourt Brace.

Santoro G., Wood M. D., Merlo L., et al. (2009). The anatomic location of the soul from the heart, through the brain, to the whole body and

26

beyond: A journey through Western history, science and philosophy. *Neurosurgery*, 65(4), 633-643.

Saul, F. P. and Saul, J. M. (1997). Trepanation: Old world and new world. In Greenblatt, S. H. (ed.), *A History of Neurosurgery*. Park Ridge: American Association of Neurosurgeons.

Singer, C. (1957). *A Short History of Anatomy and Physiology from the Greeks to Harvey*. New York: Dover.

Spencer, A. J. (1991). *Death in Ancient Egypt*. London: Penguin Books.

Squier, E. G. (1877). *Peru: Incidents of Travel and Exploration in the Land of the Incas*. New York: Harper and Brothers.

Stol, M. (1993). *Epilepsy in Babylonia (Cuneiform Monographs 2)*. Boston, MA: Brill Academic Press.

Striedter, G. F. (2005). *Principles of Brain Evolution*. Sunderland, MA: Sinauer.

Tattersall, I. (1998). *Becoming Human*. Oxford: Oxford University Press.

Verano, J. W. and Finger, S. (2010). Ancient Trepanation. In Finger, S., Boller, F. and Tyler, K. L. (eds.), *Handbook of Clinical Neurology*, vol. 95. Amsterdam: Elsevier.

Walshe, T. M. (1997). Neurological concepts in archaic Greece: What did Homer know? *Journal of the History of the Neurosciences*, 6(1), 72-81.

Weber, J. and Wahl, J. (2006). Neurosurgical aspects of trepanations from Neolithic times. *International Journal of Osteoarchaeology*, 16(6), 536-545.

Wright, J. P. and Potter, P. (eds.) (2000). *Psyche and Soma*. Oxford: Clarendon Press.

York, G. K. and Steinberg, D. A. (2010). Neurology in Ancient Egypt. In Finger, S., Boller, F. and Tyler, K. L. (eds.), *Handbook of Clinical Neurology*, vol. 95. Amsterdam: Elsevier.

2 发现神经系统

肌肉驱动器官,但它们自己的运动却需要脑中的神经,如果你截 27 断某一根神经,这根神经接入其中的肌肉和由肌肉带动起来的器官都会立刻静止下来。

帕加玛的盖伦

我为医学所做的贡献和图拉真为罗马帝国在意大利造桥修路的贡献一样多。是我,而且只有我,揭示了医学的真正道路。

帕加玛的盖伦

概　要

神经系统的执行中枢位于脑部,它从各种感官接收印象并将信息发送至肌肉组织,这样一种概念的出现在人类历史上是相对晚近的。实际上,最早对神经系统的观察出现在公元前 5 世纪,克罗托纳的哲学家阿尔克迈翁解剖动物时注意到,有两根管状通道从眼睛通到脑部。尽管这使他成为古代第一个认为脑具有感觉能力和智能的哲学家,但阿尔克迈翁并没有意识到它们真正的意义。不到一个世纪,希波克拉底学派的著作家也注意到了两根"结实的束"(或者 tonoi),它们沿着食

道两侧进入身体，在胸部分支。然而，这些"束"似乎并不符合当时的体液生理学，且希波克拉底学派的著作家们既不能也不愿意为这些"束"分配什么功能。这也没有什么可奇怪的，因为，当时所知的唯一走通全身的通道分支系统就是血管。结果，人们认为这个系统通过血液中含有的普纽玛传递感觉和运动，也为身体提供了生命力。由此之故，像亚里士多德这样的许多思想家就把心脏而不是脑看作身体的控制中枢。

28　长久以来，人们都坚持人体的心脏中心模型，但是在埃及的亚历山大里亚所取得的重大突破改变了这一状况。在公元前 300 年左右，亚历山大里亚曾短暂允许进行人体解剖。有两位解剖学家充分利用了这种情况，他们是希罗菲卢斯（Herophilus）和埃拉西斯特拉图斯（Erasistratus）。这两位解剖学家发现了进入脑部的感觉神经和离开脑部到达身体肌肉的运动神经。他们还提出了有关神经功能的气动理论（气泵理论）。然而，古代最伟大的神经科学家毫无疑问是罗马医生盖伦。盖伦全心投入研究，最著名的发现是颅神经，还绘制了外周神经系统地图，并用活体解剖和实验方法对其进行检验。盖伦的工作代表了古代世界解剖学成就的巅峰，他无可置疑地确立了神经系统和脑在行为中的重要性。在之后的 1500 年中，他关于医学的所有看法都没有受到严峻的挑战。

卓越的学术中心：亚历山大港

公元前 336 年，马其顿王国的国王腓力二世被暗杀，其子，只有 20 岁的亚历山大继承王位。这一事件改变了历史进程，因为在接下来的 10 多年里，亚历山大无败绩地征服了当时所知的几乎整个世界。无论是西边的希腊、南边的北非、北边的多瑙河流域，还是东边的印度，所有这些地区都臣服于亚历山大的统治。这个巨大的帝国纵横 200 万平方英里，亚历山大热衷于在帝国中打造一个国际商业与贸易网络。尽管希腊的城邦国家,包括雅典,在这段时间失去了独立主权,但马其顿人非常尊重他们的邻居所取得的文化成就。他们鼓励希腊人到新的土地上殖民,这一举措使得地中海世界的许多城市发展成为多民族、多语言,又带有明显希腊气质的城市。这一时期被称为希腊化时期,它延续了大约 300 年,直到罗马帝国在公元前 1 世纪崛起。

为了建立一个帝国,亚历山大创建了 70 多座城市,其中包括公元前 322 年以他的名字在埃及北部海岸建立的一座城市。他选择这个地点部分是因为这里有两座海港,它们都位于几条重要贸易路线的交汇之处,其中一条更是连接了马其顿王国和富饶的尼罗河谷。几个月以后,亚历山大离开埃及,向东展开新的军事征服行动。不幸的是,他再也没有见到非洲,因为在公元前 323 年的巴比伦战役中因病去世。亚历山大死时只有 32 岁,没有继承人。这种状况让他的帝国不可避免地陷入分裂,手下的将军瓜分了被征服的土地。这些将军中有一些具有极高的统治才能,其中包括在埃及称王的托勒密,他有可能是亚历山大同父异母的兄弟。由于决心要把自己的首都建造成一个适合于安葬亚历山大遗骸的地方,[1] 托勒密着手建造了一座由石头建筑组成的恢宏城市,这座城市中有古代世界七大奇迹之一的法洛斯灯塔。更重要的是,托勒密还下令建造了宏伟的亚历山大博物馆和亚历山大图书馆。这些建筑物在他的儿子托勒密二世在位时建成,成为致力于学术的卓越机构。例如,亚历山大博物馆据说配备有讲堂、遮阴的步道和用来研讨的座位,还有植物园、天文台和动物园。这里吸引了众多就住在附近的全职研究人员,其中有欧几里得、阿基米德和埃拉托色尼(Eratosthenes)。[2] 亚历山大图书馆也同样宏伟,很快就超过了雅典的图书馆,而且藏书极为丰富,据说超过 70 万卷。

在将近 300 年的时间中,亚历山大博物馆和图书馆一直都是古代世界辉煌的学术中心,据说每一艘入港的船只都会带来书籍,然后由官方抄写员迅速复制。不幸的是,这种状况并没有持续下去,导致其衰落的第一个事件发生在公元前 48 年罗马征服埃及期间,当时尤里乌斯·恺撒点燃了港口中的敌舰,结果博物馆和图书馆遭到严重的火灾破坏。罗马斯多葛学派的哲学家塞涅卡记述有超过 4 万本图书被毁,由此我们可以一窥这次巨大破坏

29

的严重程度。尽管被毁坏的亚历山大图书馆的姐妹图书馆——坐落在城市另一个地方的萨拉皮斯神庙，继续展开了几个世纪的研究，但在公元391年，亚历山大港的异教庙宇因为宗教法令被迫关闭以后，狂热的基督徒把这座神庙也毁掉了。即使是这样，亚历山大博物馆一直开到公元642年，才最终被入侵的阿拉伯人夷为平地。亚历山大图书馆被毁是有史以来最大的悲剧之一，古代世界的许多伟大成就，在几百年间所创造的哲学、科学、医学和文学成就永远消失了。如果不是这样，西方世界的历史或许会迥然不同，而且可以肯定会更加昌明。

卡尔西登的希罗菲卢斯

亚历山大港之所以闻名还有另外一个原因：它是古代世界第一个，也是唯一一个允许解剖人体的地方。历史学家从来没有对这样一个非同寻常的决定做出充分的解释，因为在埃及，亵渎人的遗体是一个严厉的禁忌。[3] 不要忘了，之所以制作木乃伊就是要保存身体，让其可以以现世的样子进入来世。这种对于死者的尊重在希腊世界的其他地方也是一样的。结果，一直到公元前3世纪初的时候，所有关于人体解剖学的知识都是从对动物的考察那里推论过来的。然而，在热烈推动医学知识的过程中，亚历山大港的托勒密王朝似乎有足够的力量或权威推翻这个长期的禁忌，甚至有人暗示他们用犯人来做活体解剖以实现他们的目的。尽管如此，人体解剖似乎仍旧局限在一个解剖学家的小圈子里，这其中最著名的是希罗菲卢斯（约公元前335—前280年）和埃拉西斯特拉图斯（约公元前310—前250年）。他们的工作持续了大约20～30年，在此之后，人体解剖又一次变得声名狼藉而被禁止，一直到14世纪才在北意大利重新开始。而实际上，要等到16世纪维萨里时期，人体解剖才在欧洲广泛开展，而这之间中断了长达1800多年。

希罗菲卢斯似乎是第一个通过人体尸检学习解剖学的人。虽然人们知道他在众多的主题上撰写了大量著作，其中包括心脏生理学和助产学，但这些作品全都没有流传下来。因此，我们对他生平和工作的零星了解都来自其他人，其中，最重要的来源是盖伦、鲁弗斯（Rufus）和塞尔苏斯（Celsus）。

从他们的记述中我们可以确定,大约在公元前 335 年,希罗菲卢斯出生在博   30
斯普鲁斯海峡靠近亚洲一侧的贫穷小城卡尔塞登,就在今天伊斯坦布尔的
对面。我们还知道,他跟随希腊科斯岛的普拉萨戈拉斯(Praxagoras)学习医
学,科斯岛就是希波克拉底建立医学学校的地方。普拉萨戈拉斯是亚里士
多德的追随者,他最出名的地方在于区分了静脉和动脉,他认为前者包含血
液,而后者提供了气(普纽玛)流动的通道。据说,普拉萨戈拉斯是在观察被
割开喉咙的动物后得出这个结论的,他发现动脉里没有血液(这和静脉不
同)。这个错误要等到 2 世纪才被盖伦指出来。在受教于普拉萨戈拉斯之
后,希罗菲卢斯在大约公元前300年离开科斯岛去亚历山大港工作,在这里
他做了托勒密的私人医生(见图 2.1)。

图 2.1　没有自古代传下来的希罗菲卢斯或埃拉西斯特拉图斯的半身像或图画。
这幅木刻作品是洛伦茨·弗里斯(Lorenz Fries)1532 年创作的,左边是希罗菲卢斯,右
边是埃拉西斯特拉图斯。

　　来源:伦敦威尔克姆图书馆。

　　希罗菲卢斯发明了"漏壶",或称手持式滴漏,他用滴漏测量脉搏,并正
确推断出脉搏的运动是由于心跳。然而,正是由于致力于人体解剖,他成了

传奇人物。希罗菲卢斯的研究带来了大量的新发现，但也招致了谴责，早期基督教教父德尔图良（Tertullian）指控他在无情追求解剖学知识的过程中"屠杀"了 600 个人。希罗菲卢斯对消化系统、胰腺和肝脏进行了精确描述。他对于女性生殖生物学的理解——子宫只是由一个腔室构成的——同样让人印象深刻，这一理解有助于消除有关女性生育的神秘色彩。他还意识到子宫与卵巢相连，并极其敏锐地将卵巢的功能和男性的睾丸相比。希罗菲卢斯还描述了男性的生殖系统，这使他理解了精子是如何形成又是如何运动到输精管的。如果这还不够让人印象深刻，据说希罗菲卢斯还写过一篇名为《论眼疾》的极有影响力的论著，在这本书中，他详细论述了眼睛，而且描述了眼睛的许多部位，包括角膜、虹膜、脉络膜和视网膜。

希罗菲卢斯还是第一个说明人脑内部解剖学的人。他在这方面最大的成就也许是描述了脑室系统——脑的内部一系列相连的腔体。[4] 尽管其他人也注意到了这一系统的各个部分，但希罗菲卢斯首次给出了它的完整结构图。例如，他描述了脑的两个前脑室（在每一个大脑半球中各有一个）是如何通过一个被其称为导水管的小通道连接到靠近脊髓的最底部脑室的。此外，他在靠下的脑室中发现了一个长长的凹槽，将其比为芦苇笔（kalamos）。希罗菲卢斯还注意到，脑室内部的表面并不平坦，有小的突起，他称为脉络丛（choroid plexus，意思是微小的结）。如今我们知道这些结构产生了脑脊液。希罗菲卢斯还概括了脑的外观特征。尽管他在描述大脑（enkephalos）和小脑（parenkephalis）方面并没有超过亚里士多德，但是希罗菲卢斯的确对其表面的硬膜窦给出了一个更好的说明。实际上，他发现了四个大静脉窦汇合的地方，如今这个汇合之处仍被称作窦汇（torcular Herophili）。奇怪的是，希罗菲卢斯还描述了在脑的底部由动脉和静脉形成的一个大的网络，称为"红体"（rete mirable，巨大的网）。由于人脑中并没有这种血管结构，希罗菲卢斯对此的描述表明他一定是通过检查动物，包括猪和牛的脑补充了他的解剖学知识。后来，红体成了盖伦生理学的一个组成部分，盖伦毫不怀疑地接受了希罗菲卢斯的说明，也提到人脑中存在红体。这将是一个带来深远影响的错误，而这个错误一直要到文艺复兴晚期才会被认识到。

神经系统的发现

然而,希罗菲卢斯对解剖学做出的最伟大贡献在于他发现了神经系统   31
的真正本质,对于身体的运作来说,这一发现有可能是有史以来由个人做出
的最为深刻的洞见。遗憾的是,我们对这一重大发现是如何做出的知之甚
少,因为我们凭借的都是其他人的二手记述,这其中最为显著的是以弗所的
鲁弗斯和生活在希罗菲卢斯之后大约 500 年的盖伦的记述。[5] 然而,通过这
些作者,我们可以推断,希罗菲卢斯认识到了身体中含有线状通路,它们并
不像亚里士多德所认为的源自心脏或血管,而是源自脑和脊髓。由于这些
线状通路与筋腱相似,希罗菲卢斯将它们称为神经(neura),但很重要的是,
他意识到它们发挥了以前被赋予血管的功能。事实上,按照鲁弗斯的记述,
希罗菲卢斯更进一步地区分了两种神经:"有孔"的神经和"结实"的神经,它
们分别将感觉传至脑(或者说是传至脑的表面或者膜)和将指令传递到参与
产生运动的肌肉。这样,希罗菲卢斯清楚地认识到脑是神经系统的主要控
制中心。[6] 在意识到存在神经系统之后,希罗菲卢斯还对神经系统的通路做
了细致的解剖学检查,并一直追踪到骨骼、韧带和肌肉。不用说这样的壮举
一定要花许多时间进行细致的解剖才能做出。据盖伦说,希罗菲卢斯描述
了来自脑的七对神经(如今被称作颅神经),而且确定了其中六对的终点,明
显指的是视神经、动眼神经、三叉神经、面神经、听神经和舌下神经。

希罗菲卢斯还试图解释神经系统是如何工作的。在这一尝试中,他做出   32
了另一项革命性的突破:他不像亚里士多德一样,将普纽玛定位在心脏,而是
定位在脑室之中。这是一项重大的变化,原因有两个。第一,希罗菲卢斯认为
神经具有气动功能。这就是说,神经被看作中空的管道,接收来自脑室的像气
一样的物质(普纽玛)的注入。第二个原因也许更为深刻。希罗菲卢斯将灵魂
定位在脑室之中。这就等于说,脑室负责了我们所有更高等的心理功能,包括
智能。尽管他似乎并没有赋予四个脑室以不同的功能,但盖伦的确暗示,希罗
菲卢斯认为最靠后的脑室最为重要,也许是因为它离脊髓很近。这些理论是
巨大的飞跃,现在解剖学家对脑功能(脑室理论)和神经活动(普纽玛理论)

有了新的解释,事实证明,它们是一个非常有力的组合。事实上,在早期基督教神父的手中,脑室理论奠定了后来的隔间学说(the cell doctrine)的基础,而脑室理论是脑理论历史上最具影响力也最为持久的学说(见下一章)。

希奥斯的埃拉西斯特拉图斯

和希罗菲卢斯一样,埃拉西斯特拉图斯也是解剖人体的解剖学家,他写了大量著作,但也都散佚了。这意味着,我们还是只能依赖其他人,尤其是盖伦对他的作品进行了解。埃拉西斯特拉图斯的生平已无法详考,但我们还是有理由相信,他和希罗菲卢斯大约同时期在亚历山大港工作。不过,埃拉西斯特拉图斯似乎在公元前 310 年左右出生在爱琴海的希奥斯岛(Chois),他在雅典研究医学,并在那里和亚里士多德创建的吕克昂学园建立了联系。[7] 在公元前 280 年左右,埃拉西斯特拉图斯游历到了 20 年前希罗菲卢斯离开的科斯岛,在那里他跟随普拉萨戈拉斯学习。虽然人们也知道,他曾在叙利亚做过一段时间御医,为当时统治巨大王国的塞琉古国王(King Seleucus)服务,但在科斯岛学医之后的几年里,埃拉西斯特拉图斯有可能就去了亚历山大港。在亚历山大港,埃拉西斯特拉图斯因为治愈了国王的儿子兼继承人安条克(Antiochus)因为相思而患上的一种让人日渐消瘦,几近死亡的疾病而声名鹊起。[8] 普鲁塔克(Plutarch)和古代世界的其他一些作家后来都记述了这个故事。事实上,这有时候被认为是第一个有记录的将身体疾病归因于心理因素的病例,这让埃拉西斯特拉图斯成为心身医学之父。也许是因为名声之故,托勒密二世邀请埃拉西斯特拉图斯前往亚历山大港,并允诺他可以进行人体解剖。他是否曾跟希罗菲卢斯一起共事,甚至是否认识希罗菲卢斯,这些尚不清楚。在亚历山大港,埃拉西斯特拉图斯因为试图用机械原则来解释生理过程而与众不同,按照这种解释方式,人体中并不存在什么隐秘的力量。这与希波克拉底的体液理论相悖,所以常常招致后来包括盖伦在内的希腊权威的批评,甚至是讥嘲。

我们已经知道,埃拉西斯特拉图斯非常关注脑。他描述了四个主要脑室,对脑室系统做出了更为彻底的说明,这些都是在希罗菲卢斯观察的基础上所做出的改进。实际上,希罗菲卢斯只提到了三个脑室,他似乎不知道位于中脑的中央脑室(第三脑室)。埃拉西斯特拉图斯对大脑半球卷曲的形状更为关注,把大脑半球的表面和缠绕的小肠相比。埃拉西斯特拉图斯相信在这些"螺旋"的规模上,人脑要远远超过动物脑,由此认为,它们与智能有关。然而,这个理论遭到了盖伦的批评,盖伦说猴子的脑也有类似的形状,但却笨得可以。像希罗菲卢斯一样,埃拉西斯特拉图斯也认识到不同的神经在负责感知和运动,尽管按照盖伦的说法,在埃拉西斯特拉图斯的早期作品中,这些神经是源自脑的外部膜,而不是源自脑本身(这个看法也许是在吕克昂学园的时候源自亚里士多德)。埃拉西斯特拉图斯似乎也是第一个认识到脑组织和脊髓是连续的人。

33

不过,埃拉西斯特拉图斯的最大遗产也许是他解释了血液和普纽玛在身体中的产生方式。他的解剖学观察让他得出了这样的结论:身体的每一个部分都会接入由静脉、动脉和神经"三者编织起来的管道"。从这个结论,埃拉西斯特拉图斯推论说,每一个器官都会从静脉接收血液,从动脉接收类似空气一样的物质(活力普纽玛),以及从神经接收灵魂普纽玛。这些物质也被赋予了不同的功能。埃拉西斯特拉图斯认为,从肝脏产生的血液吸收了来自胃部的营养,在被运送到右心室以后由静脉来分配,以此向身体提供营养。与这个过程相平行,肺部吸进空气,并运送到心脏,在这里空气被转化成活力普纽玛。活力普纽玛为身体提供热量,它们被泵入动脉来支撑诸如消化和营养的功能。这些观点并不新颖,但不同的是埃拉西斯特拉图斯理论的第三个方面:他提出了一个假设——有一些活力普纽玛作为灵魂普纽玛流到了脑部,被储存在脑室中,在这里,与来自感觉神经的运动相遇,产生了感觉和觉知。继而,灵魂普纽玛流过来自脑室的中空的神经,通过使肌肉膨胀和收缩产生了运动,就好像气球一样。这种有关肌肉运动的理论一直流行到 17 世纪,甚至连笛卡儿也接受这个理论。

实验生理学的创始人:帕加玛的盖伦

亚历山大死后大约两个世纪,希腊世界经历了一个过渡时期,那些越来越好战和日益分裂的城邦被罗马共和国兼并。像之前的马其顿人一样，罗马人将希腊文化融入了他们的生活中。借着征服活动，罗马人将希腊文化带到了地中海、北非、亚洲以及大部分的西欧地区，缔造了当时世界上面积最大、人口最多的帝国。据估计，在罗马的鼎盛时期，世界上每四个人中就有一个人生活在罗马制下。希腊的天才才在诸如艺术、文学和哲学这样的智识领域施展拳脚，但罗马人在实用技能方面更胜一筹，他们建立了高效的军事组织，建造了道路、桥梁和防御工事这样的基础设施，借此可以管理行省、征税和鼓励贸易。由于帝国幅员辽阔（超过了250万平方英里），持续时间又很长（差不多500年），罗马的制度和文化对许多非罗马地区的语言、宗教、建筑、哲学、法律以及政府的发展产生了无法磨灭的长久影响，这一点在欧洲尤其明显。

34　　　随着希腊帝国的衰落，许多学者前往罗马定居，这其中就有克劳狄乌斯·盖伦（Claudius Galen，129—200）。[9] 盖伦生在帕加玛（如今土耳其的伯格马），是一名富裕的建筑师的儿子（见图2.2）。帕加玛是一座繁荣的城市，其中有一座图书馆，可以比肩亚历山大图书馆，还有一座用于医学和治疗的宏伟神庙，它也因此而闻名。家境的殷实让盖伦可以自由发展，在父亲的支持下，他决定从医。在20岁的时候，盖伦离开了帕加玛去士麦那、哥林多和亚历山大港学习医学，在很大程度上这也许也是为了摆脱他那脾气暴躁的母亲。[10] 在157年，28岁的盖伦回到帕加玛，被任命为角斗士的首席医生，在这个位置上他需要处理各种各样的重伤。尽管盖伦声称他治疗过的角斗士从没有因伤死亡，但他承认，角斗士的伤给他提供了一个"观察身体的窗口"，让他可以扩展解剖学和外科知识。在这个位置上干了大约4年以后，盖伦去了罗马，在罗马，他因为治好了身染疟疾的哲学家尤德慕斯（Eudemus）而受到赞誉。几年后，盖伦被任命为皇帝的御医。一开始，他要在帝国东北部为许多军事行动服务，但很快他的军役就结束了。169年，由于暴发瘟疫，他被召回了罗马。从此以后，盖伦在帝国宫廷中就有了稳固的职位，作为罗马公民，他的余生服务过4任皇帝，成了罗马最著名的医生。他的名声是如此之盛，以至于皇帝马可·奥勒留（Marcus Aurelius）说他是最棒的医生、独一无二的哲学家。

图 2.2 帕加玛的盖伦。没有保存下来的盖伦半身塑像。这幅肖像取自朱莉安娜·安妮西亚手稿（现藏于维也纳）中的一幅画。原作已经严重损坏，这一幅是伦敦大学学院的 T. L. 布尔顿(T. L. Poulton)重新绘制的。

盖伦是一个多产的作者，他写作的主题异常广泛，不仅包括他的本行医学，而且还有逻辑学、哲学和文学批评。据有些评论者说，有 20 位抄写员来记下他说的每一个字，如果是真的，这就有助于解释他在罗马期间何以能够写出 300 多部重要作品。在这些作品中，有 170 多部留存了下来，超过 250 万字。在这之中，最重要的可以说是《论身体各部分的功能》(De usu partium)，这本论著展示了身体的每一个结构如何拥有各自的特定功能。这本书的现代译本有 2 卷，超过 800 页。如此源源不断的创作使得盖伦成为现存古代作家中留下作品最多的人。事实上，这些作品约占我们今天掌握的古希腊知识的 10%。非但如此，在尝试总结和综合前人的著作方面——这些著作如今已经失传了——盖伦也是一个重要的历史人物。例如，盖伦非常热衷于希波克拉底(是他的英雄)的体液学说、希罗菲卢斯和埃拉西斯特拉图斯的解剖学和生理学以及柏拉图和亚里士多德的哲学。然而，他献身于工作也是以个人生活为代价的：盖伦终生未婚，生活非常简朴，据说他对过度的性事有着一种禁欲主义的厌恶。

然而，盖伦真正的伟大之处在于他立志要用自己的发现、得出的事实和理论扩充已有的知识。对真理的追求让盖伦做出了在古代世界罕见的事情：科学实验，包括首次进行活体动物的解剖研究。因此盖伦可以被看作实验生理学的创始人，他试图获得有关身体运作的确凿事实。正是这种投入让他有了许多新的发现。例如，他是第一个意识到动脉里充满的是血液而不是空气的人。再者，通过将活体动物的输尿管打结，盖伦发现尿液是由肾脏，而非像当时人们所相信的，由膀胱产生。他还意识到，肌肉只有收缩的能力，而通过对眼睑开合的观察，他正确地推论出特定肌肉的放松总是相对肌肉的收缩造成的。盖伦的权威和经验研究的品质让他在死后一直影响了医学长达 15 个世纪。不过，我们接下来将会看到，让盖伦最为出名的正是他在神经系统，尤其是脊髓方面的发现。

盖伦对脑的描述

在《论解剖程序》（*De anatomicis adminstrationibus*）一书的第九章中（见图 2.3），盖伦对脑做了最详细的描述，这个描述基于他在解剖演示过程中的逐字记录。尽管盖伦似乎并没有进行任何新的观察，但这份记录还是

37 远远超过了此前的一切记述。记录从盖伦指导其他人怎样用铁刀和其他工具将牛脑从牛颅骨中取出开始。接着，盖伦标记了牛脑的许多表面特征，包括血管和窦的分布。他还描述了保护脑的脑膜，包括最外层的纤维硬脑膜和内部更精细的软脑膜。盖伦也解释了要怎样切开脑部来展示内部结构。用他的方法最先揭示出来的结构之一是胼胝体，盖伦将其外观比作硬化了的或者白色的、结了茧的皮肤。胼胝体是最为显眼的脑内部结构，如今我们知道它是连接脑的两个半球的通路。盖伦还细致地描述了脑室。在他的演示中，脑室由两个前脑室构成，这两个前脑室通过"孔洞"（the intraventricular foramina）与中间脑室相连。中间脑室继而又通过一根导水

管与和脊髓相通的后脑室相连。盖伦还辨认出了脑室中的脉络膜,他认为这是一簇交织在一起的静脉和动脉。

36

图 2.3　1531 年出版的盖伦《论解剖程序》一书的扉页。

深入到脑的内部,盖伦发现了一个单一的松果形状的结构或被称为松果体(conarium,现代的"松果腺"一词就来自此),它紧挨着连接第三和第四脑室的导水管。另一个明显的结构是一个白色的长弓形结构,它的两臂位于侧脑室下方,盖伦将其称为穹隆(fornix)。他还将其比为拱形的屋顶,因为就结构上来说,它似乎支撑着上面的脑,包括大脑半球。[11]尽管盖伦承认之前的解剖学家已经看到过松果腺和穹隆,但没有提到这些解剖学家是谁。把脑颠倒过来从底部看,盖伦对一个被称为"漏斗管"的漏斗状的结构进行了描述,它与脑垂体(pituitary gland,这个名称来自 pituita,意思是"痰")相连。盖伦很清楚这一结构,因为在《论身体各部分的功能》一书中,他继承了希波克拉底的观点,认为漏斗管的作用是排除脑部的痰和黏液并将其运送至鼻腔。

盖伦描述的脑的另一个部位是"臀部"(buttocks)。它们最有可能就是位于上脑干的圆形凸起,这些凸起如今被称为上丘(superior colliculi)和下丘(inferior colliculi)。盖伦还提到位于小脑两个半球之间的狭窄的蠕虫状结构,他将其称为蠕形突起(vermiform process)。后来的著作家将其缩写为vermis(小脑蚓体),他们认为它是调解普纽玛流入第四脑室的管道。小脑蚓体在中世纪所谓的隔间学说中也发挥着重要的作用(见下一章)。有必要注意的是在这一节中出现的某些词语是拉丁文。尽管盖伦在罗马宫廷任职,但他避免使用拉丁文,而说话和写作时更喜欢用希腊文,当时希腊语在罗马非常流行。

盖伦对颅神经和脊神经的描述

很少有人会不认同盖伦最伟大的解剖学成就是他对神经系统进行了描述。[12]由于人体解剖在罗马被严格禁止,所以盖伦不得不使用动物来做研究,他的研究表明神经系统由两个不同的系统构成,这让他远远超越了希罗菲卢斯和埃拉西斯特拉图斯。这两个系统分别是:(1)一组通过孔洞[称为小孔(foramina)]进出脑的神经通路,这些孔洞位于颅骨的底部(如今被称为颅神经);(2)与骨髓相连的一组更为分散的神经。正如我们在下面要看到的,

盖伦以惊人的细节描述了这两个系统。除此之外,盖伦还能够区分神经与
韧带(他看出韧带是与骨头相连的)以及区分神经与和肌肉相连的筋腱。因
此,从盖伦开始,人们就再也没有将神经与身体的肌腱相混淆。然而,盖伦
也承认,这是"一项既费力又困难的工作",尤其是因为罗马炎热的天气很不
利于解剖学的研究。考虑到神经系统的复杂性——它有许多纤细又相互交
织的分支通达全身(由于血液的缘故,绝大多数的神经都不容易观察)——
和解剖工具的原始性,盖伦成功勾勒神经系统的一般性分布这一点无疑是
有史以来最伟大的解剖学成就之一。

　　盖伦对颅神经的描述让读者确信,所有神经、感觉以及自主运动的来
源都是脑。不过这些神经最初并不是盖伦发现的,盖伦承认它们最初是
由亚历山大港的解剖学家马利奴斯(Marinus)发现的,而且马利奴斯还给
这些神经编了号。盖伦必定了解马利奴斯的工作,因为他还说把马利奴
斯的书复制了 20 本。然而由于这些书都没有保存下来,我们只能依靠他
那些与他的亚历山大港前辈一致的观察来了解。如今,我们知道人脑有
12 对颅神经(I~XII)。盖伦列出了 7 对,尽管从他的描述中我们可以清楚
地看到他实际上发现了 10 对,因为他把颅神经与其他一些通路搞混淆了。
盖伦还轻视嗅觉神经,因为他认为嗅觉神经是中空的管道,它让气味直接
进入脑室,而现在绝大多数权威都将嗅觉神经视为第一号颅神经。盖伦
对颅神经及其终点的简述如下(采用马利奴斯的编号系统):(I)视神经通
向眼睛后部;(II)眼动神经通向眼睛的肌肉;(III)三叉神经通向下颌、牙
齿、嘴唇和舌头;(IV)通往上颚的一条通路;[13](V)面部神经通往耳朵和脸
颊;[14](VI)迷走神经向下通往身体,包括肺、心脏、喉部、食道和胃;[15](VII)
舌下神经通往舌头。

　　尽管这些神经给人的印象是脑将它们传递出去,从而激活身体各个器
官,但盖伦也意识到其中一些具有感觉功能。实际上,盖伦沿袭了希罗菲卢
斯和埃拉西斯特拉图斯的观点,他认为感觉神经是"软"的(这个特征让它们
容易弯曲,适宜接收印象),运动神经是"硬"的(这个特征让它们具有运动肌
肉必须要有的更大的力量)。盖伦还认为软的感觉神经直接进入前脑室,而
硬的运动神经则从包括小脑在内的脑的最后部离开。[16]这并不是全新的看

法。希罗菲卢斯和埃拉西斯特拉图斯也确认运动神经起源于脑的后部，这使得他们认为后脑室对于行为最为重要。然而，盖伦将脑的前部与感觉相连的看法却是全新的。在接下来的数个世纪中，这将是一个具有高度影响力的看法。有趣的是，盖伦还认为神经的性质会影响到一个人的人格。例如，他主张硬的运动神经在勇敢的人身上占据主导地位，这就是"钢铁般的意志"（nerves of steel）这个表达的来源。

　　最早对脊髓及其神经通路做出精确描述的也是盖伦。例如，他把脊髓描述为"硬的、中空的、连接在一起的"，将脊髓看作由通过脊柱内部的骨髓形成的脑的延伸。重要的是，他还认为这个系统有着与颅神经完全不同的功能。实际上，在他看来，脊髓是维持生命的那些组织的基石，因此很显然，盖伦认为脑——通过它对脊髓的作用——负责控制生命支配身体39 的过程。盖伦还观察到，神经通路在脊髓的两侧有规律地从椎骨之间伸出，"就好像树枝"。事实上，他列出了 29 对脊神经，认为其中许多连接了肌肉和韧带。盖伦针对脊髓上部（也就是颈部和胸部的第一部分）所做的工作尤其成功，他将这些神经追踪到肩膀和上臂，并向下一直到前臂和手。但这不是全部，盖伦还概述了向下传递到脊髓两侧的第二神经附体。如今我们知道这是交感神经干——两个附着在脊柱外侧的神经节长链，也就是神经纤维束，它们一直延伸到尾骨，通过交通支（rami communicantes）与脊神经形成丰富的连接。[17]盖伦敏锐的洞察力再次体现出来，因为他相信这一神经系统让动物精气可以自由地在体内流动。更具体地说，盖伦认为这一神经系统使身体功能统一，让身体的各个部分相互作用，他将其称为生理上的"共鸣"（sympathy）。

盖伦和尖叫的猪

　　亚里士多德曾从乌龟身上取出心脏，据说埃拉西斯特拉图斯曾经将管子插入动脉来确定动脉壁是否会引起脉搏跳动，但这些实践在古代相对来说并不多见。在盖伦这里我们会看到用活体动物做得更为精细的实验，在今天，这些实验确实可以算作是"科学的"。盖伦知道自己的做法是开创性的,所以根本瞧不起他的前辈,他抱怨说:"他们曾不嫌麻烦亲自做过解剖吗?或者……给活体动物身上的各个部位进行结扎以了解什么功能会受损?"盖伦的研究不仅具有创新性,而且面面俱到,他几乎详细检查了身体的每一部分,其中包括生殖系统(例如,他测量了脐带的脉搏并摘除了猪的卵巢)和消化系统(例如,他检查了胃和肠中都有些什么)。他还检查了心血管系统,著名的做法是将一根动脉的两处扎紧,然后切开中间的部分,发现它含有血液,从而反驳了动脉只含有普纽玛的古老观点。不过盖伦最复杂和著名的实验是检查神经系统的功能。

为了进行实验,盖伦需要源源不断的动物供应,几乎使用了他在罗马市场上能找到的每一种动物,包括有一次从马克西姆斯马戏团购买的战象。然而,他更喜欢的动物是北非巴伯里猿(Macaca sylvana),它与人类最相似,圆脸,直立,没有尾巴。然而,当研究神经系统时,盖伦选择了猪,因为它的面部表情对疼痛的反应较弱。这很容易理解,因为盖伦无法麻醉动物,在切开它们的身体之前,他不得不把它们绑在手术台上。他最著名的实验大概是在公元160年左右做的,当时他在佩加蒙担任角斗士的医生。在这次实验中,盖伦试图切断猪的迷走神经的分支来检查它对呼吸的影响。毫不奇怪,手术一开始,这头猪就拼命地挣扎,痛苦地尖叫。接着,意想不到的事情发生了:就在神经被切断的那一刻,这只动物突然停止了叫声。盖伦很快意识到自己犯了一个错误。他切断的不是通向肺部的分支,而是通向发声器官(喉)的神经。换句话说,他发现了"发声的神经"。

盖伦没有忽视这一发现的重要性,他意识到自己恰恰证明了声音是由脑控制的。然而,有许多人怀疑他的说法,特别是亚里士多德学派,他们还是认为心脏才是心智的中心,但是盖伦已经有方法来否定批评他的人了,他有足够的信心在公开演示中重复他的实验——这一壮举无疑让他的声名远播帕加玛之外(见图2.4)。对盖伦来说,这个实验提供了无可辩驳的证据,证明脑是理性和心智的所在。或者,正如他所说:"声音是所有心理活动中最重要的。既然由它传播理性灵魂的思想,就必须由接收来自脑的神经的器官产生。"盖伦甚至用人类临床证据来支持这一说法,因为他报告了两个病例,他们的喉神经在颈部外科手术中受损,结果失去了发声能力。

40

图 2.4 演示尖叫的猪的木刻图,取自 1586 年在威尼斯出版的一本盖伦著作的首页。

来源:伦敦威尔克姆图书馆。

盖伦接着在其他各种动物身上做了这个实验,包括狗、山羊、熊、牛、猴子和狮子。据信,他还在角斗场为罗马人公开演示了这些实验。在演示中,盖伦会先切开一头猪的脖子,然后一个接一个切断暴露在外的神经通路,最后才是喉神经。接着便是高潮,一刀下去,这只动物停止了痛苦的尖叫。据说演示结束时盖伦把这只动物的神经补起来,这只动物又再次发出了叫声。这既是当时最著名的解剖学演示,也鼓舞着后来的研究者,因为一直到文艺复兴时期,盖伦的许多著作都配有描述实验的插图。令人印象深刻的一个人是列奥纳多·达·芬奇,他画出了人类喉神经。奇怪的是,盖伦自己的作品中没有一部配有任何解剖图,尽管简单的人体示意图被认为是在距当时大约 500 年前由亚里士多德发明的。

盖伦对脊髓的描述

盖伦的实验也扩展到研究脊髓的功能。在盖伦以前,希波克拉底对脊髓损伤做出过最好的描述,他曾写过:"这样的病人更容易失去腿和手臂的力量,更容易身体麻痹和尿闭。"然而,盖伦比他的前任走得更远。这项工作在《论解剖程序》中得到了最全面的介绍,在这本书中,盖伦通过在不同位置上切断脊髓来对其做出检查,然后观察身体的各个部分是如何受到影响并瘫痪的。他的主要发现之一是,损伤总是造成切口以下部位运动和感觉的丧失。因此,脊髓底部的切口就会使腿部瘫痪,但不会使手臂瘫痪。更重要的是,盖伦还发现,当切口沿着脊髓向下移动时,脊髓损伤所造成的缺陷的严重程度就会降低。例如,第一和第二椎体之间的切口会导致全身瘫痪和死亡,而第三和第四椎体造成的损伤则会恢复一些活动,但却中止了肺的活动。然而,切断第六和第七椎体只会使胸部肌肉瘫痪,却对膈肌的运动没有影响。如果损伤发生在脊髓下部,则瘫痪就仅限于下肢和膀胱。

盖伦使用另一种技术来研究脊髓外神经通路的功能,他用羊毛制成的细线把神经通路绑起来——这是一个聪明的方法,它让神经的功能在绑扎放松后可以得到恢复。盖伦不仅用这个手法再次显示了喉神经在发声中的重要性和舌咽神经在呼吸中的重要性,还研究了控制肌肉组织的特定神经通路。事实上,通过使用这项技术,盖伦证明了截断神经会导致肌肉瘫痪并失去所有感觉。有趣的是,控制心脏的迷走神经是一个例外。切断这条通路并不能阻止心脏的跳动,这一发现导致盖伦认为,心脏一定有自己内在的"脉动力"。盖伦甚至对脊髓中运动通路的位置有了一些了解,因为他发现沿脊髓中轴上下切开并不会造成瘫痪。这样,他就证明了支配身体的脊髓神经来自脊髓的外侧区域。今天,我们知道,连接脊髓和脑的上行(感觉)和下行(运动)束的确穿过了脊髓外部区域的白质。同样有趣的是,盖伦也意识到脊神经并没有支配身体的所有部分,因为那些传递到脸部和头部的神经总是来自脑(即颅神经)。

灵魂普纽玛在神经系统中的作用

尽管盖伦在解剖学上取得了巨大的成就,但这只是他试图对神经系统如何工作做出更宏大解释的一种手段。换句话说,盖伦将解剖学当作一种更好地理解神经生理学,也包括脑的运作的手段。在这方面,盖伦受到了当时流行信念的束缚,这种信念将一种被称为普纽玛的类似气的物质看作就像赋予了生命活力的呼吸一样。普纽玛这个概念可以追溯到荷马,在希腊思想中有着悠久的历史。它也是亚里士多德哲学的一个重要组成部分,因为他认为普纽玛是精神(或灵魂)的工具,支配着身体的所有生物过程。然而,对普纽玛的生理重要性进行详细阐述的则是埃拉西斯特拉图斯,他区分了对于生命必不可少的活力普纽玛和在神经功能中发挥更重要作用的灵魂普纽玛。后一种物质被认为储存在脑室里,它通过神经流动到肌肉。盖伦延续了这一悠久的希腊传统,将普纽玛的存在看作动物生存的先决条件。然而,他进一步阐释了灵魂普纽玛在生理系统中的重要性。事实上,盖伦将他的生理学系统立基于埃拉西斯特拉图斯最先提出的三元构想。该系统以三个主要器官(肝、心、脑)、三条管道(静脉、动脉和神经)以及三种精气(自然、活力和动物)为基础。然而,它与埃拉西斯特拉图斯的构想又有显著的不同,尤其是在脑的方面。

正如我们看到的,埃拉西斯特拉图斯构建了一个生理系统,在这个系统中,肝脏产生的血液被传递到心脏,在那里,血液与来自肺部的普纽玛混合在一起,形成了活力精气(见图2.5)。这就产生了赋予身体以生命的热量,尽管其中一些热量也会流向脑,被转化为灵魂普纽玛,并储存在脑室里。在这里,灵魂普纽玛基本上同时发挥着灵魂和神经的作用。尽管盖伦大体上同意这一理论,但有一个重要的不同之处:对他来说,灵魂普纽玛不是在脑中产生的,而是在脑的底部由纤细动脉组成的巨大网络中产生的,被称为红体(rete mirable),或"巨大的网络"。一旦形成,灵魂普纽玛就会进入突出的第四脑室的脉络膜丛的血管,在那里,普纽玛会进一步精细化。只有在那个时候,灵魂普纽玛才会储存在脑室里。虽然这一变化看起来也许并没有根本背离埃拉西斯特拉图斯的理论,但它后续产生了严重的影响,因为人脑中并没有红体,而盖伦可能是从牛脑中推断出它的存在的。这个错误直到 16 世纪才由佛兰德的解剖学家维萨里(Vesalius)发现,那时它严重削弱了盖伦的权威,而在此之前,盖伦的权威不可动摇。

42

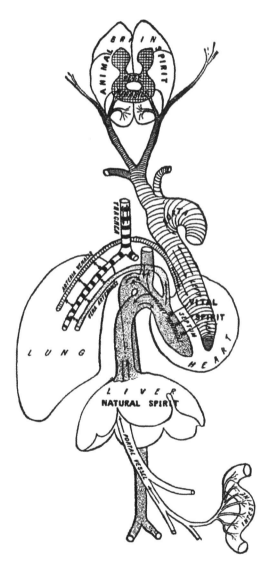

图 2.5　盖伦的生理学系统,它展示了精气的三种类型(自然、活力和动物)是如何在身体中形成的。

来源:伦敦威尔克姆图书馆。

盖伦在其他几个重要方面也不同意埃拉西斯特拉图斯的观点。例如，埃拉西斯特拉图斯将灵魂普纽玛限制在脑室，认为它在那里起着精神的作用，但盖伦坚持认为，灵魂普纽玛能够渗透到脑本身的实际物质中。造成这一变化的原因之一是，盖伦认为，硬的运动神经来自小脑，而不是像埃拉西斯特拉图斯所认为的来自脑室。因此，在盖伦看来，灵魂普纽玛必须通过脑室中的物质找到进入运动神经通路的途径。盖伦在精神（即灵魂）的本质问题上也与埃拉西斯特拉图斯对立。埃拉西斯特拉图斯认为灵魂普纽玛是灵魂的同义词，而盖伦却把它降格为从属的角色，称其是灵魂作用于身体的"主要工具"。[18]换句话说，灵魂普纽玛并不是灵魂，而是某种在灵魂和物质世界之间起作用的中间物质。事实上，盖伦甚至说，他对灵魂的性质或本质一无所知。考虑到灵魂的重要性，对于一个自诩为专家的人来说，这是一个相当大的遗漏，尽管他非常坦率。

最早的脑实验

盖伦并不满足于简单地对脑室或被认为是脑室中物质的性质给出结论。相反，他试图通过对脑的最初的实验研究来回答这些问题。盖伦做出了如下推论：如果脑室像埃拉西斯特拉图斯坚持的那样容纳着灵魂，那么一把穿透脑室的刀就能让普纽玛逃脱。既然普纽玛也是一种生命力，那么这对动物来说必然是致命的。然而，主要对山羊进行的研究表明，这种情况并不总是发生。例如，当盖伦切开重叠的皮层刺入前（侧）脑室时，他发现动物们很快就从痛苦中恢复了过来。他还研究了收缩脑室所造成的影响，除了停止眨眼以外，其他影响甚微。盖伦甚至还用人的案例来支持他的主张，因为他曾经治疗过一个前脑室破裂的年轻人，这个年轻人并没有因为受伤而遭受长期不良的后果。然而，剩下的两个脑室（中脑室和后脑室）的损伤就没有那么温和了。中脑室的切口会导致动物陷入很少能恢复过来的昏迷。同样类型的后脑室切口更具破坏性，它会导致昏迷和迅速死亡。当脊髓受伤时会造成同样的效果。

盖伦还试图理解这种通过神经激活肌肉的物质的性质。埃拉西斯特拉图斯曾说这种神经物质是来自脑室的灵魂普纽玛。然而,盖伦找不到支持这一观点的证据。事实上,这种理论假设神经是中空的,但盖伦的观察表明,它们是坚硬无孔的。这使得盖伦推测,神经可能使用了其他类型的物质,尽管除了把它称为一种"力量"之外他也无计可施。例如,他写道:"那么,在神经中存在着一种相当强大的力量,这种力量从上而下,来自伟大的法则,因为这种力量不是肌肉天生的,也不起源于肌肉。"还有一次,他甚至把这种力量比作阳光。然而,在其他的叙述中,他又回到了普纽玛物质或液体的概念,这种物质由于液压从脑中被挤出来。他也通过主张脑有一个泵送机制来支持这一观点,因为当头部受伤,脑表面暴露出来的时候,可以看到脑会"收缩和扩张"。[19]直到 18 世纪,有关神经功能的普纽玛理论才被推翻,取而代之的是有关动物电的理论。

盖伦的伟大遗产

随着 200 年左右盖伦的去世,医学史上的一个重要篇章结束了。盖伦把自己的工作与希腊医学传统的精华结合起来,巨细靡遗地报告了解剖学全部有价值的东西。更重要的是,他通过严格和仔细的实验来支持自己的主张。没有人能与他匹敌,在超过 1500 多年的时间里盖伦一直是医学领域的权威,只有希波克拉底才能与他相比。在此期间,几乎没有对脑和神经系统的进一步研究。盖伦还写了大量其他题材的作品,虽然他的私人图书馆中的大部分作品都在公元 192 年的一场大火中烧毁了,但有些作品保留了下来。这些作品后来被从希腊语(盖伦不用拉丁文写作)翻译成叙利亚语和阿拉伯语,在罗马衰亡后的数个世纪里成为整个伊斯兰世界医学的基础。事实上,到了 9 世纪,通过巴格达一位名叫胡南·伊本·伊沙克(Hunain ibn Ishaq)的基督教医生的努力,盖伦的作品被翻译成 129 个版本。当 12 世纪和 13 世纪,黑暗时代在西方终结时,在从东方带回来的文本中发现,盖伦是最早的作品被翻译成拉丁文的古典作家之一。尽管盖伦不是基督徒,但他强调了人体的复杂性和美,声称人体的设计不可能是偶然的。这使得盖伦的教义不违背基督教会,而基督教会的认可帮助他在 14 和

15世纪成为最大的医学权威。盖伦的方法论稳健、研究全面而多产，以及作品在神学上被接受，这些因素的结合传达了这样一种印象，即解剖学和生理学几乎再没有什么可以学习的东西了。

45　　　盖伦在许多场合都声称医学在他手上已经臻于完美，虽然有时他被指责过于自负且傲慢，但他的自我评价却也有助于声名的不朽。或者就像他自己说的：

> 我为医学所做的贡献和图拉真为罗马帝国所做的贡献一样多。是我，而且只有我，揭示了医学的真正道路。必须承认，希波克拉底已经在这条路上竖起了标桩。他准备铺路，但我使之成为可能。

盖伦可能是古代最伟大的医生，但他既不完美，也不是绝对正确的。他的错误需要1000多年的时间才能被发现，16世纪，人们才开始发现他在解剖学和生理学著作中的第一个明显错误。特别是他使用包括狗、猪和猕猴在内的动物来理解和描述人体这一点会带来许多误解，而这些误解的消除过程是缓慢的。尽管如此，盖伦的去世（下一章将会讨论）对于人类更好地理解自身的本性是重要的，因为最终表明，关于身体人类还有很多需要了解的东西。虽然如此，在他的工作受到质疑之后很久，权威仍然受到尊重。说他是一个天才一点也不夸张，他决心通过实验方法来了解身体、脑和神经系统的运作，这在当时是遥遥领先的。只有随着科学革命的到来，人们才再一次认真开始这样的工作。盖伦可以说是最早的神经科学家。

注释：

1. 据说托勒密想把尸体埋葬在亚历山大港，是为了实现亚历山大最喜欢的占卜师阿里斯塔德（Aristander）的预言。她曾预言，亚历山大大帝将要创立的国家将成为世界上最繁荣的国家。

2. 埃拉托色尼以尝试测量地球周长而闻名，他估计地球周长是24662

英里,这是相当精确的,因为实际的长度是 24817 英里。

3. 一些历史学家甚至怀疑,解剖是否曾出现在亚历山大港,虽然这样的历史学家明显是少数。

4. 今天,人们认识到脑有四个相连的脑室。前两个(被称为前脑室或侧脑室)连通脑中部的中间(或第三)脑室,后(或第四)脑室则位于脑干中。

5. 事实上,盖伦称希罗菲卢斯和他同时代的解剖学家尤德摩斯(Eudemus)是继希波克拉底之后最仔细记录神经解剖的人。不过人们对尤德摩斯和他的作品知之甚少。

6. 让人感到困惑的是,根据盖伦的说法,希罗菲卢斯也把运动的能力赋予了静脉和动脉。

7. 根据普林尼的说法,埃拉西斯特拉图斯实际上是亚里士多德的外孙,他的母亲是亚里士多德的女儿皮西亚斯(Pythias)。

8. 事实上,安条克爱上了他父亲年轻漂亮的妻子——埃拉西斯特拉图斯注意到,当安条克走进她的房间时,他的脉搏加快了。当国王知道真相后,慷慨地让妻子嫁给了儿子。他还给了埃拉西斯特拉图斯一笔不菲的奖赏,据说是 100 塔兰特,这使得埃拉西斯特拉图斯余生都很富有。

9. 盖伦这个名字来源于希腊语“galenos”,意思是平静和安详。这似乎不太适合盖伦,他经常被认为很傲慢、好出风头,而且自以为是。

10. 盖伦母亲的脾气远近闻名。据说,她的尖叫声和唠叨即使是在街上都听得到,当她生起气来,有时会咬女佣。

11. 人们认为现代单词“formication”(即婚外性行为)源自“fornix”(即拱门或拱形屋顶),因为罗马的妓女会在城市的地下建筑里寻欢。 46

12. 这项工作主要体现在《论解剖程序》这本书中,尽管在《论身体各部分的功能》和一部更短的名为《神经的解剖》(*De nervorum dissection*)的论著中也有所涉及。

13. 这个通路如今被看作三叉神经的一个分支。

14. 我们现在知道盖伦在此描述的是两种颅神经——面部神经和听觉神经。

15. 在这里,盖伦把迷走神经、副神经和舌咽神经混淆了。

16. 盖伦似乎认为还存在不同类型神经的混合体（即具有感觉和运动功能的神经），如支配舌头的神经，因为它的硬度适中。

17 交通支是连接脊神经和交感神经干的分支。

18. 盖伦写道："无论灵魂的材质是什么，都将灵魂普纽玛作为它的第一种工具，将身体的各个部分作为它的第二种工具。"

19. 这一观察出自关于脑的最早记录，它是由古埃及人在公元前 1700 年左右做出的。

参考文献

Acar, F. , Naderi, S. , Guvencer, M. , et al. (2005). Herophilus of Chalcedon：A pioneer in Neuroscience, *Neurosurgery*, 56(4), 861-867.

Christie, R. V. (1987). Galen on Erasistratus. *Perspectives in Biology and Medicine*, 30(3), 440-449.

Clifford Rose, F. (1993). European neurology from its beginnings until the 15th century：An overview. *Journal of the History of Neuroscience*, 2(1), 21-44.

Cosans, C. E. (1998). The experimental foundations of Galen's teleology. *Studies in History and Philosophy of Science*, 29(1), 63-80.

Dobson, J. F. (1925). Herophilus of Alexandria. *Proceedings of the Royal Society of Medicine*, 18, 19-32.

Dobson, J. F. (1927). Erasistratus. *Proceedings of the Royal Society of Medicine*, 20, 21-28.

Freeman, F. R. (1994). Galen's ideas on neurological function. *Journal of the History of Neuroscience*, 3(4), 263-271.

Goss, C. M. (1966). On anatomy of nerves by Galen of Pergamon. *American Journal of Anatomy*, 118(2), 327-336.

Gross, C. G. (1988). Galen and the squealing pig. *The Neuroscientist*, 4(3), 216-221.

Hall, T. S. (1975). *History of General Physiology*：600 BC *to* AD 1900. Chicago, IL：University of Chicago Press.

Karenberg, A. (2010). The Greco-Roman world. In Finger, S., Boller, F. and Tyler, K. L. (eds.), *Handbook of Clinical Neurology*, vol. 95. Amsterdam：Elsevier.

Keele, K. D. (1961). Three early masters of experimental medicine-Erasistratus, Galen and Leonardo da Vinci. *Proceedings of the Royal Society of Medicine*, 54(7), 577-588.

Lloyd, G. (1975). Alcmaeon and the early history of dissection. *Sudhoffs Archives*, 59(2), 113-147.

Longrigg, J. (1988). Anatomy in Alexandria in the third century B. C. *British Journal of History and Science*, 21(4), 455-488.

Major, R. H. (1961). Galen as a neurologist. *World Neurology*, 2, 372-380.

May, M. (1968). *Galen：On the Usefulness of the Parts of the Body*. Ithaca, NY：Cornell University Press.

Nutton, V. (2004). *Ancient Medicine*. London：Routledge.

Prendergast, J. S. (1930). The background of Galen's life and activities, and its influence on his achievements. *Proceedings of the Royal Society of Medicine*, 23(8), 1131-1149.

Riese, W. (1959). *A History of Neurology*. New York：MD Publications.

Rocca, J. (1997). Galen and the ventricular system. *Journal of the History of Neuroscience*, 6(3), 227-239.

Rothschuh, K. E. (1973). *History of Physiology*. Huntington, NY：Krieger.

Sarton, G. (1954). *Galen of Pergamon*. Kansas, KS：University of 47 Kansas Press.

Siegel, R. E. (1968). *Galen's System of Physiology and Medicine*. Basal：Karger.

Sigerist, H. E. (1935). *Great Doctors: A Biographical History of Medicine*. London: George Allen & Unwin.

Singer, C. (1956). *Galen on Anatomical Procedures*. Oxford: Oxford University Press.

Singer, C. (1957). *A Short History of Anatomy and Physiology from the Greeks to Harvey*. New York: Dover.

Smith, E. S. (1971). Galen's account of the cranial nerves and the autonomic nervous system: Part 1. *Clio Medicine*, 6(2), 77-98.

Smith, E. S. (1971). Galen's account of the cranial nerves and the autonomic nervous system: Part 2. *Clio Medicine*, 6(2), 173-194.

Spillane, J. D. (1981). *The Doctrine of the Nerves: Chapters in the History of Neurology*. Oxford: Oxford University Press.

Stahnisch, F. W. (2010). On the use of animal experimentation in the history of neurology. In Finger, S., Boller, F. and Tyler, K. L. (eds.), *Handbook of Clinical Neurology*, vol. 95. Amsterdam: Elsevier.

Temkin, O. (1951). On Galen's pneumatology. *Gesnerus*, 8 (1-2), 180-189.

Temkin, O. (1973). *Galenism: Rise and Decline of a Medical Philosophy*. Ithaca, NY: Cornell University Press.

Von Staden, H. (1992). The discovery of the body: Human dissection and its cultural contexts in ancient Greece. *The Yale Journal of Biology and Medicine*, 65(3), 223-241.

Wills, A. (1999). Herophilus, Erasistratus, and the birth of neuroscience. *The Lancet*, 354(9191), 1719-1720.

Wilson, L. (1959). Erasistratus, Galen and the Pneuma. *Bulletin of the History of Medicine*, 33, 293-314.

Wilson, N. (2009). *Encyclopaedia of Ancient Greece*. Routledge: London.

Wiltse, L. L. and Pait, T. G. (1998). Herophilus of Alexandria (325—

255 B. C.):The father of anatomy. *Spine*,23(17),1904-1914.

Woollam,D. M. H. (1958). Concepts of the brain and its functions in classical antiquity. In F. M. L. Poynter (ed.),*The Brain and its Functions*. Blackwell:Oxford.

Woollam,D. H. M. (1962). The historical significance of the cererbrospinal fluid. *Medical History*,1(2),91-114

3 从古代晚期到文艺复兴:隔间学说

48   知道一切是可能的。

列奥纳多·达·芬奇

我要冒昧地说,脑室不过就是腔室和空间的组合,在这里,由于脑中特殊物质的力量,被吸入的空气加上来自心脏的活力精气就变成了动物精气。

维萨里

概 要

盖伦死于 2 世纪末,在这之后大约 200 年,罗马衰亡了,自此以后又过了 1200 年,才有了新的解剖学和生理学研究。在这段时期的大部分时间中,亚里士多德和盖伦等人提出的古希腊的所有知识都在西方湮没无闻,人们在这段时间对科学漠不关心,有些人将此时期称为黑暗时代。在东方,情况有所不同,许多伟大的古代作品被复制下来,翻译成新的语言,并在拜占庭和伊斯兰的土地上传播。东方的学者还对这些抄本进行了颇有助益的评注。虽说这并不一定会使知识有任何新的基础性进展,但在某些情况下,它却带来了新的观念。其中一个革新就是隔间学说,在这个学说中,脑室被赋予了不同的理智功能,比如感觉、记忆和运动。脑室包含着灵魂普纽玛的这一观念源自亚历山大港的解剖学家希罗菲卢斯和埃拉西斯特拉图斯,又得到了盖伦某种程度上的支持。然而,这些研究者都没有发现脑室有什么特定的功能。隔间学说这一新的发现似乎是在 4 世纪、5 世纪由异教思想家做出的,事实证明在接下来的几个世纪中,它对基督教和伊斯兰教学者都适用。尽管隔间学说有许多表述版本,但它的基本概念为文艺复兴时期提供了一个主导的脑功能理论。事实上,没有任何脑的心理学理论有这样持久的影响力。西方在智识发展上相对停滞的状态要到 13 世纪、14 世纪才开始显出变化的迹象。一个重要的发展就是从拜占庭回来的旅行者带回了古代文献的抄本,这些抄本被译成拉丁文,这让古希腊的价值与思想重新受到人们的尊崇。另一个重要的发展是开展了人体解剖,尤其在北意大利这样的地方,人体解剖越来越被接受。这种态度的变化也许受到了十字军东征的影响,在十字军东征的过程中,死者身体的某些部位,比如心脏,有时会被送回家中埋葬。然而,最重要的进展是凹版印刷技术(intaglio technology)的出现,尤其是在 15 世纪出现的木刻插图和印刷术。随着这一发展,最初的解剖手册、有关脑的解剖学书籍开始出版。这一新变化的高潮是安德烈·维萨里(Andreas Vesalius)在 1543 年出版的《人体的构造》(*The Fabrica*)一书,这本书是人类获得新的自我理解的关键节点,它有助于推翻中世纪长期以来的教条信念和纠正过去的错误,并且为未来指出了新的道路。

49

隔间学说的起源

按照通常的说法,随着 476 年西罗马帝国的覆亡,西方世界进入了长期智识发展停滞的时期,这一时期一般被称作黑暗时代,它要到 1000 年以后的文艺复兴时期才开始出现变化。然而，就某些方面来说，这描绘了一幅误导人的画面。尽管革新也许并不是中世纪的关键特征，但在这一时期，有关人类的精神本质以及他们和上帝之间关系的观念却经历了重要的变化。除此之外，这一时期也要比许多人想象中更为文明，人们生活在很大程度上由教会支配的封建社会中。随着西罗马帝国的覆亡，罗马帝国的中心转移到了拜占庭（君士坦丁堡），君士坦丁堡是一个与过去有着重要联系的城市，因为它是希腊哲学的摇篮之一，希腊哲学的遗产被这里的学者保存下来。实际上，东罗马帝国屹立了超过 1000 年，一直到君士坦丁堡在 1453 年陷落。在这一时期开疆拓土的伊斯兰教徒也对知识有着浓厚的兴趣，[1] 通过将希腊文翻译成阿拉伯文，他们也帮助保存了古希腊的知识。盖伦的学说尤其受到尊崇，并被融合进他们的医学。然而，当对希腊著作的研究在东方蔚然成风的时候，西方却并非如此。这种情况也并不奇怪，因为在西罗马灭亡以后，绝大多数的古代著作在西方都失传了。[2] 于是，修道院成了学术的中心，研究更多地集中在寻找神的启示，神学主导了学术活动。在 13 世纪，当欧洲学者从东方返回，带着要翻译为拉丁文的古代文献的抄本时，这种局面才出现了最初的改变迹象。这是西方"知识重生"（rebirth of knowledge）的第一步，它最终导致了意大利的文艺复兴。

东方学者不仅保存了伟大的古希腊哲学家的作品，他们还经常对这些作品做出评注，在某些情况下甚至把自己的信念融入作品中。其中的一个例子就是，有些作者开始将不同的心理功能归属于各个脑室，这个理论后来被称为隔间学说（之所以这样称呼是因为脑室被想象成中空的、球形的隔间）。当然，脑室在古代生理学中发挥了关键作用。它们是脑中灵魂普纽玛的贮藏室，盖伦称其为灵魂控制身体行动的"工具"，但是重要的在于，盖伦并没有将心理活动定位到任何一个脑室。尽管盖伦认为前脑室与感觉神经相连（人们认为感觉信息来自"软"的感觉神经），运动神经与后脑室相连（这一区域产生"硬"的运动神经），他却从未将这些功能归于脑室。然而在盖伦死后 200 年，一些拜占庭的学者开始这样做。事实证明，虽然从未确立过一个标准的隔间学说,但这个学说却是一个极有影响的理论,它主导了中世纪对于脑的认识。实际上,在中世纪的手稿中至少可以找到25种不同的隔间学说的变体,这些变体表明,隔间学说的确切表述受制于各种不同的解释。

最早将脑室与心智功能联系起来的是在 370 年左右一个不知名的异教基督教 (pagan Christian) 医生和被称为波希多尼乌斯(Posidonius)的阿帕米亚(如今的叙利亚)人。[3] 虽然 6 世纪时一位被称为阿埃提乌斯(Aëtius)的作家——他是君士坦丁堡帝国宫廷的一名医生——提到过波希多尼乌斯将思维与推理的功能置于中间脑室,但我们对波希多尼乌斯知之甚少。在一段不甚清楚的文本中,阿埃提乌斯似乎还认为,波希多尼乌斯将想象置于脑的前部,而将记忆置于脑的后部。然而,按照某些现代注释家的看法,波希多尼乌斯是否真的将这些功能置于脑室,或者脑内的物质中,实际上并不清楚。不过即使这个理论被限制于中间脑室,波希多尼乌斯也已经超越了盖伦,打开了脑定位的新篇章。对于像波希多尼乌斯这样的早期基督教思想家来说,脑室理论无疑是具有吸引力的,因为比起脑中那些属于"尘世"的灰色物质来说,脑中干净的、充满液体的空洞更适合于储存精神性的或非物质的灵魂。

没过多久,剩下的脑室也和心智过程联系了起来,这是由一个更权威的人物完成的,他就是尼梅修斯(Nemesius),埃米撒(在今天的叙利亚霍姆斯)的基督教主教。在一本用希腊语写成的著作《论人的本性》(*De natura hominis*) 中,尼梅修斯试图将柏拉图式的灵魂概念融合进基督教哲学,同时也接受盖伦生理学的基本前提。在这个过程中,尼梅修斯对脑如何产生心智思维的问题做出了猜测,并得出了一个与波希多尼乌斯类似的看法:感觉位于前脑室,理智位于中间脑室,而记忆则在后部。[4] 有趣的是,尼梅修斯还通过提及脑损伤的影响来支持他的理论,他注意到前脑室的损伤会引起感觉障碍,而中间脑室的损伤会导致精神错乱。然而,根据出自 12 世纪晚期意大利萨勒诺的一篇文献《身体解剖学》(*Automia nicolai physici*),当时法庭做出决定的方式严重影响了这一版本的隔间学说。法庭通常包括三个主要房间：听取陈述的前厅（vestibulum）、讨论证据的地方（consistorium），以及听取裁决的地方（apotheca）。将这个概念拓展到脑只需要一小步。正如在《身体解剖学》中提到的："首先我们将想法集中到第一个脑室（cellular phantisca），在第二个脑室，我们思考这些观念，在第三个脑室，思想结束了，也就是说，我们在这里要记住它们。"

西方的隔间学说

51　　圣奥古斯丁（Saint Augustine，354—430）认可隔间学说，这非常重要。圣奥古斯丁是早期基督教教父中最有影响力的一位，也是中世纪哲学执牛耳的人，他的作品大部分都在西方保存了下来，构成了早期基督教神学的支柱。事实上，今天的一些基督徒也许会惊讶地发现，他们的许多信念，包括原罪的思想，并非来自《圣经》，而是来自圣奥古斯丁。圣奥古斯丁出生于希波城（the town of Hippo，今天的阿尔及利亚），年轻时，他四处游历，并在迦太基、罗马和米兰求学。由于受到柏拉图著作的强烈影响，圣奥古斯丁在 30 岁出头的时候皈依了基督教，并在 395 年成为希波的主教。圣奥古斯丁坚持认为，他真正的愿望就是获得关于上帝与灵魂的知识，基于此，他在希波发展了自己的哲学和神学。尽管圣奥古斯丁准备用哲学推理来实现自己的目标，但是他相信神圣智慧只能经由信仰才能获得。或者用他自己的话说就是："除非你相信，否则你不会理解。"这样一来，哲学就被看作宗教启示的附庸物。圣奥古斯丁在他的诸多著作中表达了这些观点。但有趣的是，在写于 401 年的《创世纪的字面意义》（*The Literal Meaning of Genesis*）中，圣奥古斯丁对脑室的心智功能的定位做了令人惊讶的清晰陈述：

　　　　医学作家指出，脑中有三个脑室。其中一个靠前接近面部，是所有感觉的来源；第二个在脑的后部，靠近脖颈，是所有运动的来源；第三个在前两者之间，医学作家将记忆置于其中。既然运动跟随感觉，那么没有记忆的人如果忘记了自己已经做过的事，他就无法知道他应该做什么。

这一段对隔间学说的简短描述与波希多尼乌斯和尼梅修斯提出的隔间学说有很大的不同。尽管感觉仍旧被定位于前脑室，但圣奥古斯丁（或者他所指的医学作家）却取消了中间脑室的理智功能，代之以记忆，而波希多尼乌斯和尼梅修斯将记忆置于后脑室。而且圣奥古斯丁将一个新的功能，也就是运动，置于最后一个脑室中。实际上，将记忆置于感觉和运动能力之间更为合理，圣奥古斯丁为这一点做出了辩护。有趣的是，圣奥古斯丁将运动置于后脑室这一点与盖伦将运动神经与运动能力置于后脑室这一学说非常类似。

尽管圣奥古斯丁将脑室与认知功能联系起来，但他却拒绝像埃拉西斯特拉图斯这样的古代作家一样主张灵魂贮藏于脑室之中。相反，他追随柏拉图，认为灵魂具有神圣的起源，是一种遍及全身的、拥有理智能力的实体。而且灵魂在其尘世中的目的是要变得更像上帝，这样在死后才能进入天国，获得永生。换句话说，灵魂，而不是中间脑室是智慧的来源。为此，圣奥古斯丁还提供了一个机智的论证，他说："当脚上感到疼痛的时候，眼会看，口会说，手会动，要不是那些部位的灵魂也感觉得到脚上的疼痛，又怎么会这样呢？"尽管如此，圣奥古斯丁还是默认了隔间学说，这很重要，尤其是因为在接下来的 8 个世纪里，他将是教会最权威的声音。

52

经院哲学的兴起和后来对隔间学说的解释

事实证明，隔间学说不仅被基督徒接受，而且穆斯林和希伯来人也一样接受。在 8 世纪和 9 世纪，东方的许多著作家对这一理论进行了诸多解释，尽管这些解释要到 11 世纪和 12 世纪才开始传入西方。西方人获得这方面的著作和古代大哲学家的著作经历了一个复杂的过程，其中一个影响因素是医学学校和大学的创建，而大学是提供学位的自治组织，[5] 其中一个重要机构是意大利南部的萨勒诺学院（the School of Salerno），作为卓越的医疗中心，萨勒诺学院远近闻名，就好像亚历山大港在古代的声名一样。人们一般认为，萨勒诺学院的出现是因为一名来自迦太基的名叫康斯坦提乌斯·阿菲利加努斯（Constantius Africanus）的学者，他在 1060 年来到了位于萨勒诺以北数百英里的蒙特·卡西诺修道院，在那里，他开始将阿拉伯文的医学文献翻译成拉丁文，此后，这些译本成了萨勒诺医学院学生，以及在此之后，其他大学学生的教材。这些都不可避免地导致了对新的书籍和能够翻译这些书籍的专业人士的需求。在康斯坦提乌斯死后，许多工作都转移到了与欧洲学者和摩尔人保持联系的西班牙。在这一时期最著名的译者也许是克雷莫纳的杰拉德（Gerald of Gremona，1114—1187），他最伟大的成就是翻译了 14 卷的皇皇巨著《医典》（*Canon of Medicine*），这部著作最初是由阿拉伯医学学者中最负盛名的阿布·阿里·侯赛因·本·阿卜杜拉·本·哈柔·本·阿里·本·西那［Alial-Husain ibn 'Abdullah Ibn Sīnī'，也被称为阿维森纳（Avicenna）］所著。这是一项浩大的工程，因为这本书有 100 多万字，超过 1000 页，是一次对古代以来所有医学知识的全面综合。这本书在很大程度上依赖希波克拉底、亚里士多德和盖伦的学说，并用重要的注释和新的细节进行了充实。在接下来的 600 年中，它一直都是欧洲大学医学教育的标准教科书。

在 11 世纪开始的教育复兴在 12 世纪不断加速。翻译的涓滴细流如今已经壮大成稳固的溪流，而且西方学者自己也在努力吸收并组织这些新的知识材料。有一位哲学家由于其广泛的著作而从其他学者中脱颖而出，他就是亚里士多德。他的作品被译成拉丁文，为学者们提供了理解世界的新的强有力的方式。亚里士多德不仅提出了地球是宇宙中心的宇宙学说（这一学说被基督教神学接受），而且给出了革命性的新概念，比如形式、物质、运动和实体。对于灵魂及其心理功能，包括感官知觉、记忆和想象，亚里士多德也有重要的东西要说。此外，他还提供了对自然世界进行分类和理解的新方式。亚里士多德的著作包罗万象，导致了经院哲学的兴起,而经院哲学是一种学术追求,它本质上是尝试调和基督教神学和亚里士多德所提供的知识。这种追求也与多明我会和方济各会的僧侣有关,这些僧侣过着贫穷的生活,他们比其他宗教学者更加强调推理和论证。

大约在这一时期,随着来自亚里士多德心理学的各种功能被定位在了 53 不同脑室,有关隔间学说的思想进一步涌现,其中一个著名人物是阿维森纳。尽管阿维森纳因为《医典》而声名显赫,但他也是一个博学之人,他的写作主题非常广泛,其中包括对亚里士多德的评注。在 13 世纪和 14 世纪,没有哪个学者的权威超过了阿维森纳,他对隔间学说的看法也是最有名的。事实上,阿维森纳主张五个隔间的学说。前脑室被描述为包括了两个隔间:负责感觉的隔间[6] 和储存图像的隔间,后者被称为影像(imagination),是保留感官印象的地方。这两个部分结合创造了想象(fantasia)的能力,让我们可以想象事物。信息从这里被传递到了第三和第四隔间(中间脑室),这两个隔间给予我们的是认知和评估的能力。前一种能力可以等同于理智,在阿维森纳看来这是人独有的,而对后一种[也被称为领会能力(apprehensive faculty)]最好的界定也许是本能,是我们和动物共有的东西。最后一个隔间负责记忆,它被认为是储存思想和回忆的地方。

阿维森纳在前脑室和中间脑室之间放置了一个像阀门一样的器官,称为小脑蚓体,它的功能是调节到达脑的理智部分的感觉“流”,这样就在他的脑室模型中增加了一个新的成分。我们在盖伦的著作中也可以找到小脑蚓体,盖伦将其比作“像蠕虫一样的附加物”,它位于小脑的两个半区之间。在盖伦之后,它似乎也被看作调控中间脑室和后脑室之间普纽玛通路的结构。然而,在大约 800 年之后的阿维森纳的著作中,它的位置向前移动了,似乎是充当中间脑室理智中枢的过滤器。阿维森纳并不是第一个让小脑蚓体发挥这一作用的人,他的这一看法也许来自生活在叙利亚巴勒贝克的翻译家科斯塔·本·卢卡(Costa ben Luca,820—912)。康斯坦提乌斯·阿菲利加努斯也描述过小脑蚓体,他相信通过阀门,头部可以控制精气的流动。因此,当人们试图记忆的时候,把头往后一仰,小脑蚓体就打开了,这让精气从前脑室流动到记忆所在的后脑室。与此相对,低下头就会关闭小脑蚓体,这就会使人们更加集中注意力。

最早的脑插画

随着新的译本在西方出现,重新制作的插图也增加了。人类当然从很早就尝试着将他们体验到的世界描绘下来,就像4万年前克罗马农人的艺术,他们把有些动物的样子蚀刻在洞穴墙壁上。要是没有描画的冲动,很难想象人类文明会出现,这种冲动最终导致人们发明了象形符号和文字,还有可以进行数学演算的符号和数字。虽然如此,医学图画却令人非常困惑。尽管在诸如古巴比伦、古埃及、中国和古印度这样的古文明中都可以看到在各种材料上对人的描画,比如黏土、砖、纸莎草和竹子,但却没有任何证据表明他们试图画解剖图或者医学插画。就古埃及人来说,这个事实也许是最令人惊奇的,因为他们热衷于制作木乃伊和医学纸莎草。

56 　　即使将目光转向古希腊,解剖学插图似乎也并不被认为有多么重要。例如,公元前4世纪编纂的《希波克拉底文库》是当时最大的医学手稿汇编,但却没有任何东西表明其中有插图。事实上要到亚里士多德才有使用图画的迹象,因为在《动物的繁衍》(*De generatione animalium*)一书中,亚里士多德谈到了通过"模型、图解和示意图"来教授解剖学的重要性。遗憾的是,他的那些插图都没有保存下来,而有人猜测这些插图既不写实,也不逼真。盖伦也不鼓励他的学生依靠插图,因为他认为,直接观察和处理解剖结构是理解它们的形式和关系的唯一方式。这种不情愿的态度在一定程度上也许是因为绘画对于非专业的人来说很困难,而且那些要复制他们著作的抄写员还面临着更多的挑战。实际上,按照老普林尼(Pliny the Elder,23—79)的说法,古希腊人总是试图用文字代替图像,因为复制视觉内容有很多困难。

　　最早的真正解剖学插图大概是约公元前300年在亚历山大港创作的。

亚历山大港是古代世界唯一开展过人体解剖的地方，有可能像希罗菲卢斯和埃拉西斯特拉图斯这样的解剖学家曾尝试过画出他们所看到的东西。然而，并没有那一时期的任何绘画作品流传下来，它们是否存在过也根本说不清楚。一组包括五部分的绘画提供了某些证据，在许多东西方医学手稿中都发现了这一组绘画，它们有可能是从同一个地方复制下来的。按照德国医学史家卡尔·苏德霍夫（Karl Sudhoff）的观点，这些绘画的原作是在亚历山大港创作的。[7] 它们分别描绘了神经、骨骼、肌肉、动脉和静脉系统，而且全部都是二维的形象，姿势很奇怪，像伸开四肢蹲着的青蛙（见图 3.1）。对于为什么会采用这样一种单调的符号形式，人们颇有争论。当然，最初的画很有可能就是以这种奇怪的图示创作的，因为事实上，在欧洲，逼真的解剖学插图和肖像画要到 14 世纪和 15 世纪才出现，而在此之前的中世纪文本中，图画都是非常简单和抽象的图示（见图 3.2、图 3.3）。此外，伊斯兰律法禁止阿拉伯插图画家对身体进行逼真的描绘。而更糟的是，复制亚历山大港的画作的艺术家肯定没有看到过人体内部，因为解剖在其他地方都是被禁止的——这个事实也鼓励他们做出简单化的解释。无论出于什么原因让它们看起来如此奇怪，这些据说来自亚历山大港的画作，更确切地说是复制品，都是已知最早的脑插图。人们认为图 3.1 是在大约 1250 年的时候从萨勒莫的古代文本上复制的，它清楚地揭示了人体解剖的实践活动。尽管这幅画的主要目的是呈现人体的静脉系统，但它展示了两根进入脑的血管，脑位于头部的中央，可以通过皮层褶皱的外表面辨认出来。和这幅图一起的文字也将想象、逻辑思维和记忆的能力赋予了脑，借此展示了隔间学说的理论，毫无疑问，这些文字都是后来加上去的。

54

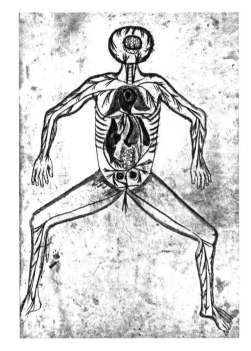

(A)

55

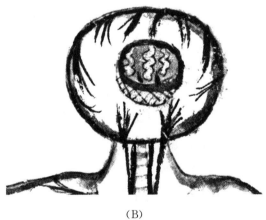

(B)

图 3.1 （A)是全身图,(B)是头部图。这是从许多东西方医学手稿中发现的五张图画中的一张,这一组绘画被认为是从更早的,大约是公元前 300 年的亚历山大港的材料复制而来。头部图可能是对脑最早的描绘。

来源:来自苏德霍夫,1908,插图 2。巴塞尔大学惠允(巴塞尔大学图书馆, Sign DⅡ,fol170)

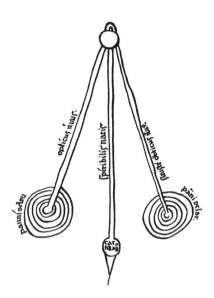

图 3.2　眼睛和鼻子与各自的神经通路相连接的示意图,它们都汇聚到了一个未标明的中心(可能在脑中)。这幅画的时间大概可以追溯到 12 世纪晚期或 13 世纪早期。

来源:苏德霍夫,1914,第 370 页。

57

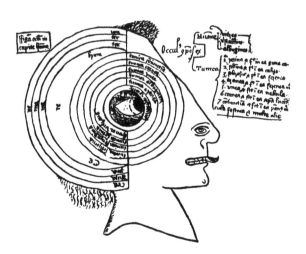

图 3.3　眼部解剖图,取自藏于大英博物馆的一份 14 世纪晚期手稿。这幅图展示了眼睛的七层结构,包括视网膜(1)和角膜(6)。在图的左侧,还标注出了头盖骨、硬脑膜、软脑膜和小脑。

来源:舒朗,1920,第 76 页.

其他的早期脑插图

58　　现存最古老的脑插图来自一份保存在剑桥凯斯学院的 11 世纪手稿。这幅图显示了一种强烈的盎格鲁—撒克逊人的影响（见图 3.4），它描绘了人体最重要的四个器官（肝脏、心脏、睾丸和脑），以顺时针的方向展示在插图上。对这幅图中的脑，或者称为大脑的部分做更细致的考察会发现，有三条线穿过脑部，它们标志了想象、推理和记忆能力的界限。创作这幅插图的艺术家似乎对亚里士多德也很熟悉，因为插图所配的文字将脑描述成冷而潮湿的，而心脏则是热而干燥的。

从示意性的解剖学插图到更为写实画法的变化是中世纪晚期出现的，那时艺术家开始采用更复杂的方法来处理他们的主题。人们完全搞不清楚为什么会突然出现这样的变化，但这似乎是由 13 世纪晚期和 14 世纪早期的意大利画家引起的，或者至少受到他们的强烈影响。这些艺术家开始理解错综复杂的透视图和三维的深度，这使他们能够利用光影来实现更丰富的效果。绘画技法的发展不仅有力驱动了早期的文艺复兴，还对插画造成了影响。我们开始看到这种更为写实的风格被运用于隔间学说。图 3.5 显示的是最早的一个例子（创作者不详）。这幅画大约创作于 1310 年左右，它描绘了脑中的 5 个隔间，这表明创作者受到了阿维森纳的影响。在其他中世纪的手稿中发现了许多相似的图画，这些手稿包括大阿尔伯特（Albertus Magnus，1193—1280）、托马斯·阿奎那和罗吉尔·培根的经院哲学的伟大作品。

图 3.4 已知最古老的原创脑插图取自一份剑桥大学所有的 11 世纪手稿。

来源:经剑桥大学冈维尔和凯厄斯学院院长和研究人员许可复制。

60

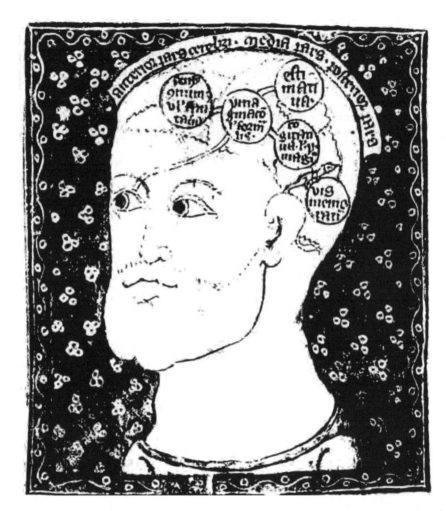

图 3.5　一幅 14 世纪(大约 1310 年)的作品,展示了受到阿维森纳影响的隔间学说。这些隔间从右至左被标记为感觉整合、想象、评价、认知或想象以及记忆。有趣的是,在这幅图上,小脑蚓体(它被画上了一个眼睛,可能是表示一种内部感知)位于第四和第五个隔间之间。

来源:德·林特,1926,第 27 页。

艺术上的另一个重要发展出现在 15 世纪开始的时候,当时木刻——将图像雕刻在一块木头上,并用墨水着色——被用来制作印刷插图。1450 年,约翰尼斯·古登堡将类似的想法用于他发明的印刷机上。尽管这是一个简单的发明,但它精确、迅速,最重要的是廉价。这项技术再次被用来展示隔间学说,最著名的例子是德国加尔都西修会的长老格雷戈尔·赖施(Gregor Reisch)的《哲学珍宝》(*Margarita philosophica*)一书上的插图(见图 3.6)。《哲学珍宝》被广泛认为是第一本近代百科全书,16 世纪的大学普遍把它当作教科书使用。在这本书中有许多木刻的精美插图,其中一幅展示的是人的头部,它有三个可以相互连通的隔间。由于这本书很受欢迎,这幅插图被大量抄袭,以至于到 19 世纪都能看到它的复制品。

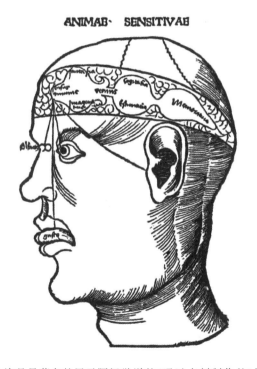

图 3.6　也许是最著名的展示隔间学说的(通过木刻制作的)插图,最早见于格雷戈尔·赖施 1503 年的《哲学珍宝》。第一个隔间所刻的文字是感觉整合、幻想和想象,第二个隔间是认知评价,第三个则是记忆。在这幅图中,小脑蚓体连接着第一和第二个隔间。

来源:伦敦威尔克姆图书馆。

蒙迪诺·德·卢齐:解剖学的恢复者

61　　解剖人类的尸体只在亚历山大港出现过,而且为时很短,大概不超过100年。此后一直到13世纪才又出现了人体解剖,其间中断了1500年。恢复人体解剖的最重要的人物之一是蒙迪诺·德·卢齐(Mondino de Luzzi,1275—1326)。蒙迪诺·德·卢齐出生在因大学而闻名的意大利北部城市博洛尼亚,他在那里接受教育并成为博洛尼亚大学的外科学教授。他生活的那个时期正好是有关人体解剖的禁忌开始松动的时期。会松动的一个原因是十字军东征,这些东征的十字军试图恢复基督教对圣地的控制。在战争中死去的人,特别是贵族阶层,他们的家人会千方百计把他们的尸骨带回家安葬。他们常常将心脏保存在神龛中或者在某些情况下煮沸尸体来获得骸骨。尽管这些行为导致教皇在1300年发布圣谕,禁止亵渎遗体,这一定程度上是为了阻止那不勒斯海员进行有利可图的尸骨买卖活动,但事实证明并没有什么效果。推动人体解剖的第二种力量是当时许多市政当局越来越希望对杀人和死亡原因展开调查。事实上,这导致了也许早在1250年意大利和北欧为数不多的一些地方就开始了验尸。很明显,对待死者的态度正在发生变化,这导致蒙迪诺·德·卢齐在1315年进行了首次有案可查的公开人体解剖。据信,尸体来自一名被执行了死刑的犯人,而解剖手术获得了梵蒂冈的批准。也许就在同一年进行了第二例公开的人体解剖。

　　在这一突破之后,研究人体解剖的解剖学开始进入到医学课程中,而这一变化也让蒙迪诺有机会进行更多的手术,这也是教授职责的一部分。据信,在博洛尼亚大学做一次完整的解剖演示要花4天的时间,这其中包括摘除消化、呼吸、循环和肌肉系统。因为蒙迪诺没有办法保存尸体,解剖要在远离阳光的、凉爽的建筑物里进行。据说,他的解剖流程是从内到外的,因为内脏器官腐烂得更快。课程的主要目的是教授解剖学。上课的时候,蒙迪诺会在能俯瞰现场的高椅子上指导手术(见图3.7)。他在指导一名"解剖员"(很明显,这是法律允许做解剖的唯一一类人)用各种刀具切开和肢解尸体。第二名助手会用一根手杖向聚拢在尸体周围的学生展示各种器官。这

是教授解剖学的新方式,它引起了很多人的兴趣,让博洛尼亚大学和意大利
的其他大学走在了医学界的前列。

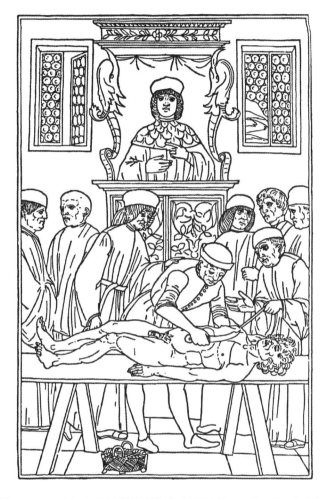

图 3.7　1493 年在威尼斯印刷的意大利语的《医学丛书》中的解剖场
景。这幅图来自翻译成意大利语的《人体解剖》的第一页。

1316 年,蒙迪诺为学生撰写了解剖学手册《人体解剖》(*Anathomia corporis humani*)。1478 年,这本书在他死后 100 多年出版,这是西方第一本解剖学教科书和解剖学手册。《人体解剖》只有 22 张纸(即 44 页),以哥特字体印刷,在后来产生了深远的影响,在之后的 250 年中它作为解剖学教材以多种语言发行了 40 版。尽管这本书并没有提出超过盖伦和阿维森纳

的新东西(很明显其内容很多都是从他们的作品中拷贝而来,犯了和他们相同的错误),但由于它帮助解剖学成为一门主要的学术科目,仍旧是医学史的里程碑。《人体解剖》的最初版本是没有插图的,但1345年蒙迪诺的学生圭多·达·维杰瓦诺(Guido da Vigevano)对其进行了改进,维杰瓦诺撰写了一本有24张整页彩色插图的教科书,因此而闻名,遗憾的是其中的18张已经找不到了,剩下的6张中包括了头部、脑和脊椎,它们构成了最早的现代神经系统解剖图(见图3.8)。

63

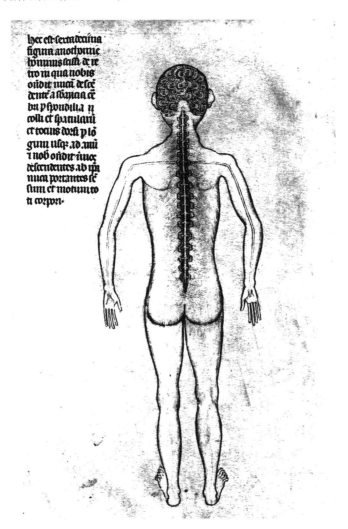

图3.8　圭多·达·维杰瓦诺所著一书中的第16幅插图,展示了脊髓神经的起源。
来源:维也纳医科大学教授安东尼奥·迪·伊瓦(Antonio Di Ieva)友情提供。

列奥纳多·达·芬奇:文艺复兴之人

对许多历史学家来说,文艺复兴(这个词来自意大利语 rinascita,意思是"重生")源于意大利,从 14 世纪延续到 17 世纪。以希腊理想为基础,对人文主义价值观的重新发现强烈影响了文艺复兴。这一时期亦是经济迅速增长时期,尤其是在黑死病肆虐之后,这导致了艺术、建筑、政治、探索世界和学术追求上的新发展。尽管许多影响都归功于这一变化,但还是必须提到两个特别因素。第一个是君士坦丁堡在 1453 年被奥斯曼土耳其攻陷,这对基督教世界来说是一个巨大的打击,大批学者带着他们的书籍和思想到西方寻求庇护。第二个是在 1450 年,约翰·古登堡发明了印刷术。在此之前,大部分书籍都是教会认可后手抄复制的,或者是雕版印刷。这使得书籍非常昂贵,而且最有可能的是它们只供受过充分拉丁文教育的僧侣来研究。印刷术引发了一场真正的革命,将知识生活和读写能力转移到了更为广泛且世俗的人群当中,其中一个结果就是有能力出版自己作品的新兴知识阶层的出现。这个变化发生得相对迅速,据估计,到 1500 年,在北欧已经印刷了上万种不同书名的图书。

在文艺复兴时期,许多艺术家对人体绘画产生了浓厚的兴趣,其中最伟大的是列奥纳多·达·芬奇(1452—1519)。列奥纳多是一名律师也是一个农妇的私生子,在他的时代,就已经被普遍认为是天才。列奥纳多因绘画而闻名,《蒙娜丽莎》和《最后的晚餐》都是他的作品。除此之外,在其他许多领域,包括工程、数学和力学方面,他也成就斐然。实际上,他的素描透露出一种令人着迷的魅力,其中涉及非常广泛、远超时代的题材,包括像装甲车、降落伞和飞行器这样的设计。这些设计作品非同寻常,因为它们第一次显示出了自罗马帝国灭亡以来西方世界一种根本上的新思维方式。列奥纳多的创新也扩展到了以近代自然主义和写实主义的方式绘画人体,包括人体解剖。[8] 然而,对于列奥纳多来说,这并非只是艺术,他还想要找到更多身体更深层次的秘密。在他眼中,绘画就是理解。更准确地说,当人们问及他的创造性天赋的秘密的时候,他的回答是"saper vedere",意思是见其他人所未

64

见。这种新的眼光也扩展到了脑,在列奥纳多的解剖学研究中,他曾多次研究过脑。

列奥纳多在托斯卡纳一个名叫芬奇的小村长大,这个村子有着深厚的绘画传统。还在童年的时候,列奥纳多就对人体解剖产生了兴趣,那时他去了佛罗伦萨,拜著名的艺术家和雕塑家安德里亚·德尔·维罗基奥(Andrea del Verrocchio)为师。在佛罗伦萨,他接触了多种不同的艺术形式,其中包括人体素描,这需要他仔细地研究人体的外部肌肉形状和特征。他受的训练还包括描画去掉皮肤、暴露出肌肉和筋腱的肢体,这种训练也许导致他从一开始就观察到了实际的人体解剖。大约在 1482 年学徒期满之后,列奥纳多去了米兰,那里有意大利最大的医学院。由于一些搞不太清楚的原因,列奥纳多获准解剖人类的尸体,他由此开始了毕生对阐明人体完整结构的探索。尽管主要是以粉笔和蜡笔作画,但列奥纳多引入了许多新的技法,包括使用透明度、横截面和三维阴影。列奥纳多的主要目的是理解身体的工作原理,尤其是在物理力学方面(也就是将人体看作完美的机器),所以他的笔记中有大量试图对其所画的东西做出解释的注释。[9]

列奥纳多给自己规定了非常艰巨的任务,由于意大利天气炎热,尸体极易腐烂,这些任务做起来了无生趣。更糟的是,为了回避耳目,列奥纳多只能夜晚在闪烁的烛光下于斗室中进行研究。“被肢解和剥了皮的尸体‘其状’可怕,让人不敢直视”[10],它们紧紧地包围着列奥纳多,这个场景想一想真的是阴森恐怖,但他不得不时常面对这种令人不快的场面,因为他的探索耗费了很多年,共用去了 100 多具尸体,完成了 120 本笔记。遗憾的是,如此众多的作品,包括已知的 779 幅解剖学插图,他一生中从未发表过。尽管列奥纳多原本打算与著名的解剖学教授马克·安东尼奥·德尔·托雷(Marc Antonio del Torre)合作,展示他的成果,但这位同事 30 岁时就英年早逝了。悲剧性的结果是,这些作品“丢失”了几个世纪。尽管如此,列奥纳多的绘画作品也许还是对解剖学的发展产生了一些影响,因为 1519 年他去世后,笔记被他的学生弗朗西斯科·梅尔奇(Francesco Melzi)保存在他的别墅里。看起来,梅尔奇允许其他解剖学家查看这些笔记,甚至对他们的剽窃行为也是睁一只眼,闭一只眼。然而,在此后的 260 年里,列奥纳多的工作基本上是一个秘密,一直要到 18 世纪晚期才被人们重新发现。人们可能会猜想列奥纳多的著作集要是被专门出版会对后来的解剖学发展带来什么样的影响,按照医学史家查尔斯·辛格(Charles Singer)的说法,解剖学插图将会向前推进几个世纪。

列奥纳多对灵魂的寻求

列奥纳多最初尝试绘制脑室图大约是在 1487—1493 年,这些尝试表明,他对隔间学说,尤其是对统感(sensus communis)的位置非常着迷。"统感"这个词语是亚里士多德引入的,用它指身体中所有感觉汇聚的地方,更确切地说,是灵魂感知外部世界的一种能力。当然,亚里士多德认为统感位于心脏。与此相反,列奥纳多和同时代的大多数人一样认为统感位于脑中。不过,还有另外的理由让他对统感感兴趣,因为在他看来,统感是灵魂的居所。这种看法与柏拉图和圣奥古斯丁这些思想家的看法相反,在这些思想家看来,灵魂遍及全身,但列奥纳多反对这种观点,他指出,如果这种观点是正确的,就根本不需要一个汇聚感觉的地方。[11]列奥纳多也很清楚,许多中世纪的学者,包括阿维森纳,将统感放置在前脑室,但他也不接受这种传统的观点。实际上,在他最早的一幅被称为《头部皮肤和洋葱的比较》[12]的头部解剖学作品中,列奥纳多将脑室画成三个隔间,并引入了词语 imprensiva(即视觉和听觉印象到达的地方)来描述前脑室(见图 3.9)。事实上,列奥纳多是唯一用过这个词语的解剖学家,也证明了列奥纳多思想上的巨大原创性,但这并不是想象中的统感,因为列奥纳多将汇聚感觉的功能放置在中间脑室。中脑室被列奥纳多描述为"没有外部光线的眼睛",他认为这个部位的功能是理解从第一脑室接收到的视觉图像。从他的笔记中人们可以看到,列奥纳多将思想(comocio)和意志(volonto)这些重要的功能也赋予了这个部位。第三隔间是记忆的所在地,或者是统感的"监视器"。

69

66

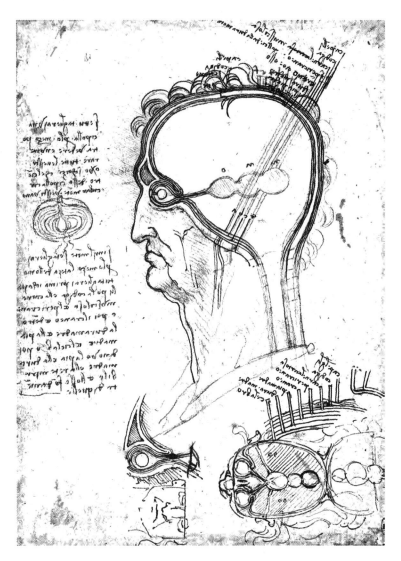

图 3.9 《头部皮肤和洋葱的比较》描绘了颅骨的层次并将脑室描绘成三个相互连接的隔间。

来源：由英国皇家收藏信托基金提供/ⓒ 伊丽莎白二世 2014。

在另一幅大约作于同时期关于颅骨与脑的作品中，列奥纳多向我们清楚展示了在他看来统感所在的地方：他用一系列相互交叉的垂线和斜线标明这个位置，这些线就重叠在中间脑室前部的上方，正位于颅骨的比例中心（见图 3.10）。有趣的是我们还可以注意到在画中有些颅神经投射到了统感，或者就是从统感延伸出去的。

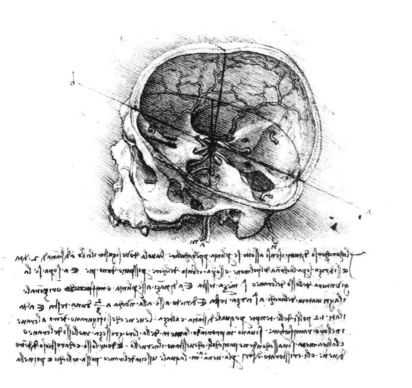

图 3.10　描绘了人类颅骨与脑,这幅图也显示了列奥纳多认为的统感所处的
位置。

来源:由英国皇家收藏信托基金提供/© 伊丽莎白二世 2014。

　　尽管列奥纳多反对残忍对待动物(据说列奥纳多有时候会在当地的市
场上买鸟来放生),而且有可能还是一个素食主义者,但在他解剖研究的早
期阶段(大约在 1487 年),还是准备在动物身上做一些实验。这些实验的主
要目的也是在于肯定脑作为灵魂所在地的重要性。在一项研究中,列奥纳
多用青蛙做实验,他刺穿了青蛙的脊髓上部,青蛙当即死了。[13]由此列奥纳多
推论脑为生命提供了至关重要的能量,而且在切断了脊髓上部以后,这个能
量就无法传递到身体的其余部分。然而,这种生命力并没有延伸到心脏,因
为在另一项实验中,他发现青蛙在没有心脏这个器官的情况下还能够存活

几个小时。事实上，这也许并不会让列奥纳多感到吃惊，因为亚里士多德实际上已经在乌龟那里观察到类似的现象。

看见脑室

尽管脑室在很早的时候就已经为人所知，并且在公元前 300 年左右埃拉西斯特拉图斯在亚历山大港还确切描述过脑室，但一定要记住，古代的研究者并没有行之有效的方式可以在脑被切开以后看到脑室复杂的形状。这在一定程度上是由于他们没有办法对组织做硬化处理，无法连续切割组织或者稳固地解剖。结果，简单用刀切只能得到有关脑室布局的少量信息，这种情况让中世纪的插画家只是将脑室描画成简单的隔间，而无须在解剖学上力求精确。然而，大约在 1508 年，列奥纳多开始了第二阶段的脑研究，他想到一个绝妙的方法解决了这个问题：他用注射器向牛脑的中间脑室注射融化的蜡，这样就制作了一个脑室的模子。列奥纳多在前脑室的角上开了两个通风孔让液体和空气流出，并且让蜡有足够的时间凝固，在这之后，切开脑组织暴露出注射的物质。在解剖学历史上这是第一次用固化的方法暴露身体的内部结构，这种方法以一种无与伦比的细节揭示了脑室系统。事实上，通过这项技术，列奥纳多可以以一种高度自然化的方式画出（更确切地说是想象出）脑的内部。尽管他的插图并非没有错误，比如第三脑室就是严重变形的，而且他也未能完全填满侧脑室，但这些插图的确和脑室真实的形状与连接方式非常相似。有趣的是，列奥纳多的脑室插图似乎是由牛脑室和人脑室合成的。按照历史学家查尔斯·格罗斯（Charles Gross）的看法，图 3.11 显示的脑底部的一组血管——被称为红体——是一个只见于牛身上的结构。然而，这幅插图所显示的小脑和脑室的一般形状和我们在人脑中发现的非常接近。

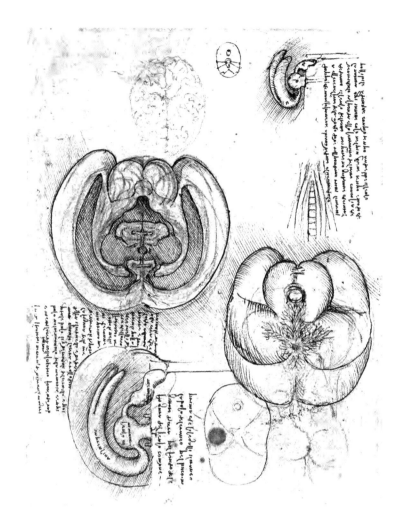

图 3.11　尽管列奥纳多的这些插画看起来提供了对人脑和脑室更为写实的描述,但
是它们实际上是基于通过向牛脑注射融化的蜡而形成的模子创作的。

来源:由英国皇家收藏信托基金提供/© 伊丽莎白二世 2014。

第一个印刷有插图的解剖学文本

　　列奥纳多对脑室的描绘并不广为人知,这一点虽说很遗憾,但解剖学插　70
图的状况还是逐渐发生着变化,在这方面最重要的人物之一是意大利人雅
格伯·贝伦加里奥·达·卡皮(Jacopo Berengario da Carpi)。据说贝伦加

里奥曾打家劫舍,甚至被判过抢劫罪,1502 年他在博洛尼亚被任命为外科手术方面的讲师。后来贝伦加里奥因为在治疗梅毒时使用水银而出名,当时梅毒在罗马的牧师中很流行。贝伦加里奥还醉心于解剖学,1521 年,他出版了自己的劳动成果《蒙迪诺解剖学的注释》(*Commentaria super anatomia Mundini*)。[14]尽管从书名可以看出这是一本由蒙迪诺(20 多年以前蒙迪诺也在博洛尼亚工作)创作的更大部头著作的缩写版,但《蒙迪诺解剖学的注释》实际上是一部原创作品,它基于贝伦加里奥在解剖实践中的观察。《蒙迪诺解剖学的注释》是厚厚的四开本,超过 1000 页,[15]它也是第一部印刷有插图的解剖学教科书,其中包括 21 幅整页的木刻插图,这些插图是专门用来匹配文本的。此外,这本著作还被广泛认为是自盖伦以来第一部包含大量基于个人研究和观察的新的解剖学信息的著作。

虽然木刻的解剖学插图都非常小,大部分印刷这些插图的书页都填满了文字,但比之于以前的作品,仍旧是巨大的进步。这本书还有一张令人印象深刻的标题页,上面展示了解剖的场景。一年以后,贝伦加里奥出版了一个更为简短的版本《入门学习》(*Isagoge breve*),提供了对人体解剖的简明描述。《入门学习》可以被看作第一部专门为学生编写的教科书。后来,贝伦加里奥又出版了这本书的修订版,其中包含几幅新的木刻插图,有两幅是有关脑的。它们是留有记录的最早出版的脑室图。

如果我们不提列奥纳多,那么贝伦加里奥就提供了自古代以来有关脑的最早的原创思想。例如,他认识到脉络丛是由动脉和静脉组成的,并将松果体进入后脑室解释为是在主导着动物精气的流动。贝伦加里奥还报告了一项对盖伦产生怀疑的发现,而在 16 世纪所有人都将盖伦视作最大的权威。贝伦加里奥的发现是令人吃惊的,因为尽管做了许多头部解剖,但他并没有发现任何证据表明在人脑的底部有一个巨大的血管网络。这个网络曾被盖伦称为红体,在盖伦的生理学系统中,红体是一个重要的成分,因为它是血液中动物精气在进入脑之前转变成为灵魂普纽玛的地方。贝伦加里奥对自己的观察信心十足,他甚至说红体一定是盖伦用来强化自己的看法想象出来的。这是自古罗马以来第一次对盖伦提出的严肃批评,尽管这个批评似乎并未引起多少争议,这也许是因为在当时盖伦生理学被奉若神明,是无可挑剔的(见图 3.12)。

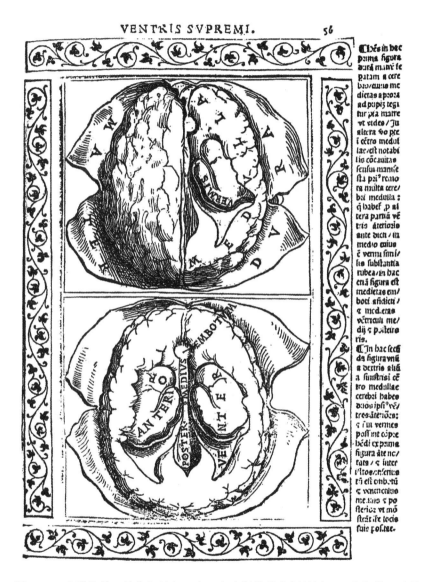

图 3.12 由雅格伯·贝伦加里奥·达·卡皮创作的木刻插图。上半部分显示的是从上方打开的脑,露出了一个前脑室。下半部分展示了沿着被称作 embotum 的中线结构的两个前脑室,embotum 表示脑垂体排出脑废物的出口。

来源:伦敦威尔克姆图书馆。

再度觉醒：安德烈·维萨里

72 　　如果有哪一年标志着中世纪的结束和近代的开始，这一年必定是 1543 年。在这一年，有两本书相继在一周内出版，极大地削弱了持续近 2000 年的教条和传统思想的束缚。第一本是尼古拉·哥白尼的《天体运行论》(*On the Revolutions of the Heavenly Spheres*)，它否认地球位于宇宙的中心，质疑了亚里士多德、托勒密和《圣经》的权威。在这本书中，地球被描述为每天绕轴自转并且每年绕日公转，这在当时是一个离经叛道、非常激进的想法。这种想法所激起的反应导致意大利科学家布鲁诺被烧死在火刑柱上，而伽利略则因为折磨与死亡的威胁被迫放弃了日心说。尽管《天体运行论》被天主教会列为禁书，但它却给经院主义和宗教权威造成了毁灭性的打击，改变了人们从更宏大的存在图景中看待自身的方式。第二本书是安德烈·维萨里所著的《人体的结构》(*De humani corporis Fabrica*)，这本书在解剖学和生理学领域造成了与哥白尼的著作类似的影响，它使得人们重新审视与人体的结构和功能有关的概念，并再一次与过去根深蒂固的观念彻底决裂。自盖伦时代以来就一直被教授并无人怀疑的观念如今受到了质疑。更令人震惊的是，事实证明盖伦在他的解剖学著作中犯了许多错误。

　　据信，维萨里在 1514 年 12 月的最后一天出生在布鲁塞尔，他的父亲是一名受到查理五世皇家赞助的医生和药剂师。维萨里曾回忆，在童年时代，他痴迷于学习解剖，以至于他会用在家附近的田地里抓到的老鼠、鼹鼠、猫和狗来做解剖。[16]维萨里住得离执行公开绞刑的行刑点很近，有可能他在小时候就见到过行刑。起先维萨里在弗兰德斯鲁汶大学学习艺术，后来在 19 岁的时候，他去了巴黎学习医学。在巴黎，他热衷于收集人骨，有时候还会从公共墓地非法采集标本，维萨里自述这段经历让他可以只通过触摸就识别出人体的任何骨头。由于查理五世与法国之间的冲突，维萨里不得不离开巴黎，最终在意大利的帕多瓦大学获得了医学学位。维萨里在毕业的时候一定是一名优等生，23 岁的他就以 40 弗罗林的初始薪水被任命为外科和解剖学讲师，这是了不起的成就，因为帕多瓦大学是当时最大的医科大学，以在特意建造的剧院里进行的人体解剖演示而闻名。维萨里很快就成了当地的传奇人物，在人们的叙述中，他同时用几具处在不同解剖状态的尸体向人们展示他的解剖学教学时，总是拿着手术刀，而不是去读事先准备好的文本。

在巴黎期间，维萨里由德高望重的雅克·杜波伊斯(Jacques Dubois)教授正式教授解剖学，杜波伊斯的拉丁名字雅各布·西尔维乌斯(Jacobus Sylvius)更为人所知。[17]据说，西尔维乌斯是法国最早用人类尸体教授解剖学的人，他的讲座吸引了数以百计的学生。西尔维乌斯也是第一个为身体的许多肌肉命名的人(在他之前，肌肉只是简单地用数字来代表)，他对血管也采用了类似的命名方案，创造了一些如今仍旧在使用的术语，包括颈静脉和锁骨下动脉。但是西尔维乌斯对盖伦的盲目支持却不会被人们感念，因为正是对盖伦的力挺导致了他后来与维萨里的冲突。冲突的根源最早在巴黎就种下了，当时维萨里意识到颌骨是由一部分构成的，而不是像盖伦所教授的有两个部分。尽管西尔维乌斯并非不知道这些类型的差异，但他认为自盖伦时代以来人类形态的某些方面已经发生了变化，因此他无视这些差异。在对盖伦的敬仰上，不是只有西尔维乌斯一个人。盖伦的作品在 16 世纪奠定了所有解剖学教育的基础，许多人相信超越盖伦是不可能的。在巴黎的时候，维萨里也接受这样的看法，但当他在帕多瓦继续研究时，开始观察到进一步的差异，最为明显的就是在人脑的底部并没有红体。但是维萨里仍旧不打算公开反对盖伦的权威。这种不情愿在他最早出版的一本著作《解剖图谱六幅》(*Tabulae anatomicae*)中表现得很明显，这本著作包括 6 幅关于一系列人体骨骼和血管系统的插图。除了维萨里描述的红体以外，这本书中还包括了其他盖伦式的错误，其中包括由 5 个叶构成的肝脏和从肝脏出发的静脉系统。

然而，这种尊敬并没有持续下去。两年后，维萨里被要求将盖伦的《论解剖流程》(*On Anatomical Procedures*)从希腊语译成拉丁文。这是一个决定性的时刻，因为当维萨里更仔细地阅读这部作品时，他对盖伦对解剖学的理解——包括盖伦关于人体骨骼的解剖学知识——产生了怀疑。就在那时维萨里非常惊讶地意识到，盖伦从未解剖过人体。相反，他是从猴子手术，有些情况下则是牛和猪的手术中得出所有的人体解剖学。虽然这并不是在严厉地指责盖伦，因为在盖伦那个时候的希腊和罗马，人体解剖是被禁止的，但还是宣告了盖伦的许多学说是无效的。这是一项惊人的发现，引起了人们对盖伦作品的质疑，而这些作品已经被尊崇了1400多年。维萨里对自己的愚蠢感到震惊，因为他没有更早认识到这一真相，在平静下来以后，发誓要纠正盖伦的所有错误。结果就是出版了《人体的结构》一书，它是有史以来出版过的最为重要的解剖学图集之一。

《人体的结构》

《人体的结构》被描述为有史以来人类所进行的最勇敢和最美丽的冒险之一，它结合了科学论述和艺术，这在16世纪是前所未有的，而此后也很少有能与之匹敌的。这套著作由七本书组成，试图对人体的每一部分进行完整的解剖学和生理学研究，首先从骨骼开始，然后到肌肉、血管系统、神经系统、腹部器官、胸腔、心脏和脑。更重要的是，《人体的结构》基于维萨里自己对人体的观察和解剖，这些工作基本上是他在帕多瓦时进行的。[18]但有争议的是，在进行这些工作时，维萨里并没有打算盲目地遵循盖伦代表的传统智慧。事实上，维萨里在《人体的结构》中记录了他所发现的超过200个盖伦在人体解剖学上所犯的错误。由此，维萨里不仅鼓励解剖学家开始亲自探索人体的内部运作方式，而且还发现了有关人体的许多全新的不容忽视的解剖学事实。

75　　　历史学家薇薇安·纳顿(Vivian Nutton)曾说过，很少有书像《人体的结构》一样如此著名，却又如此陌生，尤其是因为它从未被完全翻译成任何一种现代西方语言。此外，读完这本大书本身就是一项艰巨的任务。事实上，第一版《人体的结构》是用拉丁文写的一个大部头(43厘米×21厘米)著作，有超过700张的对开页，包含83张整页的解剖学插图，它们是由420幅独立的插图，以及附有文本的数百幅华丽的小图(如小天使)构成的。尽管对于大多数买家来说，这本书贵得让人望而却步，但它所传达的革命性信息足以让它声名鹊起。由于意识到除非能用清晰的证据证实自己的观察，否则抛弃盖伦解剖学是几乎不会让怀疑论者信服的,维萨里不遗余力地起用了他那个时代最棒的艺术家和木工。奇怪的是,维萨里并没有致谢那些负责为《人体的结构》制作插图的艺术家,他们的身份一直受到争论。

人们一度认为这些插图是由伟大的威尼斯艺术家和画家提香(Titian)创作的,尽管如今看来要创作如此巨量的作品是不可能的。因此,更有可能的是,维萨里将绘制的草图给了一组艺术家,要求他们精细加工,这个工作可能是在德国出生的意大利画家简·斯蒂芬·范·卡尔卡(Jan Stephen van Calcar)监督下进行的。之后,这些作品被加工成细致的木刻,这些木刻的解剖学插图通常会占据整整一页,它们的品质是空前的。

要是对《人体的结构》中的插图品质有怀疑,人们只需要去审视一下这本书华丽的书名页就可以了。书名页上的插图很有名,这可以说是实至名归,因为它描述了帕多瓦拥挤的公开解剖的场景(见图3.13)。维萨里在插图的最前部,他正在解剖一具女性尸体裸露的腹部器官,而在解剖桌的下面坐着两名理发师,其中一个正在磨刀。其他各色人等,大约有80人,他们按等级排列,包括几名神职人员、修女、蓄着长胡须的族长,以及助手和学生。在插图的中心,一具人类骨骼显眼地挺立着,而一个裸体男性从侧面看过来。还有一位画家正在描画这一过程,人们认为他就是简·斯蒂芬·范·卡尔卡。插图的左下角是一只猴子,右下角是一只狗,小天使高举着描绘了三只鼬鼠的维萨里家族纹章。在这幅作品中,维萨里的身份是帕多瓦大学教授,他表达了对国王陛下和威尼斯的感激之情。在近500年后的今天,这幅木刻插图的精美细节让人无法不留下深刻的印象。有趣的是,这本书的有些复制品因为使用了人皮装订而闻名,而人皮看起来就像皮革。

74

图 3.13　维萨里于 1563 年出版的《人体的结构》的书名页。

来源:伦敦威尔克姆图书馆。

《人体的结构》在许多方面对盖伦的解剖学进行了有力反驳。事实上，维萨里从一开始就毫不掩饰自己的批评,在前言中他指出盖伦只是解剖了动物,他被猴子"欺骗"了。然而,要是把这本书看作对盖伦学说的彻底抛弃,那就太简单了。事实上,《人体的结构》的大部分内容都借鉴了盖伦,而维萨里也将盖伦描述为"医生王子"(prince of physicians)。当维萨里要求他的读者不要认为他"不忠诚,对那位集所有美好事物于一身的作者的权威太不尊重"时,他表达了对盖伦的认可。因此,《人体的结构》并不是一个新的开始,而是一个整合了新与旧的综合体。虽然如此,盖伦的巨大权威还是被削弱了。当维萨里指出人体中并不存在红体的时候,情况就是这样。指出红体并不存在是一项非常重要的观察,因为它使得盖伦有关灵魂普纽玛的许多生理学理论都变得无效了。然而,还有许多其他令人尴尬的错误。维萨里表明,肝脏并不像古代传统所坚持的那样是人体静脉的来源,而且他还挑战了盖伦的如下观点,即盖伦认为血液可以通过小孔在心脏的左右心室之间流过。通过表明男人和女人都有 24 根肋骨,维萨里甚至证明《圣经》是错的。奇怪的是,在那个时代,人们仍旧普遍认为男人比女人少一根肋骨,因为创世纪的故事中,上帝从亚当身上取了一根肋骨来创造夏娃。然而,在指出这些错误时,《人体的结构》的真正成就不是贬低盖伦(或《圣经》),而是为自由探索自然和追求真理指明了前进的道路。

76

《人体的结构》对脑的描述

关于《人体的结构》,神经学家最感兴趣的是有关神经系统的第四章和有 15 幅人脑插画的第七章。第四章的第一幅插图典型地体现了这本书的一般风格。这幅插图展示了从脑的底部观察到的栩栩如生的脑图像,其中包含着许多清晰的结构[见图 3.14(A)]。这些结构包括颅神经的断端(维萨里继承了盖伦,将颅神经分成七对)与小脑(B),脑干上部或背髓质(D)以及视神经交叉(H)。第七章的第一张插图同样令人印象深刻[见图 3.14(B)],它所展示的头部,头盖骨被移除,脑暴露出来。这幅插图描绘了脑的坚韧的纤维外层或硬脑膜(A 和 B)以及经过其表面的动脉。另一种被称为上矢状窦(C)的血管从前到后贯穿脑的顶部。在第二幅整页插图中,这个上矢状窦显示与大脑静脉相连。

《人体的结构》的一个显著特点是它展示了一系列水平切片,这些水平切片贯穿头骨并保留了脑的样子。这种从上到下切割脑的方法不仅可以有效地在不同层次上展示脑室，而且有助于揭示许多内部结构。例如，在图 3.14(C)中，两个前脑室(L 和 M)明显暴露出来，此外还有脑的白质(E,F,G 和 H)、灰质(D)和部分的胼胝体(I)，维萨里正确地认识到脑的两个半区是由胼胝体连接的。比这一层次低的切片[见图 3.14(D)]也显示了小脑、脑导水管(连接中脑室和后脑室)和松果腺。然而，在《人体的结构》中出现的某些结构并没有在文本中提及，但在插图上却可以清晰地看到。

77

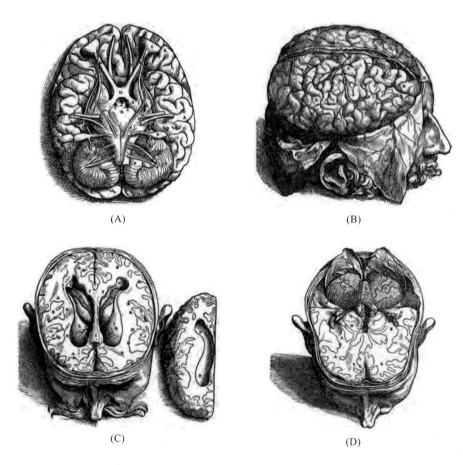

(A)

(B)

(C)

(D)

图 3.14 《人体的结构》一书中的四幅图：(A)展示了脑的底部，可以看到脑干和颅神经，(B)展示了硬脑膜表面和它的一些血管，(C)展示了两个前脑室，(D)展示了小脑的上表面和脑中央的中脑导水管。松果腺(P)就位于这根导管的一侧。

来源：伦敦威尔克姆图书馆。

这其中包括首次被描绘出来的位于脑中央部位的蛋形灰质团，如今它被称为丘脑；被埋于大脑半区之下的一组条纹状的核，被称为纹状体；以及对包括丘(colliculi)的中脑的描述。维萨里还概述了许多通路，包括通往小脑的通路，以及在丘脑表面的一条带状纤维(终纹)。

维萨里关于脑功能的观点与当时流行的普纽玛理念有关，因此缺乏创新。尽管对将不同的心智功能赋予脑室的隔间学说很不待见，但维萨里承认，对大脑是如何进行诸如想象、推理和记忆这些活动的，他无法形成任何观点。对于能否仅仅通过解剖学研究就获得对它们的功能，或者他称之为"支配的灵魂"的理解，他也表示怀疑。然而，由于注意到人脑在外观上与其他动物的脑很相似，并没有什么特别的腔室或部分，维萨里打算用人脑更大一些来解释它更强的智能。不过，由于没有可资指导的新视角，尽管否认了红体的存在，维萨里还是接受了盖伦生理学的基本原则。这一点可以通过他将脑室描述为"一些腔室和空间被吸入的空气加上来自心脏的活力精气就变成动物精气"可见一斑。维萨里也相信，"最精细"的动物精气分配给了这样一些神经，在这些神经中，它们就"好像脑的忙碌的侍从"。尽管如此，维萨里承认，他找不到证据表明神经是中空的。

《人体的结构》的影响

《人体的结构》的出版让以前所有的解剖学著作都过时了，它打破了古代传统的教条，并且为进一步的发展设定了新的客观标准。人们也许会预期这本书将被广泛接受。然而，《人体的结构》却激起了不同的反应，其中许多是反对的声音，这些声音尤其来自那些并不打算放弃他们长久秉持的盖伦学说的人。对维萨里做出最为恶毒攻击的人是他从前在巴黎的老师雅克布·西尔维乌斯，他急匆匆地要求维萨里放弃异端言论，承认并公开宣布是自己弄错了。当维萨里不理会这些要求的时候，西尔维乌斯指责维萨里疯了，并乞求皇室出面干预，要求国王"严惩维萨里并用一切方法限制他，以免他致命的气息毒害了整个欧洲"。几年以后的 1551 年，西尔维乌斯写了一本书来发泄他的怨恨，[19] 目的就是暴露"那个既傲慢又无知的诽谤者的错误百出的污秽言论，这个诽谤者用暴戾的谎言背叛和攻击他的老师"。这些抨击似乎对维萨里造成了影响，因为在《人体的结构》出版之后的一年中，他似乎心灰意冷，烧了这本书的手稿并且离开了帕多瓦，去西班牙当起了神圣罗马帝国皇帝（查理五世）的私人医生。由于要关心国王每况愈下的健康状况，再加上经常旅行，除了在 1555 年修订了《人体的结构》的第二版，维萨里没有对解剖学做出什么原创性贡献。这时候的维萨里只有 30 岁。尽管《人体的结构》价格不菲，但它还是卖得相当不错。《人体的结构》的缩编版名叫《概要》（*Epitome*），是专门面向学生而写的，与《人体的结构》在同一年首次出版，这本书甚至取得了更大的成功。《概要》只有 6 章，配有 9 幅插图，虽然印刷的纸张质量不好，但尺寸更大，这样细节就更加清晰。《概要》被译成法文和德文，在说这些语言的地区被广泛阅读。

在 1562 年，也就是在皇室待了 11 年之后，维萨里辞职，前往耶路撒冷朝圣（见图 3.15）。人们不清楚维萨里为什么会做出这个决定，有一种说法是他被控谋杀，被迫离开欧洲，之所以被控谋杀是因为他为一名被发现还活着的贵族女子做了一次糟糕的尸检，这件事引起了西班牙宗教裁判所的关注。[20] 不过也有其他说法，暗示维萨里只是厌倦了为西班牙皇室服务。无论真相如何，维萨里似乎到了圣城耶路撒冷，但他在帕多瓦的继任者法洛皮乌斯（Fallopius）死后，又受邀回到帕多瓦担任教授职位。[21] 悲剧的是，他的船在赞特岛（如今的扎金托斯岛）附近的一场风暴中失事，他没有完成这次旅途。围绕着这一事件同样有不少混乱之处。一种说法说，维萨里在被冲上岸后因为发烧病倒了，孤独地死在了一家肮脏破败的旅馆里。而另外的说法是，他死在离主城赞特不远的地方，在那里一个德国人为了纪念他，立了一座碑。尽管第二种说法更为可信，但却没有人发现这座碑。这也许是由于赞特这个地方经常地震，而 1893 年发生的那场地震破坏力尤强，将当地完全夷为平地。遗憾的是，我们也许永远也不会知道这位现代人体解剖学的创始人最后的安息之所。

图 3.15 安德烈·维萨里(1514—1564)的木刻肖像,取自 1543 年出版的《人体的结构》。

来源:伦敦威尔克姆图书馆。

注释：

1. 这受到了穆罕默德的鼓励，他说："离开家去寻找知识的人走在真主的道路上。"

2. 历史学家在知道多少这一点上看法不一。一种观点认为，有一些学者知道柏拉图的《蒂迈欧篇》、亚里士多德的逻辑学，以及塞维利亚的伊萨多尔的作品。然而，这些相对来说对西方的理智生活影响不大。

3. 不要与更为著名的波希多尼乌斯搞混了，波希多尼乌斯生活在公元前 2 世纪，被认为是那个时代希腊罗马世界最为博学的人。

4. 有关尼梅修斯实际上想说什么仍旧很不确定，感兴趣的读者可以参考 Green, C. D. (2003). *Journal of the History of the Behavioural Sciences*, 39, 131-142.

5. 最初的拉丁词"universitas"指的是与一个社会有联系的一群人，不过后来它的意思是学者的行会。公认的最早的大学是博洛尼亚大学，建于 1088 年。其他的早期大学包括巴黎大学（1150 年）、牛津大学（1167 年）和剑桥大学（1209 年）。

6. 亚里士多德首先使用的一个术语，指所有的感官都聚集在一起的地方。

7. 这一点还远不能确定。如果这是真的，那么人们至少可以期待找到一些有关它们在古代存在的证据。

8. 列奥纳多还提供了已知最早的人类胎儿在子宫里的清晰图像。

9. 然而，列奥纳多经常试图对他的大部分作品保密。为了做到这一点，他有时用颠倒的形式从右向左书写，只有用镜子才能读懂，同时在他的注释中加上一些神秘的术语和图片。

10. 列奥纳多还说，解剖一个干瘦的老人的身体比解剖一个圆润的年轻人的身体要容易。

11. 或者正如他所表达的："似乎灵魂寄居在这个器官里……被称为统感。它不像许多人所想的那样遍及全身，而是完整的一个部分，因为如果它遍及全身,并且在每一个部分中都是一样的,就没有必要使感觉器官汇聚在一起。统感是灵魂的所在地。"

12.在页面的下方,这幅图还显示了头部的横切面,就像从眼睛的水平方向上被解剖的一样。

13.他似乎是在阅读了如何在大象脖子后面插入一根尖锐的钉子来杀死大象后产生了这个想法的。

14.和他原创的非常考究的文本一起出版的还有《蒙迪诺解剖学的注释》,这些注释增补了大量内容。

15.一张纸对折两次后会得到 4 张(或 8 页),每张纸的大小是印刷原纸大小的四分之一。这样印出的书就是四开本。

16.有人认为,他童年时对解剖的兴趣可能有助于解释装饰在《人体的结构》篇章页的那些胖胖的小天使图画。

17.神经科学中以 Sylvius 命名的词最常见。今天最常见的两个词分别是脑侧裂(Sylvian fissure),它指的是分隔颞叶、顶叶/额叶的沟,以及连接第三脑室和第四脑室的脑侧导水管(Sylvian aqueduct)。然而,这两者都不能归功于雅克布·西尔维乌斯。

18.1543 年,维萨里在巴塞尔对臭名昭著的罪犯雅各布·卡勒·冯·格布维勒(Jakob Karrer von Gebweiler)进行了他最著名的公开解剖,格布维勒因谋杀被砍头。在一名外科医生的帮助下,维萨里重新组装了骨骼。这具骨骼目前在巴塞尔的维萨里亚努姆博物馆(Vesalianum Museum)展出,它被认为是世界上最古老的解剖标本。

19.《对一个疯子对希波克拉底和盖伦著作的诽谤的驳斥》。

20.这个故事是在一封信中发现的,信是一个叫胡贝图斯·朗格图斯(Hubertus Languetus)的人 1556 年在巴黎写给卡斯帕·佩切尔(Kaspar Peucer)的。

21.这个故事的真实性同样是不确定的,因为在帕多瓦的档案中没有文献可以证实它。

参考文献

Ashley-Montagu, M. F. (1955). Vesalius and the Galenists. *The Scientific Monthly*, 80(4), 230-239.

Calkins, C. M., Franciosi, J. P. and Kolesari, G. L. (1999). Human anatomical science and illustration: The origin of two inseparable disciplines. *Clinical Anatomy*, 12(2), 120-129.

Castiglioni, A. (1943). Andreas Vesalius: Professor at the medical school of Padua. *Bulletin of the new Academy of Medicine*, 19(11), 766-777.

Cavalcanti, D. D. (2009). Anatomy, technology, art and culture: Towards a realistic perspective of the brain. *Neurosurgical Focus*, 27(3), E2.

Choulant, L. (1920). *History and Bibliography of Anatomical Illustration*. Chicago, IL: University of Chicago Press.

Clark, K. (1958). *Leonardo da Vinci*. Harmondsworth: Penguin.

Clarke, C. D. (1949). *Illustration: Its Technique and Application to the Sciences*. Butler, MD: Standard Arts Press.

Clarke, E. (1962). The early history of the cerebral ventricles. *Transactions and Studies of the College of Physicians of Philadelphia*, 30, 85-89.

Clarke, E. and Dewhurst, K. (1972). *An Illustrated History of Brain Function*. Berkeley, CA: University of California Press.

De Gutierrez-Mahoney, C. G. and Schechter, M. M. (1972). The myth of the rete mirable in man. *Neuroradiology*, 4, 141-158.

Di Ieva, A., Tschabitscher, M., Prada, F., et al. (2007). The neuroanatomical plates of Guido Vigevano. *Neurosurgical Focus*, 23(1), E15.

Del Maestro, R. F. (1998). Leonardo da Vinci: The search for the soul.

Journal of Neurosurgery,89(5),874-887.

Donaldson, I. M. L. (2008). Jacopo Berengario da Carpi: The first anatomy book with a complete series of illustrations. *Journal of the Royal College of Physicians*,38(4),375.

French,R. K. (1978). The thorax in history 3: Beginning of the Middle Ages. *Thorax*,33(3),295-306.

Green,C. D. (2003). Where did the ventricular localisation of mental faculties come from? *Journal of History of the Behavioral Sciences*,39 (2),131-142.

Green,C. D. and Groff, P. R. (2003). *Early Psychological Thought*: *Ancient Accounts of Mind and Soul*. London: Praeger.

Gross,C. G. (1998). *Brain, Vision, Memory.* Cambridge, MA: MIT Press.

Gumpert,M. (1948). Vesalius: Discoverer of the human body. *Scientific American*,178,24-31.

Herrlinger, R. (1970). *History of Medical Illustration.* The Netherlands: Pitman Medical and Scientific.

Ione, A. (2010). Visual images and neurobiological illustration. In Finger,S. , Boller,F. and Tyler ,K. L. (eds.), *Handbook of Clinical Neurology*, vol. 95. Amsterdam: Elsevier.

Joffe,S. N. (2009). *Andreas Vesalius*: *The Making*, *The madman*, *and The Myth*. Bloomington, IN: Persona Books.

Keele, K. D. (1964). Leonardo Da Vinci's influence on Renaissance anatomy. *Medical History*,8,360-370.

Kemp, S. (1996). *Cognitive Psychology in the Middle Ages*. Greenwood Press: London.

Lassek,A. M. (1958). *Human Dissection*: *Its Drama and Struggle.* Charles C. Thomas: Springfield, IL.

Lind,L. J. (1959). *Jacopo Berengario Da Capri. A Short Introduction*

82

to Anatomy (*Isagogae Brevis*). Chicago, IL: University of Chicago Press: .

Locy, W. A. (1911). Anatomical illustration before Vesalius. *Journal of Morphology*, 22(4), 945-988.

Manzoni, T. (1998). The cerebral ventricles, the animal spirits and the dawn of brain localisation of function. *Archives Italiennes de Biologie*, 136 (2), 103-152.

Marenbon, J. (2007). *Medieval Philosophy: An Historical and Philosophical Introduction*. London: Routledge.

Nutton, V. (2003). Historical introduction. In Vesalius, A. , Garrison, D. and Hast, M (eds.), *On the Fabric of the Human Body: An annotated translation of the* 1543 *and* 1555 *editions of Andrea Vesalius' De Humani Corporis Fabrica*. Basel: Karger.

Olry, R. (1997). Medieval Neuroanatomy: the text of Mondino dei Luzzi and the plates of Guido da Vigevano. *Journal of the History of Neurosciences*, 6(2), 113-123.

Pagel, W. (1958). Medieval and renaissance contributions to knowledge of the brain and its functions. In F. M. L. Poynter (ed.), *The Brain and its Functions*. Oxford: Blackwell.

Pevsner, J. (2002). Leonardo da Vinci's contributions to neuroscience. *Trends in Neurosciences*, 25(4), 217-220.

Quin, C. E. (1994). The soul and the pneuma in the function of the nervous system after Galen. *Proceedings of the Royal Society of Medicine*, 87(7), 393-395.

Randall, J. H. (1953). The place of Leonardo Da Vinci in the emergence of modern science. *Journal of Historical Ideas*, 14(2), 191-202.

Russell, G. A. (2010). After Galen: Late antiquity and the Islamic world. In Finger, S. , Boller, F. and Tyler, K. L. (eds.), *Handbook of Clinical Neurology*, vol. 95. Amsterdam: Elsevier.

Shanks, N. J. and Al-Kalai, D. (1984). Arabian medicine in the Middle

Ages. *Journal of the Royal Society of Medicine*,77(5),60-65.

Simeone, F. A. (1984). Andreas Vesalius: Anatomist, surgeon, count palatine and pilgrim. *American Journal of Surgery*,147(4),432-440.

Singer,C. (1956). Brain dissection before Vesalius. *Journal of History and Medicine*,XI(3),261-274.

Singer,C (1957). A Short History of Anatomy and Physiology from the Greeks to Harvey. New York:Dover.

Singer,C. and Ashworth Underwood,E. (1962). *A Short History of Medicine*. Oxford:Clarendon Press.

Sironi, V. A. (2011). The mechanics of the brain. *Progress in Neuroscience*,1,15-26.

Smith,C. U. M., Frixione, E., Finger, S., et al. (2012). *The Animal Spirit Doctrine and the Origins of Neuropsychology*. New York:Oxford University Press.

Tan,S. Y. and Yeow,M. E. (2003). Medicine in stamps:Andreas Vesalius (1514—1564):Father of modern anatomy. *Singapore Medicine*,44,229-230.

Tascioglu, A. O. and Tascioglu, A. B. (2005). Ventricular anatomy: Illustrations and concepts from antiquity to renaissance. *Neuroanatomy*,4, 57-63.

Welcome Historical Medical Museum. Oxford:Oxford University Press.

Whitaker,H. (2007). Was medieval cell doctrine more modern than we thought? In H. Cohen and B. Stemmer (eds.), *Consciousness and Cognition*. London:Academic Press.

White,M. (2000). *Leonardo:The First Scientist*. London:Abacus.

4　寻找机器中的幽灵

　　我思故我在。

笛卡儿

脑是感觉和运动的来源,它也是思维和记忆的仓库。但是任你如何思考它的结构也不会知道如此粗糙的一块物质(不过是一块黏浆状的东西,没有什么精致可言)如何会有助于实现如此高贵的目的。

托马斯·威利斯

概　要

16 世纪晚期和 17 世纪早期是智识异常活跃的一段时期,这为科学的发展带来了深远的变化。古老的学说被通过观察和经验研究所获得的新知识取代,这也是与过去产生决定性分野,而且开创和引领了现代世界的时期。工业社会也伴随着这种发展而产生,这又导致了进一步的技术发展。人们固然可以为这些变化找到诸多理由,但支撑这一变化的一直是笛卡儿(Descartes)哲学上的怀疑主义,它为真理的发现奠定了新的基础。的确,在笛卡儿之后的几十年中,许多新的思想家都质

110

疑老的权威并通过科学研究来理解广泛的现象。在一个世纪中,新的时代风气取得了它最为辉煌的成功,牛顿的物理学能够对宇宙做出一个合理的机械和数学描述,即使在今天,这个描述也继续在某些方面发挥着作用。然而,相似的概念也被运用于生物过程,而笛卡儿在这一发展中的作用仍旧不容忽视,因为他提出的"反射"这一概念,能够解释身体、脑在没有动物精气的指导下如何以机械的方式活动。然而,笛卡儿仍旧生活在一个神学时代,尽管越来越强调实验,但绝大多数生理学家并不打算将灵魂从生理学功能上完全去除。从托马斯·威利斯的著作中我们最容易看到这一点。威利斯的《大脑解剖》(*Cerebri anatome*)在1664年出版,基于许多实际的革新,这本书给出了一个有关脑的最为全面的解剖学和生理学解释。然而这本书是题献给坎特伯雷大主教的,因为这部大作的宗旨是为了更加了解灵魂。因此,17世纪出现了有关脑的两种对立观点:机械论者相信身体的活动可以通过物理和化学法则来理解;而活力论者则认为有一种独特的类似灵魂的力量赋予身体运动和生命。这场争论一直持续到18世纪,而各种论证也由于阿尔布雷希特·冯·哈勒(Albrecht von Haller)与罗伯特·怀特(Robert Whytt)的分歧而两极分化,前者倡导对感性和易怒的性情做机械的解释,而后者则秉持一个类似灵魂的感知原则(soul-like sentient principle)。简言之,这是一个有关脑和神经系统如何运行的不同观点并存的时期。

84

笛卡儿:科学的新基础

在许多人看来,勒内·笛卡儿(1596—1650)是第一个真正意义上的现代思想家,他的理性主义在很大程度上造成了那个时代经院哲学的亚里士多德主义消亡。实际上,对所有传统知识的深刻怀疑让他可以用新的更为客观的对真理的探寻取代老的观念并促进了迥然不同的机械与科学的世界观发展。笛卡儿出生在法国中部图尔以南大约 35 英里的小城拉海耶，[1] 他的父亲是一名成功的律师，给他留下了丰厚的遗产。10 岁的时候，笛卡儿被送到了拉弗莱彻著名的耶稣会学校，在那里他掌握了拉丁语和数学。由于身体虚弱，学校允许笛卡儿早晨不起床，在床上思考和阅读，据说这是一个他保持了终生的习惯。笛卡儿身材矮小，脑袋很大，总是穿着黑色的衣服，19 岁那年，他离开拉弗莱彻去普瓦提埃大学学习法律，并在 1616 年毕业（见图 4.1）。笛卡儿渴望通过旅行来丰富知识，在当时旅行可以通过自愿服兵役来实现，于是笛卡儿加入了拿骚王子莫里斯的军队，不久以后又加入了巴伐利亚的军队。这两个军队都参与了欧洲三十年战争。1619 年，笛卡儿在巴伐利亚军队服役，当时军队驻扎在多瑙河上一个偏远的地方，在一间闪烁着炉火的房间中，笛卡儿一连做了三个梦。后来，笛卡儿将这些梦解释为神的启示，告诉他余生要致力于追求真理并确定万物的实在性。笛卡儿决定开始研究哲学，因为其他所有科学的原则都必定来源于哲学。

图 4.1　笛卡儿(1596—1650)肖像

来源：伦敦威尔克姆图书馆。

在这次转变以后,笛卡儿继续在欧洲游历。尽管有关他接下来 9 年的活动并没有明确的记录,但是人们知道有段时间他生活在巴黎,投身于包括光学和数学在内的科学研究。他还开始写作一本名叫《规则》(Rules)的书,但后来放弃了。到 1628 年年末,笛卡儿厌倦了旅行,迁居到荷兰,在那里他可以心无旁骛地写作。笛卡儿在荷兰生活了差不多 20 年,住过 13 个城市,换过 24 个住址,但这些住址只有少数密友才知道。那段时间努力的成果就是创作了许多享誉欧洲的作品。笛卡儿计划创作的第一本书是《世界》(Le Monde),这本书想要表明机械物理学如何能够解释众多自然现象,而无须涉及模糊的亚里士多德的形式和原则。[2] 这是一个激进的方案,因为亚里士多德的著作包罗万象,它们基于逻辑而非实验,人们普遍认为它们是绝对可靠的。这些著作奠定了许多大学教育的基础,并且受到教会的支持。质疑亚里士多德对于重整世界观来说是至关重要的,但这种大胆的质疑也并非没有先例。例如,伽利略在意大利就曾经对亚里士多德提出质疑,他表明重量不同的物体会以相同的速度落向地面,[3] 并且用数学描述了各种类型的物理现象,比如钟摆的摆动。然而,就在 16 世纪 30 年代初,当《世界》一书快要完成的时候,笛卡儿听说伽利略被宗教裁判所逮捕并被判刑,理由是他支持哥白尼的日心说。由于有可能面临和伽利略一样的命运,笛卡儿搁置了《世界》一书的出版。一直到 1664 年,也就是笛卡儿死后 14 年,这本书才面世。

结果,笛卡儿出版的第一本书是《方法谈》(Discourse on Method),在这本书中,笛卡儿试图将科学思想建立在确定和无可辩驳的知识之上。在质疑传统学说很容易被看作异端的 17 世纪,这仍旧是非常大胆的一步。笛卡儿新哲学的核心在于,他对于所学过的,甚至是由感官所能够观察的东西怀非常不信任。实际上,笛卡儿意识到,完全摆脱任何现成的观念,从一个新的视角观察世界是很困难的,为了表明这一点,笛卡儿问道,他怎么能确定没有恶魔通过感官的把戏系统地愚弄他的心智?或者,换一种说法,他怎么能确定他不是生活在想象的或者梦境的世界里?[4] 笛卡儿对此给出了一个既简单又深刻的回答:他唯一能够绝对相信的是自己能够思考。这就产生了他那句最为著名的表达"我思故我在"(Je pense donc je suis),后来这句话有

85

了更为人所知的拉丁文说法"Cogito；ergo sum."[5]"我思故我在"是笛卡儿哲学体系的起点，其他事物都建立在这个起点之上。这个表达在西方哲学中非常有名，既因为它所使用的怀疑方法，也因为它为新哲学和科学思想的发展提供了动力。在《方法谈》之后出版的著作是1641年的《第一哲学沉思集》，笛卡儿在这本书中更为细致地阐明了如何确立科学真理思想。一直到今天，这本书都是学习哲学的学生必读的作品。

笛卡儿著作的另一个中心主题是：他相信数学有能力发现无可辩驳的事实。事实上，笛卡儿式的科学路径类似于欧几里得的几何学，欧几里得的几何学试图定义基本真理，然后将它们转变为更大的系统。不过这在当时仍旧是另一种激进的发展方式，因为人们在之前广泛认为数学是用来处理抽象事物而非现实世界的。对数学的研究促使笛卡儿创立了解析几何——一种将空间中的点用数字表示的方法，这使得直线和曲线可以被写成代数方程。哲学家约翰·斯图亚特·密尔（John Stuart Mill）称这一突破是"精确科学有史以来的发展中最伟大的一步"，具有诸多实践和理论意义。[6]它还导致牛顿和莱布尼茨发明了微积分，而微积分是描述自然基本定律的一个利器。用数学描述和理解宇宙的意义是深远的，如果一个人相信宇宙可以通过数和方程来刻画，那么将所有物理现象看作一个更大的由质量和运动支配的机械系统的组成部分就没有什么困难了。这和亚里士多德的观点形成了对比，按照亚里士多德的理论，天体是神圣而有生命的，而神则居住在宇宙的圆周上，明显是通过获得大家对他的爱而推动天体运动的！

尽管笛卡儿着手建立一种新的科学方法，但他也希望科学和宗教可以兼容，尤其是因为他认为自己是罗马天主教教徒。因此，在他的许多作品中，笛卡儿试图通过证明上帝的存在来证明信仰和理性之间没有矛盾。他通过一系列论证来完成这一工作，其中包括他认为上帝必定存在，因为在上帝这里任何欺骗的意图都明显是荒谬的。在《方法谈》一书中，笛卡儿对这一观点给出了一个更加细致的表达，他暗示几何的完美表明数学一定有上帝的参与。然而，与当时的基督教教义相反，笛卡儿认为宇宙的运转是无须上帝的。在他看来，上帝创造了机械宇宙，但让它自行运转而没有进一步干预，就好像手表的滴答运行一样。事实上，笛卡儿通过假设上帝在创造宇宙时引入了一个固定的运动质量来解释生命的"启动"过程。因此,生命现象可以由微小的物质粒子之间无数次碰撞所发生的运动的重新分布来解释。这种危险的无神论观点可不是宗教权威乐于接受的。实际上,天主教会在16世纪60年代禁止了笛卡儿的所有著作,它们都被列入了禁书名单。[7]

笛卡儿的二元论

如果笛卡儿有关物理世界的机械概念还不够有争议的话,他还将这一观点用之于生物体,在此,笛卡儿做出了一个惊人的主张:动物和其他生命形式都是自动机(automata)。从人类最早时期到埃及和美索不达米亚的伟大文明一直到古希腊,身体的运动都是被精神性的或类似灵魂的力量来解释的,亚里士多德将这种力量称为心灵(psyche)。通常这种力量被认为是一种不可见的、类似于呼吸的力量,它创造生命,并让身体运动起来。事实上,柏拉图将灵魂定义为"能使自身运动的运动"。这也是中世纪和文艺复兴思想家秉持的观点,尤其因为并没有其他可行的选项。在这种观点的支配下,人们认为,生物体包含着一种特殊的生命能量,它与生物体的物理部分是分开的,正是这种能量赋予了物理的部分以生命。除此之外要另作他想是无法想象的。但笛卡儿令人难以置信地打破了这个根深蒂固的观点。在笛卡儿看来,生物体(人除外)就是自动的装置,包含着类似于手表的机械部件,这些部件协同运作产生运动。换句话说,在机器中并没有心灵来运作它们。

在笛卡儿死后12年,也就是1662年出版的《论人》(*L'homme*)一书中,笛卡儿解释了他年轻时在巴黎附近圣日耳曼昂莱(Saint-Germain-en-Laye)的那些皇家花园散步时如何产生了这种革命性的想法。这些花园因为其中的机械雕像而闻名,每当有人走近时,它们就会栩栩如生地动起来——这是由隐藏在地下的压力板引起的反应,压力板会使喷水器工作,喷水器通过水压使雕像活动起来。这种景象一定十分吸引人,因为笛卡儿叙述说,这些雕像可以演奏乐器,发声,甚至用三叉戟威胁参观的人!尽管其他人也开始考虑对身体做出机械解释,包括威廉·哈维在1628年论述人的心脏是一个泵,笛卡儿采纳了这一观点并将其作为生理学的一般原则来运用。在生物学的历史上,这是一个重要的时刻,因为它意味着有可能通过属于物理世界的物质过程来解释生命,而无须神秘模糊的精神力量。如果这是可行的,那么生命及其生物过程也可以用物理和化学来理解,从根本上来说,可以通过科学研究来理解。

当然,神经系统和脑与身体的其他部分并没有不同,而笛卡儿也试图找到对其功能的科学解释。就像他的前辈一样,笛卡儿也没有摆脱那个时代流行的信念,当时的人们是通过储存在脑室并在神经中流动的动物精气来理解神经系统的。然而,笛卡儿并不将动物精气视作没有重量、不可见并且是自动的力量,相反,他改变了动物精气的构成,认为它是由融入血液中的微粒组成的精细流体。换句话说,动物精气现在成了物理实体(也就是化学液体)。笛卡儿还认为,脑中有两种类型的精神性微粒:大的一类为脑提供营养,而小的一类则被用作神经能量,储存在脑室中。这样一来,笛卡儿就通过将动物精气看作不过是特殊的一类不稳定的化学微粒而消除了动物精气的神秘色彩。它是有史以来第一个唯物主义的神经系统理论。

然而,笛卡儿并不打算全面贯彻他的唯物主义理论,这个理论如果是真的,就会让他完全变成一台机器。实际上,笛卡儿哲学的核心是他坚定地相信:他是不同的,因为他能够自觉地思考和行动。在《第一哲学沉思集》(*Meditations*)中,他提出了一个根本的问题:"一个有思想的东西是什么?"他得出的结论是:"它是一个能怀疑、理解、肯定、否定、拒绝、有意愿,同时还能想象和感觉的东西。"换句话说,一个有思维的东西是有心智的——对笛卡儿来说,心智就是具有自觉和意识能力的灵魂。由此,笛卡儿就不得不将心智看作与物质身体不同的一种实体。这种观点就是著名的笛卡儿二元论,它依赖于这样一个假设,在我们的世界中存在两种不同的实体:物理的(广延的)和心智的(思维的)实体。物理实体是物质的,可以在空间中"延展",包括可以观察和测量的微粒。与此相反,心智实体不能够检测,因为它们完全没有物质基础或空间中的固定位置。

笛卡儿的二元论是一个重大的进展,它提供了一种重要的理解心身关系的新方式。尽管已经有差不多400年了,但一直到今天,它也不乏支持者。[8]虽然二元论的概念很明显与更早的柏拉图哲学一脉相承,但笛卡儿对它的表述却非常不同,因为他拒绝将灵魂作为基本的生命力量。因此,在笛卡儿看来,人的生理活动和其他动物一样是机械活动,属于物质世界。当然,人也在根本上是不同的。按照笛卡儿的观点,将人和其他动物分开的是我们非物质的灵魂,它赋予我们理性并无可置疑地确立了我们的存在。因此,对笛卡儿来说,人拥有不受物理力学影响的心智,而动物则不过是被受制于自然界中的事件控制的自动机。事实上,这个信念甚至让笛卡儿否认动物能感受疼痛,他认为动物的叫喊声不过是机械引发的行为。

最早对反射的描述

不过笛卡儿给神经科学留下的最为持久的遗产不是二元论,而是反射概念。如果身体实际上是机械的,能够在没有意志的干预下活动,那么很自然,笛卡儿必须解释这种自动运转是如何进行的。尽管笛卡儿并没有使用准确的词语,但他提出了反射这个概念,它指的是来自外部世界的刺激会引发身体产生一系列不自主的反应。在笛卡儿以前从未有人提出过这种观点,而他在几本书中详细地阐述了这一观点,在《论人》一书中,他还提供了一个极为著名的例子:一个人会突然把脚从火上挪开(见图 4.2)。为了解释这种回缩反应,笛卡儿提出了一种新的神经功能理论。他并没有假设一种精神性力量通过神经使肢体运动,而是认为将灼烧感传递到脑的神经是由绷紧的"纤细的线"组成的,这些线一直延伸到脑室。当一个人的脚被灼烧时,来自被灼烧皮肤的感觉就会拉紧这些细线,然后就打开了脑室壁上的小阀门——笛卡儿将这个过程比作在一端拉动绳索会引起另一端的铃响。这些阀门在打开以后就会引起一个"反射"活动,来自被加压脑室的动物精气会在压力下被释放,回到控制脚部肌肉的神经。接着就引起了肌肉膨胀,导致了脚的回缩。[9]

89

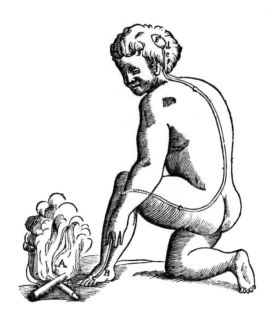

图 4.2　笛卡儿对动物精气在回应灼烧时运动路径的演示(来自 1662
年出版的《论人》)。注意传递灼热感的神经冲动在中间脑室沿着神经通路
被"反射"回脚部。

　　笛卡儿在某些方面拓展了最早由盖伦提出的古老生理学理论,按照这
一理论,当普纽玛被迫从脑室进入神经,就会导致肌肉运动。然而,通过
假设脑室壁上有阀门,它们自动地使神经信息被导回而引起运动,笛卡儿
引入了一个新的概念,并不需要自我支配的精神力量或灵魂来解释行为
(见图 4.3)。比起盖伦,这也许只是一个简单的进展,但这个进展却是深
刻的,因为它提供了一种可以用来理解神经系统运动的新方式。事实上,
笛卡儿列出了十种基本的自动反射,他认为这些反射是我们和其他动物
都有的。它们分别是:(1)食物消化,(2)血液循环,(3)营养与生长,(4)呼
吸,(5)睡眠与醒觉,(6)感觉,(7)想象,(8)记忆,(9)情绪,(10)身体的运动。
这些想法是革命性的。反射不仅使神经系统参与的行为的范围远远超出先
前的设想,而且诸如想象和记忆这样的反射甚至涉及传统认为与心智相关
的心理过程。然而,也许同样重要的是,如果所有这些反射都是机械的,就
可以对它们进行科学研究。这些在 17 世纪都是强有力的新概念,鼓舞着其
他人通过实验程序重新研究身体的生理运作。因此,确立起研究行为之神

经基础的近代科学范式这一点要归功于笛卡儿。

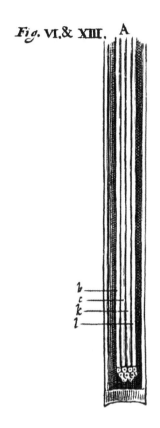

图 4.3　《论人》中展示的一根神经纤维的内部结构。标号 b 到 l 的小管都被描述为包含一根纤细的纤丝,作用是向脑传递感觉。这些小管就像滑轮一样打开脑室壁上的阀门,使动物精气沿着神经的外部传递到肌肉。

来源:伦敦威尔克姆图书馆。

身心互动的位置:松果腺

在其表述的二元论中,笛卡儿的立场是:身体由物质构成,通过反射活动运作,而心智是由完全不同的实体构成的,它能够自我决定。然而,这带来了许多艰深的问题。例如,灵魂存在于哪里?类似于灵魂的心智实体如何与构成身体的物质实体形成互动?这些问题困扰着所有形式的二元论,

91　而笛卡儿也很清楚这些问题。他最初尝试处理心身问题是在《论灵魂的激情》(*Passions of the Soul*)这本书中，笛卡儿认为，在身体中必定有一个能让心身互动的特殊位置，或者用他的说法，必定有一个位置，在那里，灵魂"比在所有其他地方更能发挥它的功能"。当然，所有那些伟大的权威人物认为，这一位置不在心脏就在脑中。然而，笛卡儿却提出了另一种看法。对他来说，灵魂的根本不在心脏或者脑中。相反，它"位于脑的中部的一个非常微小的腺体……"笛卡儿所指的这个结构是松果腺。

松果腺是一个很早就被发现的小的白色解剖结构，它从中间脑室壁突出来，最早描述这个结构的是盖伦，他将其形状比作一个松果。然而，盖伦也清楚地指出他不是第一个观察到松果腺的人，因为在他之前的其他人（也许是埃拉西斯特拉图斯）都认为这个结构与调节通过脑室的普纽玛的流动有关。然而，盖伦不同意这种看法，他认为松果腺除了对脑血管提供支持以外并不重要。笛卡儿应该知道盖伦的著作，但他的看法和盖伦不同，倒是与盖伦的前人更一致。在笛卡儿看来，松果腺在脑中占据着一个关键位置，和所有其他成对的器官不同，松果腺是脑中唯一一个单独的器官。对相信灵魂是单纯的，不可能被划分成不同的部分的笛卡儿来说，这很重要。除此之外，笛卡儿认为，在脑中必定有一个地方，在这里来自双眼的两个图像结合起来才会形成单一的感觉。松果腺似乎再次提供了这样一个位置，因为他相信这个位置是悬在中间脑室的。[10]因此，松果腺占据了探测通过脑室系统的动物精气的理想位置。

但是松果腺如何执行灵魂的命令呢？笛卡儿认为，答案在于灵魂能够引起松果腺精细又快速的运动，这种运动是一种反应，它可以使动物精气的流动发生偏转，延伸到肌肉的中空神经。这样，松果腺就可以将动物精气"倾斜"或"注入"合适的神经。很明显，这个想法会让人们想起皇家花园里控制机械雕像的管道。遗憾的是，笛卡儿的解剖学知识很有限。他错误地认为松果腺位于中间脑室的中央，而在17世纪，人们已经知道脑室中的物质不像空气，而是像水一样。然而，对松果腺理论最为严厉的抨击来自丹麦神学家尼可拉斯·斯坦诺(Nicolas Steno)，他觉得"有必要指出笛卡儿想象的机器和真实人体之间巨大的差异"。斯坦诺的说法是，松果腺在动物身上比在人身上发育得更好,这个发现与笛卡儿认为动物没有灵魂的观点相矛盾。看起来,笛卡儿对他的松果腺理论也并不完全满意,因为后来在和朋友的通信中,他承认这一理论的局限性。不过不用苛责笛卡儿,心身如何互动的问题直到今天也仍旧是哲学和脑科学中最为棘手的问题。

早期科学革命

1649 年,受瑞典女王克里斯蒂娜的邀请,笛卡儿去了斯德哥尔摩做女王的私人教师。不幸的是,寒冷的天气和早晨 5 点就要开始给女王授课很快就把他拖垮了。1650 年,笛卡儿死于肺炎,时年 53 岁。[11]这个时候,他的书已经享有盛名,而他的哲学思想也已经广为人知。下面这一点可以看出笛卡儿的影响力,据说,在荷兰有大约一半的生理学家都自认是笛卡儿的信徒,尽管这个数字在法国要少很多,因为笛卡儿的学说在法国是被禁的。哥白尼、伽利略、哈维和维萨里这些革新性的思想家撼动了传统思想的根基,在他们的相助下,笛卡儿鼓舞了一个智识变革的时代。其中首要的是,笛卡儿鼓励人们怀疑古老的真理而追求新知。然而,他的影响力只是促成这一变化的众多因素之一。其他人也会应对新的学术研究带来的挑战,这促成了后来所称的科学革命。科学革命给包括物理学、天文学、解剖学和化学等广泛的学科带来了思维和实验研究上的新方法,也在很短的时间内改变了西方世界。

17 世纪早期的另一个特征是业余科学的发展。业余科学最初是由少数富有的绅士促成的,他们充分独立,对世界充满好奇,能为自己的研究出钱。随着他们开始追求自然哲学,将这些个体组织起来形成一个他们可以展示自己成果的学术团体就很有必要。最早的学术团体之一是英国皇家学会,如今它被看作世界上现有最古老的科学协会。英国皇家学会起源于 16 世纪 40 年代一群人在牛津和伦敦定期举行的聚会,他们决定通过实验而不是传统观点来建立知识。在探索的过程中,学会的创立者决定接受弗朗西斯·培根的学说,培根是一名英国政治家和哲学家,他在出版于 1620 年的《新工具》(*New Instrument of Science*)一书中严厉抨击了经院权威。培根有时被人们看作经验主义（即认为直接经验是知识唯一真正的来源）之父，他强调从基于证据的论证，包括实验，来确立事实的重要性。基于这一观点，他严厉地批评诸如占星学和炼金术这些领域，因为它们缺少客观的支持。这与被更普遍接受的亚里士多德式的方法完全不同，后者试图仅仅通过理性或简单的论证来发现基本真理。[12]

英国皇家学会有着众多英国最伟大的科学家，包括罗伯特·波伊尔、罗伯特·胡克和克里斯多弗·雷恩爵士。另一位大名鼎鼎又当过学会主席的成员是艾萨克·牛顿爵士，他是《自然哲学的数学原理》（*Philosophiae naturalis principia mathematica*）（常被简称为《原理》）的作者，这本书首次对时间、力和运动做出了完备的数学阐释（即自然的普遍规律）。也许更为著名的是，从看到苹果从树上掉下来，牛顿推理必定有一种被称为引力的吸引力。从这一思想出发，他继续证明，两个大的物体之间的引力与它们质量的乘积成正比，而与它们之间距离的平方成反比。这些概念取代了笛卡儿物理学，几乎解决了他那个时代所有的理论问题，在物理学和天文学的近代发展中这是开创性的成就。牛顿证明了他的方法要远胜于此前所有的方法，如果在 17 世纪对数学解释世界的能力还有什么怀疑的话，牛顿也已经将它们一扫而空了。《原理》在笛卡儿去世后不到 40 年出版，标志着近代科学方法最终被广泛地接受。然而，尽管牛顿是一个科学天才，他也是一个笃信宗教的人，最终，他将自己的科学工作看作理解神圣造物主计划的尝试。正像他解释的那样："引力解释了行星的运动，但它并不能解释是谁让行星运动起来。神支配万物，知道一切所行与能行的。"

托马斯·威利斯：近代神经学之父

英国医生托马斯·威利斯是皇家学会形成时期最为杰出的成员之一。威利斯比笛卡儿小 25 岁（他们基本生活在同一个时期），他不是机械论者，而是化学疗法论者（iatrochemist），他认为化学是人体功能的基础。他还是一名医生，接受过短暂且非传统的医学教育，虽然如此，这并没有阻碍他成为牛津大学自然哲学塞德利安教授（Sedleian Professor）。事实上，威利斯利用这一机会开展了一项雄心勃勃的计划,他要"打开人们的脑袋,研究其中的内容"。这一计划的结果就是 1664 年出版了《大脑解剖》(Cerebri anatome),这本书是历史上第一本专门针对脑、脊髓和外周神经的专著。这本著作结合了解剖学知识、尸检、临床观察和实验,是在一群被称为专家(vertuosi)的技术高超的同事的鼎力相助下完成的。这本著作不仅是第一次对脑的跨学科研究,而且它还引入了希腊词语 neurolgia(神经病),后来这个词被萨缪尔·波达奇(Samuel Pordage)翻译成英文"neurology"(神经学)。《大脑解剖》包含大量新的信息,和过去那些模糊的努力形成了如此鲜明的对比,以至于在接下来的两个世纪,它一直作为权威读物,一共发行了 23 版。

在英国内战期间,威利斯是一个坚定的教徒和保皇派,1637 年,他进入牛津大学学习医学,当时学医通常要求在 14 年的时间里获得几个学位。然而,当查理一世在 1642 年把他的宫廷迁往牛津,把那里变成一座驻军要塞时,威利斯的正式医学教育就缩短到了 6 个月。[13] 尽管他只接受了有限的训练,威利斯还是在 1646 年被授予了医学学士学位,因此可以开设诊所行医。然而,他对保皇派的同情意味着,在 1645 年君主制垮台以后,他几乎没有什么特权,要确立名声只得靠长时间的艰苦工作。威利斯常常要跑到附近的村镇去给他的病人治病,甚至据说,他曾在阿宾顿市场(Abington market)做过一段时间"尿先知"(piss prophet,根据病人尿液诊断疾病)。威利斯没有堂堂的仪表,有人说他中等身材,有着像猪一般的深红色头发,是个结巴。然而,在 1650 年,他的公众地位得到很大提升,因为他救活了一个名叫安妮·格林的女人,这个女人因为谋杀自己年幼的孩子而被处以公开绞刑。被吊了半个小时以后,格林的尸体被送到外科医生那里等待解剖,这时威利斯听到棺材里传来了奇怪的声音。威利斯用一根羽毛挠了挠格林的喉咙,刺激她咳嗽,这让格林"起死回生"。格林不仅活了下来,她还再婚,又生了 3 个孩子。

17 世纪中叶,传染病很常见,天花、流感和脑膜炎的暴发影响了牛津及其周边的居民。年轻的威利斯医生描述了这些疾病的暴发情况,并且检查了它们的病理。这让他首次对伤寒做出了解释。威利斯对发烧状态下心智受影响的方式也感到震惊,例如,他注意到感染脑膜炎的人智力受到严重损害,以至于他们不得不远离朋友。威利斯常年为他的许多病人看病,由于获得了他们的信任,有些人就同意了他进行尸检。在脑膜炎的病例中,威利斯发现脑的表面常常覆盖着一层厚厚的血污,并伴有广泛的炎症迹象。威利斯还发展了一种关于发烧的化学理论,摒弃了盖伦式的体液失衡的古老看法,而代之认为发烧是由过度发酵而引起的谵妄。这在今天听起来可能过时了,但这种观点基本上将发烧归因于血液成分的紊乱。对威利斯来说,这意味着,发烧是一种最好通过化学疗法,比如用秘鲁树皮,而不是古老的放血疗法来处理的疾病。

1660 年,查理二世复辟以后,威利斯的命运发生了变化,在复辟之后的几个月内他就被任命为基督教会塞德利安自然哲学教授。威利斯此时已经快 40 岁了,他利用新职位了解了更多的神经解剖学知识。尽管对亚里士多德和盖伦有关脑解剖知识解释的不足感到沮丧,并因此受到鼓舞去学习神经解剖学,但这最终成了影响威利斯的一个更深层的因素。威利斯是虔诚的英国国教徒,对理解上帝的神圣智慧和人类灵魂的本性有着浓厚的兴趣。假设脑和神经系统是上帝创造的有序系统的一部分,威利斯相信,对它们进行更细致的研究将是理解动物灵魂以及独属于人类的理性与不朽灵魂的关键。或者,正如他所说,解剖学研究可以"解开人类心智的秘密,并且让我们一窥神意下活生生的造物"。威利斯带着巨大的热情规划了自己的任务并得到了其他一些专家的帮助,比如罗伯特·波义耳(Robert Boyle)、理查德·洛尔(Richard Lower)和克里斯托弗·雷恩(Christopher Wren)。威利斯还热衷于利用一切他能支配的尸体,他后来承认说,自己"简直对开颅上瘾了"。所幸牛津大学对解剖的管制比较宽松,因为在 1636 年,查理一世允许牛津大学认领方圆 21 英里范围内所有执行死刑的人的尸体用于解剖。威利斯充分利用这种情况,经常在旅馆和放置尸体的房间中进行解剖。

《大脑解剖》

《大脑解剖》出版于 1664 年,这本书题献给威利斯的恩主和朋友,坎特伯雷大主教吉尔伯特·谢尔顿(Gilbert Sheldon)。威利斯是带着虔诚的宗教之心写作这本书的,如果读者对此还有所怀疑,《大脑解剖》是用拉丁文写成的有助于打消这种疑虑,因为拉丁文是宗教权威的语言。虽然严格来说,这并非是第一本专门关注脑和神经的著作[这个荣誉要归于荷兰人杰森·普拉坦西斯(Jason Pratensis),他在 1549 年出版了《脑病》(De Cerebris Morbis)],但《大脑解剖》要全面得多,对脑做出了前所未有的描述,强调了新的实验发现和临床见解(见图 4.4)。实际上,威利斯在该书前言中自豪表露道:"我没有走别人走过的路,也没有重复别人说过的话。"这的确是一个大胆的宣言,因为我们不要忘了,在威利斯写作这本书的时候,希波克拉底、亚里士多德和盖伦的学说仍旧主导着医学教学。然而,时代在变化,这一点从许多传统的亚里士多德主义者在保皇派占领牛津期间被革职就可见一斑。这样的环境,再加上来自高层的支持,无疑让威利斯可以不受约束地走自己的路。

(A)

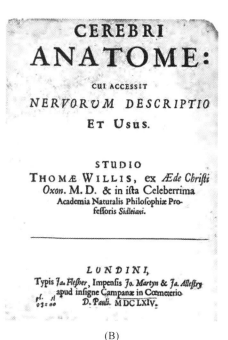

95

(B)

图 4.4　(A)艺术家 D. 洛根(D. Loggan)在托马斯·威利斯 45 岁时为其创作的雕像,首次用于《大脑病理学》(1667)一书。(B)《大脑解剖》书名页,首次出版于 1664 年。

来源:伦敦威尔克姆图书馆。

《大脑解剖》大约有 150 个对开页,它们都具有高度创新性,这在很大程度上要归功于帮助威利斯的那些合作者。这些人包括克里斯托弗·雷恩,他画了许多插图,实际上是在铜版上雕刻,细节的处理上要远远胜过木刻(见图 4.5);罗伯特·波义耳,他发现了用酒精保存和硬化大脑的新方法,[14] 以及理查德·洛尔,他负责许多解剖工作。与绝大多数将脑留在颅骨中的解剖学家不同,洛尔和威利斯将脑从颅骨中取出,这样让他们可以用放大镜更仔细地检查脑。因此,《大脑解剖》的 15 幅插图以前所未有的细节显示了脑和神经系统。这还导致许多新的脑区被识别出来,在 1681 年经过萨缪尔·波达奇的翻译之后,大量新的英语词汇进入到今天仍在使用的词汇表中。实际上,许多学生也许并不知道,像前连合(anterior commissure)、纹状体(corpus striatum)、下橄榄核(inferior olives)、终纹(stria terminalis)这样的词语来自威利斯,而其他一些神经解剖学词语则来自波达奇的翻译,包括叶(lobe)、半球(hemisphere)、肉柄(peduncle)、锥体(pyramid)。

96

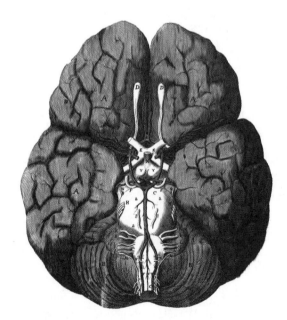

图 4.5 这幅由克里斯托弗·雷恩创作的《大脑解剖》中的插图显示了脑的底部。在图中可以看到威利斯环(E)、嗅球(D)、四叠体(Y)和小脑(B)。还能看到十对颅神经的起点。
来源:伦敦威尔克姆图书馆。

《大脑解剖》最大的亮点也许是对脑底部主要血管的描述。当然,这一点在此前就是有争议的,盖伦把它们与在牛身上发现的被称为"红体"的类似复合体搞混了,这个错误直到 1543 年才由维萨里纠正过来。通过比较人和几种动物的血管,威利斯确认维萨里是正确的。有趣的是,尽管人脑并不包含红体,但它的确有一个大的动脉环,它们从位于脖子前部的两根颈动脉接收血液。维萨里也观察到了这个动脉环,但搞清楚其功能的却是威利斯。威利斯报告说,他在尸检中碰到了这样一个案例,死者的一根动脉被堵住了,但这并没有影响这个人生前"心智和身体功能正常的"。通过这次尸检,威利斯意识到动脉呈环状排列是非常有用的:即使它的一部分被阻塞了,动脉环也能保证向脑持续供血。如今这个结构被称作威利斯环。[15]

《大脑解剖》另一让人印象深刻的特征是使用了新的解剖技术,这些技 97 术被用来追踪整个脑中血管的走向和目的地。这段时期,人们对大脑的血液供应知之甚少。仅仅在大约 20 年以前,威廉·哈维才确立了血液循环,而脑溢血刚刚开始被德国人约翰·维普夫(Johann Wepfer)认为是中风的原因,维普夫的著作《中风论》(*Treatise on Apoplexy*)在 1658 年首次出版。尽管如此,还是有很多人仍旧主张古老的观念:中风是动物精气而不是血液被堵塞造成的。然而,威利斯给出了令人信服的证据来反对这个观点。威利斯将墨水注射(注射器是用一根羽毛管和狗的膀胱制成)到一个死于癌症的人的颈动脉——这是第一次在人脑上进行这种实验。按照威利斯的叙述,沿着"那些蔓延到脑的每一个角落和秘密位置的血管",在脑的外部大脑皮层上出现了小墨点。这也让脑"看起来就像一个奇怪的有夹层的球"。在这一演示之后,人们就无须怀疑,血液是从动脉流入脑,然后通过一个由非常纤细的血管组成的巨大网络分布在整个脑组织中的。

《大脑解剖》还给研究者提供了脑的整体结构的一个新概貌。传统上,自从亚里士多德以来,脑被划分为两个区域:大脑(大脑皮层)和小脑(威利斯分别把它们称为 cerebra 和 cerebel)。[16]然而,在《大脑解剖》一书中,威利斯增加了第三个部分,称之为纹状体(corpora striata),之所以这样称呼是因为它看起来是灰色和白色条纹状的。虽然这个结构在之前维萨里的著作中也提到过，但维萨里没有给它命名。威利斯将纹状体比作一个十字路口，感觉和运动精气在这里交汇。不应忘记的是，《大脑解剖》有大约三分之一的篇幅是在描述外周神经系统，这一工作要归功于理查德·洛尔，他"不知疲倦地"一直沿着神经分支追踪到了它们"最隐蔽的地方"。通过洛尔的工作，威利斯辨识出总共九条颅神经，并首次对控制颈部肌肉的副脊神经做出了解释。威利斯还命名了迷走神经（"迷走"来自拉丁文，意思是"漫游"），他认识到迷走神经在上半身有广泛的投射。他还将腹部放射状的神经纤维命名为"太阳神经丛"，因为他觉得它们就好像是太阳的光线。

定位不同脑区的功能

在另外一个重要方面，《大脑解剖》提供了一种新方法来理解脑：威利斯将脑室的重要性降到最小，相反他认为脑内的物质发挥着心智功能。尽管这并非是全新的见解，因为盖伦也有过类似的想法，但威利斯走得更远，他将感觉、运动和理智功能定位在特定的脑区。威利斯尤其轻视脑室，认为脑室不过就是脑内物质的折叠导致的空空的容纳水的空间。事实上，它们除了充当收集废物的"单纯的水槽"以外，什么作用都没有。作为证据，威利斯注意到从中间脑室伸出了一个漏斗状的通道，他认为排泄物从这里进入脑垂体。他称其为脑的"肛门"[17]。因此，脑的动物精气一定存在于其他地方，对此威利斯提出了一个巧妙的理论：他认为它们是在脑的灰色物质中产生出来的。威利斯是在用放大镜检查脑的灰质和白质时产生这个想法的。灰质是脑的皮层外部表面最为显眼的物质，它看起来有着丰富的血管分布，这让威利斯认为，灰质是产生动物精气的理想场所。相反，白质要更加纤维状，这让威利斯推测它必定是提供通路的，这些通路让动物精气到达脑的其余部分和脊髓。

通过聚焦于脑本身，威利斯开始考虑三个主要区域的功能，这三个区域分别是大脑皮层、小脑和纹状体，由此他提出了一个令人吃惊的现代理论。在威利斯看来，皮层的灰色区域是负责智力和记忆的地方。作为证据，威利斯注意到,人的大脑皮层更大,有更多的"褶皱和起伏"(即脑回和脑沟)。他还正确地意识到大脑皮层扩大了脑的表面积,这尤其与鸟类和鱼类平坦又毫无特点的皮层表面形成对比。大脑皮层还包括胼胝体,[18]这让动物精气"从脑的一个半区流动到另一个半区并再次返回"。威利斯还将幻想与想象的功能赋予这一结构。然而,位于脑的后部,靠近颈部的小脑与皮层不同。这个球状的结构在动物和人这里都很大,并且具有非常相似的褶皱模式。威利斯知道古代的权威有时候会把运动功能赋予靠近小脑的后脑室,看起来他自己的临床观察也支持这个看法。威利斯开始将小脑看作使身体自动运动的器官。他把这个观点表达得非常清楚:"小脑的职责是……向某些神经供应动物精气以产生不自主的运动,比如心跳、正常的呼吸、调和营养、产生食糜和许多其他东西。"

威利斯的定位理论最具原创性的部分涉及纹状体的功能。对威利斯来说,这两个灰色椭圆形,像象牙一样条纹状的组织在脑结构中占据着关键的位置。纹状体位于髓质(medulla)上方,紧贴着大脑褶皱之下,髓质是一个 Y 字形结构,威利斯把它称为进出脑部的"国王的公路"(King's highway)。这一位置让纹状体可以接收来自它上方的大脑关于理智和行为的指令。同样重要的是,威利斯也将纹状体看作直接从感官获得印象的区域。为了支持自己的理论,威利斯注意到新生失明幼犬的纹状体没有条纹状,这表明视觉经验是纹状体发育的必要前提。换句话说,纹状体似乎就是统感,这个传说中的地方是亚里士多德最先发现的,所有的感觉都在这里汇聚。纹状体位于"国王的公路"的上方,这进一步强化了该理论,因为这一位置使纹状体成为执行意志行动的理想场所:纹状体的指令被向下传输,进入脊髓的神经通路。为了佐证这个想法,威利斯还报告他在脑解剖中发现了一个纹状体退化的病例,而这个病例患者的四肢瘫痪了。

威利斯抛弃了脑室或者说隔间学说,转而支持有利于脑功能定位的理论,在脑科学的历史上,这是向前迈出的重要一步。这一理论在其他方面也具有创新性。例如,威利斯认为,大脑能够对"非自愿"的小脑活动施加控制,当一个人屏住呼吸时就会发生这种情况。因此,威利斯也是第一个赋予脑不同功能层次的人。此外,尽管威利斯不是笛卡儿主义者,他却接受了反射概念,并且赋予大脑和小脑不同的反应类型。例如,"轻微的皮肤瘙痒"让人们会去抓挠自己的皮肤,这被认为是涉及大脑的反射活动,而导致脉搏加快和呼吸急促的疼痛刺激则是以小脑作为中介的。因此威利斯有关脑功能的观点既是动态的,又是整合的,在如今现代脑研究的图景中,这种思想占有重要的地位。

理性灵魂、动物精气与神经活动

威利斯对灵魂的看法延续了亚里士多德和盖伦的传统。也就是说,他认为灵魂有三个部分。灵魂最为基本的部分是给予生命的火焰(flamma vitalis),它在血液中产生,制造出生命所需的热量。第二部分是动物精气,它是在血液流经脑的表面时创造,然后以液体的形式储存在灰质中的。前两者都被认为是化学物质,存在于人和动物身上,负责执行感官和运动这样的基本生物功能。然而,威利斯提出的第三个部分是迥然不同的。它是不朽的非物质的理性灵魂,只存在于人类之中,使人具有理性和自由意志。理性灵魂还具有运动动物精气的执行能力。不过,与前人不同,威利斯首次将这种更为高等的精神的"主要位置"放在了皮层之中,他之所以得出这个结论是因为人的大脑皮层在结构上更为复杂。大脑皮层还包括胼胝体,威利斯认为,胼胝体的作用是接收感觉信息和负责想象。

笛卡儿用包含线路和液压的机械原则解释神经功能,而威利斯却是一个依赖运用化学原则的化学疗法学家(iatrochemist)。虽然这样说,但威利斯所使用的化学却完全不是我们今日所理解的化学。例如,威利斯认为,身体完全是由五种微粒构成的,它们在重要性上依次是:精气、硫黄、盐、水和土。当这些微粒进行混合,就会发酵产生热量和运动。反过来,这些反应就能够解释所有类型的生化过程,包括血液循环、发烧和消化。为了解释神经活动,威利斯认为神经包含着两种液体。第一种是在脑中生成并被输送到脊髓来"浇灌"神经系统的"神经液"。第二种液体含有动物精气,它的"微小颗粒"极易挥发,在并不太运动的神经液中快速运动。动物精气的运动总是通过位于脑中的理性灵魂启动,就好像水上运动的呼吸。动物精气的目的地是肌肉,在那里它们与一种类似精神的物质结合,产生一种"像火药爆炸一样"的反应。这反过来又造成一种类似气泡的物质使肌肉膨胀并产生运动。尽管如此,威利斯承认,他并没有发现支持其理论的中空神经存在的证据。事实上,威利斯是最早用显微镜仔细观察神经系统的人之一,从他的观察来看,神经纤维是紧密排列的。它们既像甘蔗,也类似海绵,是一种多孔的固体物质。

显微镜下的世界

在 17 世纪,显微镜逐渐被用来观察生物材料的微小结构。虽然"放大镜"早在古罗马时期就已经使用了,眼镜在 13 世纪也已经发明,但复合显微镜(compound microscope)要到更晚才出现,最早的显微镜可能是 1590 年由两个荷兰镜片制造商扎卡利亚斯(Zaccharias)和汉斯·简森(Hans Janssen)发明的。到威利斯开始在牛津大学做研究时,技术的发展已经让人们获得了第一台带有聚焦装置的初级显微镜。事实上,在《大脑解剖》出版一年之后,威利斯的同事罗伯特·胡克出版了《显微术》(*Micrographia*),这是第一本致力于显微图像的书。《显微术》使用的是放大 50 倍的显微镜,书中令人叹为观止的铜版雕刻引起了轰动。其中有看起来像是崎岖山峰的细小针尖,一幅精致的跳蚤插图和一幅(差不多有 2 英尺宽的)粘在人头发上的虱子的大图。不过胡克的名声主要来自他对软木塞的描述,在显微镜下,软木塞上有数千个小洞,胡克认为它们就像是小房间或"细胞"[19]。胡克不知道这些小洞实际上是曾经活着的软木橡树中构建生命的单元的遗迹(见图 4.6),他也完全想不到生物学家会用他发明的词语来表示植物和动物组织的基本单元。

100

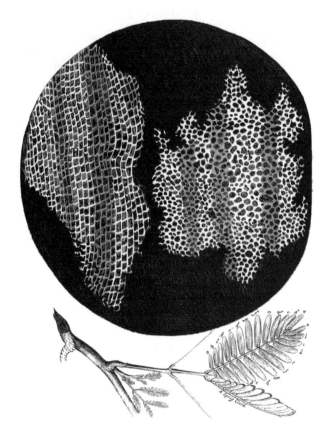

图 4.6 《显微术》中的一幅插图，显示了显微镜下有数百个小房间或"细胞"的软木塞。"细胞"这个词将成为生物学史上一个经久不衰的词语。
来源：伦敦威尔克姆图书馆。

考虑到胡克和威利斯之间的密切关系，胡克在《显微术》一书中完全没有涉及对神经系统的观察就有些奇怪了。不过倒是有其他人做了这件事，意大利人马尔切罗·马尔皮基（Marcelo Malpighi）在 1665 年出版的《论脑》（*De cerebro*）一书中观察了脑内的物质。他的观察似乎表明，大脑皮层的外部灰色区域含有许多微小的椭圆形腺体，这些腺体像小肠（tiny intestines）一样延伸进入白质。由此，马尔皮基推论，这些腺体产生了又长又细的充满液体的通道，他把这种液体看作"生命精气"。这些观察让有些专家主张第一个观察神经细胞的人这个荣誉应该属于马尔皮基。不过也有人认为他只不过是描述了血管。遗憾的是，我们无法确切知道马尔皮基实际在脑中看到了什么,但对他的有些观察我们是确切了解的。

例如,他描述了肺的结构及其毛细血管网络,这让他搞清楚了空气是如何进入血液系统的。马尔皮基还在身体的其他地方发现了毛细血管,这个发现让他意识到动脉和静脉血的供应是相互联系的。就这样,马尔皮基补全了哈维血液循环理论中缺失的一环。由于这些以及许多其他发现,马尔皮基经常被誉为显微解剖学的创始人。

不过,最伟大的显微镜学家却出身卑微,他就是来自荷兰德尔夫特的布商安东·列文虎克(Anton van Leeuwenhoek)。列文虎克没有受过正规的科学训练,只会说荷兰语。在大约 1668 年,列文虎克 36 岁的时候,发现了一种新的制镜,确切地说,是制造玻璃球的方法,这种方法要远胜于当时其他人使用的方法。为了严守自己的技术秘密,列文虎克声称他可以从一粒沙子中磨制出镜片(这无疑是假的),这让他的技术显得更加神秘。不过,列文虎克制造的透镜的放大倍数要远远超过当时其他的透镜,在接下来的 200年没有人能与之媲美。17 世纪的复合显微镜的放大倍数很少能够超过 50倍,但列文虎克却制造出了更强大的仪器,他的方法是将要检查的物体放置在一个固定的针上,并使用一个夹在两块金属板之间的微型单透镜,接下来调整金属板上的螺丝来聚焦物体。尽管这是一个简单的装置,需要在明亮的光线下凑近去看,但它的放大率却超过了 200 倍。列文虎克甚至有可能拥有功能更为强大的显微镜。

在 1673 年,列文虎克开始通过信件向英国皇家学会报告他的发现,英国皇家学会在它们的期刊上发表了这些信件。通信持续了 50 多年,共出版了 375 篇论文,其中有许多引人注目的发现,包括第一次描述了单细胞生物,列文虎克把它们称为微生物(animalcules)——其中一些是从他的牙齿上刮下的碎屑中发现的——以及被他准确测量出直径的红细胞。列文虎克还表明,肌肉是由纤维构成的,而纤维是由数千根更细的丝状物构成的。最令人难忘的是,他发现人类精液中包含着大量的小微生物,它们有着纤细、摆动的透明尾巴,大小不到一粒粗糙沙子的百万分之一。列文虎克还检查了神经组织,在 1674 年他还将牛的视神经切片送到了英国皇家学会。就像威利斯一样,列文虎克也无法证明神经是中空的。相反,它们看起来是实心

102

的并且含有许多柔软的小球体。10 年后的 1684 年,列文虎克将注意力集中于观察火鸡的脑皮层区域,但这一次他没有发现什么新东西,只是证实了马尔皮基对那些毫无特点的油性小球体的观察。

检验动物精气理论

在 17 世纪,对神经功能的所有解释都依赖于动物精气这个概念。动物精气本质上是一种液体,它们通过神经通路流动到肌肉。对笛卡儿这样的理论家来说,动物精气引起肌肉的扩张,这很像给气球充气来产生运动。然而,17 世纪也是一个科学的时代,有些追随笛卡儿的研究者明白这个想法必须要能经得起实验的检验。剑桥的医生弗朗西斯·格里森(Francis Glisson)就是其中之一。格里森因为写了第一本专门针对肝脏的书[1659 年出版的《肝脏解剖》(*Anatomia hepatis*)]而出名,他对肝脏和胆囊的关系尤其感兴趣,胆囊似乎能在没有任何神经输入或刺激的情况下自动排出胆汁。他因此提出,腺体的肌肉必定固有能量,他将其称为"应激性"(irritability)。这个概念进一步导致了某些预测,例如,如果在胆囊中发现了应激性,那么为什么在身体的其他肌肉中没有发现呢? 更有趣的是,格里森意识到,如果应激性是肌肉固有的,那么并不一定需要动物精气的水力流动激发肌肉的活动。换句话说,按照应激性理论的预测,不会出现肌肉膨胀。

为了检验这个假设,格里森把一个人的手臂放入封闭的水箱中,并让他张开和握紧拳头。如果膨胀理论是对的,那么这个活动就应该引起水位的波动上升。然而,水的体积保持不变,甚至还有轻微的下降,这让格里森只能得出结论:肌肉是"由于一种固有的生命运动才收缩的",它们"无需丰盈的精气输入,无论是动物精气还是生命精气"。换句话说,这似乎反驳了动物精气的概念。作为一种替代的解释,格里森提出,应激性是所有生物组织而不只是肌肉中固有的力。因此,在他看来,身体的所有部分都在对"刺激"做出反应。这在当时是一个极为有力的新观点,因为它还有助于解释为什么蠕虫、鳗鱼和蛇等动物在被切成几个部分以后仍能长时间地运动。而且,应激性也能解释为什么心脏在从身体中摘除以后会继续跳动。

在同一年,年轻的荷兰人,莱顿大学成熟的显微镜学家简·施旺麦丹(Jan Swammerdam)得出了类似的结论。施旺麦丹做出了许多解剖学发现,这些发现包括女性卵巢中存在卵子、淋巴管中存在瓣膜以及阴茎的勃起是因为血液流入,除了这些发现之外,施旺麦丹还做了最早的一些神经生理学 103 实验。这些实验是通过使用从青蛙腿上提取的神经—肌肉制剂进行的。也就是说,他从青蛙大腿上取了一块带有神经残端的肌肉,然后刺激神经来产生肌肉收缩或抽搐。如今全世界学习生物学的学生都熟悉这项操作,它被描述为有史以来最为重要的实验流程之一。就另一个理由来说,施旺麦丹选择青蛙也是很幸运的。他发现即使摘除了心脏,这种动物仍旧会有反射性的身体运动,但如果是脑袋没有了,反射性身体运动也就没有了,失去脑袋会造成一切动作的停止。乍看上去,这似乎表明脑是所有动作的来源。接着,施旺麦丹有了其他发现:他将手术刀放置在暴露肌肉的神经残端处,即使是没了脑袋的青蛙,它的肌肉也会抽搐。这就表明,即使没有肌肉和脑之间的任何连接,肌肉收缩还是会发生。这是另一个与"动物精气"这一传统观点相矛盾的发现,按照这个传统观点,动物精气通过神经产生运动。

施旺麦丹还做了另一个经典实验检验动物精气理论。他(连带神经)取下青蛙的大腿肌肉并将其浸置于末端有少量水的密闭管子中。这样通过观察到的上升的气泡就可以判断肌肉在运动。道理很简单:如果运动是由于越来越多的动物精气进入肌肉,那么水位就应该上升。事实上,这基本上就是格里森实验的一个更加复杂的版本。然而,当施旺麦丹用一根细金属丝刺激神经时,根本就没有气泡出现。换句话说,肌肉收缩并没有增加水的体积。这是反对动物精气理论的又一个证据,但除了承认"刺激"神经足以产生运动以外,施旺麦丹无法对此给出可行的解释。施旺麦丹的丹麦同行尼尔斯·斯坦森[Niels Stensen,通常简称斯坦诺(Steno)]也得出了类似的结论,在 1667 年,斯坦诺就已经将心脏描述为某种肌肉。斯坦诺的研究表明,肌肉在收缩时并不会改变整体体积,但是却会改变形状(肌肉的一端会隆起),在这一研究上,他超越了施旺麦丹。

阿尔布雷希特·冯·哈勒：应激性与敏感性

瑞士医生阿尔布雷希特·冯·哈勒(Albrecht von Haller)更为充分地发展了应激性这个概念。哈勒是 18 世纪最有影响的医学人物之一(见图 4.7)，是一位享有盛名的博学家(polymath)，他写了 1200 多部科学作品，几乎涉及人类知识的每一个领域。[20] 其中包括 2 部百科全书、4 部解剖学专著、7 部植物学专著、5 部文献学专著、1 部诗集、2 部神学专著和 4 本历史小说。然而，一般认为，他最伟大的著作是从 1757 年到 1766 年出版的八卷本巨著《人体生理学原理》(*Elementa physiologiae corporis humani*)。这本著作是如此全面，以致 19 世纪的生理学家马让迪(Magendie)抱怨每次当他有新想法时，都发现哈勒已经提过了。1747 年，哈勒还出版了《生理学初步》(*Primae lineae physiologiae*)，这本书成为大学里学生的标准教材。在其 17 年的职业生涯中，哈勒大部分时间都是新创建的哥廷根大学的医学教授，他还是一位著名的实验主义者，尝试用经验证据证实自己的主张，这让他大规模地展开动物实验。

104　　哈勒是一个虔诚的基督徒，相信人的灵魂是自由和不朽的，但是在生理学思想上，他却是一个机械论者。因此，哈勒强烈反对灵魂支配说或者灵魂与身体运作紧密协调的传统观念。事实上，他更多受到了牛顿的影响，认为身体运作所依循的法则与支配宇宙的基本物理和自然法则相同。在这方面，哈勒选择将应激性作为基本的生理力量，它完全是机械的，其运行独立于灵魂。1752 年，他在《论人体的应激与敏感部位》这本专著中概述了自己的观点。在这本书中，应激性被简单地定义为在被触摸以后那些变短的身体部位。因此，和格里森认为应激性是所有身体组织都有的特征不同，哈勒认为，它只出现在肌肉中。这本书还举了许多例子说明肌肉组织在与身体分离以后如何在一段时间内保持活动能力。对于哈勒来说，这证明了肌肉纤维还有一种物理特性[他称其为物质固有的力(vis insita)]，这种特性对神经冲动或其他类型的刺激有强烈反应。

图 4.7　阿尔布雷希特·冯·哈勒(1708—1777)的版画像,取自《人体生理学原理》第一卷。有趣的是,哈勒的许多肖像都显示他带着假发。

来源:伦敦威尔克姆图书馆。

　　然而,哈勒认为神经系统明显表现出不同类型的生理属性。尽管在受到刺激的时候,神经并不运动,但明显在以某种方式活动。哈勒将这种力称为"敏感性"(sensibility),并提出,它能向灵魂所在的脑传递感觉信息或者引发肌肉收缩。哈勒也把这种力称为神经力(vis nervosa),本质上来说,这是一种新的描述方式,用来描述以前被称之为"动物精气"的东西。然而,哈勒专门指出,这种力没有任何神秘之处。事实上,他说这种力不过就是一种稀薄、看不见、无味又极具活动性的液体。换句话说,神经力与笛卡儿的提法类似:一种属于物理世界的不稳定的液压力。这种力一旦被脑中的意志所驱动,就会流向对其影响特别敏感或容易被其"刺激"的肌肉。

区分肌肉应激性和神经敏感性是对传统动物精气观点的重要革新。它有助于表明，身体并不是由某种类似灵魂的力量驱动的，这种看法自亚里士多德时代以来就一直流行，相反它是对刺激做出回应的反应性机械系统。这不仅有助于有关神经系统运作理论的现代化，而且还提供了一个能够通过实验检验的想法。简单来说，人们可以检查身体的哪些部位在受到刺激时收缩（即显出应激性），或者引起动物的痛苦（即显出敏感性）。事实上，哈勒在差不多200个针对不同动物的实验中进行了这种研究。在暴露身体的特定部位后，哈勒用各种形式的刺激研究这一区域，包括用针刺和运用化学刺激物。一个动物疼得大叫表明一个区域具有敏感性，而收缩或活动则是应激性的证据。《论人体的应激与敏感部位》在1752年出版，毫不奇怪，因为实验的野蛮，这部著作招致大量的批评。即使是哈勒自己也不得不承认，他感到"残忍而于心不忍，只有造福人类的渴望才能克服这种残忍"。

哈勒对脑也做了类似的处理。这一工作揭示出，大脑两个半区和小脑的外层灰色表面对刺激不敏感，既不产生疼痛表达，也没有活动的迹象。与此相对，对白质的刺激会让动物痛苦地尖叫，而且常常导致剧烈的抽搐。这些效果来自对脑的许多区域的刺激，包括丘脑和髓质。由此，哈勒得出的结论是，脑的白质提供了感知感觉印象和产生运动的地方。然而，由于他没有办法分辨所有白质区域之间在功能上任何明显的差异，哈勒开始认为髓质（颅神经和脊髓开始之处）是最有可能聚合感觉的地方。或者，就像他所解释的："心智必定位于神经最初开始形成或者说起源的地方。"哈勒意识到这和威利斯的观点矛盾，威利斯将不同的功能分别定位在大脑皮层、纹状体和小脑。然而，当哈勒用不同类型的刺激细致检查这些区域的时候，并没有发现任何可以支持功能定位的东西。由于认为自己的实验方法更胜一筹，哈勒把威利斯的"错误"归咎于他倾向于"替代类比"（substituting analogy），而不是严格的实验观察。

罗伯特·怀特和感知原则

虽然哈勒做了全面的研究，但是他没有成功地从生理学中去除动物精气或活力论的概念,而在同一时期还有一个极有影响的对立的思想流派,它遵循亚里士多德—盖伦的传统,主张所有生命物质都包含一种神秘的类似于灵魂的非物质力量。18 世纪的许多杰出的生理学家都持有这一观点,而最严厉批评哈勒的是苏格兰人罗伯特·怀特(Robert Whytt)。怀特是爱丁堡大学的教授,他在伦敦、巴黎和莱顿研究医学,并成了国王的私人医生。怀特也是坚定的活力论者,他在 1751 年出版了著作,坚定地辩护自己的观点。在怀特的描述中,存在一种可能产生热量、心跳以及其他对于生命而言关键的运动机械生理系统的"想法是非常低级和荒谬的,只有少到不能再少的哲学家才会接受这种想法"。与此相反,怀特相信非物质的力是存在的,他将其称为感知原则(sentient principle),它作用于脑和神经,赋予身体以生命和自我运动(见图 4.8)。尽管他并不否认肌肉具有收缩的机械能力,但是怀特相信,除非流过神经的感知原则启动了运动,否则肌肉是无法这样做的。

107

ROBERT WHYTT, 1714-1766,
Professor of Medicine in the University of Edinburgh, 1747-1766.
Photograph by Crawford of the portrait "after Belucci" in the Royal
College of Physicians, Edinburgh.

图 4.8　罗伯特·怀特(1714—1766)相信存在支配身体运作的非物质性的力,他称其为感知原则。

来源:伦敦威尔克姆图书馆。

哈勒很了解怀特的批评，并针锋相对地坚决捍卫自己的应激性和敏感性理论。这拉开了两个人长期争执的序幕，一直到怀特在 1766 年过世。1755 年，怀特做出了最强有力的反驳，当时他在一篇论文中描述了自己的实验，旨在抨击哈勒的著作。和哈勒一样，怀特承认，在许多例子中，没有脑袋的动物或者被分离的身体部位会在死后运动和抽搐一段时间。在哈勒看来，这当然被看作证明应激性存在的证据。但怀特对此有不同的解释：他认为这些运动之所以出现是因为少量的感知原则在死后仍旧保存在肌肉中。

重要的是，怀特有另外两个发现来支持自己的论证。第一个是在他掐一根神经或者在加热刺激它产生肌肉收缩的时候出现的。他发现，如果神经保持与脊髓的联系，那么肌肉总是会产生更有力的反应。在怀特看来，就像他的理论所主张的那样，这种现象只有用神经系统中存在感知原则才能说得通。第二个发现则是在他摘除青蛙的脑的时候得到的。尽管这在一开始导致了青蛙身体的松弛，但怀特发现青蛙慢慢地变回了坐姿，甚至显示出某种反射。例如，当捏这个无脑青蛙的脚时，它会将脚从刺激源收回。在怀特看来，这种反应并不支持哈勒的应激性概念。但它们的确支持感知原则仍旧存在于脊髓中这一观点。事实上，这一发现让怀特进一步认为要造成反射的出现只需要少量的脊髓。尽管怀特不可能知道，但这是第一次对我们如今所称的脊髓反射的清晰演示，脊髓反射是一种自动运动，它由脊髓控制，而无须任何脑的干预。

哈勒和怀特的争论将 18 世纪的生理学家明确地划分成两个阵营。争论的关键问题一目了然：就像笛卡儿一开始提出的，身体及各种器官是完全能够实施和控制它的全部运行活动的自动机器吗？或者像古希腊人最早提出的，某种难以定义的像灵魂一样的或者赋予生命的法则在发挥作用？这个问题对于理解神经系统和脑有着深远的意义。然而，哈勒和怀特都不知道的是，随着 18 世纪 90 年代意大利人路易吉·伽伐尼（Luigi Galvani）发现了内在的动物电，这个问题很快就呈现出完全不同的维度。尽管一开始，这一发现似乎支持存在一种由脑产生并流经神经系统的赋予生命的非物质力量的观点，但是对电的理解很快就会取代怀特的感知原则以及哈勒对于应激性和敏感性的表述。这就是我们下一章要讲的故事。

注释：

1. 如今称作拉海耶-笛卡儿。   108

2. 亚里士多德的四元素(火、水、土、气)说一直到 17 世纪都在塑造着科学思想,被用于解释诸多的物理现象。亚里士多德还相信存在"不动的推动者",就像上帝一样的全能实体,它存在于星辰之上的虚空之中,推动着一切物质的运动。"不动的推动者"维持着天体的运动,让太阳和诸行星围绕着地球运转。

3. 人们并不知道伽利略是否有在比萨斜塔上做了这个想象中的实验。

4. 如今这个问题被称为缸中之脑。人们经常通过想象一个没有躯体的人,只有他的脑被放置在一个维持生命的大缸中来说明这一场景。从理论上讲,如果脑被连接到一台超级计算机上,这台计算机以刺激脑的感觉神经通路的方式来模拟现实,那么我们就会生活在一个想象的世界里。包括电影《黑客帝国》在内,人们用很多种方式来探索这一想法。

5. 这个表达首次出现在他的《哲学原理》(*Principles of Philosophy*)一书中。

6. 例如,只要对质量、速度和轨道足够了解,就可以预测空间中任何对象的运动。

7. 这个名单一直被天主教会使用到 1966 年。

8. 神经科学领域的一些重要人物,包括查尔斯·谢灵顿、约翰·卡鲁·埃克尔斯和卡尔·波普尔,都相信笛卡儿的二元论。另一位支持者是罗杰·斯佩里,他以裂脑研究闻名。

9. 重要的是要注意到,笛卡儿相信一个给定的神经通路同时具有感觉和运动功能。或者,更具体地说,笛卡儿认为,向脑传递感觉冲动的"线"位于神经纤维的内部管道,而向肌肉发送信息的"线"则位于外部管道(见图 4.3)。

10. 松果腺实际上附着在中间脑室的后壁上。

11. 笛卡儿被埋葬在斯德哥尔摩，但他的遗体在 17 年后的 1667 年被挖出，送往巴黎安葬。然而，在重新埋葬时，他的身体失去了两个部分：头骨和食指。（据称是笛卡儿的）头骨后来在 1821 年瑞典的一个拍卖会上被一位名叫约翰·雅各布·贝采里乌斯（Johann Jakob Berzélius）的化学家买走，并把它捐赠给了法国政府。现在，被保存在巴黎的人类博物馆里，在史前人类和退役足球运动员利利安·图拉姆的半身像之间展出。

12. 1624 年，培根还写了一本乌托邦小说《新亚特兰蒂斯》（*New Atlantis*），他在书中描述了一个名为"所罗门之家"的科学学院，该学院训练科学家进行实验，然后将研究结果应用于造福社会。这与现代科学机构的理念基本相同。

13. 从 1642 年国王驾临到 1646 年投降，牛津一直是英国保皇派的首都，这里不仅有国王和他的宫廷，还有中央法院、国库、议会和造币厂。

14. 这是一项重要的进展。脑是软的，很容易受损，也会迅速恶化。通过向脑中注入酒精，威利斯和他的同事能够更有效地解剖和更长久地检查它。

15. 有趣的是，威利斯环显示出相当大的解剖差异。事实上，经典的环形解剖结构只出现在 35％ 的案例中。

16. 在威利斯的时代，人们对脑的这两个主要区域的理解与我们今天对它们的理解有很大的不同。例如，大脑包括许多连接两个半球的皮层下的中心，而小脑包括其下的脑干和延髓的部分，它们也向上延伸到脑的深处，最远到达胼胝体和丘脑。

17. 脑室作为一个"水槽"的想法本质上是正确的，因为它们确实发挥着清除代谢废物的作用——尽管排泄的主要途径是通过位于脊髓中的脑脊液。

18. 重要的是要注意到，威利斯使用胼胝体一词指的是所有内侧脑白质，而不是今天所称的连接两个半球的中央纤维带。

19. 胡克计算出每立方英寸的细胞数是 1259712000 个。

20. 哈勒还是英国皇家学会的成员，也是乔治二世的私人医生。

参考文献

Akert,K. and Hammond,M. P. (1962). Emanuel Swedenborg (1688— 109
1772) and his contribution to neurology. *Medical History*,6(3),255-266.

Arikha, N. (2006). Form and function in the early enlightenment. *Perspectives in Science*,14(2),153-188.

Bakkum,B. W. (2011). A Historical lesson from Franciscus Sylvius and Jacobus Sylvius. *Journal of Chiropractice Humanities*,18(1),94-98.

Bloch,H. (1988). Francis Glisson MD (1597—1677):The Glissonian irritability phenomenon and its roots, links and confirmation. *Southern Medical Journal*,81(11),1443-1436.

Cobb,M. (2002). Exorcizing the animal spirits:Jan Swammerdam on nerve function. *Nature Reviews:Neuroscience*,3,395-400.

Cottingham,J. (1986). *Descartes*. London:Blackwell.

Cottingham,J. (ed.) (1992). *The Cambridge Companion to Descartes*. Cambridge:Cambridge University Press.

Cunningham, A. (2002). The pen and the sword:Recovering the disciplinary identity of physiology and anatomy before 1800. I:Old physiology-the pen. *Studies in History and Philosophy of Biological and Biological Sciences*,33(4),631-665.

Cunningham, A. (2003). The pen and the sword:recovering the disciplinary identity of physiology and anatomy before 1800. II:Old anatomy—the sword. *Studies in History and Philosophy of Biological and Biological Sciences*,33(4),51-76.

Dewhurst,K. (1982). Thomas Willis and the foundations of British neurology. In Clifford Rose,F. and Bynum,W. F. (eds.),*Historical Aspects of the Neurosciences*. New York:Raven Press.

Donaldson,I. M. L. (2009). The Treatise of Man (De Homine) by Rene

Descartes. *Journal of the Royal College of Physicians of Edinburgh*, 39, 375-376.

Donaldson, I. M. L. (2010). Cerebri anatome: Thomas Willis and his circle. *Journal of the Royal College of Physicians of Edinburgh*, 40(3), 277-279.

Eadie, M. J. (2000). Robert Whytt and the pupils. *Journal of Clinical Neuroscience*, 7(4), 295-297.

Eadie, M. J. (2003). A pathology of the animal spirits—the clinical neurology of Thomas Willis (1621-1675) Part I—background and disorders of intrinsically normal animal spirit. *Journal of Clinical Neuroscience*, 10(1), 14-29.

Feindel, W. (1962). Thomas Willis (1621—1675)—the founder of neurology. *Canadian Medical Association Journal*, 87(6), 289-296.

French, R. (1969). *Robert Whytt, the Soul and Medicine*. London: Wellcome.

Frixone, E. (2006). Albrecht von Haller (1808—1777). *Journal of Neurology*, 253, 265-266.

Goodfield, G. J. (1960). *The Growth of Scientific Physiology*. London: Hutchinson.

Gross, C. G. (1997). Emanuel Swedenborg: A neuroscientist before his time. *The Neuroscientist*, 3, 142-147.

Henry, J. (2008). *The Scientific Revolution and the Origins of Modern Science*. London: Palgrave-Macmillan.

Hierons, R. (1967). Willis's contributions to clinical medicine and neurology. *Journal of Neurological Science*, 4(1), 1-13.

Home, R. W. (1970). Electricity and the nervous fluid. *Journal of the History of Biology*, 3(2), 235-251.

Hughes, J. T. (2000). Thomas Willis (1621—1675). *Journal of Neurology*, 247, 151-152.

Jaynes, J. (1970). The problem of animate motion in the seventeenth

110

century. *Journal of the History of Ideas*, 31(2), 219-234.

Lindskog, G. E. (1978). Albrecht von Haller: A bicentennial memoir. *Connecticut Medicine*, 42(1), 49-57.

McHenry, L. C. (1981). A history of strokes. *International Journal of Neurology*, 15, 314-326.

Martensen, R. L. (2004). *The Brain Takes Shape: An Early History*. Oxford: Oxford University Press.

Mazzolini, R. G. (1991). Schemes and models of the thinking machine (1662—1762). In Corsi, P. (ed.), *The Enchanted Loom: Chapters in the History of Neuroscience*. London: Oxford University Press.

Meyer, A. and Hierons, R. (1964). A note on Thomas Willis' views on the corpus striatum and the internal capsule. *Journal of the Neurological Sciences*, 1(6), 547-554.

Molnar, Z. (2004). Thomas Willis (1621—1675): The founder of clinical neuroscience. *Nature Reviews: Neuroscience*, 5, 329-335.

Ochs, S. (2004). *A History of Nerve Function*. Cambridge: Cambridge University Press.

O'Connor, J. P. B. (2003). Thomas Willis and the background to Cerebri Anatome. *Journal of the Royal Society of Medicine*, 96(3), 139-143.

Pearn, J. (2002). A curious experiment: the paradigm switch from observation and speculation to experimentation, in the understanding of neuromuscular function and disease. *Neuromuscular Disorders*, 12(6), 600-607.

Porter, R. (2003). *Flesh in the Age of Reason*. London: Penguin.

Reynolds, E. H. (2005). Vis attractiva and vis nervosa. *Journal of Neurology, Neurosurgery and Psychiatry*, 76(12), 1711-1712.

Rousseau, G. S. (ed.) (1990). *The Languages of the Psyche: Mind and Body in Enlightenment Thought*. Los Angeles, CA: University of California Press.

Singer, C. (1957). *A Short History of Anatomy from the Greeks to*

Harvey. New York:Dover.

Sloan,P. R. (1977). Descartes,the sceptics,and the rejection of vitalism in seventeenth-century physiology. *Studies in History and Philosophical Science*,8(1),1-28.

Spillane,J. D. (1981). *The Doctrine of the Nerves:Chapters in the History of Neurology*. Oxford:Oxford University Press.

Smith,C. U. M. (1998). Descartes' pineal neuropsychology. *Brain and Cognition*,36(1),57-72.

Smith,C. U. M. (2010). Understanding the nervous system in the eighteenth century. In Finger, S. , Boller, F. and Tyler, K. L. (eds.), *Handbook of Clinical Neurology*,Vol. 95. Amsterdam:Elsevier.

Swash,M. (2008). The innervation of muscle and the neuron theory. *Neuromuscular Disorders*,18(5),426-430.

Temkin,O. (1964). The classical roots of Glisson's doctrine of irritation. *Bulletin of the History of Medicine*,38(4),297-328.

Tubbs, R. S. , Loukas, M. , Shoja, M. M. , et al. (2008). Constanzo Varolio (Constantius Varolius 1543—1575) and the pons Varolli. *Neurosurgery*, 62(3),734-737.

Wallace,W. (2003). The vibrating nerve impulse in Newton,Willis and Gassendi:First steps in a mechanical theory of communication. *Brain and Cognition*,51(1),66-94.

Williams,A. N. (2003). Thomas Willis's practice of paediatric neurology and neurodisability. *Journal of the History of the Neurosciences*,12(4),350-367.

Willis,T. (1971). *The Anatomy of the Brain*. Tuckahoe,New York: USV Pharmaceutical Corporation.

5 一种新的生命力:动物电

九月初,黄昏时分,我们把像往常一样准备好的青蛙平放在栏杆 111
上。它们被挂在铁钩上,脊髓被铁钩刺穿。钩子碰到了铁棒。看呐,
青蛙开始表现出自发的、不规则的频繁运动。

路易吉·伽伐尼

如果这样说不是那么自欺欺人的话,我要说,我已经成功地实现
了……物理学家和生理学家百年来的梦想,即确认了神经原理和电
是一回事。

埃米尔·杜波依斯-雷蒙德

概　述

自古以来,在有关脑和神经系统的思考方面占主导的观点是:类似
灵魂的力量通过神经通路传递感觉或产生运动。即使到了 17 世纪,笛
卡儿提出了机械性的思想,神经生理学仍旧依赖于包含着动物精气的
神经液体,这种想法起源于古希腊时期。许多人假设这种液体来源于
血液,并被储存在脑室中。然而,这种液体的本质却从未得到阐明。虽
然动物精气的概念在 17 世纪就已经开始受到怀疑,在 18 世纪哈勒甚至

用应激性和敏感性取代了这一概念，但只有到了研究者开始更严肃地考虑电的本质时，这一概念才被坚决地否认了。思想上的这个新变化要归功于意大利人路易吉·伽伐尼（Luigi Galvani）。伽伐尼相信，他在1791年发现了一种所有生物有机体都内在固有的电。他也将其看成是一种具有生命性质的非物质的力。然而，当时许多人并不同意他的看法，其中包括他的意大利同行亚历山德罗·伏打（Alessandro Volta）。伏打认为，伽伐尼所说的电实际上是在他的实验过程中人为产生的。随着伏达在1800年发现了伏打电堆（即最早的电池）——这个发现似乎证明并不存在动物电，这次争论成了科学史上最富有成果的争论之一。这种状况一直持续到电流计在19世纪20年代被发明出来。当时的一些研究人员，像卡罗·马泰乌奇（Carlo Matteucci），成功证实了神经和肌肉就像伽伐尼所认为的那样，的确包含某种固有的电。大约20年后，随着仪器的显著改进，德国人埃米尔·杜波依斯-雷蒙德（Emil Du Bois-Raymond）不仅表明，这种力量有可能在本质上是物理的，而且它还沿着纤维的表面传输，就好像一种"相对负性的波"（wave of relative negativity）。由于这是一种也能引起肌肉收缩的信号，杜波依斯-雷蒙德将其称为动作电流（后来被称为动作电位）。实际上，杜波依斯-雷蒙德已经发现了神经冲动。最终，在2000多年以后，支配身体的精神性力量的概念让位于涉及电信号的概念。将神经冲动视作电事件是革命性的进展，可以说在神经科学中再没有任何其他进展标志着与过去如此确定的断裂。但这一时期最高的成就是1850年赫尔曼·冯·赫尔姆霍茨（Herman von Helmholtz）测量了这一脉冲的速度，大约是每秒90英尺（或者大约每小时60英里）。这是一个很有限的速度，要远低于之前人们所认为的。这个速度表明，有一天神经功能可以通过生物物理和生物化学事件得到充分的解释。

电的早期历史

人们在古代就已经知道电能。在埃及的象形文字中提到用电鱼麻痹疼痛,据说大约公元前585年,希腊哲学之父泰勒斯发现铁矿石(磁铁)能吸引其他矿石碎片,他认为这是一种类似灵魂的精神所拥有的力量。在此之后,这种力量一直让许多研究者着迷,但一直到1600年,当英国医生威廉·吉尔伯特(William Gilbert)从古希腊词 elektron(意思是琥珀)创造出了"electricity"这个词,这种现象才被称为"电"。吉尔伯特之所以这样来命名,是因为他发现,如果在布上使劲地摩擦琥珀,它就会吸引像头发和灰尘这样轻的东西。[1] 后来,1730年,在伦敦卡尔特修道院工作的斯蒂芬·格雷(Stephen Gray)发现,摩擦玻璃圆柱产生的静电可以通过湿的绳子传导很长的距离(大约800英尺)。他还设法让一股电流穿过房间,"神奇地"点燃酒精蒸气。最富戏剧性的是,格雷发现这种力量可以穿过人体。1730年,在伦敦首次进行的一次著名演示中,格雷用丝绳把一个小男孩吊离地面,并在他脚边制造电荷,同时在他鼻子附近放了一块金属箔。当玻璃管被一块布摩擦生电时,金属箔"充满活力"地粘在男孩的脸上。格雷并不满足于此,他还成功地从男孩的鼻子里擦出了一道蓝色的火花,逗乐了他的观众!

为了发电,格雷使用了一台简单的"摩擦机",它会转动把手让玻璃在硫黄上摩擦。不过在1745年出现了更有效的产生电荷的方法,德国的埃瓦尔德·格奥尔格·冯·克莱斯特(Ewald Georg von Kleist)和荷兰的物理学家彼得·范·穆申布罗克(Pieter van Musschenbroek)发明了莱顿瓶。这个装置本质上是一个装有一半水的玻璃罐,但更重要的是,和它的外表面一样,罐子的内表面布满了金属箔。通过在内部箔片上施加电荷,莱顿瓶可以储存电能,然后根据需要将两个表面与金属导体连接来释放电能。这种装置还能产生非常强大的电击,通常是以电火花的形式释放,在其最强烈的时候能把一个成年人震倒。[2] 此外,通过将许多莱顿瓶连接在一起,储存的电量会显著增加。这带来了一些令人印象深刻的场面,其中包括1746年法国修道院院长让·安托万·诺莱特(Jean Antoine Nollet)在凡尔赛宫为国王路易

113

十五做的一场演示。演示中,180 名士兵手牵着手,当受到一组罐子产生的电流电击时,所有人都集体跳了起来,这把国王逗乐了。

在发明莱顿瓶的时候,人们对电的性质还知之甚少,大多数人认为它是由摩擦产生的人工制品。电还被认为只是一种神秘的力量,可以用来玩一玩室内游戏或做些小把戏,并没有什么实际的用处。然而,这些观点在本杰明·富兰克林(Benjamin Franklin)的著作中得到根本性的修正,富兰克林也是《美国独立宣言》(1776)的签署人之一。富兰克林为莱顿瓶的工作原理提供了合理的解释:在其内部和外部的涂层中分别形成了正电荷和负电荷,当这两个表面连接起来时就出现了电流。他还认识到电是一种自然力。富兰克林是在一次著名实验中认识到这一点的,据说在 1752 年,他把莱顿瓶里的一根丝线系在风筝上,然后从费城教堂的塔尖上把风筝放飞到雷雨云中。这增加了莱顿瓶中的电荷,从而证明了它的火花与闪电产生的能量是相同的。尽管有人做过这个实验,但富兰克林是否做过这个实验还不确定。这个实验还闹出过人命,其中一名是德国物理学家乔治·威廉·里奇曼(Georg Wilhelm Richmann),他在 1753 年试图重复富兰克林的实验时在圣彼得堡触电身亡。据传闻,里奇曼的鞋子被炸飞了,在他死后,他的额头上出现了一个红斑。

电显然是一种具有巨大杀伤力的自然力量,在莱顿瓶发明之后,人们越来越认为电具有治疗功能。施加不同的电击还能产生各种生理反应,包括脉搏加快、刺激腺体分泌和产生剧烈的肌肉收缩。因此,在 18 世纪,电的医疗应用变得非常流行,因为它操作简单、成本低廉,而且被广泛视为能够治疗各种疾病的灵丹妙药。然而,电发挥生理作用的能力也使人们对其与神经活动的关系产生了疑问。事实上,早在 17 世纪 20 年代,牧师斯蒂芬·黑尔斯(Stephen Hales)就提出假设,认为电流是流经神经的物质。黑尔斯在当时提了一个问题:神经所携带的力量是否可能"并不像电力那样沿着神经的表面发挥作用"。然而,这一观点遭到了许多生理学家的反对。主要的反对者是哈勒,他在 1762 年考虑过这种可能性。尽管哈勒承认电力"非常强大,适合引起运动",但不认为它是神经传导的媒介,因为他相信电会很快通过身体的器官和组织消散。他还认为,电无法只从神经传递到特定的肌肉而不扩散到其他肌肉。因此,对哈勒来说,神经的力量必定是一种不同的

"精细"和"微妙"的流体,它能在肌肉中产生应激反应。

路易吉·伽伐尼与动物电的发现

尽管到 18 世纪末,电已被看作一种重要而强大的自然力量,但对许多　114
人来说,这种能量似乎不可能由人体产生,更不用说通过神经系统了。但
是,面对路易吉·伽伐尼的工作,必须重新考虑这些观点。1737 年伽伐尼出
生在著名的博洛尼亚大学城,他最初似乎是考虑做一名牧师,但后来被父亲
劝去学医(见图 5.1)。伽伐尼在同一天获得了医学和哲学学位,在被任命为
解剖学讲师之前,他成功地完成了一篇关于骨骼形成的论文。他担任过几
次学术职务,其中包括解剖学蜡像馆馆长,1775 年伽伐尼升任博洛尼亚大学
解剖学教授。在 17 世纪 70 年代末,正是在这个职位上向一群学生演示青
蛙腿部的电特性时,伽伐尼见证了一件改变科学史进程的事。

115

图 5.1　路易吉·伽伐尼(1737—1798)的照片很少。这是描绘伽伐尼的版画,创
作时间大致在 19 世纪早期。

来源:伦敦威尔克姆图书馆。

伽伐尼安排了一场真实的演示,在这个演示中,一只被去了头的青蛙的腿直接连接在一节脊柱上。他这样做是为了暴露腿上的神经残端,使它们受到电流或其他方法的刺激,从而导致附着的肌肉抽搐。这不是一个新的实验程序。事实上,这种蛙类肌肉—神经配置是由简·施旺麦丹在一个世纪前首创的(见上一章)。然而,这一次,伽伐尼看到了一件意想不到又难以解释的事情。当一名学生意外用金属手术刀碰到神经残端时,青蛙腿部出现了剧烈的抽搐,就在这个时候,附近的莱顿瓶里也产生了火花。手术刀本身与神经接触时,不应该产生如此剧烈的肌肉收缩,对伽伐尼来说,只有当金属刀片以某种方式"接收"从莱顿瓶里发出的电流并将其传输到肌肉时,才可以解释这种反应。这一意外事件开启了伽伐尼十年的实验之路,他想要理解是什么造成了这种神秘的大气电反应形式。

116 　　伽伐尼开始着手证实他在演示中最初观察到的情况。也就是说,用手术刀接触青蛙的神经会造成青蛙肌肉—神经配置的强烈收缩,同时房间另一头的电机上会产生火花。由于听说过富兰克林著名的风筝实验,这个实验表明电可以穿过大气,伽伐尼也想知道雷暴是否也能同样引起肌肉收缩。为了验证这一点,他去掉青蛙的头,用铜钩穿过青蛙的脊髓,把它们挂在他屋子周围的铁栏杆上(要是伽伐尼的屋外是木栅栏,电生理学的历史也许会很不相同)。接着,一根一端接触神经的金属丝被固定在屋子的天线上,另一根金属丝则接触青蛙的肌肉,并浸入到井水里发挥接地线的作用。正如他所预料的,在雷暴期间,伽伐尼观察到青蛙腿的抽搐,就好像它们受到了电荷的刺激。

　　不过伽伐尼也很谨慎,他在一个风和日丽的日子里做了同样的实验。让他吃惊的是,结果相同——这真的令人困惑,因为大气中应该是没有电的。为了进一步研究这种效应,伽伐尼在他的实验室里建造了同样的装置。在这里,他把一只去了头的青蛙放在一个铁板上,用一个铜钩穿过它的脊髓,就在这时,青蛙腿上的肌肉开始抽搐。大气电根本就没有参与其中。事实上,伽伐尼不经意间做出了有史以来最伟大的发现之一:他创造了双金属电流,当两种不同的金属结合在一起时就会产生这种现象。伽伐尼兴奋地进一步探索这种新现象,他研究了不同的金属组合,发现它们都会使腿部肌肉产生收缩,但所用的金属不同而收缩的强度不同。然而,不良导体不会引起任何反应。伽伐尼还通过使用金属弧扩展了这些观察——金属弧本质上是由两种金属弯曲成 U 形而制成的导体,弧的一端与脊髓中的挂钩相连,另一端则与腿部的肌肉相连。这些研究再次表明,当肌肉成为包含两种金属的电路的一部分时,它们就会剧烈收缩。

　　伽伐尼现在的任务是尝试解释他所观察到的现象。关键的问题很简单:造成肌肉收缩的电从何而来? 一直到 1786 年,伽伐尼似乎都认为这是"金属电"的结果。然而,他后来改变了看法,断定电流必定存在于神经内部。他把这种新的力量称为"动物电"(animalis electricitas),并认为创建电路的两种金属促成了它的环形流动。动物电的概念及其对理解神经活动及运动的影响是如此具有革命性,以至于伽伐尼继续实验了好几年才敢公布结果。他的工作最终发布在 1791 年出版的《论肌肉运动中的电力》(*De viribus electricitatis in motu musculari commentarius*)中(见图 5.2)。这本著作只有 53 页,最初是用拉丁文写成的,后来被翻译成意大利语、德语和法语。它使伽伐尼名声大噪,并让当时的许多人相信,"神经流体"的秘密已经被发现了。

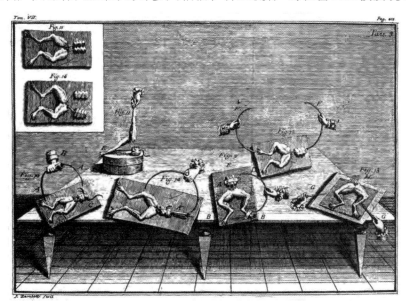

图 5.2　伽伐尼的《论肌肉运动中的电力》中的插图 3,它展示了一些制作金属弧的方法,沿着神经的电流通过金属弧使肌肉收缩。

117 　《论肌肉运动中的电力》不仅对伽伐尼的实验做了详尽的描述，而且还叙述了他关于动物电的生理学理论。在这方面，伽伐尼相信，这种能量与由不同金属产生的"自然电"是非常不同的。事实上，他把动物电看作一种非物质的生命力，赋予了身体活动的力量。因此，伽伐尼的动物电是传统动物精气概念的新形态。伽伐尼还认为这种能量起源于脑，并通过神经进入肌肉。此外，伽伐尼并没有赋予肌肉应激性力量，而是把每一根肌肉纤维比作一个其外部和内部表面具有相反电荷的小莱顿瓶。这使得肌肉纤维存储了两种不同的电，因此处于高度紧张或不平衡的状态。因此，如果注入神经液体，肌肉纤维就会"放电"。换句话说，神经冲动被假设连接了肌肉纤维的两个表面，就像导体连接莱顿瓶中存储的两种能量一样。

对动物电的拒斥：亚历山德罗·伏打

　　《论肌肉运动中的电力》首先在意大利引起了人们极大的兴奋情绪和好奇心，然后是欧洲，研究者试图重复和验证伽伐尼的研究工作。据说，为了满足对青蛙的需求，人们大量捕杀青蛙。伽伐尼实验的可重复性意味着，这样的实验甚至可以在时髦的女士沙龙里进行，对沙龙里的所有人来说，这些实验都是精彩的表演。伽伐尼还把研究摘要寄给了他的同仁，其中一位是在附近的帕维亚大学就职的贵族物理学家亚历山德罗·伏打。伏打有着很高的科学声望，尽管没有受过大学教育，他还是把他的学术生涯投入到对物理、化学，尤其是电学的研究。伏打发明了许多用于研究电的新仪器，包括1775年发明的起电盘（electrophorus），它让正电荷和负电荷可以存储在金属板中；可以检测微弱电荷的电容器；以及用于测量电压的静电计。此外，人们认为甲烷是由伏打在1776年发现的。所有这些发明都有助于在1792年，也就是伏打收到伽伐尼私人寄给他的《论肌肉运动中的电力》的时候，获得广泛的认可，其中包括成为英国皇家学会会员。

　　一开始，像他同时代的许多人一样，伏打非常佩服伽伐尼的高质量研究。事实上，在重复并证实了伽伐尼的许多实验之后，伏打报告说，他"改变了自己"，相信动物电，他从"怀疑变成了狂热"。然而，在深入研究之后，伏打的想法变了。他最初产生怀疑是因为他发现,通过把两种不同的金属一起放在青蛙的神经残端表面而无须使它们中的任何一种接触到肌肉,也能造成肌肉的收缩。从伽伐尼的观点来看,这应该只是意味着两种金属点之间的神经的内部有电流。然而,伏打的发现却表明,即使肌肉不是电路的一部分,它们也可以收缩,但两种不同的金属怎么会产生这种效果呢?为了找到答案,伏打进行了一项不寻常的研究,他决定"品尝"电。他把两根金属条,一根铅条和一根银条,分开一段距离放在舌头上——这个过程让他感到轻微的震动和酸味。伏打从这些结果得出了一个与伽伐尼截然不同的结论。他的感觉不是来自固有的动物电,而是来自两种金属产生的稳定电流。换句话说,电是在体外产生的人造现象。

伏打和伽伐尼之间的分歧在 18 世纪的最后 10 年公开化,当时两人各自 118 拥有的支持者和批评者。德国探险家、冒险家亚历山大·冯·洪堡(Alexander von Humboldt)——查尔斯·达尔文(Charles Darwin)曾称他为"有史以来最伟大的科学旅行家"——对这场辩论表现出了积极的兴趣。洪堡最初是在 1792 年访问维也纳时了解到这一争议的,在接下来的 5 年里,他进行了数百次实验,其中一些实验是在旅途中进行的,并长时间独自思考这个问题。[3]1797 年洪堡在一套两卷本的书中出版了他的研究成果,在书中他令人信服地提出,伽伐尼和伏打在某种程度上都是正确的。在他看来,神经系统显然产生了一种可以使肌肉收缩的物质,虽然金属电极增强了这种效果,但它们一开始并没有产生这种效果。因此,伽伐尼发现了两种不同的现象:双金属电和固有的动物电。为了探寻真理,洪堡也不惜在自己身上做实验。据说有一天,他在花园里发现一只死鸟,他把一个锌片放在鸟的嘴里,而把一个银片放在它的直肠里来引起电击,这让这只死鸟扇动翅膀走了起来。但洪堡并不满足于此,他还在自己身上进行了同样的实验,结果自然有些令人不快。

虽然大家都知道伽伐尼和伏打之间关系很好,而且经常通信,但两位主角不同的性格对于境况并没有什么帮助。伏打热衷于通过出版物和科学会议来宣传他的工作,而伽伐尼的健康状况每况愈下,不愿成为公众的焦点。还有一些政治方面的因素。1796 年,就在《论肌肉运动中的电力》发表 5 年后,博洛尼亚被法国控制,由于伽伐尼拒绝宣誓效忠拿破仑,他被大学开除。

虽然后来复职，但不久就在 1798 年去世，享年 61 岁。相反，伏打支持新政权，甚至与拿破仑关系很好。后来，由于成为帕维亚大学的校长，并被选为伦巴第的参议员，伏打开始发挥政治影响力。

由于伽伐尼不能抑或是拒绝参与这场学术争论，只好由他的支持者继续为动物电做出论证。不过，人们认为伽伐尼在 1794 年匿名发表了一篇论文，这篇论文描述了这样一个实验，在实验中，一只青蛙的肌肉被切开，并与另一只动物刚被切断的脊髓一端相接触。这一操作造成肌肉收缩。由于除脊髓外没有其他外部能量参与，伽伐尼断定，收缩一定是由固有的动物电引起的。他的同事尤西比奥·瓦利（Eusebio Valli）在 1797 年进行了第二次实验，他将两条被截下来的青蛙腿的坐骨神经接在一起，这导致两条腿都剧烈地收缩，这进一步支持了伽伐尼的论断（见图 5.3）。然而，对于伏打来说，这样的实验只是强化了他的观点，即任何两种不同的物质都能产生电，尽管对某些材料来说，这种效应（如金属）比其他材料更强。

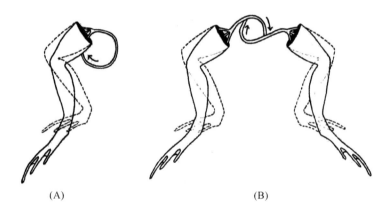

(A)　　　　　　　　　　　　　　(B)

图 5.3　两个用于表明存在动物电的简单演示（分别为 1794 年和 1797 年）显示了动物电的存在。在这两种演示中，没有任何金属参与肌肉都会收缩。（A）当暴露的神经接触肌肉时，腿会收缩。（B）当右坐骨神经接触完整的左坐骨神经时，两条腿收缩。

来源：两幅图都是由夏洛特·卡斯威尔（Charlotte Caswell）绘制。

伏打发明电池

120　　尽管洪堡对解决这个问题做出了贡献，但伏打认为动物电并不存在于蛙腿的神经或肌肉中,而是存在于用来完成电路的金属条中。他并不准备改变他的看法,且着手进行进一步的实验,他把不同类型的金属结合起来,以确定是什么造成了最强烈的电击。在实验中,伏打发现,把一系列铜和锌盘交替叠放,并用浸在酸中的纸板层隔开,可以产生强大的电流,这导致伏打在 1800 年创造了历史上最伟大的发明之一。当一根金属线把仪器的顶部和底部连接起来时,就会产生稳定的电流,这被称作伏打堆(voltaic pile)。值得注意的是,这个装置不需要通过摩擦发电机充电。因此,伏打发明了有史以来的第一种电池,它能够持续提供电能——一种将永远改变世界的简单装置(见图 5.4)。[4] 在这一发明之前,对电的研究仅限于对其静态形式的研究。现在,科学家们能够用恒定的电流工作,而这种电流可以随意开关。

119

图 5.4　亚历山德罗·伏打(1745—1826)首次发现了能够产生恒定电流的电池(伏打电池)。这幅肖像似乎在显示伏打对拿破仑政权的认可。

来源:伦敦威尔克姆图书馆。

很快人们就清楚了,这种形式的电流会产生许多生理作用,并且能够产生强烈的痉挛性肌肉收缩。此外,伏打堆中的交替金属盘与鳐形目鱼以及其他能够产生电击的鱼的堆状肌肉板非常相似。然而,伏打比以往任何时候都更相信,他的电池证明了伽伐尼的动物电是不存在的。对于伏打来说,没有必要假设存在非物质的电力,因为很明显,物理电存在于自然界的任何地方。此外,他的电池进一步支持了动物电是人工制品的观点。事实上,在电池发明的时候,伽伐尼已经去世两年了,随着伏打在科学上的声望越来越高,科学界开始反对动物电观点。然而,这个问题实际上仍然没有得到解决,因为没有一种仪器足够灵敏,可以记录肌肉和神经发出的微小电流,以充分验证这一理论。由于这种技术上的限制,关于谁在动物电上是正确的问题要再过 50 年左右才能完全解决。然而,历史将表明伽伐尼和伏打在某些方面都是正确的。

起死回生:乔凡尼·阿尔蒂尼

伽伐尼死后,动物电的实验研究没有什么进展。虽然这在一定程度上是由于伏打将其解释为源自外部因素,但也有越来越多的人相信,任何关于神经活动的解释都必须包含物理和化学原理。尽管如此,人们仍然对电充满好奇和敬畏,普遍认为它具有广泛的医疗用途——这种做法后来被称为电疗法(galvanism,一个由伏打创造的术语)。[5] 然而,伽伐尼的侄子乔凡尼·阿尔蒂尼(Giovanni Aldini)决心让动物精气理论继续存在下去。阿尔蒂尼是博洛尼亚的一位物理学教授,他经常帮助叔叔做实验,和伏打交流的大部分信件都是他写的。作为世界上第一个电协会的创始人,阿尔蒂尼仍旧坚持认为动物电是支撑生命本身的生命力。他还做了许多实验,证明在没有与任何金属接触的情况下,青蛙的神经只要接触到暴露的肌肉组织就会使腿部产生抽搐。

然而,阿尔蒂尼在 18 世纪成为最著名的人物(见图 5.5),不是因为他相信动物电的存在,而是因为他的戏剧性演示,在演示中,尸体被电刺激,栩栩如生地"复活"了。阿尔蒂尼在 1798 年开始了这些实验,在实验中他向刚宰杀的牛的脑部的不同部位施加电流。伴随着眼睛和嘴唇的运动,牛的面部表情出现了怪异的变化。阿尔蒂尼试图用人类尸体做实验,因为他决心将他的工作扩展到理解"人类动物机器",这一愿望在 1802 年获准,他可以在博洛尼亚法庭附近对三个被砍头的罪犯的脑进行刺激。阿尔蒂尼公开进行了演示,他的电极会引起面部的怪相、身体的扭曲和四肢的突然痉挛,这种效果一直持续了 3 个小时。据说在其中一次演示中,尸体的手臂慢慢地从桌子上抬起了 8 英寸,即使在手里放上相当重的东西,它也能保持这个位置。当阿尔蒂尼把电极沿着脑的两个半区之间向下移动到胼胝体时,他发现电流会诱发多种和在牛那里观察到的类似的面部表情。他甚至试图通过刺激心脏让人起死回生,当尝试失败的时候,他很失望。

122

围绕着这些演示的巨大公众效应促使阿尔蒂尼在 1802 年的秋天开始了他的短期欧洲之旅。虽然旅行主要是让科学界相信电疗法的医学用途,但其中的演示也涉及给人和动物的身体通电。由于当时正值拿破仑战争时期,这次旅行并不容易。尽管如此,阿尔蒂尼还是先去了巴黎,然后去了英国,在英国他在牛津和伦敦举办了展览。这些展览都是观众云集,其中一场还有威尔士亲王的参与,据说他对这些活动很感兴趣。阿尔蒂尼最著名的演示是 1803 年在伦敦皇家外科学院前进行的,演示用的是当时 26 岁的乔治·福斯特(George Foster)的尸体,他因为溺死妻子和孩子刚刚在纽盖特被绞死。在两位同事的协助下,阿尔蒂尼从一个由 80 块锌和铜组成的巨大伏打堆中发电,并用一个长长的电极刺激尸体的各个部位。最开始的戏剧性效果出现在用电极触碰嘴巴和耳朵的时候,触碰导致了下巴颤抖,脸部肌肉扭曲,眼睛睁开。当电流作用于直肠时,出现了另一个令人吃惊的反应——整个身体剧烈地抽搐,以致一些观众觉得尸体活了过来。[6] 几天后,《纽约时报》甚至对这些状况做了报道,不过,让人更好奇的或许是,这些报道夹杂在对小偷和哈克尼(Hackney)一所木工房子失火的报道之间。阿尔蒂尼对自己的工作特别满意,因为他后来写道:"这个实验'超出了我们最乐观的预期'"。他似乎还认为福斯特即将起死回生,并评论说,"要不是因为许多情境因素的阻碍,活力也许已经恢复了"。

121

John Aldini

PROFESSOR of the UNIVERSITY of BOLOGNA

and the eminent illustrator of the

DISCOVERY of GALVANI

London Published April 28, 1803, by Mess.rs Schiavonetti, N.º 12 Nichols Row Brompton.

图 5.5　乔凡尼·阿尔蒂尼(1762—1834)创建了世界上第一个电协会,因其用人类尸体进行演示而闻名。

来源:伦敦威尔克姆图书馆。

　　阿尔蒂尼或许是一个喜欢卖弄的表演家,并不害怕引起争议,但他的动机最终还是出于科学和治疗。事实上,他试图使死者起死回生的一个重要目标就是想知道是否可以用电击使溺水或窒息的人复活。在这方面,他可以说是至今仍在使用的各种电疗法的先驱,包括用于治疗心力衰竭的心电刺激疗法,以及用于缓解抑郁症等精神疾病的脑电击疗法。有趣的是,在学术生涯的最后几年,阿尔蒂尼致力于与物理学而不是与医学或生物学关系更密切的事情。他试图改善灯塔的建造和照明,并发明了新的方法来改善街道和建筑物的照明情况，其中包括米兰著名的斯卡拉歌剧院。他还承担了利用石棉纤维改善消防工作的重要任务。为了表彰他的工作，阿尔蒂尼被授予铁十字骑士团骑士和米兰州议员的称号。在1834年去世后，阿尔蒂尼还留下一大笔钱在博洛尼亚建立了一所物理和化学学校。

《弗兰肯斯坦》的灵感来源

在有些观察者看来，阿尔蒂尼的实验似乎表明，起死回生是切实可行的。甚至有一些科学家也表示同意，其中有一位研究者是德国哈勒大学(University of Halle)的医学教授卡尔·奥古斯特·温霍尔德(Karl August Weinhold)。温霍尔德在1817年出版了一本多达116章的书来介绍他的工作，[7]这本书每章都不长，其中有一章名为"对七名斩首罪犯的观察"("Observations on Seven Beheaded Criminals")，其主要目的是"展示"双金属电是如何被用来让尸体起死回生的。在一项实验中，温霍尔德从一只被去了头的小猫身上摘除了脊髓，并用锌和银的混合物替换，因为他认为脊髓产生电流的方式与电池非常相似。据温霍尔德说，这确实导致了小猫的心脏开始跳动，并伴随着一些肌肉的运动。在"成功"的刺激下，他在另一只被摘除了脑的小猫身上重复了这个过程。温霍尔德报告说，这只动物抬起头，睁开眼睛，在筋疲力尽地倒下之前，"明显努力着"试图爬行。这些观察可能被夸大了，而且也没有价值，因为即使显示出活动的迹象，也不能证明一具尸体像阿尔蒂尼所展示的那样是活着的。除了他自己的实验室，其他人也从未证实过这些反应。温霍尔德的个人观点似乎也同样极端和有争议。据说温霍尔德是一个我行我素的人，不在乎别人对他的看法，他提倡通过一种强制性的外科手术来控制贫困人口，这种手术被称为"阴部扣锁"(infibulation)，需要缝合包皮，以杜绝生育。[8]

然而，电能够"起死回生"的潜力点燃许多思想家的想象力。一个受到启发的人是19岁的作家玛丽·雪莱，她利用这个想法写了《弗兰肯斯坦》，这本书在1818年第一次匿名出版。大家都知道雪莱是如何开始写作这本

123

小说的。在与作家珀西·雪莱(Percy Shelley)秘密结婚后,这对夫妇私奔去了日内瓦湖,他们与诗人拜伦勋爵(Lord Byron)和一小群朋友住在一起。夏天的非季节性潮湿让这群人倍感沮丧,他们终日长聊,一直到入夜,在这期间他们提出进行比赛,看谁能写出最恐怖的故事。玛丽·雪莱写出的是她著名的小说,讲述了一个巴伐利亚医生维克多·弗兰肯斯坦的故事,他在一个驼背助手的帮助下,用从医院和解剖室收集的骨头和身体部位组装了一个人体。弗兰肯斯坦给尸体注入了"存在的火花"(在后来的叙述中火花是闪电产生的),创造了一个人形的、带来灾难性后果的怪物。这个故事立即获得了成功。在1831年第三版序言中,雪莱承认她是受某些"德国生理学作家"的影响而创作这个故事的。关于这些人到底是谁有很多猜测,但可以想象温霍尔德就是其中之一。

电流计的发明与运用

动物电的问题在19世纪的头25年仍然一直没有得到解决,因为没有一种仪器灵敏到可以探测生物组织中微弱的电流。1820年,丹麦物理学家汉斯·克里斯蒂安·奥尔斯特德(Hans Christian Oersted)意外地发现,指南针的指针会因为金属线中的电流而偏离磁北极。这着实是一个意义深远的观察。不仅电和磁以某种方式相关(奥尔斯特德实际上已经发现了电磁学),而且这一观察让德国人约翰·施维格(Johann Schweigger)在同一年发明了电流计。这个仪器以伽伐尼的名字命名,它能够测量电流的强度和方向。最初的电流计不过是一圈缠绕在一根悬浮磁针或指南针的铜线。在完全没有电流的情况下,指针指向北方。然而,当电流通过铜线时,指针的方向发生了变化,更重要的是,电流越大,偏转就越剧烈。施维格还通过使用多个线圈环绕指针来增强电流计的灵敏度。糟糕的是,这种效应由于地球的磁力被抵消了,地球的磁力牵扯着磁针,因此难以对电流做出精细的测量。然而,意大利人利奥波德·诺比利(Leopold Nobili)在1825年发明无定向电流计,解决了这个问题。诺比利用双线圈缠绕出一个"8"字形,并在两个开口处各悬挂一根磁针,它们的磁极反向,这样就克服了地球磁场的背景力。

1827 年诺比利第一次用他的仪器测量了从青蛙腿上分离出来的神经电流。他通过修正最早由伽伐尼进行的一项实验来完成这一工作。简而言之，他把一只剥了皮的青蛙腿放在一个装有盐水的容器里，然后将带有坐骨神经的腰丛浸入另一个烧杯里。[9] 因此，腿和脊髓是完全分离的。诺比利知道，如果他用一块湿棉花把两个容器连接起来，这只孤立的青蛙腿就会开始抽搐。然而，诺比利没有使用棉花，而是用电流计的金属线进行连接。这个操作显示有一股微小但稳定的电流（或者他所说的"蛙电流"）从被切断的肌肉流向脊髓，持续了几个小时。遗憾的是，伏打在当时仍然有很强的影响力，而诺比利不认为他观察到的是一种固有的电力。相反，他认为这种效果是由操作不当造成的神经和肌肉不均匀冷却引起的。尽管如此，我们现在知道，这是电流通过神经的首次演示，或者是对伽伐尼所认为的动物电流的首次演示。

然而，诺比利的同事、1840 年成为比萨大学物理学教授的卡洛·马泰乌奇（Carlo Matteucci）证实了这种电流是真正的生物性电流。在一项重要的实验中，马泰乌奇使用了一种被称为"验电器蛙"（galvanoscopic frog）的装置。实验中，一只剥了皮的刚死的青蛙的腿被放在一个玻璃管里，它暴露的坐骨神经自由地从管子的开口伸出来。马泰乌奇知道，如果把两种不同的金属或处于不同电状态的不同物质一起放在神经残端上，青蛙的腿就会收缩。然而，马泰乌奇面临的关键问题是，这种反应是否可以仅由生物材料产生。为了测试这一点，他把肌肉组织放在神经的两个不同点上。这样做的时候，马泰乌奇遇到了一个奇怪的效应：要是他用两块肌肉触碰神经，一块具有完整表面，而另一块有切口或外露，就会产生引起腿部收缩的电流。"神经电流"依赖于连接两种不同类型的肌肉表面（完整的和受伤的），尽管这令人费解，但它显然是动物电的一种固有形式。马泰乌奇重复了这个实验，情况依旧如此。这一次他把一根来自电流计的金属线深入肌肉，然后把另一根金属线放在肌肉表面。这一过程使一股微弱电流通过电流计（从肌肉的外表面到肌肉内部）。如今，这被认为是"损伤电流"[10]。然而，如果电极都放在完好的表面或受伤的内部，则不会产生"肌肉电流"。

毫无疑问，马泰乌奇的"验电器蛙"产生的电流是由肌肉本身产生的。此外，马泰乌奇发明了"生物堆"，在1843年，他用生物堆再次演示了这种效应。演示中，他取了一系列按顺序排列的去皮青蛙大腿，并将它们完整的表面与邻近有切口的表面进行接触。从原理上讲，这与伏打的由不同金属构成的伏打电堆没什么不同，只不过现在电池只含有生物材料。使用这种装置，马泰乌奇发现电流计记录的电流随着大腿数量的增加而急剧增加。这是一个特别重要的发现，因为它也表明电流不是电流计的人工产物。[11]这在当时是动物电存在的最有力证据。

1842年，马泰乌奇做了另一个开创性的实验。他取了一只青蛙的腿，暴露出它的坐骨神经。然后，他将第二只青蛙完整的大腿肌肉放在这条神经通路上，借助机械或化学刺激使其抽搐。马泰乌奇发现，这立即导致第二只青蛙的腿部肌肉同时收缩。换句话说，通过对坐骨神经的作用，抽搐的大腿肌肉产生了足够的能量，使第二只青蛙腿部肌肉运动。事实上，这是第一次对神经冲动的实验演示！遗憾的是，马泰乌奇并没有意识到这一点，他甚至否认第一块肌肉产生了电流。这是因为马泰乌奇还发现，如果引起第一块肌肉的长时间收缩[一种被称为强直收缩(tetanus)的过程]，第二块肌肉的收缩就会消失。更令马泰乌奇困惑的是，他观察到强直收缩使电流计读数下降，这明显表明电流变弱了。[12]由于无法解释这些发现，马泰乌奇认为一定是某种力量导致了神经传递，而不是电。尽管如此，这个实验被广泛认为是电生理学发展史上的一个里程碑。

不同的观点：约翰尼斯·穆勒和埃米尔·杜波依斯-雷蒙德

1844年，英国皇家学会授予马泰乌奇科普利奖章，以表彰他对生物电的研究。英国皇家学会还称他的青蛙堆是当时最重要的发现之一。然而，尽管有证据支持神经和肌肉中存在电，许多研究人员仍然坚持认为神经系统中流动着一种神秘的精神性"生命力"。柏林大学的约翰尼斯·穆勒(Johannes Müller)是这一观点最具影响力的倡导者之一，穆勒与一群充满活力的研究人员一起创建了世界上第一个实验生理学研究所。穆勒还因其里程碑式的《生理学手册》(*Handbuch der Physiologie*, *Handbook of Physiology*)而闻名,这本书有将近 100 万个词,在 1834 年至 1840 年分两卷出版。然而,穆勒确信神经能量不是电。他之所以有这样的观点,一定程度上是因为发现对于一根受损的神经纤维,尽管电流依旧能够通过受损区域,但对神经进行机械刺激却并不会造成肌肉抽搐。

穆勒的另一种解释是他的"特定神经能量理论"。这就提出了每一种感觉神经通路都有其独特的重要性质的结论。例如,穆勒认为视神经只能传递光感,而听神经只能传递声音等。他不知道神经通路是如何做到这一点的,但为了支持自己的理论,穆勒指出,一个人不论如何刺激眼睛(例如,用光、触碰、电等),结果全都是产生视觉。因此,对穆勒来说,所有传递感觉信息的不同神经通路都使用同一种神经力(即电)进行传输是不可思议的。换句话说,它们在某种程度上都是独一无二的。然而,穆勒的一个年轻研究生埃米尔·杜波依斯-雷蒙德(Emil Du Bois-Reymond)却道出了这个观点的一个基本问题:如果这个观点是正确的,那么要是我们切断视觉和听觉神经,然后将它们交叉,我们将会用我们的眼睛来听,用我们的耳朵来看!

尽管穆勒持有活力论的观点,但他还是在 1840 年拿到了一本马泰乌奇的作品,并要求杜波依斯-雷蒙德研究其中的主张(见图 5.6)。对这位年轻人的职业生涯来说,这将是关键时刻,因为在接下来的 40 年里,他一直致力这一课题。开始的时候,杜波依斯-雷蒙德对他能用到的电记录设备的局限性感到沮丧。虽然 1820 年电流计的发明是一个重大突破,但它对电流的存在反应很慢。更糟糕的是,当电流计的电极与生物组织接触产生带电人造物时,它的测量结果不精确。但杜波依斯-雷蒙德百折不挠,他建造了当时最灵敏的电流计解决了这些问题。这个被他称为倍增器(multiplikator)的装置花了好几个月才建成。它由非常轻的可移动部件组成,使用了 24160 圈的线圈来放大电流,这个线圈由一根长度超过五分之四英里的细金属丝制成。通过使电极非极化(即无法产生电流),杜波依斯-雷蒙德还大大提高了电极的灵敏度。他的方法是在含有几层浸过生理盐水的滤纸的玻璃容器中来建造它们。杜波依斯-雷蒙德的电

127

流计对测量肌肉和神经的微弱电流足够敏感,它们几乎不会产生电误差。

126

图 5.6　杜波依斯-雷蒙德(1818—1896)是德国生理学家,被公认为电生理学之父,最让他享有盛誉的也许是发现了神经冲动以相对负性的波沿着神经纤维传递。

来源:伦敦威尔克姆图书馆。

1842 年,杜波依斯-雷蒙德开始用他的新装置重复马泰乌奇做过的许多肌肉和神经实验。他最早做的事情之一就是确认了"损伤电流"的存在,这种电流从一块完整肌肉的外表面流动到另一块被切开肌肉的内部。杜波依斯-雷蒙德还正确地推断这种电流产生的原因有两个:(1)肌肉内部相对于外部带负电;(2)肌肉内部的电位较低。杜波依斯-雷蒙德意识到,这两个因素都会导致带正电的电流从表面进入被切开的肌肉。[13]然而,当杜波依斯-雷蒙德使完整的肌肉收缩时,这种静态电流的性质发生了变化。在这种情况下,它引起了一股新的电流通过他的倍增器通向第二块受伤的肌肉。他将其称为"肌肉电流"(muscle current)。杜波依斯-雷蒙德注意到,这总是会奇怪地导致倍增器的指针从正极向负极偏转——他将这种效应称为"负变化"。换句话说,抽搐的肌肉会产生负电流,或者说,肌肉的外表面比内表面带有更强的负电。

杜波伊斯-雷蒙德还发现,当他用化学制剂或一系列电击使肌肉强直(即肌肉反复受到刺激)时,这种负变化变得更加显著。与马泰乌奇不同,杜波伊斯-雷蒙德意识到肌肉强直实际上会产生一系列短暂的收缩,每一次收缩都会产生微弱的神经电流,而马泰乌奇对肌肉强直以后明显缺少肌肉电流困惑不解(马泰乌奇的设备不够灵敏,检测不出负变化)。此外,由于神经电流彼此紧随,它们会对肌肉产生总和效应,这种效应会增加负变化。因此,杜波依斯-雷蒙德证明了肌肉收缩会产生电流,而强直甚至会产生更强的电流。

发现动作电位

1843 年,杜波依斯-雷蒙德做出了一项根本性发现,它从根本上改变了神经科学的性质。这项发现是通过对暴露在外的坐骨神经残端施加电击或"挤压"(pinch),然后用放置在神经上的外部电极来记录电流的变化获得的。他的倍增器显示,这一操作将造成沿神经纤维表面传递的电位下降,呈现"相对负波"。杜波依斯-雷蒙德当然也在肌肉中发现了类似的电现象(负变化)。然而,通过使用电极来记录神经纤维的表面,杜波依斯-雷蒙德发现同样的能量以脉冲的形式运动。更重要的是,杜波依斯-雷蒙德表明了,这种负变化波提供了使肌肉收缩的信号。他称这种现象为"动作电流"(后来被称为"动作电位")。这是有史以来对神经冲动的首次演示,杜波依斯-雷蒙德对他所做发现的重大意义毫不怀疑。他得意洋洋地写道：

> 如果这样说不是那么自欺欺人的话,我要说,我已经成功地实 128
> 现了……物理学家和生理学家数百年来的梦想,即认识到神经原
> 理和电是一回事。

杜波依斯-雷蒙德不仅发现了神经冲动,而且表明它在本质上是电——

在我们对脑和神经系统的理解中，这是一个重要的转折点。然而，解释这种力如何产生要更困难。为了解释这个问题，他假设神经纤维含有特殊的球形"电分子"，它具有带负电荷的两极和带正电的赤道区域，这些分子像微型电池一样产生电流。这个理论很快被他的学生鲁迪玛尔·赫尔曼（Ludimar Hermann）证明是站不住脚的。尽管杜波依斯-雷蒙德为自己的错误感到窘迫，但他在电生理学方面的开创性成就却是无法撼动的。此外，他相信神经冲动和所有其他生理功能一样是属于物质世界的物理和化学事件的结果。事实上，杜波依斯-雷蒙德在 1842 年表达了自己的信念，当时只有 24 岁的他发誓要支持唯物论而不是活力论，而在穆勒的实验室里还有其他几个人签署了这份誓言。[14] 与 19 世纪的其他人物相比，杜波依斯-雷蒙德更可以说是为现代生物电奠定基础的第一个生理学家。他的工作总结在《动物电的研究》（*Researches on Animal Electricity*）一书中，这本书的前两卷（有 1400 多页）分别于 1848 年和 1849 年出版，第三卷出版于 1884 年。杜波依斯-雷蒙德在这本书的序言中大胆宣称，由于认识到神经的原理与科学上可观察到的物质性的电力是一回事，他已经否定了神秘的"生命力"这一陈旧的概念。

赫尔曼·冯·赫尔姆霍茨

赫尔曼·冯·赫尔姆霍茨是 19 世纪最伟大的思想家之一，他在物理学、生理学、心理学和光学等许多科学领域做出了许多杰出的贡献。在 1850 年，他还首次精确测量出了神经冲动的速度。赫尔姆霍茨出生在波茨坦一个卑微而博学的家庭，小时候身体虚弱，这让他 7 岁以前都只能待在家里。尽管如此，他从父亲那里得到了良好的教育，学会了几种语言，并接触了哲学。虽然他的家庭负担不起儿子上大学的费用，但赫尔姆霍尔茨还是设法通过政府的一项计划在柏林学医，这项计划要求他在接受训练后在普鲁士军队当几年外科医生。然而，赫尔姆霍茨平时的军事任务很少，他甚至有时间在兵营里建一个小实验室。这项工作使他得以加入柏林的各个学术圈，认识了穆勒的实验室。1842 年，年仅 21 岁的赫姆霍尔茨在穆勒的实验室完成了关于无脊椎动物显微神经结构的博士论文。这项研究揭示了位于脊髓中的神经细胞是如何产生细长纤维的，在神经元理论的发展中，这是一个关键的发现(见第 7 章)。1 年以后，赫尔姆霍茨从医学专业毕业，开始了 8 年的军役生涯。

早期赫尔姆霍茨的主要兴趣之一是研究动物热的起源。从亚里士多德时代开始，人们就普遍认为动物热是由一种活力产生的，对大多数生理学家来说，这仍然是理解生命的关键。然而，在 1847 年，赫尔姆霍茨证明生物系统中的能量从来没有被创生或消失，它们只是从一种形式转换到另一种形式，这就表明动物热的形成没有任何神秘之处。赫尔姆霍茨还用数学语言描述了这一原理，即所谓的能量守恒。这是一个重要的进步，因为它表明身体的热量可以完全用化学反应来解释。进一步明确的是，生物能量来自食物，而食物反过来又从太阳获得能量。能量守恒的意思很清楚：没有理由把对生命或其他任何事物的研究排除在对科学的追求之外。这是物理学和化学对活力论的又一次驳斥。

赫尔姆霍茨还在身体的感觉系统方面做出了开创性的工作。例如，1851 年，他发明了眼底镜，这让他第一次看到了活人的视网膜。4 年后，他又发明了眼膜曲率计，可以检查眼睛的曲率。他在视觉和光学方面的研究于 1856 年和 1866 年之间发表在的 3 卷本著作《生理光学手册》(*Handbuch der physiologischen optik*)上，这本著作建立了现代视光学的基础。他在视觉方面的工作还让他正确推断出眼睛只包含三种类型的颜色探测器(红色、蓝色和绿色)，这让研究者理解了色盲和彩色余像的现象。在声学方面，他正确地解释了耳蜗中的某些结构如何在特定频率下共振，从而使耳朵能够听到音高和音调。尽管如此，赫尔姆霍茨还是意识到，对许多感觉事件的知觉是一个心理过程，而不只是一个神经过程。在他的诸多成就中，还有一项就是，在帮助他的学生海因里希·赫兹(Heinrich Hertz)证实詹姆斯·克拉克·麦克斯韦(James Clark Maxwell)在无线电波的理论预测方面发挥了重要作用。由于这些以及许多其他成就，赫尔姆霍茨被广泛认为是 19 世纪后期德国科学最重要的人物，在彻底突破传统物理学，并为后来 20 世纪的发展开路方面发挥了关键的作用。

129

测量神经冲动的速度

1849 年,在服完军役以后,赫尔姆霍茨获得了哥尼斯堡大学的一个职位,并在那里待了六年(见图 5.7)。杜波依斯-雷蒙德发现沿神经纤维运动的"负变化波"(wave of negative variation)能够引发肌肉收缩,这提出了一种有趣的可能性:如果这确实是神经信号,那么应该有可能测量出它的速度。然而,在当时,人们广泛认为这是不可能的,因为人们普遍相信电的速度太快,甚至也许就是瞬时的。尽管人们这样认为,还是有一些研究者试图估计神经信号的速度。事实上,穆勒的手册列出了三种估计结果:第一个是哈勒做出的,速度是每分钟 9000 英尺;第二个是法国医生索瓦奇(Sauvages)做出的,速度是每分钟 32400 英尺;第三个则是由一个被简单描述为"另一位生理学家"的人做出的,他的估计是每秒 576 亿英尺(如果这个值是对的,那么它将比光速快 60 倍)。穆勒似乎认为神经冲动与光速差不多是可信的,而且不太可能被准确测量出来。然而,赫尔姆霍尔茨在 1850 年证明他是错的。

赫尔姆霍茨着手尝试测量神经冲动的速度,他发明了一种叫和计时仪的装置,可以精确地测量一秒的微小片段。通过将这个计时装置与电流计连接起来,赫尔姆霍茨找到了一种记录时间的精确方式,通过这种方式,可以记录电流造成的电流计指针偏转所耗的时间。同样重要的是,为了提高准确度,赫尔姆霍茨在他的装置上加了一个开关,在肌肉一开始抽搐的时候,就能阻止针头在运动轨迹上的偏离。这个开关非常精确,可以用毫秒(千分之一秒)来测量反应时间。

为了测量神经冲动的速度,赫尔姆霍茨首先从一只仍与其腓肠肌相连的青蛙腿上分离出一条运动(坐骨)神经。这根神经大约有 40 毫米长。接着,赫尔姆霍茨开始测量在神经纤维上施加电刺激的时间点与肌肉开始收缩之间的时间差。通过在沿着神经纤维的不同点刺激神经并记录抽搐的开始时间,赫尔姆霍茨能够计算出脉冲的速度。尽管时间差很微小,大约在 1.3 毫秒左右,但他仍然能够估计出神经冲动的速度约为每秒 90 英尺,或每小时 60 英里。这个速度不仅比光,或者电流沿电缆传播的速度慢得多,而且只有音速的大约十分之一。[15]

130

图 5.7 赫尔曼·冯·赫尔姆霍茨(1821—1894)在 1850 年测量了神经冲动的速度,这是他众多的科学成就之一。

来源:伦敦威尔克姆图书馆。

然而,如果有什么必要的话,这种缓慢的速度可以说进一步证明了神经冲动的产生涉及物理—化学过程,这和电线上的电流非常不同。赫尔姆霍茨的发现具有深远的意义,因为它表明,神经信息是由活跃的生物过程负责的。赫尔姆霍茨把这种神经冲动称为动作电位,这是一个至今仍旧通用的术语。

131

在另一组实验中,赫尔姆霍茨检测了人类神经冲动的速度。他让被试在弱电流触及身体的不同部位时按下按钮。通过使用一种简单的减法,即比较报告两种刺激(如触摸脚趾或大腿,或肩膀和手腕)的时间差,赫尔姆霍茨成功地测量了感觉神经传导到大脑的速率。他发现这个速率在每秒 165～330 英尺,大约是青蛙的 2 倍。这种减法也使赫尔姆霍茨能够判断脑做决定，或者用他的话说，"感知和意愿的过程"所花费的时间。虽然这个数字变化很大，但他估计做决定的时间在 0.1 秒左右。随着从青蛙变到人类，赫尔姆霍茨的新的反应时间方法如今为其他研究人员提供了一种途径，他们可以借此测量心智活动的速度。实际上，这就是实验心理学的开端。

伽伐尼在 1791 年发现动物电，赫尔姆霍茨在 1850 年测量了神经冲动，这之间不到 60 年。对于理解电和神经系统来说，这是一个非凡的时期。伽伐尼的工作是一个重要的转折点，它推翻了有关神经系统的陈旧观念，即神经系统含有中空的管子，普纽玛或动物精气就是通过这些管子流动的。然而，这需要包括马泰乌奇、杜波依斯-雷蒙德和赫尔姆霍茨在内的许多其他研究人员的共同努力来完成这项工作，并证明所有的生物都不是由精神性的"活力"驱动的。相反，它们是由物理和化学过程控制的，而这些过程是可以通过科学研究来理解的。杜波依斯-雷蒙德在他著名的誓言中最清楚地表达了这一点："在生物体中，除了常见的物理化学力以外，再没有其他活动的力。"当伽伐尼第一次观察到青蛙腿因附近莱顿瓶里的火星而抽搐时，他绝不会意识到，他的动物电理论对于奠定现代电生理学和神经科学的基础是如此重要。虽然关于神经冲动还有很多需要了解的地方，但是科学的道路已经为将要做出的发现铺好了。

注释：

1. 我们现在知道吉尔伯特描述的是静电，静电是由材料中带负电荷的电子逐渐增加而产生的，电子增加会通过吸引带正电的粒子形成一种力。

2. 据说范·米森布鲁克（van Musschenbroek）在他的学生安德烈亚斯·库内乌斯（Andreas Cunaeus）身上测试了这个装置，他对库内乌斯施加了强烈的电击，以至于后者拒绝再参与任何研究。

3. 他的诸多成就包括在拉丁美洲的旅行和绘制奥里尼科河（Orinico River）的地图。

4. 在 1800 年 3 月 20 日首次和英国皇家学会进行联系。

5. 我们如今仍说被"刺激"(galvanised)而采取行动。

6. 据说有一位帕斯先生是外科医生公司(Surgeon's Company)的小职员,他在演示中非常惊恐,以至于回家后不久就因受惊而死。

7.《利用生理学实验测试生命和其主要力量》。

8. 阴部扣锁术是一种闭合或阻塞生殖器以防止性交的手术,既可以针对男性,也可以针对女性。女性阴部扣锁包括切除阴蒂,以及部分或全部的小阴唇,然后缝合或缩小阴道口,留下一个足够大的小口,让尿液和月经流出。男性阴部扣锁包括将阴茎包皮拉过龟头并扎紧,使勃起非常痛苦或不可能。男性阴部扣锁起源于古希腊和罗马,是一种控制奴隶性行为、防止他们染上性病的方法。这项研究还旨在保护角斗士和运动员的贞洁,人们认为他们在保持贞洁时表现得更好。希腊人还认为阴部扣锁可以防止年轻歌手在青春期时嗓音发生变化。——译者注

9. 坐骨神经从小腿出发并分布于腿部。

10. 虽然"损伤电流"是一种真实的电现象,也可以说是动物电这一观点的证据,但它也是实验过程的人工产物。这是因为,相对于完整表面,受损的肌肉或肌肉的内部带负电。因此,马泰乌奇就建立了一条电流的通路。　132

11. 当时,研究人员很清楚,只要金属与生物组织接触,就会产生微弱电流。因此,19世纪早期的"电生理学家"面临着一个看起来无法解决的难题:当必须用金属电极来探测时,如何才能演示真正的生物电流。马泰乌奇的青蛙堆解决了这个问题。

12. 马泰乌奇是正确的。强直确实会使神经电流减弱。我们现在知道,通过产生一系列快速的神经冲动,强直会诱发持续的肌肉收缩。

13. 正电荷被负电荷吸引(反之亦然)是物理学的基本定律。同样,一个高电位(或电荷)会被一个低电位(或电荷)吸引。

14. 誓言写道:在生物体中,除了通常的物理—化学力以外,再没有其他活动的力。对那些当时还无法通过这些物理—化学力解释的情况,人们要么必须通过物理—数学方法找到特定的产生生物体行为的方式,要么就要假设在物质中固有与物理—化学力地位相同的新的力,它们可以简化为引力和斥力。

15. 赫尔姆霍茨的估计相当准确。我们现在知道,神经传导的速度取决于神经纤维的类型,在大直径有髓轴突中,冲动速度更快。例如,最快的神经元可以以每小时 200 英里的速度传导动作电位,而速度最慢的大约是每小时 50 英里。

参考文献

Barbara, J. G. and Clarac, F. (2011). Historical concepts on the relations between nerves and muscles. *Brain Research*, 1409, 3-22.

Bertucci, P. (2007). Sparks in the dark: the attraction of electricity in the eighteenth century. *Endeavour*, 31(3), 88-93.

Bischof, M. (1995). Vitalistic and mechanistic concepts in the history of bioelectromagnetics. In Beloussov, L. V. and Popp, F. A. (eds.), *Biophotonics Non Equilibrium and Coherent Systems in Biophysics, Biology and Biotechnology*. Moscow: Bioinform Services.

Brazier, M. A. B. (1960). The historical development of neuropsychology. In Field, J., Magoun, H. W. and Hall, V. E. (eds.), *Handbook of Physiology*. Baltimore, MD: Waverly.

Bresadola, M. (1998). Medicine and science in the life of Luigi Galvani (1737—1798). *Brain Research Bulletin*, 46(5), 367-380.

Bresadola, M. (2008). Animal electricity at the end of the eighteenth century: The many facets of a great scientific controversy. *Journal of the History of Neurosciences*, 17, 8-32.

Cajavilca, C., Varon, J. and Sternbach, G. L. (2009). Luigi Galvani and the foundations of electrophysiology. *Resuscitation*, 80(2), 159-162.

Clower, W. T. (1998). The transition from animal spirits to animal electricity: A neuroscience paradigm shift. *Journal of the History of Neurosciences*, 7(3), 201-218.

Darrigol, O. (2003). Number and measure: Hermann von Helmholtz at the crossroads of mathematics, physics and psychology. *Studies in History and Philosophy of Science*, 34(3), 515-573.

De Kerk, G. J. M. (1979). Mechanism and vitalism: A history of the controversy. *Acta Biotheoretica*, 28(1), 1-10.

Dougan, A. (2008). *Raising the Dead: The Men who Created Frankenstein*. Edinburgh: Birlinn.

Durgin, W. A. (1912). *Electricity: Its History and Development*. Chicago, IL: McClurg.

Fara, P. (2002). *An Entertainment for Angels: Electricity in the Enlightenment*. Cambridge: Icon Books.

Finger, S. and Law, M. B. (1998). Karl August Weinhold and his "science" in the era of Mary Shelley's *Frankenstein*: Experiments on electricity and the restoration of life. *Journal of the History of Medicine and Allied Sciences*, 53(2), 161-180

Finger, S. and Wade, N. (2002). The neuroscience of Helmholtz and the theories of Johannes Mueller Part 1: Nerve cell structure, vitalism and the nerve impulse. *Journal of the History of Neurosciences*, 11(2), 136-155.

Finger, S. and Piccolino, M. (2011). *The Shocking Story of Electric Fishes*. New York: Oxford University Press.

Finkelstein, G. (2006). Emil du Bois-Reymond vs Ludimar Hermann. *C. R. Biologies*, 329(5-6), 340-347.

Glickstein, M. (2014). *Neuroscience: A Historical Introduction*. Cambridge, MA: MIT Press.

Helferich, G. (2004). *Humboldt's Cosmos*. New York: Gotham Books.

Hoff, H. E. (1936). Galvani and the pre-Galvanian electrophysiologists. *Annals of Science*, 1, 157-172.

Holmes, F. L. (1993). The old martyr of science: The frog in experimental physiology. *Journal of the History of Biology*, 26(2), 311-328.

Home, R. W. (1970). Electricity and the nervous fluid. *Journal of the*

133

History of Biology,3(2),235-251.

Home,R. W. (2002). Fluids and forces in eighteenth-century electricity. *Endeavour*,26(2),55-59.

Kettenmann,H. (1997). Alexander von Humboldt and the concept of animal electricity. *Trends in Neurosciences*,20(6),239-242.

Kipnis,N. (1987). Luigi Galvani and the debate on animal electricity. *Annals of Science*,44,107-142.

Locy,W. A. (1930). *Biology and its Makers*. New York：Henry Holt & Co.

McComas,A. J. (2011). *Galvani's Spark：The Story of the Nerve Impulse*. Oxford：Oxford University Press.

Mauro,A. (1969). The role of the voltaic pile in the Galvani-Volta controversy concerning animal vs. metallic electricity. *Journal of the History of Medicine*,24(2),140-150.

Meulders,M. (2010). *Helmholtz：From Enlightenment to Neuroscience*. Cambridge,MA：MIT Press.

Morus,I. R. (1998). Galvanic cultures：Electricity and life in the early nineteenth century. *Endeavour*,22(1),7-11.

Morus,I. R. (2011). *Shocking Bodies：Life, Death and Electricity in Victorian England*. Stroud,Glos：The History Press.

Moruzzi,G. (1996). The electrophysiological work of Carlo Matteucci. *Brain Research Bulletin*,40(2),69-91.

Parent,A. (2004). Giovanni Aldini：From animal electricity to human brain stimulation. *The Canadian Journal of Neurological Sciences*,31(4), 576-584.

Pera,M. (1992). *The Ambiguous Frog：The Galvani-Volta controversy on Animals Electricity*. Princeton,NJ：Princeton University Press.

Piccolino,M. (1997). Luigi Galvani and animal electricity：Two centuries after the foundation of electrophysiology. *Trends in Neurosciences*, 20 (10), 443-448.

Piccolino, M. (1998). Animal electricity and the birth of electrophysiology: The legacy of Luigi Galvani. *Brain Research Bulletin*, 46(5), 381-407.

Piccolino, M. (2006). Luigi Galvani's path to animal electricity. *C. R. Biologies*, 329(5-6), 303-318.

Prosser, C. L. Curtis, B. A. and Esmail, M. (2009). *A History of Nerve, Muscle and Synapse Physiology*. IL: Stipes Pub.

Schmidgen, H. (2002). Of frogs and men: The origins of psychophysiological time experiments, 1850—1865. *Endeavour*, 26(4), 142-148.

Schuetze, S. M. (1983). The discovery of the action potential. *Trends in Neurosciences*, 6, 164-168.

Sleigh, C. (1998). Life, death and Galvanism. *Studies in History, Philosophy and Biomedical Science*, 29, 219-248.

Walker, W. C. (1937). Animal electricity before Galvani. *Annals of Science*, 2(1), 84-113.

Westheimer, G. (1983). Hermann Helmholtz and origins of sensory physiology. *Trends in Neurosciences*, 6, 5-9.

6　颅相学的兴起与衰落

由于头骨的形状来自脑,所以可以将头骨的表面看作心理能力和倾向性的准确指标。

弗朗茨·约瑟夫·加尔

加尔博士和斯普茨海姆博士的著作并没有给我们关于人类结构或功能的知识宝库增添任何事实……这两个自称是探究科学的人将其作为推理和归纳的样本,厚颜无耻地展示给 19 世纪生理学家的东西就是垃圾和卑劣的胡言乱语。

约翰·戈登博士

概　述

1798 年,德国出生的弗朗茨·约瑟夫·加尔(Franz Joseph Gall)提出了一种关于人类心灵的新"科学",这就是后来的颅相学(phrenology)——这个术语由他的前同事、后来的竞争对手约翰·斯普茨海姆(Johan Spurzheim)推广开来。颅相学与之前的观念截然不同,因为新学说提出,脑皮层表面由许多不同区域组成,这些区域具有特定

心智或气质能力。这一理论的含义冒犯了许多人,因为它假定脑的潜在生理学是一个人性格和行为的基础,在今天,这种观点并没有什么不合理的。然而,在 18 世纪晚期,这个观念从根本上突破了当时的哲学和宗教教义,尤其是,它似乎否认存在一个自我决定的精神实体,或心灵在支配着个体的道德和责任。虽然加尔从来没有获得他为他的工作所寻求的科学上的承认,尽管也许在某些方面这是他应得的,颅相学还是发展成为 19 世纪最受欢迎的时尚,它抓住了许多人的想象力,他们将其看作一种自我完善的手段和社会与教育改革的工具。今天,它被认为只不过是一种性格占卜的形式,通过感觉头部的隆起来进行,有点类似于占星术和手相术。即使在加尔的时代,颅相学也遭到许多研究者的嘲笑,然而,颅相学被证明是在神经科学史上向前迈出的重要一步,对心灵的生物学研究来说更是如此。首先,尽管教会反对,但颅相学的流行迅速导致了学术氛围的改变,灵魂被从脑功能中驱逐出去,从而使脑更容易接受客观和科学的研究。颅相学还帮助心理学确立了作为一门生物科学的地位,鼓励用更自然的方法来研究行为,并为将人视为动物界一部分的演化理论铺平了道路。然而,最重要的也许是颅相学坚持认为,心智能力可以定位到脑的不同区域。尽管在 19 世纪的大部分时间里,脑研究者都拒绝这个观点,其中就包括被广泛认为是脑研究者中最权威的皮埃尔·弗卢龙(Pierre Flourens),但加尔最终被证明是正确的,至少某些方面如此。尽管有许多不足之处,但颅相学代表了神经科学历史发展的一个关键点,因为它打破了过去的教条和假设,意义重大。因此,对于形成一种更现代的理解脑的方式来说,颅相学至关重要。

135

弗朗茨·约瑟夫·加尔：颅相学的创始人

大约在伽伐尼和伏打在意大利阐述他们关于动物电的性质的理论的同时，奥地利发生了一场关于脑和思维之间关系的不同类型的革命，这就是颅相学的出现。这一运动的创始人是弗朗茨·约瑟夫·加尔，他与过去的决裂与脑的大脑皮层有关，他认为大脑皮层包含具有特定智力或气质的局部区域（见图 6.1）。这一理论直接反对 18 世纪晚期盛行的基督教信仰，即人是具有统一灵魂的精神实体。然而，加尔的意图并不仅仅是描述心灵的能力，他还认为，这些知识可以用来构建一门对个人和社会都有意义的全新的人性科学。加尔最初称他的系统为"schädellehre"（颅骨学说），后来又称为"颅骨学"（头部科学）和"器官学"。然而，令他大为不满的是，这个系统后来被称为"颅相学"（phrenology，源自希腊语 phren，意为"心灵"，logos 意为"知识"）。尽管加尔远离了 19 世纪出现的更为流行的颅相学发展，但他仍然是颅相学主要原理和方法论的发明者，按照这些原理和方法论，颅相学认为头骨是由其包裹的脑的形状塑造的。因此，一个大的大脑器官与颅骨突起有关，这使得通过检查颅骨的形状来探究人的性格成为可能。这也标志着与以往的自我理论的背离，因为它将脑的生理学看作所有心智功能的基础，包括爱、道德行为和精神性格等特征。这是一个唯物主义的理论，它与当时的神学教义截然矛盾，按照当时的神学教义，灵魂，而不是脑，才是自由地对个人所做的全部选择负责的主体。

按照一本传记的描述，加尔个性复杂，只有三种东西能够点燃他的激情：科学、园艺和女人。[1]他是意大利贵族羊毛商的儿子，出生在德国西南部的小村蒂芬布鲁恩，虽然曾被鼓动去罗马天主教谋职，但他最终选择了从医。加尔在斯特拉斯堡跟随法国博物学家约翰·赫尔曼（Johann Hermann）学习解剖学。1785 年，他在维也纳大学（University of Vienna）的马克西米利安·斯托尔（Maximilian Stoll）指导下完成了培训，斯托尔是当时奥地利最著名的医生。这个培训对加尔非常有利，因为他获得了做神圣罗马帝国皇帝弗朗茨二世私人医生的职位。[2]然而，即使在职业生涯的早期，加尔也着力研究相面术，他相信

136

一个人的智力和性格可以通过他的面部特征确定。相面术在 18 世纪晚期非常流行,[3]加尔后来承认他在 9 岁还是个学童的时候就被相面术吸引,当时他注意到一个同学眼睛鼓得很大,记忆教材的能力出奇的好。后来,在大学里,加尔还遇到了其他具有类似特征的学生。这一观察结果让他相信,记忆文字材料的能力就在于眼睛后面的脑的额叶区域。最早似乎就是这一发现让加尔开始考虑其他心理功能也许可以以相同的方式进行定位这种。

137

F.J. GALL

图 6.1 弗朗茨·约瑟夫·加尔(1757—1828),颅骨学的创始人,他认为心智的道德和认知能力在生理上是由大脑皮层的局部区域决定和控制的。

来源:伦敦威尔克姆图书馆。

加尔在 18 世纪 90 年代初开始更系统地探索这些想法,作为一名医生,他进入了一家大型精神病医院,在那里他可以自由地检查病人的面部和颅骨的特征。很快,加尔就把他的研究扩展到其他拥有各种天赋的人身上,包括作家、艺术家和政治家,以及那些有犯罪倾向的人,比如小偷和杀人犯。他也不反对使用非传统的方法来扩大自己的知识,因为据说加尔用蛋糕和白兰地引诱许多"街头顽童"到他家来,这样就能更多地了解下层社会。尽管如此,加尔的初衷是值得尊敬的:他试图将性格特征与颅骨突起联系起来。加尔对检查死者的头骨也很感兴趣,只要有机会,他很乐意比较颅骨和尸检时移除的脑。在这方面,加尔对那些天不怕地不怕、狡猾或冷血的杀人犯特别感兴趣。这一兴趣得到维也纳警察部长的帮助。到 1802 年,加尔已经收集了 300 多个头骨。加尔对头骨的痴迷在维也纳引起了人们的注意,据说那里的一些居民非常惊恐,以至于他们在遗嘱中有专门的条款禁止将自己的头骨用于加尔的研究。

到 18 世纪末,加尔已经确立了他的颅骨学的基本原则,这个原则强调心智的道德和认知能力在生理上是如何由大脑皮层的局部区域决定和控制的。尽管加尔在发表自己的观点时显得有些犹豫,但他于 1798 年在神圣罗马帝国的主要文学期刊《新德意志》上发表了一封信,这为他的体系奠定了基础。不过,加尔主要是在公开的讲座中展示了他的发现,有些讲座是在他自己家里举行的,他经常在讲座中用脑解剖的实例来做演示。在参加这些讲座的人中就有约翰·卡斯珀·斯普茨海姆(Johann Casper Spurzheim),他后来成为加尔最重要的门徒与合作者。这些讲座虽然在维也纳的社交圈中大受欢迎,有些人还自行出版他们自己的小册子和发通知,但也招来了当局的反对。这不仅是因为它们被认为是在颠覆宗教和国家权威,而且还谣言满天,说加尔的谈话常常都含有鼓励不正当行为的性主题,而他好色的名声无助于这种状况的缓解。因此,在 1801 年弗朗西斯皇帝勒令加尔停止演讲,他指责加尔违背了"道德与宗教的基本原则"[4]。两周以后,奥地利政府正式命令加尔停止讲座,并不得出版他的著作。

毫无疑问,这种情况毋宁说是给加尔的颅骨学壮大声势。据说 1802 年出版的有关他的体系的小册子是前一年数量的 2 倍。受到这种声势的鼓舞,加尔决定在 1805 年他 48 岁的时候离开维也纳到中欧进行巡回演讲。随行的有他的助手兼解剖师斯普茨海姆、一名仆人、一名蜡模制作师,此外还有两只猴子,以及他最珍贵的头骨和各种模具。这次巡回讲座既是一场娱乐表演,也是一项学术事业,加尔说他安排讲座是为了引起每个人的兴趣。然而,他的批评者指责他贪婪和欺诈。不管事情的真相如何,加尔都成为欧洲最著名的人物之一。这次巡回之旅非常成功,以至于一直持续了 2 年多,其间加尔访问了德国、法国、瑞士、荷兰和丹麦的 50 多个城市,同时还避开拿破仑战争带来的干扰。尽管通过轰动的巡回演讲来传播他的研究成果是一种非正统的做法,它并没有给更加保守和挑剔的学术权威留下什么印象,但加尔却受到富人和名人的追捧。围绕颅骨学的争论和争议在当时的杂志和报纸上被广泛报道,引发了诸多好奇。"脑"这一主题在其历史上第一次引起了大众的兴趣。

加尔在巴黎

巡回旅行结束后,加尔在巴黎定居,除了 1823 年到英国短暂旅行外,他 138 的余生都在巴黎度过,在那里他可以相对自由地演讲和出版自己的作品。加尔是在 1807 年以国际知名人物的身份来到巴黎的,原本只打算在此停留一年。然而,由于法语说得很流利,加尔很快就成为巴黎最受欢迎的医生之一,拥有包括 10 位大使在内的高级客户。加尔还试图通过加入当时主要的法国学术团体来获得对他工作的认可,尽管在这方面他不怎么成功。有许多因素对加尔不利,尤其是众所周知拿破仑对他反感,[5] 也许还有这位皇帝对德国人的普遍反感。也有其他原因,尤其是围绕颅骨学的那些社会和宗教影响。在当时,颅骨学与盛行的正统学说是背道而驰的,因此,加尔发现他想成为受人尊敬的法国科学界一员的努力泡汤了。尽管加尔和斯普茨海姆在到达巴黎仅仅 4 个月后就向法兰西学院(the Institut de France)提交了一份报告,报告中描述了他们令人钦佩且争议较少的解剖学工作(见下文),这项工作原本会使加尔在世界科学中占据一席之地,但法兰西学院却拒绝他们加入。尽管拒绝有明显的政治动机,但其原因仍旧多有猜测。在拿破仑被流放了很久之后的 1821 年,加尔再次被拒绝加入科学院(the Académie des Sciences,之前的法兰西学院),虽然他已经加入了法国国籍,但结果还是一样。

不过这些挫折并没有阻止加尔矢志追求颅骨学的兴趣。定居巴黎后不久,他就开始写一部名为《神经系统解剖学与生理学》[6](*Anatomie et*

183

physiologie du système nerveux）的 4 卷巨著，这部著作出版于 1810 年至 1819 年，前两卷是他与斯普茨海姆合著的（1810 年和 1812 年）。书是用法语写的，其中有超过 100 幅的插图，这本书因此非常昂贵（1000 法郎），发行量有限。尽管这本书在某些方面受到好评，但还是招致了很多批评。为了回应这些责难，其中包括对无神论的责难（由于他指出脑有天生的宗教能力，加尔否认了这一指控），在 1822 年和 1825 年，加尔出版了价格便宜得多的修订版，名为《塞尔沃之恋》（*Sur les fonctions du cerveau*），[7] 共 6 卷。这部作品删去了斯普茨海姆的名字，它更多的是面向普通大众。有趣的是，直到 1835 年《论脑的功能》问世，这本书才有了英文译本。而且在那时，这本书也只在美国出版。其中一个原因无疑是，当时斯普茨海姆的颅相学早已取代了加尔的颅骨学。

加尔和斯普茨海姆的神经解剖学

在围绕加尔的争议中，人们常常忽略了他与斯普茨海姆合作的第一卷著作完全是关于神经解剖学的。而且，他们二人对神经解剖这一领域做出了许多重要贡献。这本书的主要创新之一是介绍了一种新颖的解剖形式。加尔和斯普茨海姆的做法不是像大多数人一样用刀把脑切成若干部分，而是将脑在酒精中硬化，然后从底部向上将其分开，并用手指梳理了其结构，用这项技术可以观察并跟踪脑的纤维束。虽然这种方法可以追溯到 16 世纪意大利解剖学家阿肯吉洛·皮克尔霍米（Arcangelo Piccolhommi），[8] 因此并非完全独创，但加尔和斯普茨海姆却用它做出了几项新发现。例如，他们意识到，脑的白质由纤维物质组成，而不像灰质有不同的组成部分。尽管托马斯·威利斯在 1664 年出版的《大脑解剖》一书中也提出了类似的观点，但加尔和斯普茨海姆却做了更深入的研究。他们发现白质包含两种类型的纤维：（1）那些向其他脑区或脊髓投射相当距离的纤维，（2）那些局限于大脑皮层或连接两个半区之间的纤维。如今，它们分别被称为"投射"和"联合"纤维。这是理解脑的不同部分如何连接和组织的重要一步。

通过拉出并检查不同的纤维,加尔和斯普茨海姆做出了另一项重要发现:他们证明延髓(位于脑干)的白质产生了"一束线",它向上上升到前脑并分散到大脑皮层的所有区域直达其表面。此外,位于脑中央的丘脑也产生了类似的线。重要的是,其纤维的分布不是均匀,而是零散的,对某些皮层区的支配比其他区域更强烈。这一发现为大脑的两个半区包含许多不同和局部的神经中枢的观点提供了强有力的解剖学支持。换句话说,大脑皮层中并不存在使所有东西都聚集在一起的单一中心。如今我们知道加尔和斯普茨海姆实际上是在描述一个叫作网状激活系统的系统,这个系统参与维持脑的清醒状态。不过,在当时,这些纤维的作用是为他们的颅骨学理论提供解剖学依据。

此外,加尔和斯普茨海姆还意识到,大脑皮层不仅接收来自髓质的纤维,而且还是向下进入髓质的纤维通路的起点。事实上,这些纤维在到达脊髓之前,要经过一个叫作锥体交叉(pyramidal decussation)的锥状脊。[9]自从乔瓦尼·莫尔加尼(Giovanni Morgagni)在 16 世纪的工作公开以来,人们就已经知道,一侧脑的损伤会导致身体另一侧的虚弱和瘫痪。后来,在 1709年,意大利医生多米尼克·米斯提切利(Domenico Mistichelli)推测,这可能是因为下行通道在脑的锥体区域交叉。加尔和斯普茨海姆通过展示右锥体的纤维终止于脊髓的左侧,反之亦然,为这个观点提供了支持。加尔和斯普茨海姆的另一个神经解剖学成就是追溯颅神经的起源。在这个过程中,他们证明三叉神经不只是像之前认为的那样附着在脑桥上,而且延伸到了髓质中一个叫作"下橄榄"的结构。

当然,加尔和斯普茨海姆对神经解剖学最重要的贡献是有关大脑皮层组织的。他们热衷于阐明它的结构,不仅提供了大脑皮层表面特征的最为细致和准确的图绘,而且认识到,它的脑回和褶皱的形状在个体之间是一致的。他们还认识到,人类大脑皮层的褶皱非常突出,这大大增加了它的表面积。也许,同样重要的是,他们通过将大脑皮层描述为众多不同的器官,改变了对其功能的看法。从某种角度来看,在他们的研究之前,人们普遍认为皮层仅仅是一种保护性的外皮(皮层在拉丁语中是"外皮"的意思)、一种腺状结构(早期显微工作者在皮层中看到了小球体),或者是由小血管组成的

血管结构。加尔和斯普茨海姆帮助改变了这种思维方式，德国解剖学家约
翰·赖尔(Johann Reil)写道："在加尔对脑的解剖展示中，我看到了比我认

140　为一个人在其一生中有可能发现的都多的东西。"就连皮埃尔·弗卢龙也对
加尔的解剖工作表示钦佩，尽管事实上他是颅相学最激烈的批评者，也是对
颅相学嘲笑最多的人。

从脑中驱除灵魂

　　加尔的颅骨学提供了一种理解人性的全新方式。在许多旁观者看来，
它似乎是凭空出现的，然而，加尔的唯物主义的器官学并非没有渊源。的
确，必须记住的是，加尔的理论是在启蒙运动的鼎盛时期发展起来的，当
时其他替代性观点更容易被接受。瑞士博物学家查尔斯·邦纳(Charles
Bonnet)对加尔产生了影响，他在 1760 年发表的《对灵魂官能的分析》
(*Analytical Essay on the Faculties of the Soul*)中提出，脑可能是"不同器官
的集合"。在他 89 岁的祖父因白内障几乎失明，开始出现一系列不同寻常
的视幻觉后，邦纳开始有了这样的想法。邦纳以惊人的洞察力认为幻觉
发生的原因在于"视觉器官的纤维受到刺激"。这个解释假定，他的祖父
的脑有一个"过于活跃"的视觉区域。换句话说，脑不是一个单一的结构。
另一个影响加尔的人是德国哲学家、路德宗牧师约翰·戈特弗里德·赫
尔德(Johann Gottfried Herder)。对他来说，对人的灵魂的恰当理解是，它
"完全是生理机能"。他还认为，身体的每一项功能在脑中都必定对应一
个控制器官。有趣的是，加尔并不知道，还有另一个重要的定位观点
(localization view)的支持者，他就是 1784 年创立了瑞典教会的瑞典神学
家伊曼纽尔·斯维登伯格(Emanuel Swedenborg)。早先，斯维登伯格曾
将注意力转向对脑的研究，并意识到脑半球包含了具有不同功能的区
域。他这样做似乎很大程度上是基于对中风患者的观察。遗憾的是，他
的这一工作被瑞典皇家档案馆遗忘了一个多世纪，直到 1868 年才被重
新发现。

　　然而，18 世纪末的共识是，大脑皮层是作为一个统一的整体活动

的——哈勒的工作支持了这种看法,他的刺激实验完全没有表明皮层功能的任何分化。然而,加尔主张相反的观点,他提出心智不是一个功能单元,而是不同部分的集合。他还认为,一个人的天赋和个性源自大脑皮层内部不同的结构。加尔在《神经系统解剖学和生理学》一书的前面部分清楚地表达了他对这一问题的思考,在书中提出了他的体系的四个基本假设。根据加尔的观点,这些假设分别是:(1)道德和智力是与生俱来的,(2)它们的施展或表现取决于脑组织,(3)脑是所有倾向、情感和官能的器官,(4)每一种倾向、情绪和官能都由一个特定的器官支配。加尔提出,心智产生于脑的物质或物理活动,尽管这不是一眼就看得出来的。如果是这样,那么对许多人来说,这似乎就驳斥了下面的观点,即人拥有一个可以选择和自由的神圣的和精神性的灵魂。因此,就其逻辑结论而言,它把人降低到一种没有责任的动物的地位。尽管加尔否认自己是无神论者,但除了声称灵魂依赖于脑的"物质器官"外,他几乎没有做什么来驳斥这样的言论。因此,颅骨学是第一个将活力论的灵魂从脑功能中驱逐出去的脑理论。

感受隆起,了解人

尽管通过读头(head-reading)来对一个人做出预言只是加尔器官学的一个方面,但它却最引人注目,并成为颅骨学中最令人难忘的方面。因为加尔认为,特定脑区域的大小对头骨的形状有直接的影响,因此,仔细绘制其突出部分和凹陷部分将揭示出一个人个性的本质。如前所述,在加尔还是个学生的时候,他就确立了第一个官能,当时加尔注意到一个同学的眼睛鼓鼓的,很能死记硬背。这是一个引人注目的特征,加尔后来在上大学时注意到其他有同样特征的学生,这让他更加确信。用这种基本的方法,加尔发现了其他器官,到他开始写《神经系统解剖学和生理学》的时候,他已经把官能扩展到了 27 个。尽管他很诚实地承认他并没有发现所有的器官(他的器官只覆盖了大约三分之二的颅面),但加尔还是把官能分为两组:人和动物共有的官能及人类独有的官能(见图 6.2)。把心智划

141

分成更小的部分已经够有争议了,而把人类与动物的行为做比较简直就是犯了大忌——尤其这还是在达尔文的《物种起源》发表之前大约50年。在这些官能中,繁衍的本能或者说性欲——加尔将它们置于小脑中——是最有争议的。这是在他的分类中第一个被列入的能力,加尔认为它是最重要的,而且对此毫不怀疑。事实上,在《神经系统解剖学和生理学》中,他花了120页的篇幅来研究性欲这个主题,这比他花在其他任何一个心智官能上的篇幅多出了6倍。

142

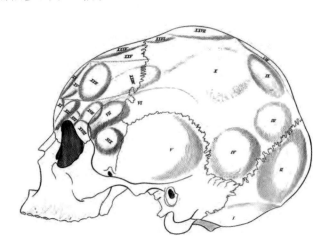

图6.2 取自加尔《神经系统解剖学和生理学》的一张插图。
来源:伦敦威尔克姆图书馆。

加尔声称,他第一次发现性欲官能是在一位极不检点的女性病人瘫倒在他怀里的时候。当她跌倒的时候,加尔注意到她的后颈异常厚,这让他怀疑她的小脑发育良好。为了证实这一点,加尔开始检查其他有强烈性欲倾向的人的颈部。他还寻求进一步的佐证,并指出,男性的脖子更粗大,这反映了他们更强的性本能,而人类和兽类进行性前戏时都经常留意颈部。加尔并不羞于报告自己的研究,他确定,后颈部是一个性感地带。为了进一步支持他的主张,加尔采用了更加可疑的论据。这其中包括只有那些有小脑的动物才通过性结合来交配的主张,而当它们性欲勃发,脑的这个区域就会膨胀并变热!加尔还指出,早期阉割会影响小脑的大小,尽管一旦动物成熟,阉割并不会对它们的小脑造成什么影响。

心智的其他官能也基于同样的道理。例如,由于观察到耳朵上方的颅骨是食肉动物颅骨中最大的部分,加尔将"破坏性"定位在这一区域。他还发现这一区域在一个职业刽子手身上也很突出。同样地,他认为"狡猾"的器官(位于太阳穴上方)在小偷身上特别发达,而在一群因为诚实和正直而被邀请到加尔家中的童仆身上这一区域明显就很平。尽管加尔更喜欢的方法是检查人类的头骨,但他也比较了不同物种的头骨,并对具有不同寻常能力的宠物特别感兴趣,包括一只能够从很远的地方找回家的"迷路"的狗。令人难以理解的是,加尔对出现脑损伤,或他所说的"自然事故",如中风或大脑损伤的个体几乎没有什么兴趣。如果加尔对这些人进行了研究,他的颅骨学很可能会受到更大的尊重。此外,加尔对实验也没有表现出任何兴趣。

颅骨学与社会改革

对颅骨学的批评者来说,更糟糕的是,颅骨学还是脑的历史上第一个对社会、教育甚至政治变革具有更广泛影响的理论。事实上,加尔从他思想的早期阶段就对犯罪的原因感兴趣,并不断利用他的理论倡导刑罚制度的改革。加尔的观点颇具争议,因为他认为一个人的道德和智力倾向是与生俱来的,因此他主张将犯罪行为视为一种脑疾病,而不是道德放纵的结果。这种信念也决定了可以进行治疗。由于大脑器官像身体的其他部分一样,可以通过使用得到强化,也可以通过废弃被削弱,因此,对加尔来说,进行治疗的目的就是找出大脑的"有缺陷器官",然后尝试对个体进行再教育。尽管加尔认为接受惩罚是一种使罪犯抑制他们自然倾向的必要威慑,但他的批评者指出,如果人类对自己的行为几乎没有责任,那么他们的越轨行为就不能被视为有罪或邪恶。换句话说,它使得犯罪行为更容易被接受,甚至可以容忍。这是许多权威人士不愿意接受的立场。

颅骨学对教育改革也有潜在的重要影响。事实上,加尔认为,教育,包括道德和宗教教育,应该以刺激人类独特的脑器官为目标,而牺牲更原始

143

的动物器官。或者如他所说:可以使"低等秩序的官能""服从那些高等秩序的官能"。因此,加尔建议,器官学家可以分析一个人性格的优点和缺点,然后推荐一些方法训练"优秀"官能以克服"糟糕"官能的影响。加尔还认为教育对所有公民都是至关重要的,他并没有在不同种族的人之间做出区分,他说:"所有人都有同样的脑,因此拥有同样的官能和倾向⋯⋯一个黑人和一个欧洲人处在动物王国的同一水平。"然而,对反对者来说,颅骨学的宽容和针对教育问题提出的新的反动解决方案是非常不道德和令人不安的。

斯普茨海姆和颅相学的流行

约翰·斯普茨海姆在 1799 年搬到维也纳之前,在德国特里尔大学(University of Trèves)学习希伯来语、神学和哲学,看起来他不大可能成为加尔的合作者(见图 6.3)。但在 1800 年遇到加尔以后,斯普茨海姆深受颅骨学的鼓舞,以至于同年就开始攻读医学学位。他还成为加尔的私人助理,这个职位要求他在讲座和演示中进行脑解剖。斯普茨海姆证明了自己擅长这项工作,并承担了他们解剖研究的大部分工作。然而,在他们关系发展的过程中,加尔和斯普茨海姆开始对颅骨学的性质和目的产生了不同看法,这导致他们的合作关系在 1813 年结束。具体是什么造成这种分裂还不清楚,不过,斯普茨海姆似乎想要扩大颅骨学的吸引力,并使其惠及更多的人。两人对人性的本质也有不同的看法,加尔认为邪恶是一种基本倾向,而斯普茨海姆对个体的看法则更为积极乐观。因此,斯普茨海姆决心通过强调自我完善来推广颅骨学的新观点。在《神经系统解剖学和生理学》一书写作的过程中他与加尔决裂,这本书是为 1814 年的英国巡回讲座准备的。看来这两个人一开始打算一起赴英国,但是斯普茨海姆有了另外的想法。在加尔不知道的情况下,他学了 6 个月英语,然后在 1813 年断绝了与加尔的关系。[10]

图 6.3　约翰·斯普茨海姆(1776—1832)，在与加尔合作后，他帮助推广了颅相学。

来源：伦敦威尔克姆图书馆。

1814—1817 年，斯普茨海姆在英国各地进行了多次巡回演讲，这引起了人们极大的兴趣，尤其是因为加尔的作品当时都没有英文版。也正是在1815 年左右的讲座中，据说博物学家托马斯·福斯特(Thomas Forster)提出了"颅相学"(phrenology)这个词，斯普茨海姆采纳了这个词来代表自己的理论。[11]经过多年的发展，颅相学在许多基本方面都与颅骨学有所不同。最重要的是，斯普茨海姆将颅相学的重点改变为了解普通人的性格特点和资质。加尔对此从来没有多大兴趣，他认为，颅骨突起与心智官能之间的联系只有在少数拥有特别"发达"器官的人身上才能最终被发现。然而，斯普茨海姆的看法不同，他强调，用他的方法来判断人格，并为所有个体，而不是被选择的少数人提供一种自我发展的手段是可能的。为了突出这一点，斯普茨海姆将脑比作肌肉，肌肉可以通过教育得到锻炼和加强。斯普茨海姆还将加尔所列官能的数量从 27 个增加到 35 个。在这一过程中，他省略了那些他认为本质上有罪或不道德的东西，比如谋杀和偷窃的倾向，但增加了 3 个与宗教有关的东西。正如斯普茨海姆所写的："所有的能力本身都是好的，都是为了一个有益的目的而具有的。"这显然使

145 他的颅相学比加尔的器官学听起来更顺耳。也许最重要的是，斯普茨海姆还扩大了颅相学的公众吸引力，把加尔使用的头骨图换成了一张描绘活人头部各种官能的图表。[12] 有了这项创新，不是脑解剖专家也能了解颅相学。

斯普茨海姆是一位多产的作家，在 1815 年出版的《加尔和斯普茨海姆博士的面相学体系》(*The Physiognomical System of Drs Call and Spurzheim*) 一书中，他首次阐述了他的新体系。这本书本质上是加尔四卷本《神经系统解剖学和生理学》的删节本，也是第一本用英语全面阐述颅相学的著作。针对这本书，斯普茨海姆信心满满地宣称："再也找不到比颅相学更重要，或者能引起更长久兴趣的东西。"然而，由于加尔的颅骨学在此之前备受争议，这本书也招致了某些方面的批评，其中包括来自当时最有影响力的文学和政治杂志之一《爱丁堡评论》(*Edinburgh Review*) 的尖刻抨击，解剖学家、皇家外科学会成员约翰·戈登博士 (Dr John Gordon) 在其中抨击，他的言辞传达出了一些人对颅骨学和颅相学的蔑视：

> 加尔和斯普茨海姆博士的著作并没有给我们关于人体结构或功能方面的知识宝库增添任何事实，它们简直就是严重的错误、令人瞠目的荒谬、彻头彻尾的谎报和毫无意义的来自圣经的引文构成的大杂烩。我们清楚，在诚实又有判断力的人眼中，对这两位作者明摆着的无知、虚伪和经验主义是一清二楚的。这两个自称是探究科学的人将其作为推理和归纳的样本，厚颜无耻地展示给 19 世纪生理学家的东西就是垃圾和卑劣的胡言乱语。

斯普茨海姆对这一近乎咒骂的谴责做出了回应，他匆忙赶往爱丁堡，试图修复受损的声誉。他千方百计地应付对手，并进行了一系列的演讲，其中有一次就在戈登自己的讲堂里，据说他在那里展示了令人印象深刻的解剖技能。对他的批评并没有阻止人们对颅相学愈加广泛和普遍的兴趣。如果说曝光有什么作用的话，那就是似乎加深了颅相学受欢迎的程度。斯普茨海姆抓住这一时机，又写了几本书。其中包括《面相学体系和对加尔与斯普茨海姆博士在不列颠所遭反对的考察》(*The Physiognomical System and Examination of the Objections made in Britain against the Doctrines of Gall and Spurzheim*),这本书第一次使用了"颅相学"这个词。尽管 1817 年结婚后,斯普茨海姆的大部分时间都是在巴黎,但由于他的作品在法国遭到了嘲笑,他在 1825 年又回到了英国。这时的斯普茨海姆急于和颅骨学划清界限,他吹嘘自己"把在加尔那里只是粗糙和脱节的事实系统化和哲学化了"。

乔治·康姆

苏格兰律师乔治·康姆(George Combe)曾在爱丁堡听过斯普茨海姆的讲座并对颅相学深信不疑,他或许是推广颅相学最重要的人物。1817 年斯普茨海姆回到了巴黎,在他不在的这段时间,康姆在 1819 年写了《论颅相学》(*Essays on Phrenology*)一书,一直到 1847 年他都在发表有关颅相学的文章,且颇有市场。据说,康姆是一个固执己见的自我主义者,他在英国、德国和美国广泛游历,做巡回演讲(见图 6.4)。他还在 1820 年创立了爱丁堡颅相学协会,这是仅在英国就创立的超过 40 个颅相学协会中的第一个。这些机构自视为学院派,常常出版自己的期刊,对有志改革社会的医生、教育者和律师很有吸引力。不过,康姆最有名的著作是出版于 1828 年的《人的构造》。这本书详述了颅相学原则对于理解人在世界中的目的的重要性,同时也极具争议地否认了基督教上帝的存在。在 1828 年到 1900 年之间,这本书卖出了超过 35 万本,在这段时间,只有《圣经》和《天路历程》(*Pilgrim's Progree*)可与之媲美。康姆也投身于社会公正运动,访问监狱和收容所,这些都为颅相学带来了一些好名声。尽管人们对颅相学的兴趣在 19 世纪 30 年代开始衰减了,但是在 1846 年,康姆被召至温莎为威尔士王子的教育出谋献策,为王室子女做头部检查的时候,颅相学仍旧是时髦的。

146

147

图 6.4　为 19 世纪 70 年代利兹市实用颅相学家托马斯·莫里斯教授的实践
做宣传的广告页。

来源:伦敦威尔克姆图书馆。

颅相学的后续发展

在英国站稳脚跟以后,颅相学之风又刮到了美国。随着斯普茨海姆和
康姆受邀在美国做巡回演讲,颅相学的名气达到了顶峰。1832 年,斯普茨海
姆访问纽约和波士顿时,受到了特别热烈的欢迎,并且成为哈佛和耶鲁大学

的座上宾。这段时间正值美国独立宣言之后大约 50 年。由于独立宣言让"生命、自由和追求幸福"变得愈发重要,斯普茨海姆的演讲很容易就找到了欣赏它们的听众,因为他们为美国人努力工作和自我提升的信念提供了一个看似科学的基础。但在仅仅 6 周狂热的巡回演讲之后——这种狂热因为他对赚钱的热情和对名声的追逐而愈发不可收拾——斯普茨海姆突然生病去世了。根据一篇论文,其死因是"过度劳累",尽管更有可能的原因是伤寒。斯普茨海姆去世时年仅 56 岁,他的葬礼在波士顿举行,3000 多名各界人士参加了他的葬礼。在他死后一周,波士顿医学协会甚至发表声明说,他们认为"斯普茨海姆博士的离世是人类的不幸"。尽管死得很不是时候,但斯普茨海姆还是同意将他的脑、头骨和心脏取出来保存在酒精罐里,这样就可以让公众参观。据报道,斯普茨海姆的脑有 57 盎司(1616 克),比正常要重 10 盎司。他的头骨现在被保存在马萨诸塞州波士顿的哈佛医学院。

我们可以从富勒兄弟(the Fowler brothers)利用颅相学这一潮流的方式一窥在斯普茨海姆死后的几年里颅相学对美国社会和文化的影响。从 19 世纪 30 年代开始,通过巡回演讲,开创公司让顾客付费就可以了解他们头部特征的富勒兄弟把颅相学变成了一门大生意。他们还推销几乎所有类型的颅相学仪器,包括标有清晰数字区域的头颅,以及用于自我分析或预测的书籍(见图 6.5)。从休伊特·沃森(Hewett Watson)的《颅相学统计资料》(*Statistics on Phrenology*),我们可以看出颅相学是多么受欢迎。这些统计数据显示,仅在 1836 年,就卖出了 6.4 万本颅相学著作和 1.5 万多个人造头颅。颅相学展览也定期在大城市举行,颅相学专家会参与解决咨询招聘、择偶,甚至诊断疾病等许多问题。这种流行的状态一直持续到 1845 年左右,而人们对颅相学的兴趣则一直持续到 19 世纪末,这一点从《美国颅相学杂志》在 1838 年到 1911 年之间出版这一事实就可以看出来。在 19 世纪的文学作品中也大量提到颅相学。例如,夏洛蒂·勃朗特笔下的正面形象往往有着高额头和大眼睛,这与反面人物形成了鲜明的对比,而夏洛克·福尔摩斯有时也会在他的犯罪调查中使用颅相学分析。对颅相学的兴趣甚至导致了在 1809 年,作曲家海顿在奥地利下葬后,他的头颅被人偷走。显然,小偷们对检查他的"音乐突起"是否"得到充分发挥"(它的确得到充分的发挥)很感兴趣。最终这具头骨在 1954 年重回他的身体，完成了长达 145 年的埋葬过程。

148

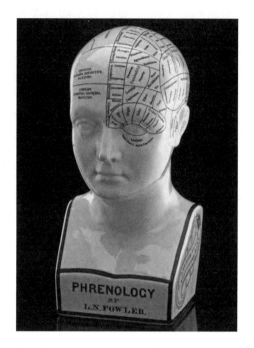

图 6.5　由富勒兄弟设计的颅相学半身雕像，制作于 19 世纪末的斯塔福德郡。
来源：伦敦威尔克姆图书馆。

1828 年，也就是斯普茨海姆死前 4 年左右，加尔在巴黎附近的蒙鲁日（Montrouge）乡间别墅死于中风，享年 71 岁。1825 年他的第一任妻子去世，尽管他的健康状况每况愈下，但这并没有阻止他与保持了 13 年关系的年轻情妇结婚。据说在他死前不久，斯普茨海姆曾请求见一见他的导师，加尔也同意了，然而，医生觉得加尔太虚弱了而没有同意。加尔在世时一直有一些愤愤不平，他觉得自己的工作从未得到应有的更广泛的科学界的尊重和认可。一直到死，他的怨恨都没有停止。尽管坚持自己不是无神论者，他的作品还是在 1806 年被列入天主教禁书名单（禁书目录），这意味着他不能在神圣的土地上举行基督教葬礼。按照他的遗嘱，加尔的头盖骨被放入他自己收集的 300 多具头骨之中，并交给了他的医生福萨提（Fossati）来检查。福萨提的分析显示，加尔负责"保护物种"和"友谊"的器官很发达。他的头骨

149

还显示出诸如坚韧、固执、仁慈、智慧，以及创新新观念的天赋倾向。他的脑有 1358 克（比斯普茨海姆的轻），被保存在酒精中，交由一位忠诚的信徒保管。维也纳罗勒特博物馆（Rollet Museum）目前正在展出加尔收集的头骨和尸体面部模型。

加尔的遗产

毫无疑问，加尔真诚地相信颅骨学是一门合法的心灵科学，它有助于抛弃古老的思辨哲学理论，值得报之以严肃的学术兴趣。事实证明，在许多方面加尔都是正确的。一方面，他认为心智现象有可以被"发现"的生物学根源，这一观点实际上是所有现代脑研究者都同意的。另一方面，他坚持认为脑不是单一的功能单元，而是不同的自主部分的集合，这也是被当今的研究，包括通过 fMRI 在内的最现代的扫描技术展开的研究所支持的观点。考虑到这些理论是在强烈反对这些唯物主义概念的 200 多年前的学术氛围中提出的，我们有理由认为加尔是一个真正有远见的人，他帮助我们更新了对脑的看法。然而，无论是他的理论，还是那些颅相学的理论，都没有得到科学的认可，其原因也不难理解。尽管加尔的器官学有其长处，但它在许多方面也存在严重缺陷。

在器官学和颅相学中，最受诟病的一种假说是，通过感觉头骨的表面轮廓，可以揭示和评估一种占主导地位的或发达的心智能力。与此相关的一个前提是，加尔相信先天倾向或者脑中经常使用的部分会变得比被忽视的部分更大。此外，这种变化的结果就是使覆盖于其上的头骨突出来。就像 19 世纪的研究者，如今我们知道，脑的形状与头骨的形状没有任何关系。也没有任何证据表明，人的脑会随着经验或学习而变大。因此，器官学的主要假设是完全不正确的。即使脑的生长影响了覆盖其上的颅骨这一观点有一定的正确性，加尔对颅骨测量的尝试仍是高度主观的，经不起量化或独立验证。最重要的是，构成加尔分类的那些心智能力多少有些奇异和怪诞。如今，诸如"食肉本能"和"谋杀倾向"这样的性格特征已经在心理学词典中找不到了。

另一个关于器官学的问题是加尔用来描述他的心理能力的方法。它们都高度主观,无法说是对还是错。举个例子,加尔试图以一个脖子较粗且性欲旺盛的女子为例来支持小脑是性本能器官的理论。加尔没有像今天的大多数研究者那样,对一组性欲旺盛的人的颈部进行客观测量,而只是试图通过其他自然观察来证实自己的理论。在这个过程中,加尔忽略了与他们的理论不相符的观察结果——这就使得不可能出现矛盾的证据。因此,当加尔遇到一个眼睛既大又突出——这大概就表明他善于死记硬背——但言语表达却很糟糕的人,他就会对此解释说,大眼睛是佝偻病或脑积水的结果。

同样地,当一个令人讨厌的人被发现有一个发达的慈善器官时,加尔对此的解释是其他器官的活动抵消了慈善器官的作用。然而,最著名的例子要算是斯普茨海姆据说曾检查过笛卡儿的头骨。斯普茨海姆发现这个头骨额头的前部和上部(据说这里是理性和反思能力所在的位置)非常小,于是他大胆提出,笛卡儿并非像以前所认为的那样是一个伟大的思想家。还有一个类似的例子,法国解剖学家弗朗索瓦·马让迪保管着伟大数学家皮埃尔·拉普拉斯的脑。马让迪邀请斯普茨海姆去检查拉普拉斯的脑,但实际上给斯普茨海姆的却是一个弱智者的脑。斯普茨海姆并不知道这个调包,据说他对这个脑的智力水平大加赞赏。

然而,我们必须积极地看待加尔的器官学对脑研究和心理学发展的整体影响。一方面,加尔是第一个追求人类行为科学的主要人物,他用一种依赖于脑的物理结构的有关心智的唯物主义观点取代了灵魂论,这在根本上造成了与教会学说的分裂。这种唯物主义观点是一种一元论(与二元论相对),它是当今大多数神经科学家所采纳的立场。另一方面,加尔相信人类有像动物一样的倾向,这在当时是耸人听闻的,但后来却得到了达尔文和弗洛伊德的支持。还应该记住的是,颅相学对学术心理学的发展产生了重大影响,因为它鼓励发展更好的性格类型,并且使用评定等级和量表来测量人格。

也许再没有比弗朗茨·约瑟夫·加尔更能引起争议的人物了。英国著名神经学家麦克唐纳·克里奇利(Macdonald Critchley)这样总结加尔的影响:"在进步科学的崛起中,他是一个伟大,但被误导,甚至有点可笑的人物。"历史学家埃德温·鲍林(Edwin Boring)补充道:"虽然颅相学理论是错误的,但它对于促进科学思考却是足够正确了。"还有人对加尔给予了更高的赞誉。例如,厄纳·莱斯基(Erna Lesky)在发表于1979的有关加尔的人类学著作的中称,加尔是行为科学之父、达尔文的先驱、伟大的犯罪人类学家,以及社会改革的策动者。尽管对他的伟大与否人们会有自己的看法,但毫无疑问,加尔是改变时代精神的重要人物。通过引入当时具有革命性的新概念和新问题,他帮助改变了学术氛围,并为发展脑功能的新理论提供了一座重要的桥梁。

损伤大脑皮层:皮埃尔·弗卢龙

尽管加尔没有尝试过用实验方法来检测他的颅骨学,但他的理论却鼓励了其他人这样做,其中最重要的是马里耶-让·皮埃尔·弗卢龙(Marie-Jean Pierre Flourens)。弗卢龙出生在法国的朗格多克地区,是一个神童,15岁就进入蒙彼利埃医学院就读。4年后,也就是1813年,弗卢龙以高超的外科技术毕业,之后去了巴黎,师从备受尊敬的博物学家和动物学家乔治·居维叶(George Cuvier),而此时正值加尔在巴黎扬名的时候。在巴黎的早几年,弗卢龙对颅相学和唯物主义颇有好感。他甚至为加尔和斯普茨海姆的《神经系统解剖学和生理学》第一卷写了一篇溢美之评,并在1815年参加了加尔的一些讲座。然而,到1820年,弗卢龙已经转而反对加尔,驳斥他的生理学唯物主义,并支持笛卡儿的二元论。虽然说围绕着加尔的争议有可能对弗卢龙的"倒戈"推波助澜,但为什么会有这般决裂却并不清楚。再有一点就是,在那时巴黎的学术圈子里,二元论是最受热捧的观点,居维叶也是他的拥趸之一。毫无疑问,弗卢龙采纳二元论会有助于他获得更有影响力的朋友,并由此助力他在科学界的崛起。

在19世纪20年代早期,弗卢龙开始通过切除,如今通常被称作损伤的方法来检查脑功能的实验工作。从本质上讲,它是这样一种技术:人们试图通过切除脑的某些部分来评估脑在行为方面的表现,然后检查手术对动物的影响。尽管这种方法可以追溯到盖伦,但在1809年,意大利人路易吉·罗兰多(Luigi Rolando)把它作为一种实验过程重新引入,他用这种方法切

152

除了各种动物的小脑和大脑半球,手术分别导致了它们运动丧失和嗜睡。然而,弗卢龙对这种方法的使用要高明得多:他会破坏动物的许多不同脑区,并改进术后的操作,这使得动物能够在测试前就从手术中完全恢复。由于这一点,人们常常认为是弗卢龙发明了这种技术,并把它作为检查脑与行为之间关系的重要手段。相对于哈勒和他的追随者多年前使用的"刺、捏、压"的方法,损伤技术是一个相当大的实验进步(见图 6.6)。

图 6.6　法国生理学家皮埃尔·弗卢龙(1794—1867),他是将损伤技术引入脑参与行为研究的先驱。

　　来源:国家医学图书馆。

1822 年,弗卢龙向科学院提交了他的发现,并于两年后在《实验研究》(Recherches expérimentales)上发表。[13]尽管这部著作并不是专门为抹黑颅相学而写的,但它的主要发现对颅相学提出了基于确凿实验的批评。弗卢龙描述了大大小小的脑损伤对各种动物的影响。特别有趣的是大脑半球,这也是颅相学家最关心的。如果颅相学的原理是正确的,那么人们就会期望大脑不同位置的损伤会造成显著的行为变化,然而,弗卢龙未能通过大脑皮层任何一个位置的小损伤看出行为上的任何变化。当他破坏的区域更大时,缺陷也并不明显。当弗卢龙将一只鸽子的整个大脑半球摘除后,他所能辨认出的唯一缺陷就是这只鸽子对侧眼睛的失明。事实上,弗卢龙认为造成明显行为缺陷的方法就是切除两个大脑半球——这会造成几乎所有感觉的丧失,而且也无法再激起有目的的行为。例如,一只切除大脑的鸽子对声音没有反应,除非食物被放进它的嘴里,它也不会表现出任何吃东西的倾向。不仅如此,这只鸟也一动不动,无法唤醒,就像处于一种永远沉睡的状态。尽管如此,弗卢龙发现,当把鸽子高高地抛向空中时,它却能毫不费力地飞起来。

考虑到这些结果,弗卢龙认为大脑半球不仅提供了感知的场所,而且负责执行诸如记忆、意志和判断等心智功能。此外,受损伤的部位并不重要,这表明大脑皮层不可能像颅相学家所说的那样被划分为功能单元或各种官能。弗卢龙还发现,当大脑出现大面积损伤时,存在一个关键的分界点。此时,如果视觉功能最终丧失,其他如听觉和运动这样的功能也会同时丧失。这令人信服地表明感觉、知觉和意志分散地分布在大脑皮层的各个部分,并作为一个整体发挥作用。或者如弗卢龙所说:"所有的感觉、知觉和意志同时占据着这些器官的同一个位置。感觉、知觉和意志的官能本质上是一种官能。"换句话说,没有哪个脑区比任何其他脑区更重要。大脑皮层的所有区域在思维和行为上都起着同等重要的作用。这也是反对颅相学学说确凿的实验证据。

损伤小脑和髓质

弗卢龙检查的另一个脑区是小脑,小脑是加尔认为负责性欲官能的区域。弗卢龙破坏了许多不同动物的小脑结构,但他发现因此造成的障碍完全局限于动作和运动方面。障碍的程度也取决于切除小脑的大小。例如,当从猪的小脑上切下一小块时,它的姿势和步态只出现了轻微的变化,然而,更大的小脑损伤则会使它"像喝醉了酒一样摇摇晃晃",而若是完全切除

小脑,猪就无法移动或直立。然而,和大脑皮层一样,并没有一个小脑的特
定部位对产生这些缺陷是决定性的。弗卢龙还注意到,猪的小脑损伤并不
影响它的视力、听力或智力。有趣的是,(不像那些有大脑皮层损伤的鸽子)
有小脑损伤的鸽子会尝试飞行,但不能协调它们的运动来保持长时间的飞
行。弗卢龙由此得出结论,小脑负责控制和协调走路、跳跃、飞行和站立时
的动作和姿势。这与加尔提出的将小脑与性本能联系起来的观点截然
不同。

弗卢龙仔细研究的另一个脑区是延髓。从进化的角度来看,延髓是脑
最古老的部分,它与脊髓相连,也被称为脑干。弗卢龙发现,髓质损伤会造
成最具破坏性的效果,切除延髓总是会导致动物因停止呼吸而死亡。这一
发现并不令人惊奇,因为在 1812 年,法国生理学家让·萨塞尔·莱格劳伊
斯(Jean-Cesar Legallois)在切断位于第八颅神经水平的髓质时也观察到相
同的效果。尽管如此,弗卢龙还是继续他的研究,以便更精确地锁定这个区
域的位置。他所得出的结论是:负责呼吸的区域还不如针头大。在这一过
程中,弗卢龙还定位了附近一个与控制心率有关的区域。虽然看起来髓质
包含的是微小的具有不同功能的局部区域,但弗卢龙仍然认为它具有完整
的功能,因为它们有一个共同的目的,那就是维持有机体的生存。他将延髓
称为脑的"生命之结"。

1842 年,弗卢龙发表了经过大量修订的第二版《实验研究》(*Recherches
experimrntales*)。虽然这本书涉及许多其他成就,包括他发现了耳内负责
平衡的半规管(1828 年首次发现),但这本书的主要论点并没有变。弗卢龙
满意地证明了延髓负责维持生命的重要过程:小脑负责产生运动;脑的其他
部分,包括大脑皮层,则负责更高的认知功能和感觉处理。他还将这一结构
称为"名副其实的脑"(brain proper)[或"脑髓"(encephalon)],并认为它与
广泛的智能有关。弗卢龙还认为,脑髓受制于一个整体的活动群体(action
commune),或共同活动,这导致它的各个部分相互协调和一致,作为一个整
体活动。换句话说,它不能被分割成许多较小的心智器官。弗卢龙无法解
释这个统一过程是如何运作的,但他的确指出,这一"重大原则"遵循了笛卡
儿的传统,笛卡儿认为脑是统一灵魂的工具。弗卢龙还指出,他的发现与哈

勒的一致,在他的刺激实验中,哈勒并没有通过白质分辨出感觉、运动或智力功能有什么不同。

再审颅相学

1842 年,弗卢龙出版了一本名为《审视颅相学》(*Examen de la phrénologie*)的小书,向大众传达了他的颅相学观点。几年后,这本书的第二版被译成英文。此时的弗卢龙在法兰西学院地位尊崇,而且还担任着科学院的秘书。此外,他在实验研究方面的声誉让他拥有了难以撼动的权威。《审视颅相学》一书题献给笛卡儿,根据弗卢龙的说法,他写这本书是为了"反对一种糟糕的哲学"。尽管弗卢龙在这本书中几乎没有提到自己的实验工作,但他还是对心智官能可以定位在脑的不同区域的观点进行了毁灭性的抨击。

加尔知道弗卢龙在 19 世纪 20 年代做的损伤实验,他批评这些实验是"一次切除所有器官,同时削弱和毁坏所有器官",这些批评是有一定道理的。实际上,加尔认为,用损伤这种方法来审视定位既不恰当,也很粗糙。当时,加尔势单力薄,而他死后,也鲜有能够为他进行辩护的支持者。大量的证据支持弗卢龙的观点,《审视颅相学》一书也对颅相学做出了严厉的驳斥。弗卢龙为研究脑的一种新生理学方法铺平了道路,他确信,实验证据支持诸如语言、思维和记忆等心智功能是分布在整个更高级脑区的观点。鉴于此,很少有人打算挑战弗卢龙对定位学说的否定,而人们尤其害怕被嘲笑是颅相学家。不过,我们以后会看到,弗卢龙在这方面的显赫地位阻碍了进一步的发展。真相与弗卢龙的观点有所不同。有人说,加尔的想法是正确的,但却采用了错误的方法。相比之下,弗卢龙有更好的实验方法,但展开研究时却选错了动物类型(即那些缺乏发达的前脑的动物)。由于这种情况,还要过很多年人们才开始放弃弗卢龙的立场,转而再次考虑皮层定位的可能性。

154

注释:

1. Ackerknecht, E. and Vallois, H. (1956).

2. 1792 年至 1806 年在位的弗朗茨二世是最后一个神圣罗马帝国皇帝。

3. 从约翰·拉瓦特(Johann Lavater)的四卷《面相学片段》(*Physiognomical Fragments*)在 1775 年到 1810 年共出版了 55 个版本这一事实就可以看出面相学的流行。

4. 加尔竭力辩解说他是无辜的,他说年轻女士很少上他的课,而且总是有人陪着的。

5. 据说拿破仑曾把加尔形容为一个"德国庸医"。

6. 完整的标题是:*Anatomie et physiologie du système nerveux en general, et du cerveau en paiticulier, avec des observations sur la possibilite de reconnautre plusieurs dispositions intellectuelles et morales de l'/wmme el des animaux par la configuration de leurs têtes.*

7. 完整的标题是:*Sur les fonctions du cerveau et sur celles de chacune de ses parties avec des obsevations sur la possibilité de reconnaitre les instincts, les penchans, les talens, ou les dispositions morales et intellectuelles des hommes et des animaux, par la configuration de leur cerveau et de leur tête.*

8. 阿肯吉洛·皮克尔霍米(Arcangelo Piccolhommi, 1526—1605)引入了"大脑"和"髓质",前者指大脑皮层,后者指白质。

9. 这个通路现在被称为皮质脊髓束,参与产生随意运动。

10. 虽然他在 1813 年就离开了巴黎,但直到 1814 年 3 月斯普茨海姆才到达英国,因为他在维也纳短暂停留了一段时间来完成了他的医学学位。

11. 据说"颅相学"这个词是由著名的美国医生本杰明·拉什(Benjamin Rush)在 1805 年发明的。

12. 也许最能说明问题的是,在给未来妻子的私人信件中,斯普茨海姆承认,他最感兴趣的是赚钱和为他的体系博取名声。

13. 《神经系统性质和功能的实验研究》。

参考文献

Ackerknecht,E. H. (1958). Contributions of Gall and the phrenologists   155 to knowledge of brain function. In Poynter,F. M. L. (ed.), *The Brain and its Functions*: *An Anglo-American Symposium*, *London*, 1957. Oxford: Blackwell.

Ackerrknecht,E. H. and Vallois, H. V. (1956). *Joseph Franz Gall*, *Inventor of Phrenology and his Collection*. Madison WI: University of Wisconsin Press.

Boring, E. (1929). *A History of Experimental Psychology*. New York: Appleton-Century.

Burrell,B. (2004). *Postcards from the Brain Museum*. New York: Broadway Books.

Clarke, E. and Jacyna, L. S. (1987). *Nineteenth Century origins of Neuroscientific Concepts*. Berkeley,CA: University of California Press.

Critchley,M. (1965). Neurology's debt to F. J. Gall (1758—1828). *British Medical Journal*,2(5465),775-781.

Davis,J. D. (1955). *Phrenology Fad and Science*. New Haven, CT: Yale University Press.

Fancher,R. E. (1979). *Pioneers of Psychology*. New York: Norton.

Fulton,J. (1927). The early phrenological societies. *Boston Medical and Surgical Journal*,196,398-400.

Greenblatt,S. H. (1995). Phrenology in the science and culture of the nineteenth century. *Neurosurgery*,37(4),790-804.

Hoff,T. L. (1992). Gall's psychophysiological concept of function: the rise and decline of "internal essence". *Brain and Cognition*,20(2),378-398.

Hothersall,D. (2004). *History of Psychology*. New York: McGraw-Hill.

Hunt, M. (1993). *The Story of Psychology*. New York: Anchor.

Kannard, B. (2009). 45 *True Tales of Disturbing the Dead*. Nashville, TN: Grave Distractions Press.

Klein, D. B. (1970). *A History of Scientific Psychology*. London: Routledge and Kegan.

Lesch, J. H. (1984). *Science and Medicine in France: The Emergence of Experimental Physiology*, 1790—1855. Boston, MA: Harvard University Press.

Lesky, E. (1979). *Writings of Franz Joseph Gall*. Bern: Hans Huber.

Marshall, J. C. and Gurd, J. (1994). Franz Joseph Gall: genius or charlatan? *Journal of Neurolinguistics*, 8(4), 289-293.

Neuburger, M. (1981). *The Experimental Development of Experimental Brain and Spinal Cord Physiology Before Flourens*. Baltimore, MD: John Hopkins University Press.

Olmsted, J. M. D. (1953). Pierre Flourens. In Underwood, E. A. (ed.) *Science, Medicine and History II*. London: OxfordUniversity Press.

Pearce, J. M. S. (2009). Marie-Jean-Pierre Flourens (1794—1867) and cortical localization. *European Neurology*, 61(5), 311-314.

Rawlings, C. E. and Rossitch, E. (1994). Franz Josef Gall and his contribution to neuroanatomy with emphasis on the brainstem. *Surgical Neurology*, 42(3), 272-275.

Rezende-Cunha, F. and de Oliveira-Souza, R. (2011). The pyramidal syndrome and the pyramidal tract: A brief historical note. *Arg Neuropsiquitr*, 69(5), 836-837.

Shortland, M. (1987). Courting the cerebellum: early organological and phrenological views of sexuality. *The British Journal for the history of Science*, 20(65), 173-199.

Simpson, D. (2005). Phrenology and the neurosciences: Contributions of F. J. Gall and J. G. Spurzheim. *The Australian and New Zealand Journal of Surgery*,75(6),475-482.

Swazey,J. P. (1970). Action propre and action commune: The localization of　156
cerebral function. *Journal of the History of Biology*,3(2),213-234.

Temkin,O. (1947). Gall and the phrenological movement. *Bulletin of the History of Medicine*,21(3),275-321.

Temkin,O. (1953). Remarks on the neurology of Gall and Spurzheim. In Underwood, E. A. (ed.), *Science*, *Medicine and History II*. London: Oxford University Press.

Tizard, B. (1959). Theories of brain localization from Flourens to Lashley. *Medical History*,3(2),132-145.

Van Wyhe,J. (2002). The authority of human nature: The *schädellehre* of Franz Joseph Gall. *The British Journal for the History of Science*,35(1),17-42.

Van Wyhe, J. (2004). *Phrenology and the Origins of Victorian Scientific Naturalism*. Aldershot: Ashgate Publishing Ltd.

Van Wyhe,J. (2004). Was phrenology a reform science?: Twards a new generalisation for phrenology. *History of Science*,42(137),313-331.

Walsh,A. (1972). The American tour of Dr Spurzheim. *Journal of the History of Medicine*,27,187-205.

Wells,F. and Crowe,T. (2004). Leonardo da Vinci as a paradigm for modern clinical research. *The Journal of Thoracic and Cardiovascular Surgery*,127(4),929-944.

Young,R. (1968). The functions of the brain: Gall to Ferrier (1808-1886). *Isis*,59(3),251-268.

Young,R. (1970). *Mind, Brain and Adaptation in the Nineteenth Century*. Oxford: Oxford University Press.

Zola-Morgan,S. (1995). Localization of brain function: The legacy of Franz Joseph Gall (1758—1828). *Annual Review of Neuroscience*, 18, 359-383.

7 一览无余的神经细胞

157　　我必须要说，当神经元理论得到几乎一致的赞同，成功进入科学领域时，我发现自己无法接受这种流行的观点。

高尔基

　　脑是一个世界，它由许多未被探索的大陆和绵延广阔的未知地域组成。

圣地亚哥·拉蒙·卡哈尔

概　要

　　在19世纪初，人们对脑的精细结构基本上一无所知。尽管像胡克和列文虎克这样的早期开拓者在17世纪对显微镜的使用让有些研究者观察到了脑中看起来像小腺体的东西，但这些仪器的放大能力对神经组织来说太弱，无法看到进一步的细节。因此，神经解剖学家不知道神经是什么样子，也不知道脑在结构上是如何组织的。在19世纪末这种情况得以改变。19世纪20年代无色差透镜的发明是一个重要的进步，这使得显微镜的分辨率能够放大1000倍。从理论上说，这种放大倍数可以让神经系统显现出来。另一个重要的突破是19世纪30年代后期提出的细胞理论,这个理论表明动物和植物组织都是由独立、自治的(self-governing)细胞组成的。尽管如此,脑结构还是无法可视化。起初,新的显微镜最多也就是把脑看成由颗粒状的小体(corpuscles)组成的无规则团块,而其他人则否认脑是由细胞组成的。人们需要一种让脑组织可视化的新方法。1873 年,意大利人卡米洛·高尔基(Camillo Golgi)发现了银浸渍染色(silver impregnation stain),一种新方法出现了。这种方法不是无差别地对神经细胞进行染色,而是只突出脑组织中任何特定区域的个别细胞——这一方法使这些细胞格外醒目,并能够在显微镜下进行细致观察。不过,利用这一方法最著名的是西班牙人圣地亚哥·拉蒙-卡哈尔(Santiago Ramón y Cajal)。他对高尔基方法的改进有助于揭示神经细胞的整体,使他能够确定各种单独的成分。从他的观察中,卡哈尔还能通过神经网络推断信息流动的方向,因为他意识到,神经细胞从树突中收集信息,然后信息会通过细胞体进入轴突。卡哈尔在 19 世纪 90 年代做出了另外一项伟大的成就,他认识到神经细胞被微小的连接[查尔斯·谢灵顿称其为突触(synapses)]分开。这一成就有助于证明脑是由单个细胞组成的,就像身体的任何其他部位一样,这就是众所周知的"神经元学说"。尽管高尔基对这一理论提出了异议,他认为脑和神经系统是由复杂的网状结构连接在一起的,但卡哈尔的理论将被证明是正确的。神经元学说和突触学说的建立可以说是推动现代神经科学诞生的伟大时刻之一。

158

19 世纪初的显微镜

在 17 世纪,显微镜的发展打开了激动人心的新发现大门,这是一个全新的世界(见第 4 章)。例如,在 1665 年,罗伯特·胡克撰写了《显微术》一书,由于展示了许多常见物体中大家从未见过的细节,这本书引起了轰动,而安东·

范·列文虎克则开发了自己的镜头和显微镜，观察了各种各样奇怪的生命形式，包括血细胞、精子和细菌。他把这些称为"小微生物"（animalcules），这是证明生命的细胞基础的第一个迹象。显微镜还让马塞洛·马尔比基确定了肺部的毛细血管，从而完全建立了动脉和静脉之间的联系，因此证实了哈维的体内血液循环理论。然而，尽管这些发现都很重要，但显微镜的放大倍数通常都不超过 50 倍，而且在接下来的 150 年都是如此。此外，早期显微镜有各种缺陷，既会受到色差的干扰，色差会在聚焦物体周围产生彩色光环，还会在更高的放大倍数下扭曲视觉图像。毫不奇怪，这些缺陷导致许多观察站不住脚，使显微研究饱受争议，到了 19 世纪初，显微镜已经声名狼藉。事实上，备受尊敬的法国生物学家弗朗索瓦·泽维尔·比夏特（Francois Xavier Bichat）——他被广泛视为组织学和病理学之父——坚持认为，唯一可信的观察结果是肉眼观察到的。直到 19 世纪初，大多数生理学家都同意他的观点。

一直等到 1826 年才有了新的进展，这一年英国酒商兼业余科学家约瑟夫·杰克逊·李斯特（Joseph Jackon Lister）[著名外科医生约瑟夫·李斯特（Joseph Lister）的父亲]制造出了含有消色差镜片的显微镜。尽管第一个消色差镜片被认为是在 1730 年左右由一位名叫切斯特·摩尔·霍尔（Chester Moore Hall）的英国律师发明的，但他对自己的发明保密，而且似乎也没有意识到它的重要性。因此，直到 19 世纪，只有少数眼镜商知道消色差透镜。李斯特将两种或两种以上不同玻璃制成的消色差透镜组合在一起，制成了显微镜，他发现这大大降低了光学来源的误差。后来通过将聚焦透镜浸入油中又提升了显微镜的视敏度。结果显微镜的放大倍数达到 600 倍，分辨率接近于光的极限。不过，这段时间的其他发展对这些仪器充分发挥在生物学研究方面的潜力也至关重要。例如，使用酒精和其他固定剂来硬化和保存组织的新方法可以使标本保存更久而不变质。固定介质（mounting media），如加拿大香脂，使人们可以制作永久玻片。而且，用胭脂红和苏木精等染料染色的新方法可以给生物组织的不同成分添加颜色，使它们更容易被观察。总之，这些令人兴奋的显微技术的新进展使生物学家终于对他们所观察到的东西有了信心。

159

组织学的摇篮:扬·浦肯野

扬·埃万杰利斯塔·浦肯野(Jan Evangelista Purkinje)是最早在生物学研究中使用消色差显微镜的研究人员之一。浦肯野出生于 1787 年,是波希米亚(现捷克共和国的一部分)一位地产经理的儿子,后来成为他那个时代最著名的科学家之一。起初,浦肯野进神学院,打算成为一名牧师,但后来改变了主意,转而在布拉格大学学习哲学和医学。1819 年,他以一篇关于视觉主观效应的论文毕业。同年,他还发现了一种不寻常的视错觉:一个蓝色物体在逐渐变暗的光线下显得比红色物体更亮,尽管在正常明亮的光线下,两种颜色的物体的亮度似乎是一样的。[1]现在这个视错觉被称为浦肯野转变(Purkinje shift)。毕业后,浦肯野在大学解剖研究所工作,1823 年,他接受了布雷斯劳大学 (在现在的波兰弗罗茨瓦夫)生理学和病理学教授的职位。这是一项巨大的成就,因为布雷斯劳大学(创建于 1811 年)是一所只有柏林大学能与之匹敌的名声显赫、高度爱国的普鲁士大学。更何况,虽然有伟大的德国哲学家和政治家约翰·歌德的推荐,但浦肯野的捷克国籍是相当不利的。不管怎样,浦肯野成为普鲁士公民,成为德国知识分子和政治精英中的一员,他充分利用了这个新机会。[2]

在任职两年后,浦肯野提出要一台消色差显微镜——这在当时是一种非常昂贵的设备。7 年后的 1832 年,他得偿所愿,收到了一台由维也纳最好的制造商[西蒙·普罗斯利(Simon Prössl)]制造的特制显微镜。这台仪器花了 220 基尔德,这笔钱相当于一个普通人一年的收入。在等显微镜送到的这段时间,浦肯野继续他的研究,用手持放大镜检查生物材料,这项工作让他发现了鸟类卵中的"胚泡"(细胞核)。他还热衷于过量服用各种药物,并记录它们对视觉和行为的影响。[3]但是,消色差显微镜的到来带来了许多新的可能性。由于大学空间有限,他不得不开始在家里研究,但浦肯野还是着手认真检查动物和植物组织的显微解剖。在这一过程中,他得到了学生们尽心尽力的帮助,据说,这些学生"像一群饿狼一样"聚集在这台仪器周围。

浦肯野的新显微镜很快带来了一些引人注目的发现,包括 1833 年对汗腺的描述,1834 年对胚胎细胞纤毛运动的首次观察,以及 1836 年对胰腺提取物蛋白质消化能力的认识。作为对他工作的奖励,浦肯野在 1836 年获得了第二架高级显微镜[由柏林的皮斯托尔和希克(Pistor and Schiek)制造],160 但更重要的也许是,他在 1839 年得到了专门用于研究和授课的大学办公楼。事实上,这是世界上第一家致力显微研究的机构。因为在这里做出了许多发现,它现在被视为组织学的摇篮。这里还诞生了世界上第一台实用切片机(microtome),这个带有刀片的装置可以切出固定尺寸的薄片以备显微分析。1841 年,这个装置在浦肯野的领导下首次建成,这是一个重大进步,因为在它发明之前,显微镜学家不得不使用刀片手动准备组织。现在切片机可以重复进行不受污染的切割,制成的组织薄到可以透过光线,令其结构更清晰可见。事实证明,切片机对于研究神经组织尤其有价值。

首次描绘神经细胞

由于有了新的显微镜,19 世纪 30 年代中期,浦肯野将注意力转向了脑,并请他最喜欢的一个学生加布里埃尔·瓦伦丁(Gabriel Valentin)协助他。浦肯野最初对神经系统感兴趣是在 1829 年,当时他才开始研究脊髓的大神经束或神经节,做法是把它们浸泡在钾溶液中,然后用针把它们撬开。通过这项工作,浦肯野认识到神经节实际上是由许多较小的纤维组成的。尽管浦肯野不是第一个做出这一发现的人(列文虎克曾表明,神经纤维是由更细的管子组成的,这些管子后来被称为"神经索"),但这一发现却鼓励他将研究扩展到脑。这一努力成果在 1836 年以瓦伦丁的名义发表,尽管浦肯野明显对这项工作做出了很大的贡献。虽然这种材料的组织学制备很简单,只需要在水和钾中清洗组织切片,但瓦伦丁成功地用显微镜检查了包括人类在内的几种生物的大脑皮层和小脑部分。他的主要发现表明,脑是由微小的球状体组成的。同样,这也并不是什么新发现,因为类似的结构已经被包括列文虎克和马尔皮基在内的其他人观察到了。不过,瓦伦丁更进一步,画出了他所观察到的东西。因此,他是第一个对单个脑细胞进行详细描绘的人(见图 7.1)。

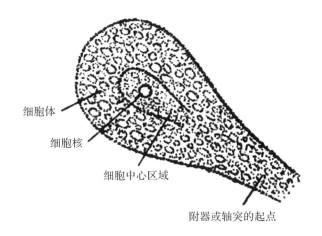

图 7.1　加布里埃尔·瓦伦丁于 1836 年首次描绘的神经细胞(或小球体),这个细胞很可能是取自小脑的浦肯野细胞。

来源:瓦伦丁,1836,插图 Ⅶ。

瓦伦丁的插图显示,脑中的球状体像烧瓶,球状体内部是充满微小颗粒的流状物质。球状体还有一个独特的外膜,其中心有一个黑色小体,他认为这是细胞核。还有一个尾状附器的起点,瓦伦丁将尾状附器描述为一种纤维。尽管如此,瓦伦丁并不认为球状体及其附器是连在一起的,因为他曾遇到过(或者他认为他遇到过)每个球状体完全被自己的膜包围的情况。因此,瓦伦丁开始把球状体和纤维看作分离的。换句话说,他认为它们只是紧密地挨在一起,给人一种结合在一起的感觉。不过,瓦伦丁还是有先见之明,他意识到从脑到脊髓,整个神经系统就是由这两部分组成的。这是一个重大的进展,因为它揭示出神经系统是由大量微小的简单单元组成的。然而,细胞体及其纤维在物理上是否连接在未来许多年里将是激烈争论的问题之一,而在这个问题上,事实证明瓦伦丁是错的。

一年后,也就是 1837 年,浦肯野在德国的一次科学大会上对他的研究做了更全面的叙述,他描述了许多脑区的细胞组成,包括来自黑质、蓝斑、下橄榄体、丘脑和海马体的细胞。在神经科学史上这是一个开创性的时刻,因为它表明不同的脑区有不同的解剖学构成。在有关小脑的结构上,浦肯野的描述尤其详细,小脑的结构分为几层,最外层有一排组织齐整的大球状体,或称"瓶状神经节体"(见图 7.2)。今天,这些细胞被称为浦肯野细胞,并被认为是脑中最大的神经元之一。这些球状体还揭示了细长附器的起源，浦肯野将这些附器称为"突起"（processes）。事实上，浦肯野发现了两种不同类型的突起：第一种带有小尾巴，它们进入小脑外表面附近的灰质，而第二种位于神经体的另一侧，消失在下面的白色层中。尽管对浦肯野的描述存在争议，一些评论家推测第一种是树突，[4]而第二种是神经纤维（或轴突）。浦肯野还同意瓦伦丁的观点，认为神经系统是由球状体和纤维组成，但在估计它们之间的关系时却更为谨慎，他承认"对它们之间的联系没有任何确切的了解"。

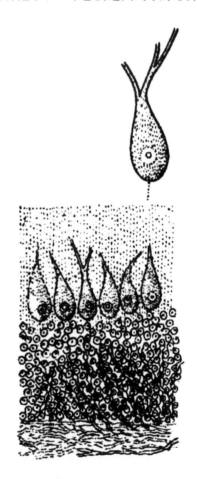

图 7.2　浦肯野所示小脑细胞结构。它展示了在高尔基银浸渍染色技术发明之前人们能够看到的东西。这幅图从上到下突出了较大的小体（或浦肯野细胞）、一团更小的颗粒状细胞，以及神经纤维的开端。

来源：浦肯野，1837，插图 II。

虽然浦肯野没有致力球状体和神经纤维之间的联系,但对它们如何相互作用的倒有一些有趣的想法。在他看来,脑的球状体局限于灰质之中,作用是充当"发电机",相反,神经纤维则充当"电力缆线"。考虑到电报才刚刚起步,在神经和肌肉之间存在电流也才刚刚通过电流计得到确认,这个理论是相当具有革命性的。浦肯野还提出,神经纤维形成了长长的环,从脑部下行,使神经分布于身体器官,如肌肉,然后以闭合的路径返回脑部。人们认为神经纤维内部的电流或能量是通过这种方式不断在周身循环的。虽然如今人们知道这一理论是错误的,但它却与一个令人惊讶的现代观点一致,即脑细胞就像发电机,而它们的纤维就像电报线。

与许多意图提升自己声誉的伟大先驱不同,浦肯野厌恶写作和宣传自己的工作。事实上,有消息称他谦逊、不爱出风头、天真,对个人的荣誉或利益毫无兴趣。[5]这些从下面这个事实中也可见一斑,浦肯野的许多发现都发表在他的学生的博士论文,或简短的报告和晦涩的讲座中。在某些情况下,浦肯野甚至懒得把自己的名字写在他所指导的工作上,这也因此让他的合作者得到了不适当的认可。例如,1839 年,一位名叫 J. F. 罗森塔尔(J. F. Rosenthal)的博士生使用了与神经纤维有关的轴索(achsencylinder)一词就被认为是这样一种情况。这个词在 19 世纪被广泛使用,但几乎可以肯定这个术语是由浦肯野创造的。在 1896 年左右,这个术语由柯立克(Kolliker)发展成更为现代的"轴突"一词。另一个来自浦肯野实验室的术语是"细胞质",现在指的是细胞内的水状物质。此外,至少有 18 个以浦肯野命名的名字,包括在心脏心室内壁发现的浦肯野纤维,以及在卵子的卵子核中发现的浦肯野囊泡(见图 7.3)。

163

PURKINJE
OIL PAINTING BY PETER MAIXNER

图 7.3　扬·埃万杰利斯塔·浦肯野(1787—1868)将布雷斯劳大学发展成为组织学的摇篮,他和他的学生在那里做出了许多重要的发现。

现代生物学的里程碑:细胞理论

1655 年,罗伯特·胡克在显微镜下观察一片干燥的软木薄片时使用"细胞"一词(来自拉丁语 cella,意为小房间或小隔间)来描述看到的腔室,他绝不会意识到,这个词将会有如此大的影响力。他也不会知道,这些"洞"是构

164　成所有动植物的最基本、最简单的生命单元(即活细胞)的残余骨架。事实上,胡克认为,软木塞中形成的细胞只是植物的天然汁液流动的管道或通道。也许正因为如此,胡克才从未报告在他的显微镜下看到过任何"活细胞"[6]。然而,在胡克的《显微术》出版 6 年后,英国皇家学会收到了两份手稿,其中显示植物是由细胞单元组成的。第一个来自沃里克郡的牧师尼希米·

格鲁(Nehemiah Grew),他将植物材料描述为"由大量小细胞或坚硬的气泡组成"。第二份来自意大利人马塞洛·马尔皮基,他的说法大致相同,只是他更喜欢拉丁词语 utriculus(意思是小瓶子)和 sacculae(意思是小袋子)。虽然对谁最先发现这一点的有争论,但我们不必在此费神。更重要的是,到 17 世纪晚期,生物学家已经开始认识到,植物的组织至少大部分是由许多非常小的腔室或细胞组成的。

认识到动物组织也是由细胞组成的花的时间要长得多。尽管列文虎克在 1673 年报告说在血液中看到了微小颗粒(这是对红细胞的第一次描述),以及之后几年看到其他"微生物",但没有人想到这些小体与动物组织有一些同源性。这并不令人惊讶。植物细胞有大的规则的矩形形状,有可见的膜,动物细胞则不同,它们更小,结构也更不规则。因此,当时所观察的动物组织都没有呈现出与植物材料类似的外观。因此,认为动物是以完全不同的方式组织的,这也很自然。这样的看法显然引发了很多猜测。许多人同意列文虎克的观点,他认为所有构成动物的物质都是由轮廓并不清楚的球状体组成的,而到 18 世纪,组织由纤维构成的观点取而代之,成为一种流行的看法,但也还有其他的观点。例如,意大利人费利斯·丰塔纳(Felice Fontana)认为,所有动物组织都是由扭曲的柱状体(他在神经、肌腱和肌肉中观察到的结构)组成的,而浦肯野将显微解剖的复杂性提高了,研究三种成分:流体、小体和纤维。

要等到 1833 年才有进一步的发展,那一年苏格兰植物学家罗伯特·布朗注意到所有的植物细胞都含有一个黑色的小核。虽然以前曾多次看到过这种核,但布朗认为它是所有植物细胞的特征。如果是这样,那么很明显,细胞核一定起着重要而普遍的作用。很快,德国植物学家马蒂亚斯·施莱顿(Matthias Schleiden)在 1838 年提出,细胞核负责决定细胞的生长和细胞内活动。换句话说,细胞核是细胞的指挥中心。由此,离一个更重要的结论——所有植物都完全由单个细胞及其产物组成——就只有一小步了。然而,说到动物组织,情况就不那么明显了。同年晚些时候,当施莱顿和他的密友西奥多·施万(Theodor Schwann)共进晚餐,[7]一起讨论细胞核在植物细胞中的作用时,施万意识到,他在胚胎动物细胞中也发现了细胞核。这是一个至关重要的联系，因为在那一刻，他认识到，植物细胞和动物细胞有很多共同之处。此外，如果细胞核控制了植物细胞的发育，那么为什么动物细胞就不是呢？施万在1839年出版的一本书[8]中概述了这一新思想，如今人们认为生物学中两个最重要的观点就是从这本书开始的：(1)细胞是所有生物的基本组成单元；(2)所有的生物，无论是植物还是动物，都是由细胞组成的。这就是如今所说的细胞理论，这一理论与达尔文的演化论、孟德尔的遗传法则以及克里克和沃森发现的DNA一起成为现代生物学的四大核心支柱。

165

神经细胞开始出现：罗伯特·雷马克

虽然很少有人听说过罗伯特·雷马克(Robert Remak)，但他是19世纪最杰出的显微镜学家之一。雷马克出生于波兰波斯南市，是一名虔诚的犹太人。由于当时的反犹主义，雷马克一生大部分时间都被禁止进入大学。因此，他只得从事无薪工作来做研究，并行医养活自己。雷马克在柏林跟随约翰内斯·穆勒学习医学，并在那里度过余生。1836年，雷马克在攻读博士学位期间首次获得了一台复合显微镜，之后他用这台显微镜研究胚胎兔神经发育的不同阶段。事实证明，这是一个再好不过的选择。在雷马克观察外周神经纤维的"薄壁管"发育时，他注意到一些神经纤维被浅色的鞘包围，而另一些神经纤维则没有这样的外层。如今我们知道，这个鞘是一种被称作髓鞘的脂肪物质，它覆盖着轴突。因此，雷马克第一次区分出有髓纤维和无髓纤维。在这项工作期间，雷马克还注意到有鞘纤维上的小缝隙，或"中断"，但他认为这是光学成像造成的。在这一点上雷马克错了，这些间隙确实存在于髓鞘中，如今被称为郎飞结，以路易－安托尼·郎维耶(Louis-Antoine Ranvier)的名字命名。1871年，也就是在雷马克之后大约35年，朗飞结才被郎维耶正式辨别出来。

两年后的1838年，雷马克做出了另一项关键发现。在观察胚胎发育过程中从脊髓生长出的一种"有机纤维"时，他发现这种纤维是从球状体(或细胞体)中生长出来的。换句话说，球状体和纤维并不是像瓦伦丁所说的分离的实体,而是同一个单元。这是一项具有重大意义的发现,原因有以下几点:首先,它引入了一个神经细胞一根纤维的概念。此外,神经纤维第一次被设想为来源于脊髓中的细胞体,并向外延伸至外周以支配肌肉等结构。其次,更重要的是它表明,球状体和纤维必须作为一个功能单元共同发挥作用。换句话说,这是表明神经细胞真正存在的最初迹象。然而,这一发现一开始受到很大的怀疑,尤其是因为它与当时的主流观点背道而驰。雷马克批评瓦伦丁的显微技术太差,但这种批评并没有消除他所面对的怀疑。更糟的是,雷马克认为神经纤维的内部是由固体物质构成的,这与伟大的浦肯野相矛盾,后者认为神经纤维含有某种形式的电流体。

然而,雷马克对神经解剖学的巨大贡献被 19 世纪 40 年代末关于生命本身形成的一项发现掩盖了(见图7.4)。雷马克在柏林不得不自费搞研究,在研究中,他发现小鸡胚胎中的红细胞是由一个二分裂过程(一个细胞分裂成两个)产生的。这对细胞理论本身来说已经是一个重要的贡献了,但雷马克进一步表明,这适用于所有细胞,包括受精卵(或卵细胞),这些细胞分裂产生叶状细胞层。反过来,这些细胞层卷成管状,最终形成人体的器官。简而言之,雷马克是第一个实质上表明动物体内几乎每一个细胞都是通过从受精卵开始的先前存在的细胞分裂产生的。这一发现本应使雷马克成为有史以来最著名的生物学家之一,如果不是最著名的话。然而,他的想法几乎再一次不被接受。事实上,在接下来的 15 年里,其他生物学家都不接受二分裂这一观点,直到 1855 年鲁道夫·维尔周(Rudolf Virchow)才意识到这个理论可能是正确的,将其作为自己的理论发表出来。即使在今天,人们也将这一发现归功于维尔周,而雷马克的关键贡献却几乎被人们遗忘了。很有可能维尔周利用了这样一个事实:在柏林,雷马克是一个不受欢迎的人物,又没有正式的大学职位。直到 1859 年,当雷马克的声望足以让他在 44 岁时获得一份有薪水的学术职务时,这一状况才得到改善。然而,雷马克对自己的困境有不同的看法,在他写给为数不多的朋友之一亚历山大·冯·洪堡(Alexander von Humboldt)的信中说,自己的生活"因为宗教和政治的偏见而受到挫折"。

166

Robert Remak (1815–1865).

图 7.4 罗伯特·雷马克(1815—1865)是第一个充分描述细胞分裂并证明所有动物细胞都来自已经存在的细胞的解剖学家。他还因发现髓磷脂并第一个提出神经纤维来自细胞体而备受关注。

来源:伦敦威尔克姆图书馆。

神经细胞被纳入细胞理论:阿尔伯特·冯·科立克

167 　　细胞构成所有生物基本单元的观点在 19 世纪 30 年代后期被普遍接受。然而,对许多人来说,神经系统是一个例外。人们不仅知道神经有着细长的纺锤结构,这使得它们不同于身体中的任何其他细胞,而且它们负责快速传递信息的事实表明,它们以某种方式连接在一起,而不是由分离的单元组成。更糟糕的是,神经系统的组成部分非常小,结构非常复杂,即使用最强大的显微镜也很难看到它们。因此,关于神经系统的结构出现了两种学派也就不足为奇。一些人同意雷马克的观点,雷马克认为,神经是由细胞构成的,这些细胞带有附着在"有核球状体"上的纤维。其他人则站在瓦伦丁一边,瓦伦丁认为,纤维和细胞体是不同的实体。

　　著名的瑞士解剖学家阿尔伯特·冯·科立克(Albert von Kölliker)将注意力转向了神经组织的结构。科立克是苏黎世大学的一名医科学生,1841年,当时还是一名年轻研究生的科立克做出了他最伟大的发现,证明精子和卵子都是细胞。这一发现极大地帮助阐明了生殖的本质。4 年后的 1845年,科立克在医学论文中表明,细胞核总是先于细胞的分裂而成为两个,从而证实胚胎总是来自单个卵子。这些发现对细胞理论做出了重要贡献,并使科立克受到了广泛赞誉,他因此在 1847 年获任巴伐利亚州维尔茨堡大学(University of Wurzburg)教授一职,他在这个职位上做了 55 年。作为一位孜孜不倦的研究人员和数百篇不同主题研究论文的作者,[9]科立克的观点受到了同行的广泛尊重。他的著作包括 1852 年首次出版并发行了多版的《人类组织学手册》(*Handbuch der gewebelehre des menschen*),以及 1854 年出版的三卷本《显微解剖学》(*Mikroskopische anatomie*)。

　　科立克在 19 世纪 40 年代初通过检查胚胎的脊髓发育第一次开始研究神经组织,当时他还是苏黎世大学的一名学生。和雷马克一样,他也证实了大多数神经纤维来自位于脊髓的细胞体。或者,正如他所说:"纤薄的神经纤维来自神经节小体。"1849 年,科立克发表了一系列的画作来展示他所观察到的内容(见图 7.5、图 7.6)。这些画作中展示的更多是神经纤维,显示神经纤维是从更大的有核细胞体延伸出来的"黑边"线状附属物[或"苍白突起"(pale process)]。如今,我们知道,科立克描述的是轴突的初始部分及其有髓覆盖层。这些画作后来收入了《人类组织学手册》,为支持神经单元是细胞的观点提供了大量佐证(见图 7.7)。有趣的是,尽管科立克从来主张自己是第一个表明神经纤维与细胞体是连续的,但他也没有提到雷马克,[11]这也许是因为科立克提供了插图来支持他的主张,或者在《人类组织学手册》的各种版本中,他描绘了许多其他类型的神经细胞。不管什么原因,人们通常将第一个令人信服地证明了独立神经细胞存在的荣誉给予了科立克而不是雷马克。

168

图 7.5　阿尔伯特·冯·科立克在组织学领域做出了许多重要贡献，
包括提出证据支持神经细胞是产生纤维的单元这一观点。

来源:伦敦威尔克姆图书馆。

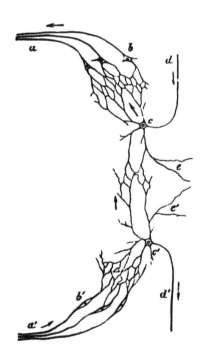

图 7.6　科立克绘制的脊髓细胞与纤维的插图,插图将它们显示为一个融合的
网络。

来源:科立克,1867。

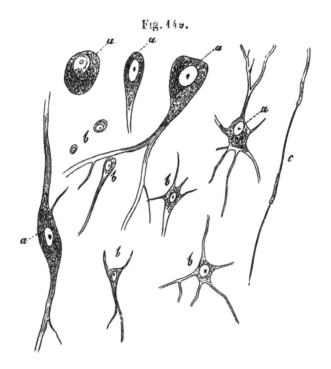

图 7.7　1853 年出版的科立克《人类组织学手册》一书中绘制的取自人类大脑皮层灰质层的细胞。

到 19 世纪 50 年代,已经有相当多的证据支持"神经单元"是某种类型的细胞的观点,尤其是因为它有一层外膜,在细胞内还包含着颗粒状的液体。然而,科立克意识到神经细胞展现出使得它们独一无二的特定的结构特征。一个特征就是它的纤维或"轴索"。虽然科立克相信这是形成细胞的一部分,但他无法说服所有人,包括瓦伦丁的支持者,他们坚持认为这是一个不同于细胞体的次要突起。由于发现包围着轴索的髓鞘并不来自神经细胞本身,而是来自位于其外的分离的细胞结构,这个问题变得更加复杂。最重要的是,科立克也无法判断神经轴突的终端分支是否与其他细胞融合,或者与它们分离。现在这成了一个关键问题。我们知道,身体中的所有其他细胞都是独立自主的单元,并且在物理上彼此分离。显然,如果神经纤维像许多人认为的那样彼此融合,这就提出了一个严肃的问题:它们是否真的是"细胞"。脑中可疑的神经细胞太小、太复杂而无法观察，这一事实使问题更加棘手。科立克不能肯定人们是否会知道真相，1853 年，他绝望地写道："极有可能，在许多地方，完全无法证明纤维源自神经细胞。"

分离的神经细胞：奥托·戴特斯

170　　　1853 年，科立克绘制了第一批幅神经细胞插图。然而，在 19 世纪 60 年代绘制神经细胞的工作得到了显著的改善，这主要是由于埃尔兰根大学一位名叫约瑟夫·冯·格拉赫（Joseph von Gerlach）的德国教授的偶然发现。作为他那个时代杰出的解剖学家，格拉赫寻求一种给组织染色的新方法，以便可以更清楚地看到组织的精细结构。1854 年，格拉赫开始用一种叫作胭脂红的染料，胭脂红是从包括胭脂虫在内的某些昆虫身上提取的一种色素，它能把各种组织染成红色。起初，格拉赫无法在神经材料上得到满意的结果，但在 1858 年，他碰巧把胭脂红溶液倒在一块小脑切片上，这个切片以前是用胭脂红酸铵处理的。这个小脑切片就这样在实验室放了一晚上，等格拉赫隔天回来，发现染色剂造成了神经纤维和细
171　胞清晰的分化。尽管格拉赫不是第一个使用染色剂来检查神经组织的人，甚至也不是第一个使用胭脂红的人，但人们普遍认为他的发现代表了现代神经染色的出现。格拉赫还将他的染色剂和方法教给了其他研究者。

　　波恩大学一位名叫奥托·戴特斯（Otto Deiters）的年轻研究者利用了这项新技术。1860 年左右，戴特斯第一次使用胭脂红，试图给从牛脊髓前角投射出的神经纤维染色。[12] 在成功染色这些纤维后，戴特斯就可以用细针梳理并分离出单个的"神经单元"。这是一项极其精细和辛苦的工作，一旦将它们从周围的组织中提取出来，就能将这些神经单元放大 300 到 400 倍，并仔细研究它们的特征。这是第一次将单个神经细胞分离进行显微分析（见图 7.8）。更重要的是，这项工作清楚地显示出神经单元有一个细胞体，它连接在一根长长的"轴索"上，这个"轴索"的大部分都被髓鞘包裹着。有趣的是，戴特斯还发现，细胞体上还覆盖着许多较小的突起，他

称其为"原生质延长"（protoplasmic prolongations）。这些就是如今所说的树突。所以，戴特斯可以说是第一个明确区分树突和轴突的神经解剖学家。

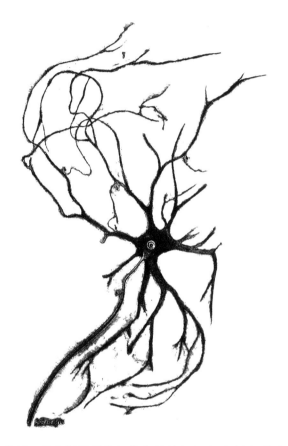

图 7.8　奥托·戴特斯用胭脂红染色的神经细胞示意图（放大约 300～400 倍），细胞从牛的前角灰质中提取。

来源：伦敦威尔克姆图书馆。

戴特斯还使用染色方法观察了包括脑桥区、下橄榄区和室周灰质在内的多个脑区。引人注目的是，他甚至能够从脑中挑出星形细胞并绘制出来，如今这样的细胞被称为星形胶质细胞。[13] 除此之外，戴特斯还表明脑是不同细胞的混合体。他还用一系列在不同平面上切割的染色胭脂红切片检查了下脑干（髓质）的细胞核和纤维束。这项工作支持了这一观点：髓质是脊髓的一种极为复杂的改变（modification）。遗憾的是，戴特斯从未看到他的作品出版，因为他在 29 岁时不幸死于斑疹伤寒，留下了一份未完成的手稿。幸运的是，人们在他死后编辑了他的手稿，并在他的同事马克斯·舒尔茨(Max Schultz)的努力下于 1865 年出版。[14]他的书中还首次提到位于脑干的两个结构：网状结构(reticular formation)和前庭外侧核(现在称为戴特斯核)。

从他的画中可以预料，戴特斯会支持科立克领导的研究小组，而科立克支持独立神经细胞的理论。然而，戴特斯一般被看作网状论者。网状论者认为，神经系统的纤维通过吻合(anastomosis)连接在一起，这很像动脉和静脉之间的连接。戴特斯承认，他从未见到过神经细胞物理上的连接，而原生质突起的存在让情况变得更加复杂，因为它们似乎与第二个数量更多、分布更广的突起系统相连。尽管这些突起太小，无法近距离观察，但戴特斯坚持认为，它们会"分叉"并在一个复杂的网络中"结合"。[15]就将特定区域内的神经细胞群相互连接起来来说，它们的位置似乎也很理想。这不是细胞的典型特征。至于神经纤维(轴突)，他下不了判断，因为无法一直跟踪这些纤维到它们的末端。事实上，在未来的许多年里这都给神经解剖学家提出了一个重大的问题。

172　　　不过，最具影响力的网状论者是约瑟夫·冯·格拉赫。在花了许多年完善各种不同的染色技术，并在各种制备，包括无脊椎动物中使用这些技术之后，格拉赫建立了这样一种认识：神经系统是由一个既精细又极端复杂的"轴纤维"网络构成的，这个网络与原生质延长融合。格拉赫的确在脊髓和大脑皮层中发现了这种连接模式。1872 年格拉赫发表了他的发现，他的论点是如此令人信服，以至于大多数神经解剖学家完全接受了吻合的概念。科立克似乎也被说服而采纳了类似的想法，因为在 1867 年出版的《人类组织学手册》第五版中有一幅插图，这幅插图显示了脊髓是如何通过在其灰质中连接在一起的扩展分支形成的巨大网络来整合感觉输入与运动输出纤维的。

银浸渍染色:卡米洛·高尔基

　　胭脂红以及其他各种染色剂的使用在一定程度上揭示了神经细胞的微观结构。然而,许多基本问题仍然没有得到解答。对于脑来说尤其如此,因为胭脂红染色所能做的只是不加区分地显示出大量轮廓不清的"颗粒",偶尔会突出细胞核或细胞质边缘。现在需要的是一种更有选择性的染色方法,这种方法能够识别神经细胞的所有不同成分,特别是能够沿着整个轴突跟踪神经细胞。令人称奇的是,尽管存在种种困难,意大利内科医生卡米洛·高尔基还是在 1873 年发现了这种方法。

　　高尔基于 1843 年出生在意大利西北部的历史名城布雷西卡,父亲是一名乡村医生。高尔基在家乡附近的帕维亚大学(University of Pavia)学习医学,22 岁毕业时,写了一篇关于精神疾病病理的论文。在此之后,高尔基在帕维亚大学精神病学研究所任职,1872 年在米兰附近阿比亚特格拉索的一家收治"绝症患者"的医院担任院长。就在这个看起来没有可能的地方,高尔基做出了他著名的发现。虽然与科学界隔绝,也没有进行组织学工作的设备,高尔基还是在自己小医院公寓的厨房里建立了一个简单的实验室。1873 年的某个晚上,正是在这个实验室里,他偶然发现了一种染色神经细胞的新方法。高尔基从未公开透露他是如何找到这种方法的,我们唯一有的线索来自瑞典解剖学家古斯塔夫·雷兹尤斯(Gustaf Retzius),他在 1933 年描述了这次发现(离高尔基做出发现有 60 年了)。根据雷兹尤斯的说法,高尔基在试图用硝酸银[16]溶液浸透软脑膜时,不小心把一些溶液溅到了用重铬酸钾硬化的组织上。由此导致的化学反应使材料变黑。然而,当高尔基在显微镜下更仔细地检查这个组织时,惊讶地发现只有一小部分神经单元被染色了。[17]这实在是一个好消息,因为这意味着神经成分在银黄色背景下以显眼的黑色突出出来。高尔基一定是难以置信地凝视着,因为他的染色以前所未有的清晰度揭示了神经细胞及其纤维的精细结构,甚至最细微的原生质突起(见图 7.9)。

173

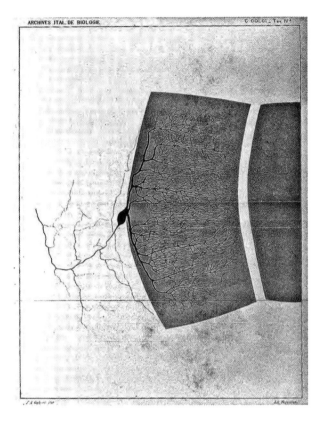

图 7.9　卡米洛·高尔基(1843—1926)1873 年发明了银浸渍染色法。

来源:伦敦威尔克姆图书馆。

1873 年,高尔基(见图 7.10)在一本意大利医学杂志上发表了一篇关于他的新染色方法的短文,其中还详细描述了从大脑皮层提取的一个经过完全染色的神经细胞。然而,由于高尔基在意大利以外的地区籍籍无名,这篇论文并没有引起广泛的关注。高尔基毫不气馁,开始用他的新技术深入研究脑和神经系统,并清晰地描述了取自小脑(1874 年)、嗅球(1875 年)和海马体(1883 年)的组织。1881 年他还对脊髓做了详尽的描述。总之,这项工作开始以无与伦比的细节揭示神经系统的精细解剖结构。高尔基还发现了个体神经成分以前未被发现的特征。例如,他第一次表明,轴突并不总是单一的纤维,在某些情况下,它们会分裂成更小的分支。这让高尔基区分出两种类型的轴突:一种是有髓鞘少分支的轴突(1 型),另一种是无髓鞘并沿着轴突不断分支的轴突(2型)。同样,高尔基证明了原生质延长比之前想象中要复杂得多。它们总是有错综复杂的树状模式,这些模式在某些情况下会从树突干形成第二、第三、第四阶的分支。就此来说,戴特斯认为原生质延长部分具有更精细划分的猜测被证明是正确的。

图 7.10　卡米洛·高尔基(1843—1926)在 1873 年发明了银浸渍染色法。用这一方法将一小部分神经细胞染成黑色,就可以在显微镜下清晰完整地看到它们。

来源:伦敦威尔克姆图书馆。

高尔基还推测了他的观察在功能方面的重要性。通过仔细检查数百张来自神经系统不同区域的载玻片,高尔基开始相信轴突(也就是神经纤维)总是与其他轴突融合在一起。更具体地说,他提出了 1 型神经纤维与 2 型神经纤维的吻合枝融合。因此,在高尔基看来,脑和脊髓的灰质包含一个"弥漫性神经网络"(或他所说的 rete nervosa diffusa),这个网络由一个相互连接的纤维形成的巨大的连续网状组织构成。换句话说,神经系统本质上是由轴突索组成的网状网络。然而，与格拉赫的观点相反，高尔基并不认为轴突索与位于神经细胞体上的原生质延长部分相融合。相反，他认为原生质延长是与血管相关联的"自由末梢"，它们最有可能在对神经的维护中发挥着提供营养的作用。[18]

反对神经网络理论

175   1876 年，高尔基被任命为帕维亚大学的组织学教授，在此期间他短暂地离开，1881 年又回来担任普通病理学教授。一年前高尔基因为他的研究获得了伦巴第科学院（Lombardy Academy of Science）的奖项，他的研究成果发表在几份出版物上，后来又结集在一本有许多插图的书中（1885）。[19]然而，高尔基的发现在意大利以外并没有引起太多关注。1882 年这种状况得到一些改善，因为意大利生物学档案馆的成立促进了意大利人在国外的研究工作，包括将这些研究译成其他语言。即使如此，也要等到 1885 年精神病学家尤金·布鲁勒（Eugen Bleuler）在苏黎世的一次会议上展示了银浸渍技术以后，高尔基的研究才开始引起国际上的关注。两年后，这项技术得到了科立克的支持，在维尔茨堡的一次科学会议上，科立克热情地介绍了它的用途。银浸渍技术给科立克留下了极深的印象，以至于他毫不含糊地欢呼说："我们不知道还有什么方法能如此完美地揭示灰质和神经胶质成分的神经细胞。"

然而，随着高尔基的染色方法开始得到认可，他关于神经系统网络结构的理论却受到越来越多的批评。莱比锡大学（University of Leipzig）的瑞士解剖学家威廉·希斯（Wilhelm His）是最早质疑吻合神经网络这一观点的研究者之一。希斯跟踪了人类胚胎的发育过程，研究了不同发育阶段的流产胎儿的组织。在这项工作中，他发现脊髓及其神经起源于一种叫作神经丛（neuropile）的原始的细胞类型。然而，当希斯看到轴突纤维从神经丛中生长出来，随后细胞体和树突出现时，他完全没有看到轴突像高尔基所坚持的那样融合在一起。1886 年希斯发表了一篇简短的论文，总结了自己的观察结果，驳斥了网状论并得出神经细胞就像身体的其他细胞一样的结论。

也就是说,神经细胞始终是独立且自足的实体。而且必须要说的是,希斯还在 1889 年用"树突"(这个词源于希腊语"dendron",意为"树")替换了"原生质延长"这个说法。

另一位瑞士研究者奥古斯特·弗瑞尔(August Forel)也给出了支持单个神经细胞的证据。[20]1879 年,弗瑞尔开始在苏黎世大学担任教授,并着手检查从脑干产生的颅神经的起源。弗瑞尔用了一种叫作沃勒变性(Wallerian degeneration)的技术来进行研究。[21]这种技术会损伤靠近神经末梢的特定神经通路,然后跟踪纤维的"向后"变性——这个过程在损伤后大约 3~4 天开始。事实上,弗瑞尔首先做的是切断投射到舌头的神经,然后向后一直将追踪变性的纤维直到脑。接着他利用这项技术来损伤其他的颅神经。令他吃惊的是,所有这些损伤只在脑干的一个小而高度局部的区域产生细胞变性。这一结果与网状论相矛盾,网状论所预测的变性范围要大得多。起初,弗瑞尔无法解释他的发现,但当在家乡瑞士的山区度假时,他意识到,之所以会出现这样的情况,是因为神经变性始终局限于纤维被切断的细胞。也就是说,这种现象与网状概念相左,并为细胞理论提供了进一步的支持。[22]

其他神经解剖学家并不知道,在此期间,一位年轻的挪威海洋生物学家弗里乔夫·南森(Fridtjof Nansen)也正在收集可以用来反对网状理论的证据。南森是土生土长的奥斯陆人,在卑尔根动物博物馆做馆长,这个博物馆保存着来自挪威北极的海洋物品。南森很想利用这个独特的机会来完成他的博士论文,于是他决定利用高尔基染色法来研究简单海洋无脊椎动物的神经组织,包括蠕虫、甲壳类动物和软体动物。事实证明,他的决定是明智的,因为这些海洋生物神经系统简单,而神经元又相对较大,这样就可以对它们的解剖结构进行详细观察。南森的论文发表于 1887 年,其中包括 100 多幅神经细胞的插图。最为关键的是,在南森的论文中,神经细胞是独立的单元,并没有轴突或树突融合的证据。遗憾的是,南森的研究并没有产生立竿见影的效果。在提交论文两天之后,他开始了穿越格陵兰岛内陆的探险,之后三年又进行了穿越俄罗斯北部冰流的航行。这些壮举有助于南森被公认为极地探险的创始人之一。尽管后来在奥斯陆大学工作,但他再也没有从事解剖学研究，而是转向政治，并在 1922 年因帮助战争难民而获得诺贝尔和平奖。要不是德国人威廉·瓦尔代尔(Wilhelm Waldeyer)在 1891 年发表的一篇论文(见下文)中提到了他的解剖学工作，他的工作很可能会被人们忘记。

现代神经科学的创立者：圣地亚哥·拉蒙-卡哈尔

如果众人中有谁可以被认为是现代神经科学之父，那么他一定是圣地亚哥·拉蒙-卡哈尔。卡哈尔被公认为 19 世纪最杰出的神经解剖学家，通过开创性的组织染色技术，他提供了反驳网状论的实验事实。取代网状论，卡哈尔提出了神经元学说，其基本原则是神经系统由单个的细胞组成。然而，卡哈尔的成就远不止于此，他的发现和洞见让人们对神经结构和神经信息传播获得了前所未有的理解。其中包括他对突触的认识以及意识到信息通过神经细胞的流动是从树突传递到体细胞再传递到轴突的。对于年轻的卡哈尔来说，早年的生活经历并没有显出什么乐观的前景。1858 年卡哈尔出生在西班牙东北部阿拉贡的小村庄佩提拉，父亲是一名境况不佳的乡村医生。小时候的卡哈尔倔强叛逆，因为行为不端常常受到惩罚，被学校开除。[23] 第一次当学徒做的是制鞋工人，然后是理发师，卡哈尔梦想成为一名画家(他的艺术技巧后来在他的解剖学工作中发挥了巨大的作用)。幸运的是，当他的父亲用从当地墓地挖出的骨头教他人体骨骼时，他的兴趣转向了解剖学。后来在回忆中，卡哈尔写道："从此以后，我在尸体上看到的不再是死亡……而是生命的奇妙技艺(workmanship)。"这也促使他修读了萨拉戈萨大学具有医学预科训练的学士学位。1873 年毕业后，卡哈尔在(当时西班牙统治下的)古巴当了一名军医，这扩展了他的医学专业知识。然而，由于感染了疟疾和肺结核，他在古巴待了不到两年。卡哈尔拖着虚弱的身体回了家，那时他很清楚，医生再也不会是他的职业了。

1875 年年底，卡哈尔开始在萨拉戈萨大学担任助理教授，这一职位也让他得以攻读博士学位。卡哈尔自学了显微镜学的基础知识，利用自己的技能研究炎症的发病机制,只用了两年就获得博士学位。同年,卡哈尔访问了马德里,在那里发现了一台在售的可以放大 800 倍的普通法国维里克(Verick)显微镜。卡哈尔用他在古巴省下的每一分钱买下这台显微镜,并带回了萨拉戈萨,然后在家里建立了一个实验室。

卡哈尔的身体依然很虚弱,1878 年,在感染肺结核之后,出现了肺出血。尽管如此,他在家里所做的研究——其中一些是关于神经纤维是如何在肌肉中结束的——让他 1884 年在瓦伦西亚大学获得了一个学术职位。瓦伦西亚辉煌的历史和建筑让卡哈尔爱上了这座新的城市。然而,在他来到的一年后,霍乱暴发,夺去了数千人的生命。卡哈尔转而寻找治疗方法,他开始培养这种细菌,然后将其用于疫苗接种。1885 年,市政当局为了感谢卡哈尔的努力,嘉奖了他一架"壮观的"蔡司显微镜。这台显微镜比起他的维里克显微镜要好得多,相比之下,卡哈尔说维里克就像是"摇摇晃晃的门闩"。对于卡哈尔来说,再没有比这更好的礼物了。

两年后的 1887 年,35 岁的卡哈尔在巴塞罗那大学担任教授。就在同一年卡哈尔返回马德里路途中,发生了一件更重要的事。在旅行中,卡哈尔被邀请参观精神病学家唐·路易斯·西马罗(Don Luis Simarro)的实验室。西马罗刚从巴黎参加完一个会议回来,他在那里看到了用高尔基银浸渍方法染色的神经材料样本。卡哈尔被眼前的景象惊呆了,他后来在自己的传记中写道,"只要一眼"就看得出,"帕维亚的学者"用"无法超越的清晰度"让神经细胞以黑色脱颖而出,甚至连它们"最细小的分支"都很清晰。对卡哈尔来说,这是一个鼓舞人心的时刻,回到巴塞罗那就决定学习这项技术。然而,他最初的尝试令人失望。高尔基染色剂时好时坏,反复无常,尽管偶尔取得了成功,但更多是令人沮丧的结果。

卡哈尔开始改进这项技术。最初的改进方法是对组织进行两次染色("双重浸渍"技术),这产生了更强烈的着色反应。虽然这个过程缓慢而费力,但有它的好处:神经细胞的更细小的突起现在能看得更清楚了。此外,轴突可以被进一步追踪。与高尔基的技术相比,这是一个显著的进步,因为运用高尔基技术的轴突纤维常常看起来很薄,很脆弱,而且容易消失。卡哈尔还意识到,高尔基方法在突出有髓鞘的轴突方面表现很差。[24] 通过

178

使用尚未形成的胎儿的和未成熟的神经组织，他克服了这个问题。这又是一次重大的进步，因为它使神经连接更加清晰可见。通过观察不同阶段幼年动物的发育，卡哈尔可以看到神经细胞是如何形成神经系统的基本结构的（见图7.11）。

177

图 7.11　圣地亚哥·拉蒙-卡哈尔(1852—1934)，现代神经科学的创始人，在确立神经元学说和神经系统的突触组织方面比任何其他人的贡献都大。

来源：伦敦威尔克姆图书馆。

神经细胞现出原形

一旦增强了高尔基技术的可靠性，卡哈尔的研究就一发而不可收了，他的"各种想法涌动并相互碰撞着"。尽管很兴奋，但卡哈尔还是担心在西班牙生活很困难，当时的西班牙处于科学界的边缘。由于担心自己的研究成果不会被国外的科学家了解，卡哈尔采取了不寻常的措施，他自费出版了自己的期刊,每期印刷 60 份,把它们寄给了欧洲最重要的神经解剖学家。1888 年第一期面世,其中包含 6 篇全部由卡哈尔撰写的文章。期刊的格式极为创新,其中详细而独特的插图帮助这类研究出版物设定了新的标准。例如,第一篇关于鸟类小脑解剖学的论文虽然没有报告任何有关其结构的根本性的新东西,但卡哈尔的天才之处在于描述了小脑各部分如何配合,并通过各种途径连接在一起。因此,从他的插图中,读者可以一眼看出小脑的构造。事实上,这些插图由许多不同的图画组成,而这些图画是基于许多小时细致的显微镜检查,经由一定程度的艺术想象,通过卡哈尔自己的解剖学知识创作出来的。虽然如此,这些插图以令人震惊的细节完美地抓住小脑结构的复杂性。即使在 130 多年后的今天,卡哈尔所描绘的神经系统的图画也没有什么显著的改进(见图 7.12)。

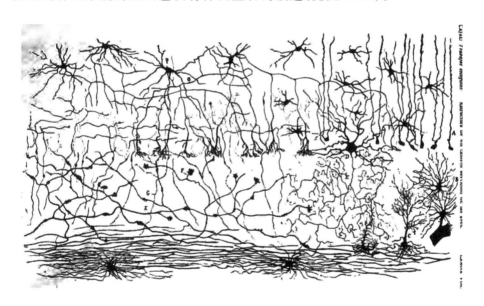

179

图 7.12　卡哈尔使用高尔基银浸渍染色法(1888)绘制的最早的小脑(取自鸽子)插图之一。它显示了许多细胞类型,包括大量分支的星状细胞(D)和苔状纤维(E)。
来源:伦敦威尔克姆图书馆。

　　和他那个时代的大多数科学家一样,当卡哈尔开始他的神经解剖学研究时,他是一个网状论者,认为神经系统是由相互连接的纤维组成的连续网络。然而,从一开始发表作品,卡哈尔就报告说,找不到任何证据来证明高尔基的轴突融合理论。尽管卡哈尔接受树突会随意终止的结论(正如高尔基所相信的),但他的观察让他得出结论:轴突纤维及其分支也是如此。事实上,卡哈尔以他特有的直率断言,神经细胞是"绝对自主的典范"(autonomous canon)。他还指出,神经元之间的交流是通过相互接近而不是连续进行的。这是对高尔基认为轴突融合在一起的网状论的有力驳斥。与高尔基的另一个分歧涉及卡哈尔对树突棘的描述。树突棘是树突上非常细小(微米大小)的刺状突起。虽然高尔基观察到这些微小的突起,但他认为那是银染色技术人为造成的。然而,卡哈尔正确地认识到,树突棘是主树突的延伸,在脑中许多大神经元上都会有这种情况,包括小脑浦肯野细胞。

在 1888 年首次发表论文之后,卡哈尔用改进后的高尔基法研究了神经系统的其他区域,包括视网膜、顶盖、大脑皮层、嗅球和脊髓。在这些研究中,卡哈尔爆发出了非凡的热情,夜以继日地为材料染色,然后目不转睛地盯着显微镜来画出他所观察到的东西。在这项工作的过程中,卡哈尔开始 181 意识到,脑的每一个区域都有统一且可预测的结构,以其自身的一系列细胞类型和神经组织为特征。因此,小脑的解剖结构与大脑皮层有显著不同,等等。这就进一步表明,脑并不像许多网状论者所愿意相信的那样是一团未分化的神经组织(见图 7.13)。

卡哈尔还意识到其他一些有着根本重要性的事情。在检查小脑时,卡哈尔注意到,小颗粒状细胞的轴突总是终止于浦肯野细胞的树突上。随着研究的深入,卡哈尔意识到,类似的连接也出现在脑的其他区域。也就是说,轴突纤维总是传递给受体细胞上密度更高的树突阵列。这是一个至关重要的发现,因为它为理解神经细胞如何传递信息指明了一条新的途径。当然,高尔基看不到树突的这种重要性,认为树突只起到提供营养的作用,在他的网状结构中,只有轴突才是主要的连接点。他甚至否认胞体参与了神经冲动的传递——他将这一功能完全归于轴突。然而,卡哈尔得出了一个不同的结论,他的理由是,如果轴突投射到树突上,它们就必定向树突发送神经脉冲。反过来,细胞(或胞体)可能在沿着自己的轴突传递冲动之前收集了信息。这是一个革命性的想法。它意味着,树突是神经细胞的接收部位,而轴突是神经细胞的发送和分配部位。尽管卡哈尔意识到这个理论是假设性的,但在1889年底,还是在一本面向国际读者的西班牙期刊上介绍了这个新的树突—胞体—轴突传导理论。他称之为动态极化(dynamic polarisation)定律。

180

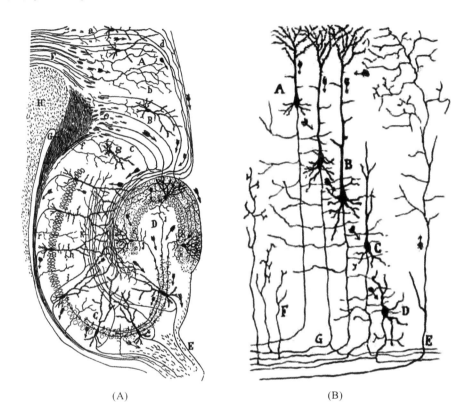

(A)　　　　　　　　　　　　　(B)

图7.13　(A)该图显示了大脑皮层的不同层次(取自拉蒙-卡哈尔,1892,第471页)。(B)海马齿状回图,显示了其主要细胞区域。

来源:en. wikipedia. org/wiki/ 文件:CajalHippocampus.jpeg.

神经元学说

卡哈尔奠定了对神经系统的新认识的基础,但他的解剖学工作却并没有引起其他科学家的注意。于是卡哈尔不得已在1889年前往柏林,参加当时一些最杰出的神经解剖学家经常参加的一些会议。不会说德语,而只会说一点蹩脚法语的卡哈尔架设起显微镜,邀请代表们检查他的银浸渍载玻片。其中一位参观者是阿尔伯特·冯·科立克。72岁的科立克是本次大会上最杰出的代表，一开始他相信有足够的证据支持轴突融合的观点，但在看过卡哈尔的载玻片以后，他改变了立场。事实上，科立克对他所看到的兴味盎然，邀请卡哈尔到他下榻的"豪华酒店"一起进餐，还把卡哈尔介绍给许多贵宾，这些人很快就热衷于学习他的技术。在不到一年的时间里，卡哈尔的研究成果的概要就发表在了两本颇有声望的德国期刊上，还附带有1890年科立克用他的银浸渍方法对神经细胞独立性的证实。科立克甚至开始学习西班牙语，以便能阅读卡哈尔的早期著作。卡哈尔最终成功地让科学界对其开创性研究留下了深刻的印象。

在柏林会议之后的几年里，许多人采用了卡哈尔的方法来揭示神经系统的精细结构。人们也越来越意识到，希斯和弗瑞尔之前的发现为卡哈尔的理论提供了额外的支持。这些证据是如此有说服力，再加上它的深远意义，以至于1891年德国解剖学家威廉·瓦尔代尔（Wilhelm Waldeyer）感到有必要写一篇由六部分组成的综述文章来支持神经细胞这个概念。尽管瓦尔代尔本人几乎没有从事这项研究，但他的论证对神经细胞是神经系统主要的结构上、胚胎学上和功能上的单元这一观点提供了权威的支持。瓦尔代尔还指出，人体内的神经细胞与其他细胞类似。换句话说，它们符合细胞理论的各项原则。然而，瓦尔代尔确实做出了一项原创贡献，这一点就连他自己都可能想不到：他把神经细胞称为神经元。对于将要被称为神经元学说的新理论而言，这真可以说是充满灵感的命名。从此瓦尔代尔的创新就被视为展示词语在科学中的力量的典型例子——一个单一术语囊括了整个生物学原则。科立克在他的《人类组织学手册》第六版中采用了这个术语。一直到现在，他使用的与我们今天使用的大体相同，包括神经元[尽管科立克更喜欢神经元树突（neurodendron）]、树突和轴突这样的术语。

神经元学说引起了网状论者的激烈批评。尽管如此，在19世纪的最后十年里，它还是得到普及。然而，关于信息通过神经细胞流动的方向问题仍然困扰着卡哈尔。1889年，他推断神经冲动是从树突穿过神经体流动到轴突的。当卡哈尔发现神经系统中一些细胞有两个轴突，而细胞体又"偏离正道"（如今这些细胞被称为双极细胞）时，他开始质疑这一理论。由于这个发

182

现,卡哈尔在1897年对动态极化理论做了轻微修正。现在他知道,细胞体并不总是直接介入冲动的传导中,在某些情况下,神经电流能够直接从树突流向轴突。卡哈尔把这个新理论称为轴向极化(axipetal polarisation),并在1897年瓦伦西亚的一次医学大会上将其作为一项规律提出来。后来,卡哈尔在神经细胞中发现了一种叫作神经元纤维的细丝,它们类似于细小的金属丝,从树突不断地传到轴突,这一发现为他的理论提供了进一步的支持。

命名突触

在短短10年的时间里,卡哈尔对神经系统的结构和功能做出了许多根本性的发现。也许最根本的是,他帮助建立了神经细胞是脑和脊髓基本单位的神经元学说。不过,这也导致了令人困惑和棘手的问题:如果神经系统不是一个连续的神经网络,那么信息如何在一个"无限碎片化"的神经系统中流动呢? 如果神经元学说是正确的,那么每个神经细胞就是一个独立的实体。换句话说,轴突和树突并没有像网状论所要求的那样融合在一起(这有时也被称为连续性假说)。然而,另一个选项,也就是所谓接触假说也有问题,因为我们仍然需要知道冲动是如何通过一个微小的间隙从一个神经细胞传到另一个神经细胞的。对这些问题,高尔基法没有什么帮助。高尔基染色的有力之处在于它的随机选择性。通过对任何组织样本中的少量神经细胞进行染色,它就可以使它们在显微镜下清晰可见。但是确立神经细胞之间的联系却是高尔基法的薄弱之处,因为染色不太可能突出两个连续的神经细胞,而且即使这种突出确实发生了,光学显微镜的分辨率也无法将其显示出来。因此,即使是由卡哈尔来操作,高尔基法也不适合于揭示轴突终末如何终止于其他细胞。

然而,在19世纪90年代,证据开始偏向接触假说。其中一个论点是神经肌肉接点(neuromuscular junction),也就是从脊髓延伸出去的运动神经末端与骨骼肌相会的地方。德国解剖学家威廉·屈内(Wilhelm "Willy" 183 Kühne,昵称为威利)将他职业生涯中相当多的时间倾注在研究这个接触点上。在开始的时候,屈内支持连续性假说,然而,1886年,当改进的显微镜技术使他能够看到运动纤维和肌肉之间清晰的缝隙时，他改变了观点。因为神经末梢并没有融合到肌肉中，而是刚好落在肌肉表面。1888年，屈内向英国皇家学会报告了他的发现，他推测，在到达肌肉之前，神经末梢以某种方式开放，使得液体溢出并穿过微小间隙。无疑，这自然引出了一个更大的问题：神经系统的其他区域也会出现类似的过程吗？

卡哈尔用来解决接触问题的方法之一是检查神经细胞的胚胎发育。正如威廉·希斯已经表明的，胚胎神经纤维总是来自一个更原始的称之为神经丛的细胞。卡哈尔通过显微镜仔细观察了这个过程，他发现，正在生长的神经纤维在头部总是表现出一种奇怪的增大现象，他称之为"生长锥"。纤维的这一球根状部分还有它自身独特形式的变形运动，就好像破城槌，在接触靶细胞的过程中要推开路径上的一切障碍。小鸡小脑的这种生长结构给卡哈尔留下特别深的印象，这种生长结构显示攀缘纤维(clinbing fibres)的轴突在和浦肯野细胞的树突缠结起来之前似乎是以有目的的方式在寻找浦肯野细胞体。卡哈尔突然灵光一闪，意识到之所以出现这种运动是因为浦肯野细胞产生了一种化学物质，将轴突吸引到它们的目的地，我们如今知道这是一个正确的理论。就卡哈尔所能够辨别的来说，在这个生长过程中，轴突终末并没有与树突融合。相反，在与它们的目标接触时，它们似乎干脆终止了。

1894年，卡哈尔意外地收到英国皇家学会的邀请去做那一年的克罗尼安讲座(Croonian lecture)。[25]邀请卡哈尔参加这一享有崇高声望的讲座得到了查尔斯·谢灵顿(Charles Sherrington)的支持，谢灵顿本人也在从事有关反射作用的脊髓回路研究，这项工作要求他仔细绘制神经通路及其连接。利用脊髓追踪信息的尝试也使他确信，神经系统是由单个的神经细胞构成的，这些神经细胞的纤维在没有融合的情况下相互接触。卡哈尔被这次邀请吓了一跳，他动身前往伦敦，用法语发表了演讲，并在访问期间住在谢灵顿的家里。[26]后来他们成为终身的挚友，几年后，谢灵顿还讲述了卡哈尔如何坚持将客房变成临时用于显微研究的实验室，显微研究就是他当时具有代表性的工作，而对于他的观察，他还会用幽默的拟人化语言提供持续不断的评论。

我们不知道,在卡哈尔访问英国期间,他和谢灵顿是否讨论了命名接触点的可能性。然而,在克罗尼安讲座后不久,谢灵顿受邀为迈克尔·福斯特爵士(Sir Michael Foster)广受欢迎的《生理学教科书》(*Textbook of Physiology*)撰写其中的一章。谢灵顿接受了这一任务,但对没有词语来命名他相信存在于神经细胞之间的接合点,谢灵顿感到很沮丧。一开始,他创造了 syndesm 一词(源自希腊语,意为"抓住"),后来他又将其改为 synapse,因为古典学者亚瑟·沃尔加·韦拉尔(Arthur Woollgar Verrall)认为 synapse 提供了"更好的形容词形式"。突触这个词首次出现在福斯特教科书的第七版(1897 年)中,当时它只是被简单地定义为"分离的表面"。谢灵顿只能推测信息是如何跨过这个接合点的。尽管如此,他确信突触是存在的,因为他从自己的研究中发现,沿着神经纤维传递的冲动在它们的末端要慢得多。虽然突触在神经系统中确实可视要到 20 世纪 50 年代电子显微镜发明以后才得以充分地确证,但是通过功能证明它们存在的药理学证据在很久以前就已经势不可挡了。不过,后来的发展表明,突触是传递化学信息还是电信息将是一个更成问题的问题(problematical issue),是一个导致了 20 世纪上半叶著名的"电火花对化学汤"的争论的问题(见第 12 章)。

184

高尔基与卡哈尔赢得诺贝尔奖

1906 年,高尔基和卡哈尔被授予诺贝尔奖,以表彰他们在神经系统结构上的研究。这个年度奖项——那时的奖金大约相当于今天的 100 万美元——在 1901 年通过阿尔弗雷德·诺贝尔(Alfred Nobel)提供的一份遗产设立,授予那些"为人类做出最大贡献"的人。高尔基和卡哈尔是最早获得这一荣誉的解剖学家,这次获奖也是两人唯一一次见面。遗憾的是,当卡哈尔去火车站迎接高尔基时,他们的关系却开局不顺。由于这位意大利人(指高尔基)更关心找到酒店,基本上忽略了他们的交流。接下来情况也没有得到改善。在不久之后举行的颁奖典礼上,两个人被要求在不同的日子发表获奖演说。高尔基先发表获奖演说,坚决地辩护他的网状论,这让那些杰出的听众感到吃惊。他还在演讲开始时说,神经元理论江河日下,然后又花了大量精力来抨击神经元学说。高尔基表现出的"骄傲和自我崇拜"让卡哈尔感到震惊。随着高尔基对神经元学说的不断批评，卡哈尔也变得愤怒了。虽然卡哈尔忍受了攻击的折磨，但对不能纠正这么多令人厌恶的错误和故意的疏漏，已经"浑身发抖，失去了耐心"。第二天，卡哈尔发表了他的获奖演说，他的获奖演说提供了一个更有条理的解释，表达了他对神经接触性而非连续性的信念。历史的发展表明，在神经元学说和神经功能的许多其他方面，卡哈尔才是正确的，而不是高尔基。

从高尔基的辩护中可以看出，在 1906 年，卡哈尔的立场并没有被普遍接受，而网状论仍然有不少的支持者。而且，对于许多人来说，突触是一个庞大且难以置信的概念，它并没有回答神经传递的本性这个重要的问题。网状论者还指出，如果神经元只是接触，那么电脉冲的传导就会慢得多，这也有一定的道理。所有这些反对意见都让人对神经元学说产生了怀疑，这也使得神经元学说在 20 世纪早期进展缓慢。网状论因为高尔基的帮助得以延续，而高尔基在晚年仍旧不遗余力地抨击神经元理论，甚至有人说他拒绝在他的学生中讨论这个理论。

不管最终谁是正确的，高尔基和卡哈尔都是神经解剖学的伟大先驱。除了在神经系统方面的工作，高尔基用他的染色法发现了高尔基腱（在肌肉中发现的一个探测肌肉拉伸情况的器官）和高尔基体（细胞中参与制造和运输蛋白质与脂质的结构）。高尔基也对疟疾进行了重要的研究，阐明了疟疾元凶疟原虫在红细胞中的生命周期。高尔基后来出任帕维亚大学的校长，在 1926 年去世，享年 81 岁。卡哈尔也非常高产，在 1911 年出版的《人与脊椎动物神经系统组织学》（*Histologie du système nerveux de l'homme et des vertébrés*）一书中，他总结了自己大部分的工作。这本书有近 2000 页、887 幅插图，时至今日，仍以对脊髓和脑所做的非凡的复杂图绘和细节书写而给读者留下深刻的印象。就我们对神经系统细胞组织的现代理解来说，这本书仍旧是基石。[27] 卡哈尔还写了其他的书，包括《给一位年轻研究者的建议》（*Advice for a Yung Znvestigator*）和一本名为《回忆我的生活》（*Recollections of My Life*）的丰富多彩的传记。他甚至以"细菌博士"的笔名为广大公众写了一些虚构的故事和科普作品。在他生命的最后岁月，卡

185

哈尔的名气和声望如此之高,以至于西班牙官方试图把他的肖像印在纸币和邮票上。尽管他拒绝这样做,但还是同意成为马德里的终身参议员。1922年从大学退休后,卡哈尔继续写作,直到1934年去世,享年83岁。意大利神经学家埃内斯托·卢加罗(Ernesto Lugaro)在讣告中称赞卡哈尔对神经科学知识的贡献比他的同事们的所有努力加起来还要多。即使在今天也很少有人对此持有异议。

注释:

1. 浦肯野第一次注意到这种效应是在一次远足,当时他注意到,随着黎明的到来,红花看起来更加偏蓝。

2. 有趣的是,浦肯野始终使用他名字的德国式拼写(Purkinje),一直到1849年返回布拉格他才改用了捷克式拼写(Purkinj_)。

3. 在这段时间,浦肯野还鉴别出了九种不同的指纹模式,尽管并没有提及它们对个人身份识别的价值。

4. 遍布于细胞体各处的树状突起的功能是收集来自其他神经细胞的神经信息。

5. See Tan and Lin (2005)。

6. 实际上胡克是否观察到了任何植物细胞是有争议的。《显微术》中有一张插图也许显示出画有细胞的荨麻叶的背面,但这还远不能确定。如果他确实观察到了细胞,那么很明显,胡克并没有意识到它们的真正意义。感兴趣的读者可以参考《细胞的诞生》一书。

7. 这项研究使施旺发现,环绕神经纤维的髓鞘来自独立的细胞——现在被称为施旺细胞。

8. 《动物与植物结构与生长一致性的显微研究》。

9. 有人认为,科利克对理解平滑肌、骨骼肌、皮肤、骨骼、牙齿、血管和内脏的结构做出了重要贡献。他也是第一个意识到动脉壁是由肌肉构成的,细胞含有大量的细颗粒,而这些细颗粒最终被证明就是线粒体(细胞的能量来源)的人。

10.1896 年的第六版《人类组织学手册》也因引入"轴突"一词而闻名。

11.尽管科利克的确承认雷马克发现了轴突索,但这对雷马克来说无疑是不公平的。

12.现在我们知道这些是投射到肌肉上的运动神经元。

13.星形胶质细胞是一种神经胶质细胞,它们是鲁道夫·维尔周(Rudolf Virchow)在 1858 年首次发现的,他把星形胶质细胞比作把神经成分黏在一起的"胶水"。今天,我们知道神经胶质细胞在维持神经细胞的完整性和功能方面发挥着许多重要的功能。

14.《人与哺乳动物的脑与脊髓研究》。

15.戴特斯观测到的"第二组"纤维一直受到许多猜测。它们可能是次生树突,尽管今天大多数研究者认为它们是来自其他神经细胞轴突终末的"传入"分支。事实上,戴特斯甚至用三角形基底(triangular bases)来绘制它们中的一部分,而如今已经知道这是轴突终末的一个重要形态特征。

16.高尔基很可能被这种物质所吸引,因为在刚开始的时候,它被用于生产感光胶片。

17.由于目前尚不清楚的原因,这种方法只能对大约 1%～5% 的细胞染色。

186

18.我们如今知道,脑的一些细胞(现在称为神经胶质细胞)的确有终止于血管的突起,尽管这些细胞不是神经细胞。高尔基很可能观察并混淆了这两种类型的细胞。

19.《论中枢神经系统的精细解剖学》。

20.在慕尼黑工作的时候,弗瑞尔建立了一个足够大的切片机来进行人脑切片,这让他在 1877 年对被盖区(上脑干一个区域)的分析广受好评。

21.英国人奥古斯图斯·沃勒(Augustus Waller)在 1850 年首次使用了这项技术。

22.弗瑞尔在 1886 年的发现可能比希斯的发现更早。然而,弗瑞尔的论文被推迟了几个月,直到 1887 年才出版,大约比希斯的著作晚 3 个月。因此,在这个发现上,希斯通常被认为是第一人。

23.有一次,当时只有 11 岁的卡哈尔成功自制了炸弹,并把小镇的大门炸了一个洞!

24.这是因为鞘层发挥屏障的作用,防止了硝酸银进入轴突。

25.克罗尼安讲座是应英国皇家学会和皇家医师学会的邀请而举办的著名讲座。1684 年威廉·克罗尼去世时,在他的论文中曾计划在英国皇家学会和皇家医师学会创办一个讲座,其妻子在 1701 年为这一讲座的创立提供了遗产。英国皇家学会系列讲座始于 1738 年,英国皇家医师学会的系列讲座始于 1749 年。——译者注

26.至于这是否是两人第一次见面,还存在一些疑问。1885 年谢灵顿去西班牙帮助调查霍乱暴发。诺贝尔奖官方传记称,谢灵顿和卡哈尔在这段时间见过,尽管后来谢灵顿在 1934 年为卡哈尔写的悼词中否认了这一点。

27.这本书最近有了英文译本,任何认真学习神经科学的学生都应该下功夫研究一下。

参考文献

Akert, K. (1993). August Forel: Cofounder of the neuron theory (1848—1931). *Brain Pathology*, 3(4), 425-430.

Andres-Barquin, P. J. (2001). Ramon y Cajal: A century after the publication of his masterpiece. *Endeavour*, 25(1), 13-17.

Andres-Barquin, P. J. (2002). Santiago Ramón y Cajal and the Spanish school of neurology. *The Lancet*, 1(7), 445-452.

Barbara, J. G. (2006). The physiological construction of the neurone concept. *C. R. Biol*, 329(5-6), 437-449.

Bennett, M. R. (1999). The early history of the synapse: From Plato to Sherrington. *Brain Research Bulletin*, 50(2), 95-118.

Bentivoglio, M. (1996). 1896—1996: The centennial of the axon. *Brain Research Bulletin*, 41(6), 319-325.

Clark, G. and Kasten, F. H. (1983). *History of Staining*. London: Williams and Wilkins.

Clarke, E. and O'Malley, C. D. (1968). *The Human Brain and Spinal Cord*. Berkley, CA: University of California Press.

De Carlos, J. A. and Borrell, J. (2007). A historical reflection of the contributions of Cajal and Golgi to the foundations of neuroscience. *Brain Research Reviews*, 55(1), 8-16.

DeFelipe, J. (2002). Sesquicentenary of the birthday of Santiago Ramón y Cajal, the father of modern neuroscience. *Trends in Neurosciences*, 25(9), 481-484.

Edwards, J. S. and Huntford, R. (1998). Fridtjof Nansen: From the neuron to the north polar sea. *Endeavour*, 22(2), 76-80.

Fodstad, H. (2001). The neuron theory. *Stereotactic and Functional Neurosurgery*, 77(1-4), 20-24.

Guillery, R. W. (2005). Observations of synaptic structures: Origins of the neuron doctrine and its current status. *Philosophical Transactions of the Royal Society B*, 360(1458), 1281-1307.

Harris, H. (1999). *The Birth of the Cell*. New Haven, CT: Yale University Press.

Jones, E. G. (1994). The neuron doctrine 1891. *Journal of the History of Neurosciences*, 3(1), 3-20.

Jones, E. G. (1999). Golgi, Cajal and the neurone doctrine. *Journal of the History of Neurosciences*, 8(2), 170-178.

Judas, M. and Sedmak, G. (2011). Purkyně's contribution to neuroscience and biology: Part 1. *Translational Neuroscience*, 2(3), 270-280.

Koeppen, A. H. (2004). Wallerian degeneration: History and clinical significance. *Journal of the Neurological Sciences*, 220(1-2), 115-117.

Lagunoff, D. (2002). A Polish Jewish scientist in nineteenth century Prussia: Robert Remak (1815—1865). *Science*, 298, 2331.

Llinás, R. R. (2003). The contribution of Santiago Ramón y Cajal to functional neuroscience. *Nature Reviews Neuroscience*, 4(1), 77-80.

187

Marshall, L. H. and Magoun, H. W. (1998). *Discoveries in the Human Brain*. Totowa, NJ: Humana Press.

Mazzarello, P. (1999). *The Hidden Structure: A Scientific Biography of Camillo Golgi*. Oxford: Oxford University Press.

Mazzarello, P. (1999). A unifying concept: The history of cell theory. *Nature Cell Biology*, 1(1), E13-E15.

Mazzarello, P. (2011). The rise and fall of Golgi's school. Brain Research Reviews, 66(1-2), 54-67.

Mazzarello, P., Garbarino, C. and Calligaro, A. (2009). How Camillo Golgi became "the Golgi". *FEBS Letters*, 583(23), 3732-3737.

Pannese, E. (1996). The black reaction. *Brain Research Bulletin*, 41(6), 343-349.

Pannese, E. (1999). The Golgi stain: Invention, diffusion and impact on neurosciences. *Journal of the History of Neurosciences*, 8(2), 132-140.

Pedro, J. A.-H. (2001). Ramón y Cajal: A century after his masterpiece. *Endeavour*, 25(1), 13-17.

Pokorny, J. and Trojan, S. (2005). Purkinje's concept of the neuron. *Casopis Lekaru Ceskych*, 144(10), 659-662.

Ramón y Cajal, S. (1954). *Neuron Theory or Reticular Theory?* Madrid: Instituto Ramón y Caja.

Ramón y Cajal, S. (1966). *Recollections of My Life*. Cambridge, MA: MIT Press.

Rapport, R. (2005). *Nerve Endings: The Discovery of the Synapse*. New York: Norton.

Shepherd, G. M. (1991). *Foundations of the Neuron Doctrine*. Oxford: Oxford University Press.

Shepherd, G. M., Greer, C. A., Mazzarello, P., et al. (2011). The first images of nerve cells: Golgi on the olfactory bulb 1875. *Brain Research Reviews*, 66(1-2), 92-105.

Smith,C. U. M. (1996). Sherrington's legacy：Evolution of the synapse concept,1890s — 1990s. *Journal of the history of Neurosciences*, 5 (1), 43-55.

Sotelo,C. (2003). Viewing the brain through the master hand of Ramón y Cajal. *Nature Reviews Neuroscience*,4(1),71-77.

Swanson, N. and Swanson, L. W. (1995). *Histology of the Nervous System of Man and Vertebrates by Ramón y Cajal*. vols 1 and 2. Oxford：Oxford University Press.

Tan, S. Y. and Lin, K. H. (2005). Johannes Evangelista Purkinje (1787—1869)：19th century's foremost phenomenologist. *Singapore Medical Journal*,46(5),208-209.

188   Venkatamani, P. V. (2010). Santiago Ramón y Cajal：Father of neurosciences. *Resonance*,15,968-976.

Wade,N. J. and Brozek,J. (2001). *Purkinje's Vision：The Dawning of Neuroscience*. New York：Lawrence Erlbaum.

Winklemann,A. (2006). Wilhelm von Waldeyer-Hartz (1836—1921)：An anatomist who left his mark. Clinical Anatomy,20(3),231-234.

Wolpert, L. (1996). The evolution of "the cell theory". *Current Biology*,6(3),225-228.

8　反射的回归

任何人类行为的最初原因都在人之外。

伊万·米哈洛维奇·谢切诺夫

脑正在醒来,随之心灵也回来了。就好像银河系跳起了某种宇宙之舞一样,脑中的物质迅速变成了一个魔法织布机,数以百万计的闪光梭编织出一个溶解模式(dissolving pattern)——子模式产生一种不断变换的和谐。

查尔斯·S.谢灵顿

概　要

早在 1662 年笛卡儿就在《论人》中首次阐释了反射或者说外部刺激会产生不自主的生理反应这个概念。在生理学的历史上,这是关键的一步,因为身体肌肉和骨骼的运动以前是以一种类似灵魂的生命力来解释的,而现在却可以通过机械学来解释。尽管如此,反射的概念在笛卡儿之后的一个世纪发展缓慢,因为活力论的理念并不容易被摒弃。例如,在 18 世纪生理学家罗伯特·怀特(Robert Whytt)的著作中就可以看到这种理念。他强调了神经通路对于某些类型的反射性运动的重要性,但仍坚持用精神性力量(或"感性原则")来解释身体行为。对反射更现代的理解必须等到对脊髓解剖有了更好的理解之后,而这方面的进展是通过查尔斯·贝尔(Charles Bell)和弗朗索瓦·马让迪(Francois Magendie)在19世纪早期的努力取得的。尽管对谁的发现在前存在争议,但他们两人都确定了用于传递感觉和运动信息的脊髓通路是分开的。这将有助于英国生理学家马歇尔·霍尔(Marshall Hall)阐明大范围的复杂反射行为的脊髓和髓质机制,他认为这些机制无须任何生命力。然而,这些概念在研究生涯长达50多年的查尔斯·谢灵顿那里达到了顶点,谢灵顿详尽地解释了反射的综合性质。尤其是他强调了兴奋和抑制的重要性,并展示了神经系统的各个层次,包括大脑皮层是如何造成反射行为的。然而,反射不仅支配着对生理学的思考。随着谢切诺夫在19世纪中叶的工作,反射越来越被认为是心理活动的重要组成部分。它们也被巴甫洛夫用来解释学习,这将对心理学的发展产生重要影响。其中一个例子就是卡尔·拉什利(Karl Lashley)受到鼓舞,开始寻找条件反射在脑中的神经基础。尽管事实证明这比他想象中要困难,但他的失败却导致他的学生唐纳德·赫布(Donald Hebb)提出反射行为的新概念。赫布的理论提出,学习和记忆涉及脑中反射性神经活动的"回路",这些回路的电"回响"(reverberations)会因突触发生的变化而增强或减弱。如今,赫布的思想在包括神经科学、心理学和人工智能在内的许多与脑研究相关的领域仍然具有高度影响力。

190

早期对非随意活动的解释

自古希腊以来,人们就知道,许多复杂的身体活动,包括心脏、肺和胃的活动,都可以在没有任何意志干预的情况下发生。然而,这些行为并不像在现代意义上所理解的那样被认为是反射性的。相反,它们被认为受到一种支配身体活动的内在生命力(亚里士多德术语中的灵魂)的控制。事实上,盖伦甚至声称非随意活动是虚幻的。在他看来,这些活动是由灵魂故意创造的,但很快就被遗忘了,这给人们一种这些活动是自发的感觉。这种信念也有助于解释"共鸣"(sympathy)的问题。这个概念可以追溯到希波克拉底,他认为身体的四种体液必须协调(或共鸣)才能保持健康。然而,到盖伦的时候,这个问题已经变成了试图解释身体如何能够使不同部位之间协调一致地运转。例如,当试图解释身体某个部位的紊乱(比如子宫的运动)可能导致其他部位的异常(歇斯底里)时,就出现了困难。虽然盖伦意识到,共鸣的许多例子都有来自脊椎的神经起源,这使得动物精气可以从一个器官传递到另一个器官,但他也认识到其他的情况。例如,统一身体不同部位的起连接作用的血液供应(如怀孕和哺乳的妇女),甚至是蒸气从胃上升干扰脑(如胃肠疾病)的情况。显然,要是对身体的运作,特别是对其神经系统的运作没有思维上的重大转变,共鸣概念将仍然与这种陈旧的信念相联系。

又过了 1500 年左右,笛卡儿才提出反射的概念来解释非随意活动。这在 1662 年的《论人》一书中得到最著名的表述,在这本书中,笛卡儿通过一条进出脑的神经通路(见图 4.2)解释一个人把手从热物体上抽离的活动。这在当时是一个了不起的想法,也是建立生理学现代基础的最重要的进展之一。虽然如此,笛卡儿将行为反应看作独立于灵魂意欲的新理论,并没有被广泛接受。更糟的是,笛卡儿理论的更精致的细节被证明是不正确的,因为他把"反射"活动定位在了脑室壁上。不过,笛卡儿之后的其他人会给出更可信的解释,其中包括托马斯·威利斯,他认为小脑是控制非随意活动的一个重要部位。威利斯还认为,除了小脑,肋间神经(后来被称为交感神经干)和迷走神经也起着同样重要的作用,这些神经传递到身体的许多器官,包括心脏和肺。所有这些系统不仅起源于脑后部,而且它们之间存在广泛的相互联系、"共鸣"和功能统一。因此,他开始认为这些神经通路有着相互协调的活动,而不一定涉及脑。然而,与笛卡儿不同的是,威利斯诉诸通过神经流动的动物精气和遍及整个身体的灵魂的观点,在身体中灵魂可以影响共鸣活动。

191

作为共鸣中介的反射:罗伯特·怀特

反射概念在 18 世纪由被称为苏格兰第一个"神经学家"的罗伯特·怀特(见第 4 章)发展得更加完善。1747 年,怀特被任命为爱丁堡大学的医学教授,他强烈反对笛卡儿的或机械论的生理学观点。相反,他认为,身体的机械行为服从于一种能够自我运动的精神实体,这种精神实体被称为"感性原则",它是一种泛灵论的力量,弥散于全身,通过与神经系统的"奇妙结合"来控制共鸣。不过,尽管有这些观点,怀特还是发现了几种不同类型的不自主活动。在 1751 年发表的一篇文章中,怀特提到了其中的第一种,在这篇文章中,他讨论了在强光下眼睛的瞳孔是如何变小的。[1]这种反应先是引起了哈勒的兴趣,他认为瞳孔变小是因为虹膜(瞳孔周围的肌肉)受到刺激,导致它在没有任何神经干预的情况下收缩。但是怀特得出了不同的结论,他认为当光线落到眼睛后部高度敏感的视网膜上时,它就会产生。这会造成一种不愉快的感觉,这种感觉与视神经和脑中的感性原则相沟通。然而,怀特还注意到另一件事:瞳孔对光的反应会出现在两个眼睛里,即使其中一个眼睛被遮住了。这显示了两眼之间存在共鸣,而怀特只能通过假设这是从一只眼睛传到脑的神经通路来解释这一现象:在脑中,感性原则起作用引起了另一个眼睛里的反应。事实上,怀特更进一步,在对一名瞳孔对光没有反应的儿童进行尸检,并在视丘发现一个囊肿以后,他确认脑的这一区域就是发生这种作用的部位。

4 年后,在他的《生理学论文》(*Physiological Essays*)中,怀特做出了另一项重要发现。18 世纪的研究者都知道,一只去了头的青蛙在死后数小时内还能保持心跳,而且在头部与脊髓被切断后很长一段时间内还能产生肌肉运动。事实上,无头青蛙经常表现出一种协调的坐姿,显示出它的不同肌肉之间的"共鸣"。甚至能够呈现出各种各样的反射行为,比如从有害刺激中缩回一条腿(见图 8.1)。对哈勒来说,这些反应仅仅意味着它的肌肉在死后的一段时间内继续处于应激状态。但怀特不同意这种观点。对他来说,这种行为是由于青蛙去头以后在脊髓中残留一定量的感

性原则。实际上,怀特证明这个理论的方法是向人们表明,如果无头青蛙 192
的脊椎骨髓也被一根热金属丝破坏的话,它就不会有活动和共鸣。这激
励怀特更精确地定位感性原则,在此过程中,他发现,只有一小部分脊髓
是出现四肢回缩所必需的。这是第一次清晰展示我们如今所认识到的脊
髓反射,一种简单的不自主反应,这种反应由一小段脊髓控制,而没有任
何脑的介入。

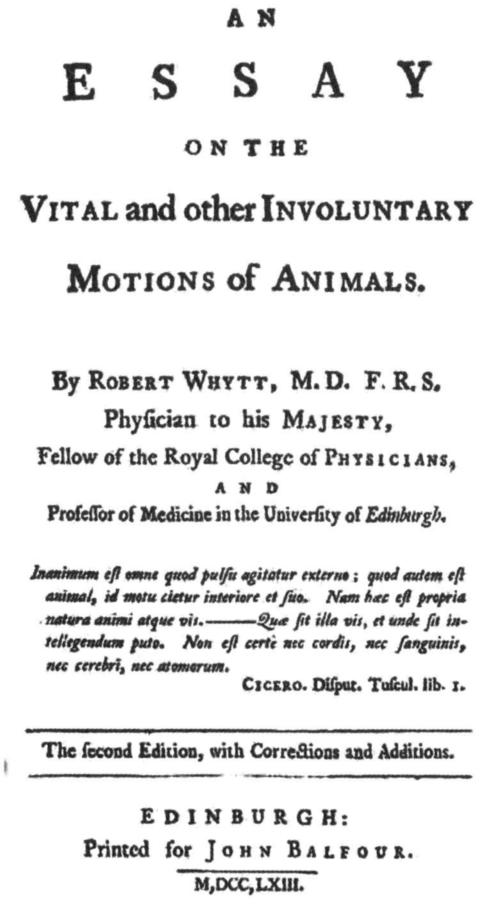

AN

ESSAY

ON THE

VITAL and other INVOLUNTARY

MOTIONS of ANIMALS.

By ROBERT WHYTT, M.D. F.R.S.
Physician to his MAJESTY,
Fellow of the Royal College of PHYSICIANS,
AND
Professor of Medicine in the University of *Edinburgh*.

*Inanimum est omne quod pulsu agitatur externe ; quod autem est
animal, id motu cietur interiore et suo. Nam hæc est propria
natura animi atque vis.———Quæ sit illa vis, et unde sit in-
telligendum puto. Non est certè nec cordis, nec sanguinis,
nec cerebri, nec atomorum.*
CICERO. Disput. Tuscul. lib. 1.

The second Edition, with Corrections and Additions.

EDINBURGH:
Printed for JOHN BALFOUR.
M,DCC,LXIII.

图 8.1 1751 年,罗伯特·怀特发表的《论动物的生死攸关的不自主运动》
(*A Essay on the Vital and Involuntary Motion of Animals*)一书的扉页,这本书
中有一些关于反射行为的最早讨论。

尽管怀特从未用过"反射"这个词,但他为人们加深对"反射"的理解做出了重要贡献。他进一步将不自主活动明确地定义为那些需要刺激来产生的活动,而刺激是在没有"意志力"的情况下出现的。换句话说,他意识到,这些活动是由会导致自动反应的外部事件(刺激)触发的。这种反应也需要脊髓的介入。尽管怀特认为,只有"一小部分"的感性原则专门针对反应活动,但将其视为身体整体综合功能(共鸣)所必不可少的。被怀特看作不自主的那些活动也令人印象特别深刻,其中包括诸如呼吸和射精等功能。[2]然而,这些"共鸣"运动与由脑中的"意志力"所产生的自愿活动形成了鲜明的对比。这些自愿活动并不需要外部刺激,因为它们是由灵魂控制的。此外,怀特还认识到自然运动的存在,比如心跳,它们同样不需要刺激。

贝尔—马让迪法则

只有等到脊髓的神经解剖学得到更充分的阐明,人们对反射的理解才会取得进一步发展。这出现在 19 世纪早期。在此之前,人们对脊髓的认识与盖伦时代相比并没有显著提高。在盖伦的描述中,脊柱像树干一样从大脑中生长出来,成对的神经(左右)形成分支,当它们进入身体时,就分裂成成千上万的枝杈。[3]他还展示了切割脊柱的效果,它会造成身体切口下方失去感觉和运动。有趣的是,盖伦还认识到,脊髓是一束不间断地从脑到肌肉(运动部分)或相反方向(感觉部分)从肌肉到脑的神经。他得出这一结论时还是一名年轻的医生,当时他检查了一名从战车上掉下来的伤员,他的手指失去了感觉,但却没有失去运动控制能力。这一发现表明,通往脊髓的感觉通路不同于通往肌肉的运动通路。后来,他将感觉神经描述为"软的",而将运动神经描述为"硬的"。然而,盖伦对感觉神经和运动神经的区分似乎被后来者遗忘了。例如,笛卡儿认为单个的神经通路既传递感觉信息,也传递运动信息,这种观点得到了哈勒的支持,他写道:"我不知道有这样的神经,它不产生运动,却产生感觉。"

苏格兰人查尔斯·贝尔爵士(Sir Charles Bell)提供了第一个区分感觉

神经和运动神经的实验证据。贝尔在爱丁堡跟随他的哥哥学习外科学，在那里他树敌不少。1804 年，为了学术前途，贝尔搬到了伦敦。在 1836 年回到苏格兰爱丁堡担任外科教授之前，他在伦敦生活了 30 多年。在此期间，贝尔成为一位高产的医学作家，他的名字如今与面瘫（贝尔氏麻痹症）联系在一起。贝尔在 1806 年出版了《论绘画中的表情解构》（*Essays on the Anatomy of Expression in Painting*），获得了艺术界的认可。这是一部将解剖学与艺术结合起来的令人惊叹的视觉作品，甫一出版就成为经典之作。他的艺术技巧也许要好过手术技艺，因为贝尔目睹了滑铁卢战役中的军事行动，据说在战争中经他手术的截肢患者 90％ 都死于手术。[4]

不过贝尔最重要的解剖工作是有关脊髓的。大约在 1810 年，贝尔似乎有了一个重要的洞见，他推断，脊髓最前部的区域极有可能与脑的前部区域相连。同样，贝尔认为，脑更靠后的区域可能与脊髓后部有关。如果的确如此，这就具有重要的含义，因为传统上认为，脑的前部与感觉相关联，而后部（也就是小脑）与不自主反射相关联。为了验证他的想法，贝尔打晕了一只兔子，打开它的脊椎，刺激这只兔子脊髓的不同部分。虽然在刺激脊髓后部时，这种方法几乎没有效果，但当刺激脊髓前部时，它导致了动物抽搐。这是一个意想不到的发现，它表明脑和脊髓的前半部区域根本不负责感觉功能。相反，脊髓这部分的兴奋引起了身体肌肉系统的痉挛，因此，它似乎具有的是运动功能。

在这些观察之后，贝尔做了进一步的实验。尤其是，他将注意力转向沿着脊髓两侧离开脊髓的 31 对神经。这些神经节被称为脊髓神经，在 19 世纪早期就已经明确，这些脊髓神经是从两个根形成的：向前离开脊髓的前根（有时称为腹根）和向后离开脊髓的后根（背根）。[5]贝尔开始研究在兔子身上切断这些脊神经根会有什么效果。他很快证实了之前在刺伤脊椎实验中发现的东西。也就是说，切断前根导致抽搐，而损伤后根几乎没有行为上的后果。1811 年，贝尔在一本印了 100 份的私人传阅的小册子中发表了这个发现。[6]其中明确将运动功能赋予脊髓的前根，而对后根的功能，贝尔的认识则要模糊得多，他声称后根是用于身体的"秘密"运转的。

贝尔对脊髓神经根的研究并不广为人知。奇怪的是，他的解剖学教科

194

书(1816 年) 对此甚至都没有提及。事实上,直到 1822 年,他的姐夫亚历山大·肖(Alexander Shaw)在巴黎的皇家学会(Royal Society)上公布了这一工作,它才有了更广泛的传播。著名生理学家弗朗索瓦·马让迪是这次演讲的与会者之一。马让迪出生在一个支持法国大革命的贫穷家庭,在混乱的年代里成长为一名医生,后来成为法国解剖研究所的研究人员。他因为在自己和动物身上使用来自爪哇和婆罗洲的箭毒进行实验而闻名,这项工作导致 1818 年士的宁的发现。他以直率和粗鲁的性格而闻名,这经常招致他人的敌意。马让迪还是一个臭名昭著的活体解剖者,他并不反对在实验和公开展示中极其残忍地对待动物。他的这些工作在英国也引起了人们的关注。[7] 听了肖的演讲后,马让迪立即着手自己的研究,他把幼犬的脊髓暴露出来,用剪刀剪断它们的脊髓神经根。马让迪发现当他切断前根时,会引起抽搐和瘫痪。然而,切断后根会剥夺动物损伤以下身体的感觉,包括痛感。这种结果的含义很明显:前根负责向肌肉传递信息(正如贝尔所认为的),而后根则负责将诸如触觉这样的感觉输入传入脊髓。

1822 年,马让迪发表了一篇有关他的发现的简讯,后来又用内容更充实的研究来佐证他的发现。虽然马让迪承认贝尔是第一个将运动功能归于前根的人,但在证明后根的感觉本质这一点上他主张自己是第一人。贝尔强烈反对这一主张,这导致两人之间爆发了激烈而持久的对抗。当时的反法情绪以及马让迪实验的残酷性都无助于缓解这种局面。这场冲突一直持续到贝尔 1842 年去世。今天,大多数历史学家都认为马让迪的说法是正确的,贝尔几乎没有提供什么证据来表明后根的感觉本质。[8] 然而,不管谁是对的,这两个人都已经确立了一个重要的新神经学概念,即在脊髓中运动和感觉通路是分离的。简言之,运动纤维通过前根离开脊髓,而感觉纤维则通过后根进入脊髓(见图 8.2)。这在如今被称为贝尔—马让迪法则,在理解反射活动上,这一法则提供了关键的进展(见图 8.3)。

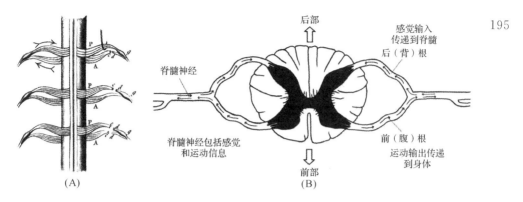

195

后部

感觉输入
传递到脊髓

脊髓神经

后(背)根

脊髓神经包括感觉
和运动信息

前(腹)根

运动输出传递
到身体

前部

(A)

(B)

图 8.2 (A)取自 1860 年查尔斯·布朗·司考德(Charles Brown-Sequard)在讲座中使用脊髓神经根图像(来源:伦敦威尔克姆图书馆)。(B)脊髓神经根。前(腹)根负责将"输出"的运动纤维传递到身体,而后(背)根负责将感觉信息传递到脊髓[夏洛特·卡斯韦尔(Charlotte Caswell)绘制]。

196

(A)

(B)

图 8.3 (A)查尔斯·贝尔(1774—1842),是第一个研究损伤脊髓神经根所造成的行为影响的人,这将使他认识到前神经起着运动功能。(B)弗朗索瓦·马让迪(1783—1855),于 1822 年确认脊髓神经后根的感觉功能。

来源:伦敦威尔克姆图书馆。

兴奋运动反射：马歇尔·霍尔

贝尔和马让迪都避免卷入有关脊髓中是否含有能够自我运动的感性原则这个问题的争论中去。尽管如此，贝尔—马让迪法则的建立为针对反射的新理解提供了解剖学基础，而通常认为迈出下一步的人是马歇尔·霍尔。1790 年霍尔出生在诺丁汉附近的巴斯福德，1812 年以医学博士学位从爱丁堡大学毕业，后在巴黎、哥廷根和柏林学习。回到诺丁汉做医生以后，1826 年，霍尔搬到了伦敦继续行医。霍尔从未在医院或大学担任过专业职位，他是一个来去自由的人，大部分研究都是在家里进行的。不过这一切都没有妨碍他，因为事实证明他是一位孜孜不倦的研究者。他写了 150 多篇论文，涉及广泛的主题，[9] 还出版了 19 本书。霍尔没有得到正式的学术升迁可能是由于傲慢，因为据说他很少承认别人的工作，这有时会导致有人指控他剽窃。然而，他有关反射的实验工作却让人们牢牢记住了他，这些实验是在包括青蛙、蜥蜴、鳝鱼、蛇和海龟在内的各种低等动物身上展开的，在 1850 年，霍尔说自己在这些工作中倾注了 25 年，25000 个小时的心血。

霍尔说，他第一次对反射感兴趣是在 19 世纪 20 年代末，当时他看到了一条被切断了的蝾螈尾巴，在碰到手术刀刀片时，这条尾巴仍然能够抽搐。虽然其他人也报道过这种反应，但霍尔对这种反应很着迷，于是他开始研究这种反应的奥秘。在一项实验中，霍尔切断了一条蛇的第二和第三节椎骨之间的脊髓，这一手术导致了切口以下的瘫痪。然而，霍尔注意到这条瘫痪的蛇的身体还是会运动，因为在受到刺激时，它会剧烈地扭动。这种反应在意料之中，罗伯特·怀特在青蛙身上就造成过类似的反应，他将这种运动归因于脊髓中类似灵魂的力量。然而，时过境迁，霍尔得出的结论完全不同。对他来说，没有必要把这种行为归因于精神力量。相反，更好理解的是将反射解释为一种"兴奋运动系统"，它接收来自后根的感觉输入，并将其整合到脊髓的特定部分，然后通过前根产生协调的反应。换句话说，脊髓通过纯粹的机械作用将刺激"反射"成动作。此外，霍尔认为,这种反应能够在脑中没有感觉或者在没有更高意志的情况下发生。

1833 年,霍尔首次向英国皇家学会提出了他的想法。[10] 他不仅将一种机械作用赋予脊髓(或他所称的"反射性"功能),而且还将这种机械作用扩展到脑的髓质(见图 8.4)。通过这样做,霍尔试图表明,不自主的反射比之前想象中要复杂得多,涉及的行为范围和种类要广泛得多。事实上,霍尔在实验中发现,反射不仅控制着动物的整体肌肉结实度,还控制着呼吸,以及诸如打喷嚏、咳嗽和呕吐等其他自动功能。霍尔还意识到,某些复杂的行为,如游泳,可能涉及各种反射链,它们需要整合脊髓或髓质的不同部分。事实上,他甚至认为反射机制的紊乱可以解释各种疾病,如哮喘、舞蹈病和癫痫。换句话说,神经系统疾病可能有反射基础。然而,髓质以上的情况则不同,霍尔认为,大脑皮层是自主运动和有意识心智的所在地。尽管霍尔承认反射行为可以由脑的更高级中枢控制,从而产生更复杂、更协调的运动,但人类的心智是自我决定的。

198

图 8.4 马歇尔·霍尔(1790—1857),他拒绝用活力论解释反射,而代之以涉及脊髓和髓质的机械解释。

来源:伦敦威尔克姆图书馆。

心灵反射：伊凡·米哈洛维奇·谢切诺夫

霍尔没有把反射行为赋予脑的更高级区域。对他来说，位于髓质上方的区域控制着思想、自主活动和自由意志，不能还原到生理法则。在这方面，霍尔是一个沉默的二元论者，他可能同意弗卢龙的观点，否认大脑皮层功能的局域性。然而，霍尔为其他人将反射概念扩展到更高脑区奠定了基础，其中一个这样做的人是德国精神病学家威廉·格里辛格（Wilhelm Griesinger）。1843 年，格里辛格将霍尔的二元论理论称为"抱残守缺"，他提出反射在心智运作中也起作用。他称这些反射为心理反射，并说它们可以有意识或无意识地发生。另一位提出类似主张的人是托马斯·莱科克（Thomas Laycock），他在 1855 年成为第一位在爱丁堡担任医学主席的英国人。莱科克指出，脑的更高区域，包括大脑皮层，与神经系统的其他部分没有什么不同。因此，莱科克认为，脑受制于和脊髓一样的反射法则，只是更加的复杂化和更高度的进化。作为证据，莱科克指出了几处他认为源自大脑的反射，包括病理性的大笑，以及狂犬病人见到水的时候可怕的尖叫。虽然莱科克相信大脑皮层是自由意志的器官，但仍旧认为有许多反射是心智没有参与的，包括本能行为、情绪反应，甚至一些智力行为。

然而，与心理反射的观念联系最紧密的人是俄罗斯生理学家伊凡·米哈洛维奇·谢切诺夫（Ivan Mikhailovich Sechenov）。谢切诺夫的父亲是贵族，母亲是农民，早年他做过工程师。1856 年，27 岁的谢切诺夫在莫斯科获得医学学位。为了在国外深造，谢切诺夫在几个著名的实验室工作过，包括柏林的米勒实验室和赫尔姆霍茨实验室。不过他做出的最重要的发现是在 19 世纪 60 年代早期，在巴黎与克劳德·伯纳德（Claude Bernard）一起工作的时候。当时谢切诺夫正在检查青蛙腿从酸性溶液中抽离（也就是简单的脊椎反射）的情况时，他意识到可以通过刺激产生这种运动的部位上方的脊髓来抑制这种运动。这是一个出乎意料的发现，因为直到此时，所有的反射都被认为必然是兴奋性的，就像一个刺激引起肌肉收缩时出现的那样。为了进一步研究这种反应，谢切诺夫刺激了神经系统的其他区域，包括脑的髓质和丘脑。这一研究的结果显示,刺激不仅抑制了身体下肢的反射活动,而且还抑制了诸如血流等自动反应。谢切诺夫做出了一个重要的发现:抑制是专属于神经系统较高区域而不是较低区域的。

这个简单的发现具有深远的意义。首先,谢切诺夫意识到,刺激不能直接引发反射活动(这是霍尔坚持认为的),而是能从其抑制中释放反射。举个例子,谢切诺夫指出,一小粒灰尘可以引起喷嚏。一个小刺激怎么会产生如此强烈的反应,长期以来一直困扰着研究者。现在,可以对此做出解释,因为鼻子发痒释放了神经反射,而正是这些神经反射的抑制造成了喷嚏。这大大扩大了反射的范围。事实上,被"抑制性目标"约束的反射不只是运动反应,还可以是存储的记忆或者某种类型的思想。将这一观点拓展到逻辑性结论,谢切诺夫意识到,所有人类行为和心智活动都可以根据反射来理解。事实上,这将他导向这样一个理论立场,即否认思想是自主行为产生的原因。相反,对于谢切诺夫来说,思想不过是通过外部刺激从它们的抑制中释放出来的反射。虽然谢切诺夫并没有否认意识的存在,但认为没有必要将意志赋予意识。相反,意识是由外部事件引发的一系列无关紧要的心理事件。通过这种方式,谢切诺夫能够将所有的心智活动、情绪和行为都还原到反射的兴奋或抑制。1863 年谢切诺夫在《脑的反射》(*Reflexes of the Brain*)一书中发表了他的观点。然而,这些观点极具争议,尤其是在 19 世纪的俄罗斯,他的"任何人类行为的最初原因都在人之外"的论断被认为是反宗教的、不道德的和对社会危险的。沙皇政权甚至考虑根据刑法起诉他。

谢切诺夫(见图 8.5)还对心灵反射的概念做出了另一项重要贡献:他提出心灵反射可以通过学习来改变。在谢切诺夫之前,反射一直被认为是预先连接的神经回路,会在动物的一生中引起同样不变的反应。然而,谢切诺夫认识到反射行为可以被经验所修正。为了将这一观点推进一步,谢切诺夫将人类从婴儿到成人的发展视为一个过程,在这个过程中,通过学习,抑制逐渐对更基本和天生的反射施加更大的控制。事实上,对谢切诺夫来说,让人类与众不同的正是这种学习过程,尽管很难看出成年人行为的反射性质。谢切诺夫认为,如果一个人能从分娩开始就观察到所有外部事件,那么学习的真正发展过程就会被揭示出来。谢切诺夫的同胞伊凡·巴甫洛夫

(Ivan Pavlov)以更精确的术语表述天生的反射可以通过经验得到修正的观点。

图 8.5　伊凡·米哈洛维奇·谢切诺夫(1829—1905)发展了心灵反射支配所有思想和行为的想法。他也是第一个意识到复杂的反射模式可以通过一个简单的抑制过程来控制的人。

来源:国家医学图书馆。

互相协调的反射:查尔斯·斯科特·谢灵顿

几乎没有人会否认查尔斯·斯科特·谢灵顿(Charles Scott Sherrington)对反射进行了最深入也最广泛的分析。他写作这一主题将近 70 年,发表了超过 300 部作品。这也促成了他的伟大著作《神经系统的整合作用》(The Integrative Action of the Nervous System),该书综合了刚刚形成的神经元学说的许多方面,试图解释反射是如何作为神经协同作用的最简单单元而运作的。这部著作如今被认为是现代神经科学的奠基性著作之一。[11]虽然谢灵顿的成就涉及的范围很广,但归结起来主要在于三个方面:(1)详细描绘出各种反射之下的神经回路,(2)展示神经系统的活动为何同时需要兴奋性和抑制性信息,(3)说明统一的个体如何依赖于涉及神经系统各个层次的反射活动的整合。也许最重要的是,《神经系统的整合作用》的真正秘密在于它提供了一套可以理解神经系统的概念。我们不要忘记是谢灵顿创造了"突触"一词,而这个词在他对反射的理解中居于中心地位。

照他的传记所说,谢灵顿于 1857 年出生在伦敦伊斯灵顿,父亲是一名乡村医生,在他幼年时期就去世了。然而,几乎可以肯定,谢灵顿实际上是古典学者、外科医生迦勒·罗斯(Caleb Rose)的私生子,他直到 1880 年才与谢灵顿的母亲结婚。谢灵顿童年的大部分时间是在大雅茅斯(Great Yarmouth)和伊普斯维奇度过的,罗斯在那里当医生,因为罗斯的缘故,他似乎对文学产生了持久的热爱,这种热爱经常在他后来的作品中体现出来。不过,谢灵顿一开始就选择了医学,1876 年他在伦敦圣托马斯医院开始医学研究。[12] 三年后,谢灵顿去了剑桥,加入了迈克尔·福斯特爵士(Sir Michael Foster)的实验室,那时候,福斯特刚刚创办了《生理学杂志》(*The Journal of Physiology*),这是第一本专门面向生理学研究的出版物。1881 年,在伦敦召开的医学大会上,大卫·费里尔(David Ferrier)和弗里德里希·戈尔茨(Friedrich Goltz)就去除大脑皮层的动物的行为进行了一场备受关注的争论(见下一章)。剑桥大学教授约翰·纽波特·兰利(John Newport Langley)要对争论做出裁决,他需要检查两个脑,一个(来自一只猴子)由费里尔提供,另一个(来自一只狗)由戈尔茨提供。年轻的谢灵顿来到实验室后不久,就获得了一个难得的机会:兰利请他帮助,这让谢灵顿在 1884 年写了第一篇科学论文,这篇文章描述了戈尔茨的狗所受的伤害。

在圣托马斯医院完成医学研究后,谢灵顿去了斯特拉斯堡,在戈尔茨的实验室里待了一年,在那里他研究运动皮层损伤所造成的影响。大约在同一时间,两个英国协会还请谢灵顿研究当时在西班牙和意大利暴发的霍乱疫情。在进一步获得了传染病方面的专业知识之后,谢灵顿得以在柏林与著名病理学家鲁道夫·维尔周和细菌学家罗伯特·科赫(Robert Koch)合

201

作,继续这方面的研究。事实证明,开发了白喉疫苗的谢灵顿在这段时间是非常高产的,1894年,谢灵顿还不得不使用白喉疫苗来挽救他7岁侄子的性命。在去世以前写给朋友的信中,谢灵顿自豪地说,那个小男孩已经长到6英尺高,而且在第一次世界大战中表现卓越。

1891年,谢灵顿在伦敦的一家兽医院任职,这家医院还附属一家优秀的研究机构,称为布朗研究所。后来,谢灵顿承认,那个时候他并不确定自己的主要研究兴趣,但受到剑桥大学沃尔特·盖斯凯尔(Walter Gaskell)的鼓舞,他开始专注于神经生理学。盖斯凯尔说起脊髓的功能总是滔滔不绝。最终,谢灵顿开始把注意力集中在脊髓反射上。谢灵顿首先关注的问题之一是髌骨反射,也就是众所周知的膝跳反射,它是由轻拍膝盖骨下的肌腱引起的。1875年,两位德国人卡尔·韦斯特法尔(Carl Westphal)和威廉·厄布(Wilhelm Erb)各自独立描述了这种反应,如今,医生们经常用这种反应来评估神经系统的健康状况。然而,对于膝跳反射是如何发生的,他们有不同的看法。韦斯特法尔认为,这是股四头肌(大腿前侧的肌肉)的简单机械抽搐,是通过轻拍肌腱的力量传递的。相反,厄布认为,这是一种真正的反射,涉及从肌腱进入脊髓的感觉通路,然后又通过另一种神经通路返回收缩股四头肌造成的。

谢灵顿以猴子为对象,开始研究髌骨反射,他首先确定了负责居中调节反应的脊柱神经根,然后切断向腿部肌肉和从腿部肌肉传递信息的神经。结果证明厄布是正确的:反射涉及从肌腱到脊髓的神经冲动,然后神经冲动被重新导向,返回四头肌。然而,谢灵顿发现这种反射比之前想象的要复杂得多,因为轻拍肌腱也会降低沿大腿后部分布的腘绳肌的张力。1891年,谢灵顿首次发现了这一现象,此后他一再发现这是所有脊髓反射的一致特征,即主动肌和拮抗肌的相互作用。由此,谢灵顿意识到,简单或兴奋性反射的概念实际上是"一个纯粹抽象的概念"。事实上,对于反射活动,包括膝跳反射,相互反应是必不可少的,因为腘绳肌的张力降低是使得四头肌伸展的一个必要调整。谢灵顿还推断,这种反射一定涉及两种运动神经元:一个产生四头肌的兴奋,另一个引起腘绳肌的抑制。

本体感觉的发现

1895 年,谢灵顿任利物浦大学霍尔特生理学教授,一直到 1913 年搬到　202
牛津。由于意识到,除非对运动神经和感觉神经的功能了解得更加充分,否
则对反射的神经解剖学的理解就不会取得什么进一步的进展,于是谢灵顿
开始着手研究脊髓神经的前根和后根。这是一项耗费了十年的艰苦研究,
它需要评估在不同动物的身上,从脊髓的腰骶部单独切断每根神经所造成
的行为后果。谢灵顿的手术步骤通常包括麻醉动物,暴露它们的前(运动)
脊髓神经根,然后用温和的电流刺激它们。通过这样做,谢灵顿发现大多数
骨骼肌接受了来自几条在不同水平上离开脊髓的(通常是两个或三个)神经
根的神经纤维的混合。因此,谢灵顿能够明确由每一根脊神经及其产生的
运动所支配的身体区域。谢灵顿还使用了类似的方法来绘制每个感觉神经
分布的身体区域。例如,通过掐住皮肤的某些部位来研究反射活动,然后切
断他想要研究部位之上和之下的脊髓神经背根,这样就能建立每一个背根
所投射的触觉区(或"感觉岛")。在此之前,没有人绘制过如此详细的前根
和后根的功能图。

在这项研究中,谢灵顿发现了其他一些非常重要的东西。以前,人们
想当然地认为所有从脊髓到肌肉的神经都只产生运动。此外,也没有理
由认为肌肉是感觉器官,因为它们似乎不包含任何受体。事实上,人们普
遍认为,身体的其他组织,如皮肤和关节,能更好地探测感官信息。然而,
当谢灵顿损伤前根时(这是一种应该会破坏所有运动神经的手术),他发
现脊髓神经中几乎一半的纤维都没有受到影响。这只能有一种解释:这
些纤维是从肌肉进入到脊髓的感觉纤维。这引发了其他几个问题,尤其
是,肌肉中的感觉器官会在哪里呢?谢灵顿有一个预感。1860 年,德国科
学家奥古斯特·魏斯曼(August Weismann)发现了嵌在肌肉中的长束细纤
维线,1863 年,威利·屈内把它们称为"肌梭"(muscle spindles)。谢灵顿怀
疑肌梭就是感觉器官。为了验证这一观点,他损伤了后(感觉)脊髓神经
根,并回溯变形一直到肌肉。他的理论得到了证实:肌梭就是感觉器官。

进一步的检查显示，这些结构可以探测到肌肉拉伸的程度，并在肌肉被重物拉伸时进行代偿性反射收缩。1906年，谢灵顿将这种反应称为"本体感觉"（proprioception）。他还将本体感觉看作身体的第六感，与触觉不同，本体感觉向神经系统提供有关肌肉和关节位置的信息——这些信息对控制姿势至关重要。

检查更复杂的反射

当然，许多动物行为都是由高度复杂的同步自动动作组成的，比如走或跑。谢灵顿怀疑，这些类型的行为也是整合和序列化的更简单的脊髓反射链的结果，并着手在摘除脑的动物身上研究这种可能性。[13] 这种手术会抑制更高级脑区——包括大脑皮层——对反射活动的影响，使他可以完全聚焦在不自主的脊髓上。谢灵顿在1896年第一次做这个手术，试图避免麻醉造成的麻烦，因为麻醉会抑制反射活动。令他惊讶的是，手术使事情变得更糟，因为它导致许多肌肉僵直和伸展。谢灵顿称这种状态为"去脑僵直"。谢灵顿还意识到，这是因为较高的脑区不再抑制下方的区域。因此，当其感觉纤维因"不受约束的"活动而痉挛时，肌肉就会变得僵直，而这会唤起通向肌肉的运动神经。谢灵顿甚至成功定位了这种抑制作用的下行源头：脊髓的前外侧下行束。

尽管会造成肌肉僵硬，但谢灵顿还是能够在去脑的动物身上诱发出许多复杂的行为。例如，当谢灵顿刺激一只去脑猫的左前腿时，它向前迈步，而相应的左后腿向后移动。此外，当这种情况发生时，身体右侧的两条腿表现出相反的动作。这样，谢灵顿发现了走路时的一种基本反射，即完全由脊髓介导的反射，它涉及几个肢体的相互作用。谢灵顿还研究了通过挠狗的肩膀引起的搔反射（scratch reflex）。后来，他会用一根插在皮肤下的小别针，称为"人工电跳蚤"，使身体各个部位发痒。仔细观察搔反射会看出它是由抓挠动作（scratching motion）和用以维持平衡的调节两部分组成的。抓挠动作是一种反射，包括膝盖、脚踝和臀部一系列的交替运动，总共涉及19块肌肉，每秒钟有节奏地运动5次。为了保持平衡，这种动物还必须调动另外 17 块肌肉。没有这种调整,动物就会跌倒。值得注意的是,去脑动物能够跟随全身各处的人工电跳蚤,并在适当的地方抓挠。虽然皮肤上的外部传感器启动了开始抓挠的指令,但这种反射也依赖位于肌肉中的本体感受器来保持动物直立。

谢灵顿的遗产

1906 年,谢灵顿出版了《神经系统的整合作用》一书,该书是根据两年前在纽黑文的耶鲁学院所做的 10 场系列希利曼讲座(Silliman lecture)写成的(见图 8.6)。它涵盖了近 20 年的研究,试图利用借用自神经元学说的概念对神经系统的工作原理进行现代化的综合阐述。谢灵顿的书特别强调了突触的作用。在谢灵顿之前,突触在很大程度上被认为是一个假想的实体。然而,谢灵顿对反射活动的仔细研究表明,它具有重要的功能含义。特别是,他揭示了突触是兴奋和抑制被实施的地方,这允许不同的肌肉发生相互反应,这是一个基本的反射机制。然而,谢灵顿也意识到,突触还有另一个至关重要的作用:它提供了在不同的竞争条件下做出"决策"的场所。突触发挥这种作用的一个地方是运动神经元。这些神经元的胞体位于脊髓的灰质中,谢灵顿认为它们为肌肉提供了"最后的共同通道",但它们怎么知道什么时候激发,什么时候不激发呢? 谢灵顿意识到,运动神经元必定从许多不同来源接受兴奋性,也接收抑制性突触输入,这些来源包括脊髓的其他节段和更高的脑区。反过来,所有这些信息都被细胞"加在一起"——就好像求出细胞效应的代数和一样。因此,这种兴奋性和抑制性输入的平衡决定了运动神经元是否会向肌肉发送冲动。这个想法被称为求和,如今被认为是神经细胞做出决定的基本机制。

204

205

图 8.6　查尔斯·斯科特·谢灵顿(1857—1952)。虽然谢灵顿最令人难忘的
或许是他 1906 年首次出版的《神经系统的整合作用》,但漫长的研究生涯所取得
的巨大成就却很难简单概括。

　来源:伦敦威尔克姆图书馆。

　　但《神经系统的整合作用》最重要的特征也许是证明了简单的反射是行
为的基本组成部分。虽然反射可以简单地定义为由特定刺激造成的天生的
自动反应,谢灵顿也意识到这个想法"如果不是虚构的,也只是一个权宜之
计"。这是因为神经系统的所有部分都紧密相连。的确,正如谢灵顿在髌膝
反射中所展示的那样,肌肉运动的每一次收缩都需要相对的肌肉的放松活
动。因此,所有的反射都必须包含一个以上的神经成分。谢灵顿进一步扩
展了这一想法,用它来表明更复杂的行为是如何产生于更大的简单反射链,
这有时要求在脊髓和脑的更高水平上整合许多不同的神经回路。谢灵顿还
认识到,当一个人沿着神经系统上升时,反射的神经解剖学会变得更加繁
复,而行为的复杂性也会增加。因此,最复杂的反射来自大脑皮层,谢灵顿
将其比作一个拥有数百万个开关的复杂总机,类似于一个巨大的电话交换

机。因此谢灵顿表明,在任何特定的时间点,我们的许多行为都一定涉及了大量的神经细胞和突触,它们以一种精巧的组织、整合和反射方式协同作用。

1913年,谢灵顿受邀成为牛津大学韦恩弗里特生理学教授,一直到1936年退休。退休的时候,他已经获得了许多荣誉,包括1922年的爵士头衔,以及因为"有关神经元功能方面的发现"在1932年[与埃德加·道格拉斯·阿德里安(Edgar Douglas Adrian)一起]获得诺贝尔奖。此外,他还为学生写了另一本经典著作《哺乳动物生理学:实习教程》(*Mammalian Physiology: A Course of Practice Exercises*)。谢灵顿谦虚友善的性格深受同事们的喜爱,他在晚年笔耕不辍,并将注意力转向包括哲学和诗歌在内的许多其他主题。1940年,他还出版了《人及其本性》(*Man and His Nature*)一书,探讨了有关心与脑的关系,当时他已经83岁。谢灵顿承认,他相信某种形式的笛卡儿二元论,即心灵不受制于物理定律,尽管它在某种程度上能够与脑的反射机制互动,并对其进行指导。对一个终其一生致力研究不自主反射的人来说,这多少有些令人吃惊。谢灵顿在脑和心之间做出过一个著名的比喻,他将它们的关系描述为类似于一台魔法织布机:

> 脑正在醒来,随之心灵也回来了。就好像银河系跳起了某种宇宙之舞一样,脑中的物质迅速变成了一个魔法织布机,数以百万计的闪光梭编织出一个溶解模式(dissolving pattern)——子模式产生不断变换的和谐。

这个想法展示一个持久的形象,激励着此后的研究者思考心智是如何从脑的电活动中产生的。谢灵顿还写了一本学术传记《让·费内尔的奋斗》(*The Endeavor of Jean Fernel*),其中包含出自16世纪一位法国医生的大量拉丁语和法语的译文,这位医生强调建立事实要比遵循传统信仰更重要。[14]尽管晚年受到眼疾和风湿性关节炎的困扰,但谢灵顿仍然坚持自己的学术兴趣。在95岁那年,谢灵顿在伊斯特本一家养老院突发心脏病去世。

条件反射:伊凡·巴甫洛夫

谢灵顿认为反射是由预先连接的神经回路决定的反应,神经系统的连接会固定这种反应。然而,俄罗斯生理学家伊凡·巴甫洛夫(Ivan Pavlov)却产生了对反射完全不同的看法。巴甫洛夫出生在莫斯科东南 100 英里的小镇梁赞,是家中 11 个孩子里年龄最大的(11 个孩子中,有 6 个在童年就夭折了),一出生家里就决定他将来要做牧师。然而,在读了谢切诺夫《脑的反射》一书之后,受到鼓舞,他显然更换了自己的职业。尽管父亲强烈反对并拒绝在经济上支持他,巴甫洛夫还是在 1870 年进入了圣彼得堡大学学习自然科学。1875 年,他因在胰腺方面的工作赢得一枚金质奖章而声名鹊起。巴甫洛夫在 1879 年获得医学学位,1883 年获得博士学位,之后,他在德国布莱斯劳和莱比锡两所大学进行了一段时间的研究,主要研究的是心血管和胃肠生理学。1890 年回到圣彼得堡后,巴甫洛夫获得了两项任命:一项是帝国实验医学研究所的生理学主任(他在这一职位上做了 45 年),另一项是任帝国医学院的药理学教授。巴甫洛夫在这些机构的工作很快就为他赢得了国际声誉。

在人们眼中,巴甫洛夫是一位专注、不知疲倦又一丝不苟的实验者,在圣彼得堡他的主要兴趣集中在循环和消化生理学。尽管帝国实验医学研究所拥有俄罗斯最先进的科研设施,但却面临财政困难,巴甫洛夫不得不在与欧洲其他国家相比相对拮据的条件下工作。一开始,巴甫洛夫研究消化过程中对分泌的神经控制,还发明了一种外科技术,可以在胃和肠道中植入一种叫作瘘管的收集小容器。这样巴甫洛夫能够在完整且有意识动物的身上直接观察消化过程,并检查它们消化液的化学成分。先前的研究者曾在麻醉状况下濒死的动物身上研究过同样的现象,巴甫洛夫的技术使先前工作有了重大进步。这些创新的方法为巴甫洛夫打开了一扇了解消化系统运作的新窗口,而这带来了许多基本的发现,其中包括解释迷走神经在胃液分泌中的作用以及脑对胰腺的控制。这将使巴甫洛夫在 1904 年成为第一位获得诺贝尔奖的俄罗斯人和生理学家。[15]

206

在这项工作的早期阶段,大约也就是 1891 年,巴甫洛夫把他的注意力转向了收集唾液。事实证明,这项任务比收集胃液更麻烦,因为看到食物很容易刺激唾液产生(巴甫洛夫称其为"心理刺激")。当然,这并不完全出乎意料,因为这种反应构成了众所周知的"一个人在流口水"的基础。一开始,巴甫洛夫在试图准确测量唾液时,似乎把这种反应看作一个混杂变量(confounding variable)。然而,随着研究的继续,巴甫洛夫越来越清楚地认识到,这种反应是他的狗对何时将要喂食的预测,这种反应表明它们正在学习有关自己的情境的某些事情。巴甫洛夫的一个学生西齐蒙德·乌尔福森(Sigizmund Vul'fson)观察到,将食物放在离狗更远的地方时,狗的唾液分泌量会相应减少,这进一步引发了巴甫洛夫对唾液的心理性释放的兴趣。巴甫洛夫无法用固定的预先连接的反射来解释心理性反射的学习或距离效应,但很明显的是,动物正在以某种方式适应环境的变化。到了 1902 年,这些新发现的潜在意义深深地吸引了巴甫洛夫,以至于他停止了消化方面的工作,转而专注于对学习的研究。

与巴甫洛夫有关的最著名的实验是,每当有人给狗喂食时,据说他就会摇铃(见图 8.7)。在这种情形中,刚开始食物会自然引起唾液分泌,而铃声是中性的,不会产生任何反应。然而,巴甫洛夫发现,在多次试验中,将铃声和食物反复配对,狗只对铃声做出反应,会分泌消化液。因此,狗已经学习到了铃声和食物之间的联系,巴甫洛夫把这种反应称为条件反射。事实上,这种描述在一定程度上是虚构的:巴甫洛夫使用了许多刺激来诱发狗的条件反射,包括节拍器、蜂鸣器、黑色方块和灯闪,但显然从来没有用过铃。[16]这个开创性实验到底是如何开始的人们也不很清楚,有可能是巴甫洛夫的学生瓦西里·N. 博尔-戴雷夫(Vasili N. Bol'dyrev)在 1905 年首次进行的。[17]然而,在接下来的数年中,巴甫洛夫将这个方法用作基本模型来研究条件反射。这些研究使得他提出存在两种类型的反射:天生的反射和习得的反射。前者,比如因为食物的气味而产生唾液反应,是脑中预先搭建的神经连接的结果。后者,比如对蜂鸣器做出反应分泌唾液,则是在大脑皮层中产生新的反射通路的结果。重要的是,这两种反射都被认为是机械事件,它们并不以任何方式依赖于心理因素或意识。

207

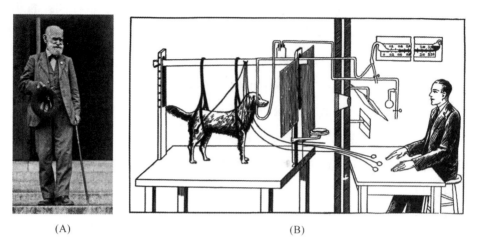

(A)   (B)

图 8.7　(A)俄罗斯生理学家伊凡·巴甫洛夫(1849—1936)。1904 年左右,当发现狗因为期待喂食而开始分泌唾液之后,巴甫洛夫开始研究条件反射。(B)巴甫洛夫用来研究条件反射的实验装置。

来源:伦敦威尔克姆图书馆。

巴甫洛夫对心理学的影响

　　条件反射之所以如此重要,主要是因为巴甫洛夫认为,他已经搞清楚了动物和人类学习的基本单元。在他看来,所有习得行为只不过是"一长串条件反射",它们的获得、维持和消失都受制于普遍法则。这与谢切诺夫在 1863 年所持的观点基本相同,谢切诺夫把所有行为的原因都归结于生物体外部发生的刺激事件。因此,从这个角度看,人不过是一台机器,由无条件的和有条件的反射来操作,心灵只是"旁观者",在发起行动或产生行为方面并不发挥作用。这些思想变得极具影响力,尤其是在实验心理学领域,它们激起了一场被称为行为主义的新运动。

　　1909 年,通过罗伯特·耶基斯(Robert Yerkes)的一篇文章,巴甫洛夫关于条件反射的研究首先引起美国心理学家的注意。在这一时期,心理学受到被批评家普遍认为并不科学的实验方法的主导。此时,哈佛大学教授约翰·布罗德斯·华生(John Broadus Watson)正在寻求一种全新的心理学研究方法。华生对心理学缺乏严谨性和客观性这一点感到很沮丧,1913 年他发表了《行为主义者眼中的心理学》一文,试图使行为的研究成为一门自然科学。华生希望,心理学家们可以由此从研究心灵转向确立可以直接观察和测量的无可辩驳的行为法则。不过,在撰写这篇文章时,华生并不知道巴甫洛夫的研究。但在 1915 年,当他的同事卡尔·拉什利(Karl Lashley)将巴甫洛夫的研究介绍给华生时,他立刻意识到,这为他的行为主义提供了一个模型。专注于条件反射,华生相信,他最终能够消除心理学中的那些精神性(mentalistic)的和主观性的解释,借此心理学就能转变成真正的科学学科。

　　行为主义方法,有时被称为刺激反应心理学,在 20 世纪早期极有影响力,它强调环境在塑造行为中的重要性。实际上,在 1919 的冬天,华生和一个年轻的研究生罗莎莉·雷纳(Rosalie Rayner)也推进了行为主义的发展,当时他用巴甫洛大条件反射诱发一个 9 个月大孩子的恐惧,自此这个孩子就被称为小艾伯特(Little Albert)。[18]这是心理学史上最声名狼藉的实验研究之一。华生和雷纳先让艾伯特熟悉一只宠物老鼠。在艾伯特习惯了这只老鼠之后,实验者就会在老鼠出现在艾伯特面前时用锤子敲击一根金属棒发出巨大的叮当声。老鼠和噪声只要配对出现七次就足以使艾伯特产生条件恐惧反应,当老鼠出现时,孩子就会表现出一种痛苦的状态。艾伯特不仅拒绝再和老鼠玩,而且还把他的焦虑情绪扩展到房间里的其他物品上,包括兔子、狗、外套、棉絮和长着胡须的圣诞老人面具。这些反应持续了一个多月,这时艾伯特的母亲不让他再继续参与实验。遗憾的是,华生从未试图消除他的恐惧,也从未承认艾伯特的行为"可能会无限期地持续下去"。心理学家也不能提供任何进一步的帮助,因为艾伯特的真实身份很快就被遗忘了。事实上,直到 2009 年,阿巴拉契亚州立大学(Appalachian State University)的心理学家霍尔·P. 贝克(Hall P. Beck)确认艾伯特就是 1925 年死于脑积水的道格拉斯·梅里特(Douglas Merritte)。尽管华生声称小艾伯特在研究期间健康状况良好,但现在看来似乎不太可能。华生和雷纳的合作也在其他方面产生了影响。由于和他年轻的助手有染,华生上了报纸的头版新闻,这导致他离婚,失去了约翰霍普金斯大学的教职,并开始从事

209

广告业。[19]

尽管存在争议,但行为主义在 20 世纪上半叶对心理学的发展产生了深远的影响,为 20 世纪 20 年代至 50 年代的行为研究提供了主要范式。对行为主义者来说,复杂的行为仅仅是过去学习经验的总和,通过条件作用,一个人可以变成心理学家想要的任何人。事实上,华生在 1930 年就曾用毫不含糊的语言明确表达过这种信念:

> 给我一些健康的婴儿……我保证随便找一个人,就可以把他培养成我可以选择的任何类型的专家——医生、律师、艺术家、商人领袖,甚至可以是乞丐和小偷,不管他的天赋、偏好、倾向、能力、职业和祖先的种族。

从更广泛的背景来看,这意味着,行为主义者也可以扮演社会工程师的角色,帮助社会科学地设计个人以适应他们的环境。这些思想在 B. F. 斯金纳(B. F. Skinner)的著作中得到了最充分的体现。斯金纳发明了操作箱(它实质上是一个通过强化过程使得动物在其中可以被条件化的受控环境),并为巴甫洛夫的"经典条件作用"提供了另一种选择,斯金纳认为,现有行为是由将它与一个新的刺激联系起来,通过制定操作性条件作用塑造而成,在操作性条件作用中,行为受到奖励的塑造,通过惩罚来消除。在他的乌托邦小说《瓦尔登 2》(Walden Two)中,斯金纳表达了他的心理学的潜在作用。小说描绘了一个小型社会,在这个社会中,为了所有人的利益,孩子们从出生起就会通过正强化受到严格的条件约束,为所有人的利益提供积极的强化。尽管超越了谢切诺夫和巴甫洛夫,但斯金纳仍然拒绝对行为做出心理性的解释,他认为自由意志是虚幻的,而意识只是对个人所发生的事情做出连续评论的东西。

寻找印记:卡尔·拉什利

巴甫洛夫不仅提供了行为主义的理论基础,而且还启发其他人去寻找条件反射的神经关联,而这种努力与卡尔·拉什利(Karl Lashley)的工作关系最为密切。拉什利毕业于西弗吉尼亚大学的动物学专业,并在匹兹堡获得了细菌学硕士学位。1911年在去约翰霍普金斯大学跟随华生学习以前,他似乎对心理学没有什么特别的兴趣。尽管当时正在攻读博士学位,但拉什利还是自愿做了华生的助手,并因此发表了许多成果,其中包括对其导师1914年的著作《行为》(*Behavior*)一书所做的贡献。然而,拉什利的生物学倾向比华生更强,在获得博士学位后,与华盛顿的外科医生谢泼德·艾弗瑞·弗朗茨(Shepherd Ivory Franzy)一起工作让他的这一倾向得到了进一步加强。弗朗茨因其在脑损伤患者方面的研究而闻名,他还在动物身上做损伤实验以评估额叶的功能。与弗朗茨的合作为拉什利提供了一个独特的机会来发展他的外科专业技能,他意识到这些技能可以用来研究巴甫洛夫条件反射的神经基础。事实上,巴甫洛夫假设,条件反射与大脑皮层新神经连接的形成有关。或者,更具体地说,它们创造了连接感觉区(如听觉皮层)和调节反应的区域(如运动皮层)之间的新的神经通路。拉什利研究了情况是否如此,他的结论是,大脑皮层的损伤应该会破坏,甚至消除对条件反应的学习和记忆。 210

1920年,拉什利第一次开始试图定位记忆的神经部位[他将其称为"印记"(engram)]时,在明尼苏达大学任助理教授。然而,这项工作的大部分都是1926年他搬到芝加哥后展开的。他的主要策略是训练大鼠进行视觉辨别或迷宫任务,然后评估大脑皮层的不同部位受损是否会影响随后的表现。研究的逻辑很简单:如果拉什利能找到一个部位,其损伤破坏了动物展开良好学习任务的能力,这就为其解剖位置提供了证据。然而,结果并不像拉什利所期望的那样。例如,在训练老鼠跑过一个八巷迷宫之后,拉什利发现,切除20%皮层的小损伤并不会对记忆力造成什么负面影响。事实上,要想在迷宫任务中观察到显著的缺陷,拉什利必须切除大约一半的皮层。即使在这种时候,经过后续的训练,老鼠也能够再次学习任务。拉什利发现在哪里造成损伤是无关紧要的。对于破坏学习来说,没有哪一个部位比任何其他部位更关键(见图8.8)。 211

图 8.8　卡尔·拉什利(1890—1958),试图找到脑中记忆储存的位置。他的结论是,记忆存储在整个大脑中,大脑皮层的所有部分在存储中发挥着同等的作用。

来源:经罗伯特·博克斯(Robert Boakes)许可。

在这些实验发现的基础上,拉什利在他 1929 年出版的《脑机制与智能》(*Brain Mechanisms and Intelligence*)一书中概括了两个关于记忆定位的一般法则:(1)记忆储存在大脑皮层中,这一法则他称之为"集体活动"(mass action);(2)大脑皮层的所有部分在储存或记忆方面发挥着同等的作用,他称之为"等能性"(equipotentiality)。这就好像迷宫学习的神经关联被储存在每一个地方或者没有特定的地方。这一发现是巴甫洛夫的理论无法解释的。它也导致拉什利拒绝了行为主义的假设,因为它只强调用条件反射来解释所有行为。条件反射概念的另一个问题是,许多类型的熟练行为,如演奏乐器,速度太快,不可能由一系列刺激—反应活动来引导(另外两个例子是高尔夫挥杆和网球运动员试图回击高速发球)。因此,拉什利推断,它们必定以某种方式被"中央监控",所以,脑中一定有更复杂的表征或"活动图示",它们能够独立于任何刺激而产生行为反应。

然而,他始终无法对这些现象做出令人信服的解释。经过大约 30 年的研究,1950 年,拉什利在一篇题为《寻找印记》(*In Search of the Engram*)的论文中总结说,尽管为定位记忆痕迹(memory trace)做过诸般尝试,但他却没有成功。

作为动态细胞集群的反射:唐纳德·赫布

尽管拉什利反对诉诸条件反射来解释行为的观点,但他的一个学生,加拿大人唐纳德·赫布(Donald Hebb)却提出了反射行为的一个新概念。赫布出生在加拿大新斯科舍省的一个小渔村切斯特,父母都是医生,他的理想是成为一名小说家。为此,他在 1925 年获得文学学士学位,1928 年进入蒙特利尔麦吉尔大学攻读心理学硕士,在此之前他从事过各种工作。由于不得不借教书来谋生,赫布在蒙特利尔工人阶级区的一所小学做了校长。但这并没有持续多久,由于臀部感染,赫布不得不卧床一年,在这之后,他刚刚结婚 18 个月的妻子不幸在车祸中去世。为了迫使自己振作起来,赫布阅读了谢灵顿的《神经系统的整合作用》和巴甫洛夫的《条件反射》(*Conditioned Reflexes*),这两本书在 1927 年都出了英文版。这促使他在 1932 年(卧床)写了一篇论胎儿脊髓反射学习的硕士论文。康复之后(他因为感染而总是有点跛),凭借在圣彼得堡与巴甫洛夫共事过的鲍里斯·巴布金(Boris Babkin)的推荐,赫布在当时正在芝加哥的卡尔·拉什利指导下获得了博士学位。在芝加哥,赫布研究了在黑暗中饲养的大鼠的视觉缺陷,之后又获得了另一份工作。5 年后,他在蒙特利尔神经学研究所与怀尔德·彭菲尔德(Wilder Penfield)共事,在这里他要对那些因为癫痫而进行了脑外科手术的患者做出评估。在佛罗里达的耶基斯实验室(the Yerkes Laboratory),赫布与拉什利又共事了一段时间,之后,在 1948 年,他被任命为麦吉尔大学的教授。

在佛罗里达的时候,赫布已经开始撰写他的巨著《行为的组织》(*The Organization of Behavior*)。这本书在 1949 年出版。那个时候,赫布正在寻找一种理解行为的新方法。他同意拉什利的观点,即用刺激—反应反射

212 理论解释学习的尝试失败了，他意识到需要一种不同的方法，因此，他开始考虑被当时的实验心理学家视为禁区的行为的许多方面，包括注意力、智能、视觉和知觉。这一目标与当时由 B. F. 斯金纳主导的流行观念格格不入，斯金纳把任何试图用心理过程或模糊的生理过程解释行为的人都抨击为"生理学化的"（physiologising）。但是赫布热衷于发展一种超越条件作用法则的理论。对来自行为主义者的批评，赫布不为所动，他着手表明，至少在理论上，脑的结构和功能如何能够超越刺激—反应生理学，引发心理活动和行为。

在《行为的组织》一书中，赫布最重要的创新之一就是用包含大量细胞的神经回路取代反射。赫布并没有将反射看作从刺激到反应的神经事件的单向链，他在"中间"创造了一个包含大量额外神经元的环路。[20] 这样反射弧是环形而不是线性的。与简单的反射相比，这个概念有许多重要的优势：首先，如果启动运动，细胞集群就可以在回路中产生"回响"，从而提供一种机制，在刺激结束很长时间以后继续维持大脑皮层的活动。这种情况并不是随着简单反射而发生的，简单反射导致的是自动的、立即的反应。然而，这种回响活动赋予了回路另一个重要的特征：它允许学习的发生，因为神经网络能够通过重复的感官体验得到加强。

例如，在一个婴儿学习辨认奶瓶的例子中，赫布假设最初的感官经验建立了神经回路，感官经验的重复刺激导致学习。不过赫布并没有就此止步，因为他认识到，细胞集群提供了另一个重要的功能。如果外部感官刺激会激发细胞集群，那么它就能产生知觉；但如果在感觉刺激停止后细胞集群仍然活跃，则它就为想象和思维提供了神经基础。

但是在神经回路中，究竟是哪个部位导致了使得回响活动发生的那些变化呢？对赫布来说，只有一个地方，那就是突触。事实上，他提出了一个令人印象深刻的法则，明确说明了突触在创造回响活动和学习方面的作用，这就是现在广为人知的赫布法则：

如果 A 细胞的轴突足够近，能够刺激 B 细胞，并反复或持续地
参与激活 B 细胞，那么其中一个细胞或两个细胞都会出现一些生

长或代谢变化,从而提高两者之间神经传递的效率。

简而言之,赫布提出,连续刺激神经回路中的神经元会导致其突触结构的改变,从而增加维持回响活动的可能性。而且,如果回响活动持续足够长的时间,可能就会产生某种形式的永久记忆。这是理论上的一个重要发展——在当时这种重要性可能没有被完全认识到——它认为突触是使神经系统变化的关键部位。这也有助于解释记忆是如何存储在广泛分布的整个脑网络中的。也就是说,一旦突触连接在细胞集群中得到加强,它们就能有效地充当一种"存储的记忆",可以通过对回路的进一步刺激或由于来自其他神经元或网络的刺激被再次激发。

尽管《行为的组织》是一部开创性的作品,但它在很大程度上是理论性的,处理的是在当时无法通过实验验证的问题。尽管如此,这本书的论点213对许多人都很有说服力,而且在行为主义的式微和认知心理学的兴起中它也发挥了一定的作用。也许对赫布突触法则最重要的支持出现在 1973年,当时英国神经生理学家蒂莫西·布利斯(Timothy Bliss)和在伦敦工作的挪威人泰耶·罗莫(Terje Lomo)发现了一种他们称之为长时程增强(long-term potentiation)的现象。布利斯和罗莫研究了投射到海马体的穿通通路(perforant pathway),他们发现对它的刺激会导致受体细胞中长期的电压变化。在某些情况下,这些变化会在刺激后几周出现,这证明通路中的突触在最初的电脉冲作用下得到了加强。自这一发现以来,在脑的许多其他区域也发现了长时程增强,后来证明它们是学习和记忆的重要基础。一个因学习而"增强"的突触,现在通常被称为赫布突触,也已经成为神经网络计算机编程和人工智能的一个基本概念。赫布可能从来没有想过,他的激进而简单的法则会成为 21 世纪脑研究中不可或缺的一部分。

注释：

1.《论动物的生死攸关的不自主运动》。

2. 除了已经提到的瞳孔对光的反射，它们还包括：(1)消化，(2)咳嗽，(3)打喷嚏；(4)阴茎勃起，(5)射精，(6)女性的生殖器反应，(7)脸红，(8)膀胱运动，(9)心跳，(10)呼吸。

3. 维萨里和威利斯都没有怎么关注脊髓本身，相反，他们更关注描述（来自脑）颅神经和交感神经干（沿脊髓两侧长度分布的神经节）。

4. 解剖学家罗伯特·诺克斯（Robert Knox）提出了这一说法。

5. 最早对脊柱根部做出描述的似乎是瑞士解剖学家约翰·雅各布·胡贝尔（Johann Jacob Huber，1707—1778）。

6. 这本提交给他的朋友评论的小册子的名字是《对脑的新解剖学的构想》。

7. 据说，在了解到马让迪将一只灰狗的耳朵和爪子钉住，进行公开解剖，而等第二天才屠宰之后，国会议员爱尔兰人理查德·马丁义愤填膺。1822年，他在英国提出了一项里程碑式的禁止虐待动物的法案。马丁称马让迪是"社会的耻辱"。

8. 这是保罗·克兰菲尔德博士（Dr Paul Cranefield）的观点，他在1974年发表了一篇关于这一主题的详细论文。

9. 霍尔所写的内容包括放血、妇女的疾病、奴隶制和污水处理问题。

10. 论延髓和脊髓的反射功能。

11. 人们将这本书的伟大之处与牛顿的《自然哲学的数学原理》和哈维的《血液循环论》相提并论。Levine, D. N. (2007). Sherrington's "The integrative action of the nervous system：A centennial appraisal". *Journal of the Neurological Sciences*, 253(1-2), 1-6.

12. 根据科恩的传记，谢灵顿本来打算去剑桥大学读书，但由于家里经济拮据，在他之前还有两个兄弟（威廉和乔治），谢灵顿不得不去圣托马斯大学。

13. "去除大脑皮层"指的是通过去除大脑皮层来取消动物的高级脑功能，通常是通过横切脑干来做到的。

14. 人们将"生理学"和"病理学"这两个术语的最早使用也归功于费内尔。

15. 尽管诺贝尔奖是基于巴甫洛夫对消化的研究而颁发的，但与之前和以后的惯例不同的是，他的获奖演说谈的是条件反射而非消化这个主题。

16. See Black, S. L. (2003). Pavlov's dogs：For whom the bell rarely tolled. *Current Biology*, 13(11), 426.

17. 这比通常所说的要晚一些，因为巴甫洛夫在 1903 年的马德里会议上首次向西方科学家描述了他关于心理条件作用的早期实验。

18. 在许多心理学文献中，"小阿尔伯特"的实验也受到了不同程度的歪 214 曲和神话。感兴趣的读者可以参考 Harris, B. (1979). Whatever happened to Little Albert? *American Psychologist*, 34, 151-160.

19. 华生和雷纳于 1921 年结婚，并一直在一起，直到 1935 年她去世。

20. 实际上，赫布从美国神经生物学家拉斐尔·洛伦特·德诺（Rafael Lorente de No）那里了解了反射回路，德诺在 19 世纪 30 年代首次表述了这个想法。

参考文献

Babkin, B. P. (1946). Sechenov and Pavlov. *The Russian Review*, 5(2), 24-35.

Bartlett, F. C. (1960). Karl Spencer Lashley：1890—1958. *Biographical Memoirs of the Fellows of the Royal Society*, 5, 107-118.

Beritashvili, I. S. (1968). A modern interpretation of the mechanism of I. M. Sechenov's psychical reflex medium member. *Progress in Brain Research*, 22, 252-264.

Berkowitz, C. (2006). Disputed discovery: Vivisection and experiment in the nineteenth century. *Endeavour*, 30(3), 98-102.

Boakes, R. (1984). *From Darwin to Behaviourism : Psychology and the Mind of Animals*. Cambridge: Cambridge University Press.

Brown, R. E. and Milner, P. M. (2003). The legacy of Donald O. Hebb: More than the Hebb synapse. *Nature Reviews Neuroscience*, 4 (12), 1013-1019.

Bruce, D. (1986). Lashley's shift from bacteriology to neuropsychology, 1910—1917, and the influence of Jennings, Watson and Franz. *Journal of the History of Behavioral Sciences*, 22(1), 27-44.

Burke, R. E. (2007). Sir Charles Sherrington's the integrative action of the nervous system: A centenary appreciation. *Brain*, 130(4), 887-894.

Carmicheal, L. (1926). Sir Charles Bell: A contribution to history of physiological psychology. *Psychological Review*, 33, 188-203.

Cohen, L. B. (1958). *Sherrington: Physiologist, Philosopher and Poet*. Liverpool: Liverpool University Press.

Cope, Z. (1959). *The Royal College of Surgeons of England : A History*. London: A Blond.

Cranefield, P. F. (1974). *The Way In and the Way Out. Francois Magendie, Charles Bell and the Roots of the Spinal Nerves*. Mount Kisco, NY: Futura.

Eadie, M. J. (2000). Robert Whytt and the pupils. *Journal of the History of Neurosciences*, 7(4), 295-297.

Eadie, M. J. (2008). Marshall Hall, the reflex arc and epilepsy. *Journal of the Royal College Physicians of Edinburgh*, 38(2), 167-171.

Fearing, F. (1970). *Reflex Action : A Study in the History of Physiological Psychology*. Cambridge, MA: MIT Press.

Fentress, J. C. (1999). The organization of behavior: Revisited. *Canadian*

Journal of Experimental Psychology,47(10),8-19.

Fulton,J. F. (1947). Sherrington's impact on neurophysiology. *British Medical Journal*,2(4533),807-811.

Gibson, W. C. (2002). Sir Charles Sherrington, OM, PRS (1857—1952). In: Rose, F. C. (ed.), *Twentieth Century Neurology: The British Contribution*. London:Limperial College Press.

Glimcher,P. W. (2003). *Decisions,Uncertainty,and the Brain*. Cambridge, MA:MIT Press.

Gordon-Taylor,G. and Walls,E. W. (1958). *Sir Charles Bell:His Life and Times*. London:E&S Livingstone.

Granit, R. (1967). *Charles Scott Sherrington: An Appraisal*. New York:Double Day & Co.

Gray,J. A. (1980). *Ivan Pavlov*. New York:The Viking Press.

Green, J. H. S. (1958). Marshall Hall (1790—1857): A biographical study. *Medical History*,2(2),120-133.

Grigoriev, A. I. and Grigorian, N. A. (2007). I. M. Sechenov: The patriarch of Russian physiology. *Journal of the History of the Neurosciences*,16 (1-2),16-29.

Grimsley, D. L. and Windholtz, G. (2000). The neurophysiological aspects of Pavlov's theory of higher nervous activity. *Journal of the History of the Neurosciences*,9(2),152-163.

Hoff,H. E. and Kellaway,P. (1952). The early history of the reflex. *Journal of the History of Medicine and Allied Sciences*,7(3),211-249.

Hunt, M. (1993). *The Story of Psychology*. New York: Random House.

Kanunikov,I. E. (2004). Ivan Mikhailovich Sechenov—the outstanding Russian neurophysiologist and psychophysiologist. *Journal of Evolutionary Biochemistry and Physiology*,40,596-602.

215

Lashley, K. (1929). *Brain Mechanisms and Intelligence*. Chicago, IL: University of Chicago Press.

Leff, A. (2003). Thomas Laycock and the romantic genesis of the cerebral reflex. *Advances in Clinical Neuroscience and Rehabilitation*, 3, 26-27.

Levine, D. N. (2007). Sherrington's "The integrative action of the nervous system": A centennial appraisal. *Journal of the Neurological Sciences*, 253(1-2), 1-6.

Liddell, E. G. (1960). *The Discovery of Reflexes*. London: Oxford University Press.

Manuel, D. E. (1996). *Marshall Hall* (1790—1857): *Science and Medicine in Early Victorian Society*. Amsterdam: Rudopi.

Milner, P. (1993). The mind and Donald O. Hebb. *Scientific American*, 268 (1), 124-129.

Molnar, Z. and Brown, R. E. (2010). Insights into the life and work of Charles Sherrington. *Nature Reviews Neuroscience*, 11(6), 429-436.

Orbach, J. (1998). *The Neuropsychological Theories of Lashley and Hebb*. Lanham, MD: University Press of America.

Pare, W. P. (1990). Pavlov as a psychophysiological scientist. *Brain Research Bulletin*, 24(5), 643-649.

Pavlov, I. P. (1927). *Conditioned Reflexes*. Oxford: Oxford University Press.

Pearce, J. M. S. (1997). Marshall Hall and the concepts of reflex action. *Journal of Neurology, Neurosurgery and Psychiatry*, 62(3), 228.

Rousseau, G. S. (1990). *The Languages of the Psyche*: *Mind and Body in Enlightenment*. Berkeley, CA: University of California Press.

Samoilov, V. O. (2007). Ivan Petrovich Pavlov (1849—1936). *Journal of the History of the Neurosciences*, 16(1-2), 74-89.

Seung, H. S. (2000). Half a century of Hebb. *Nature Neuroscience*, 3

(1166),1166.

Sherrington, C. S. (1906). *The Integrative Action of the Nervous System*. New York: Scribner.

Swazey, J. P. (1969). *Reflexes and Motor Integration: Sherrington's Concept of Integrative Action*. Boston, MA: Harvard University Press.

Tan, S. Y. and Graham, C. (2010). Medicine in stamps: Ivan Petrovich Pavlov (1849—1936). *Singapore Medical Journal*, 51(1), 1-2.

Todes, D. P. (2002). *Pavlov's Physiology Factory*. Baltimore, MD: John Hopkins Press.

9　绘制大脑皮层

我们的观察证实了布约先生的观点，他将言语表达能力置于这些（额）叶中。

保罗·布洛卡

定位造成言语障碍的损伤和定位言语是两码事。

约翰·休林斯·杰克逊

概　述

到 19 世纪中叶，对脑功能感兴趣的研究者很少会接受这样的观点：心智能力可以被定位到大脑皮层的不同区域。一方面，颅相学已经被科学界彻底否定了。另一方面，对动物的实验研究表明，脑有一种"共同的活动"，这使其作为一个整体发挥作用。后一种立场与许多伟大的生理学家有关，包括皮埃尔·弗卢龙(Pierre Flourens)。弗卢龙虽然承认大脑皮层是专门负责感觉、知觉和智力的，但他否认这些功能可以被分解成单一的能力。相反，他认为大脑皮层是一个单一的系统，其分散的部分是协调一致的。这一观点也得到了绝大多数哲学家和神学家的支持,他们认为心智或灵魂是统一且不可分割的。有这种巨大的权威力量的支持,再加上任何反对意见都可能遭到嘲笑,很少有人会提出相反的观点。然而,在 19 世纪下半叶令人吃惊的很短时间里,大脑皮层的这种理论就被推翻了。事实上,早在 19 世纪 30 年代,当医生开始检查脑损伤患者的行为时,这种变化就已经出现了。尤其是法国人让-巴普蒂斯特·布约(Jean-Baptiste Bouillaud)的研究向人们展示了语言障碍或失语症患者的前额叶经常受到损伤,这一现象使布约提出,脑的这一区域是"言语的主要立法者"(principle lawgiver of speech)。尽管许多人仍旧怀疑这些主张,但形势在 1861 年发生了戏剧性的逆转,当时受人尊敬的法国医生保罗·布洛卡(Paul Broca)证明,在左额叶后部有一个产生语言的区域。这是一个不得不提出有关大脑皮层新理论的关键时刻,尤其是英国人约翰·休林斯·杰克逊(John Hughlings Jackson)还提供了临床证据证明,左右大脑半区具有不同的心智功能。1874 年,卡尔·韦尼克(Carl Wernicke)发现了第二个语言中心,这一发现支持了杰克逊的工作。但语言并不是唯一被发现具有独特解剖位置的行为功能。1870 年,德国人爱德华·希齐格(Eduard Hitzig)和古斯塔夫·弗里施(Gustave Fritsch)利用电刺激来识别引发运动的区域,而苏格兰人大卫·费里尔(David Ferrier)证实了这一发现,并将这项技术推广运用到了脑的其他区域。在这样做的过程中,费里尔发现了(尽管存在争议)负责听觉、视觉甚至智力的局部皮层区域。因此,到 19 世纪结束时,皮层定位的概念已被牢固地重新确立起来,而其形式与弗朗茨·加尔和颅相学家们所使用的截然不同。

217

语言与前额叶:让-巴普蒂斯特·布约

尽管颅相学在 19 世纪 30 年代已经声名狼藉,但并不是所有的研究者都接受当时盛行的反定位观点。法国人让-巴普蒂斯特·布约就是这样一个人。布约在巴黎是弗朗索瓦·马让迪的学生,1823 年他获得博士学位,因对风湿病和心脏病的研究而知名。布约也是最早使用洋地黄(来自毛地黄)治疗高血压的医生之一。由于这项工作,他在 1831 年升任查理医院的教授。布约还非常钦佩加尔的工作,19 世纪 20 年代初,当他还是一名年轻医生的时候就开始注意到一些失语的人的大脑皮层前部受到了损伤。这并不完全是新的发现,因为加尔曾描述过两个失语症患者,他们眼睛上方的脑部有花剑造成的伤,加尔因此将语言能力置于这一位置。布约对此很感兴趣,他通过观察患有其他类型脑损伤的个体,更系统地研究了这个问题。到 1825 年,他收集了 29 个病例的样本并发现了一个惊人的模式:13 名有语言障碍的患者的前额叶都受到了损伤。布约将他的研究结果报告给了巴黎的皇家医学院,并发表了一篇简短的专著。在这本书中,布约提出,额叶受损导致了言语流畅性方面的缺陷,但它不会影响智力或语言理解能力。布约还指出,不能说话与舌头运动方面的困难无关,因为额叶受损的人可以正常吞咽和进食。因此,问题仅仅在于驾驭言语方面。布约的结论是,负责语言产生的神经力量在额叶,他将该区域描述为"语言的主要立法者"。

这些发现在皇家医学院中引起了相当大的争论,但是布约的结论还是没有被广泛接受。其中一个原因可能是人们知道布约与加尔有联系。一个更合理的反对理由则是基于这样一个事实:许多听说过证据的医生都知道,有些病人的额叶受损,但没有言语障碍。事实上,其中一些人是巴黎医院里的知名病人,包括一名头部中弹、前额叶大部分受损的士兵。另一个是一名梅毒患者,他的大脑左半区已经退化成浆状。然而,布约毫不退缩,寻找其他失语症患者来支持自己的观点,"以一种令人难以置信的精力和坚毅"证实"语言的发音"位置在脑的前部。尽管如此,布约发现他的支持者寥寥无几,毫无疑问,人们担心布约的观点与颅相学暗通款曲。的确,当法国临床病理学的杰出人物加

218

布里埃尔·安德拉尔(Gabriel Andral)检查了 1820 年至 1831 年间在查里医院(Hospital de la Charite)就诊的 37 名额叶受损患者的记录并发现其中只有 21 人存在语言障碍时,针对布约的怀疑似乎就有了充分根据。让事情变得更麻烦的是,安德拉尔还发现了 14 个失语病例,他们的脑损伤出现在额叶以外。

　　大约 10 年后,布约提出了许多新的病例,以及详细的尸检报告,以进一步支持他的观点,即大脑皮层前部参与了语言的发音,但他的理论再一次基本上被忽视。布约越挫越勇,在 1848 年宣布,凡能证明额叶深部损伤不会造成言语障碍的人将获得 500 法郎的奖金。由于从数百个失语症病例中积累了证据,布约的信心高涨。然而他很快就受到法国外科医生阿尔弗雷德·韦尔珀(Alfred Velpeau)的挑战,韦尔珀认识一个病人,额叶两侧长有巨大肿瘤,但却没有任何语言障碍。韦尔珀甚至说,"再没有比他更喋喋不休的了"。布约强烈反对这一说法,导致两人之间的争论越来越激烈。事实上,对于许多中立的观察人士来说,这个问题并没有得到解决,因为韦尔珀的病人的肿瘤造成的损害已经影响到额叶的其他部分。尽管如此,布约还是在 1865 年,极不情愿地支付了这笔钱。

保罗·布洛卡和他的言语中心

　　尽管有金钱上的损失,布约却从他的女婿恩斯特·奥伯丁那里得到了进一步的支持。也在巴黎工作的奥伯丁正在寻找新的失语症患者,而且在 1861 年遇到了一个有趣的病例。这名患者在试图枪击头部自杀时导致左额骨的大部分被炸掉。虽然伤势显然没有让言语和智力受损,但奥伯丁发现,通过用压舌板按压暴露的额叶,他可以让病人说到一半时突然终止。然而,在按压结束以后,说话立刻就恢复了。奥伯丁向新近在巴黎成立的法国人类学协会(Societe d'anthropologie)描述了这名患者,用他来支持额叶的语言定位理论。然而,对许多人来说,这些发现仍旧不是结论性的,尤其是人们知道一些左额叶损伤的病人表现出正常的言语能力。然而,协会的创始人,法国最受尊敬的医生之一保罗·布洛卡听取了这场辩论。尽管他对长期以来关于语言定位的争论不怎么关心,但很快他就遇到了第一个失语症患者。这一遭遇将彻底改变人们对皮层定位的态度。

布洛卡(见图 9.1)如今被认为是 19 世纪最杰出的脑研究者之一。他出生在大圣富瓦市(Sainte-Foy-la-Grand)附近的小镇，靠近波多，父亲是一名医生，曾在滑铁卢战役中有出色的表现。布洛卡从巴黎大学(University of Paris)医学专业毕业的时候只有 20 岁，学的是外科学，在 1868 年升任外科病理学讲座教授之前，在巴黎的几家医院工作过。虽然人们记住他常常是因为他的人类学研究(他是第一个对罗马农人做出描述的人)，但布洛卡也做出了几项重要的医学发现，其中包括认识到癌症的静脉传播、佝偻病的营养原因，以及肌肉萎缩症变性的本质。他还写了一本 900 页的关于动脉瘤的书，并率先使用显微镜来检测早期的肿瘤。在他的职业生涯的后期，布洛卡识别出一个由不同结构组成的大的灰色团块，称其为边缘叶(the limbic lobe)，紧贴在大脑皮层的下方。[1]虽然布洛卡认为这一区域是脑中"古老的"负责情绪的部分，但如今我们知道，它与更广泛的行为有关，包括记忆形成、动机和内脏功能。

图 9.1　保罗·布洛卡(1824—1880)，定位理论之父，他是第一个发现语言发音脑区的科学家。

来源：伦敦威尔克姆图书馆。

布洛卡可能只是随便听了听奥伯丁的陈述,并没有什么特别的兴趣,但几天后,他在比塞特医院遇到了他的第一个失语症患者。这位病人名叫勒博恩先生,但病房里的人都叫他"坦"(Tan),因为他只能说出这个音。勒博恩第一次住进这家医院是在 20 多年前,当时他还是个年轻人,突然就说不出话了。尽管如此,他的智力和语言理解能力在当时并没有问题。入院 10 年后,勒博恩的右臂和右腿因中风而无法活动,只能卧床休息。巧的是,勒博恩由于褥疮引起的坏疽感染生了重病,在奥伯丁的报告结束之后就被转到了布洛卡的病房。6 天后,勒博恩死了,布洛卡对他的脑进行了检查。检查的结果异常显著,以至于布洛卡迅速写了一份简报,并在几天后提交给了人类学协会。布洛卡发现,在勒博恩左额叶第二或第三脑回有一个充满液体、鸡蛋大小的大洞。布约和奥伯丁长期以来都主张,这个位置涉及语言表达,从此以后,这一位置就被称为布洛卡区。 220

4 个月后,布洛卡向解剖学协会(Societe d'anatomie)更全面地介绍了他的发现。在 1861 年以论文形式发表的这次报告中,布洛卡将勒博恩的言语丧失称为"失语症"(aphémie),并强调失语症是由前额叶皮层后部的中风引起的。重要的是,这并不是加尔所认为的(位于眼睛上方)执行语言官能的地方,布洛卡热衷于强调他的发现并不支持颅相学。尽管如此,布洛卡还是热烈地赞扬了布约和奥伯丁的努力,因为他们让人类学协会注意到了许多失语症的新案例。虽然布洛卡同意,单一病例并不能证明语言官能就存在于额叶皮层中,但他认为,存在这样一个区域是"极有可能"的。事实上,几个月后,布洛卡发现了另一个病人,他在中风昏倒之后只能说几个简单的词。在这个患者死后对其大脑进行的检查中再次发现左额叶的同一区域受到损伤。对布洛卡来说,这只是一个开始,到 1863 年,他又发现 8 名失语症患者,他们的额叶左侧均有损伤。在布洛卡的描述中,他的结果有着"显著的"一致性,不过他对从他的发现中得出任何明确的结论还是很谨慎的。然而弗卢龙和其他反定位论者的主张必须做出修改了。

右撇子与主导半球

布洛卡的研究表明，失语症与额叶左侧受损有关。奇怪的是，布约和奥伯丁都不确信这种解剖学上的左侧联系，这或许是因为颅相学家始终强调大脑两侧的重要性。然而，言语中心的单侧定位让人们感到困惑。它是如何产生的呢？1865 年，布洛卡试图通过两位法国同事皮埃尔·格拉提奥雷(Pierre Gratiolet)和弗朗索瓦·勒雷(Francois Leuret)的工作来回答这个问题。格拉提奥雷和勒雷检查了人脑的胚胎发育并注意到，大脑左半区比右半区稍微大一些——这种差异在孕期的头几个月就开始出现。这也导致英国神经学家约翰·休林斯·杰克逊(John Hughlings Jackson)提出，左半区比右半区更有可能受到"教育"。布洛卡意识到，这个想法可以解释为什么语言能力是在大脑左半区发展起来的。如果左脑皮层在生命的最初几年先于右脑皮层发育，那么它就更有可能承担起复杂而艰巨的语言功能。

较发达的左半区也让布洛卡提出了另一个重要的主张：正是因此大多数人才是右撇子。这个大胆的论断部分是基于人们已经知道的，脑的左侧控制着身体右侧的运动，反之亦然。尽管当时对这个系统的解剖结构还没有充分的了解，[2]但已经可以确定，情况极有可能是这样，因为来自较高脑区的纤维在传递到脊髓之前，会交叉穿过脑干的一个区域，即锥体。布洛卡了解这种解剖学，他推断，如果左半区比右半球区占优势，那么就可以解释为什么右手占优势。同样，左撇子也可以用一个人的右脑占主导地位来解释。布洛卡于 1865 年正式阐述了这些观点，他说：

221　　　　大多数人天生就是左脑占优势，而……有些我们称为左撇子的人是例外，他们恰恰相反，是右脑占优势。

因此，根据布洛卡的观点，人类惯用右手的倾向是由于左半球更为发达。然而，这也引出了其他的含义，尤其是左侧大脑在智力和思维方面更胜一筹的可能性。事实上，不久之后，布洛卡就将右半球轻蔑地称为"笨拙的脑"。这与传统的智力理论截然不同,因为它与人们普遍认为的观点相对立,这种观点认为,脑的功能对称对于心智统一是必需的。

尽管如此,布洛卡还是发现有个别的情况,语言的位置不在左半区。例如,布洛卡曾在硝石库慈善医院(Salpetriere Hospital)认识一名患癫痫病的妇女,她说话流利,但尸检显示,她的损伤与在勒博恩那里发现的损伤部位相同。为了解释这一差异,布洛卡提出,在某些情况下,尤其是在早期发育中左半球受伤或受损时,右半球可以接管说话的任务。因此,布洛卡为某些失语症患者的左半球没有受到损害的情况提供了一种解释。当然,具有右半球语言功能的人很可能是左撇子。虽然布洛卡承认他的理论是在所有事实之前建立的,但他相信随后的证据会证明他是正确的。在这方面,他被证明大体上是正确的。[3]

由于显而易见的原因,位于额叶皮层左后区的语言中枢如今被称为布洛卡区。然而,布洛卡第一个发现这一区域这一点受到一位相对不太知名的医生古斯塔夫·达克斯(Gustave Dax)的质疑,他声称自己的父亲[马克(Marc)]首先发现了这一区域。1836 年,来自法国南部索米耶尔的乡村医生马克·达克斯(Marc Dax)在蒙彼利埃的一次医学会议上报告了三例左半球受损的失语症患者。马克为此还发表了两篇短篇论文。遗憾的是,马克不久就去世了,虽然古斯塔夫继承了父亲的工作,但这个工作很快就被人遗忘了。大约 27 年后的 1863 年,也就是在布洛卡第一次报告勒博恩病例的 2 年后,古斯塔夫收集了足够多的失语症患者的资料,并把他的发现提交给了巴黎的医学院,但古斯塔夫的论文一直拖到 1865 年才发表。古斯塔夫·达克斯有些怨忿,他指出,他父亲早在 25 年前就做出了和布洛卡相同的发现。古斯塔夫的这个主张在法国学术界引起了强烈反对。如今,大多数了解事情的人都站在布洛卡这一边。最初的马克·戴克斯的论文几乎没有什么影响(它们似乎"消失"了很多年),而布洛卡直到自己的论文发表后才意识到它们的存在。尽管达克斯将左半球与语言联系在一起,但布洛卡将言语发音精确定位在额叶皮层第三回通常被认为是更有说服力的证据。

次半球：约翰·休林斯·杰克逊

大约就在布洛卡研究失语症和用手习惯的同时，出生在英国约克郡的约翰·休林斯·杰克逊(John Hughlings Jackson，见图 9.2)正在伦敦新成立的国立医院(National Hospital)工作，他也对大脑损伤对语言的影响深感兴趣。杰克逊有时被人们看作英国神经学的奠基人，他因为推动现代癫痫研究而闻名。在检查了常常导致失语的大脑中动脉中风的行为症状后，[4] 杰克逊开始关注失语症。他了解了布洛卡的工作并基于自己的观察为布洛卡提供了支持。1864年，杰克逊向《英国医学杂志》报告了 31 名左脑损伤患者的症状。与布洛卡一样，杰克逊也逐渐认识到，左半球损伤最有可能导致语言障碍，同时伴有右侧偏瘫或肌肉无力。然而，在两年后，也就是 1866 年，杰克逊改变了他的观点，那时他认为语言并不像布洛卡认为的那样精确地位于左半球，相反，右半球也有一些语言能力。后来的这一主张是基于许多左半球受损的失语症患者经常不自觉地脱口说出情绪性的感叹或脏话。因此，杰克逊提出，左半球主要参与命题(智力)语言，而右半球负责不自觉和情绪性的话语。换句话说，两个半球都有语言能力，但两个半球是在不同的情境下产生语言的。这个想法和布洛卡提出的观点不同，布洛卡认为，左半球比右半球"受教育的程度更高"。

由于认识到脑的左右大脑皮层负责不同的心智功能，杰克逊将它们分别称为主半球和次半球。然而，这并不意味着右半球的作用不重要。例如，杰克逊发现大多数患有左侧损伤的失语症患者虽然不能说出物体的名称，但仍能识别物体，这一发现使他推断出右半球具有优越的感知功能。1872年杰克逊证实了这个想法，当时他确诊了一名右侧大脑损伤的男性患者，这名患者无法认出其他人，包括他的妻子。这名男子虽然视力正常，但他很难辨认地点和物品。几年后，杰克逊发现了另一名 59 岁的女性患者，名叫伊丽莎·T，她突然失去了方向感。尽管在同一所房子里生活了 30 多年，她现在却找不到回家的路，也认不出周围的环境。她死后的脑解剖显示，她的脑的右半球后部有一个巨大的恶性肿瘤。虽然脑的这一部分缺乏左脑的语言能力，但它显然对识别物体和人至关重要。

223

图 9.2　约翰·休林斯·杰克逊(1835—1911)证实了布洛卡区对于口语的重要性并表明左右大脑半球的功能是不同的。杰克逊的工作还预示了弗里施和希齐格对运动皮层的发现。

　　尽管杰克逊逐渐将两个大脑半球与不同的能力联系起来,但他并不认为它们的功能像最初出现时那样是被严格定位的。19 世纪 60 年代末,他曾试图解释自己的立场,当时他告诫说:"虽然我们可以定位造成一个人失语的损伤,但我们不会定位语言。整个脑中都有语言。"后来,在 1874 年,杰克逊再次表达了这一观点:"定位破坏语言的损伤和定位语言是两码事。"要想理解杰克逊,很重要的一点是要意识到他深受当时进化思想的影响。由于相信简单反射是所有行为的基本单位,它们从脊髓到大脑皮层变得越来越复杂,杰克逊认为,左半球演化出来在运动中发挥更大的作用,而右半球则演化出来在感觉中发挥更大的作用。然而,这些功能并不局限于哪一个半球,因为它们依赖于整个神经系统的运作。这种关于脑功能的观点并不像弗卢龙的反定位立场那样极端,因为杰克逊主张,某些区域是在演化中变得比其他区域更重要的。他也承认,某些部位的脑损伤会产生可预见的症状群,其中布洛卡区对语言表达至关重要。尽管如此,杰克逊还是将布洛卡区与眼睛的视网膜做了比较——他指出,虽然整个视网膜都能看见东西,但它的中心点具有最高的视觉敏锐度。换句话说,布洛卡区并不是大脑中唯一与语言表达有关的区域。

杰克逊在癫痫领域做出了他在神经学上最杰出的贡献,尤其是基于癫痫的解剖定位,提供了一个新的癫痫分类。这是第一个神经元理论,直到20世纪70年代,这个理论还在指导着医生的工作。即使是现在,杰克逊使用的术语,如癫痫大发作,仍然是常用语。杰克逊还描述了几种新的癫痫,包括引起单侧症状的癫痫,这种癫痫如今称为杰克逊癫痫。令人印象最深的是,杰克逊对癫痫患者的观察让他认识到伴随癫痫发作的肌肉痉挛通常遵循可预测的模式。换句话说,身体的某些部位是按顺序受到影响的。从这一点,他推测大脑皮层的运动区域必须以一种模仿身体组织的方式组织起来。这自然暗示了针对运动的脑功能定位。杰克逊的推测很快就被证明是正确的,在1870年,德国研究人员弗里施和希齐格在额叶后部发现了运动皮层(见下文)。

第二语言中心:卡尔·韦尼克

布洛卡区引发的一个核心问题是,如何理解由该区损伤所造成的缺陷。虽然布洛卡将这种缺陷描述为不能清楚地说话,但也意识到这种障碍可以通过许多不同的方式表现出来。正因为如此,到1866年,布洛卡发展了一种新的分类方法,将失语症分为四类。[5]然而,语言的神经解剖学在1874年变得更加复杂,当时一位名叫卡尔·韦尼克(Carl Wernicke)的年轻德国医生发现了第二个与失语症有关的脑区,这一脑区涉及另一种失语症。韦尼克出生在德国的塔尔诺维茨,[6]他在家乡附近的布雷斯劳大学学医,并在维也纳跟随西奥多·梅奈特(Theodor Meynert)工作了半年。尽管人们主要是把梅奈特看成当时最伟大的神经解剖学家,但他也是一位诊断神经疾患的临床医生。1866年,在韦尼克来之前,梅奈特曾遇到一位女病人,她的说话方式很奇怪,让人费解,还伴有理解语言的困难。在对这名患者进行尸检时,梅奈特在其左上颞叶发现了一处大的病变。[7]这个位置的重要性让梅奈特吃惊,因为他之前已经发现来自耳朵的听觉神经投射到的也是这一区域。他由此得出结论:颞叶一定包含着负责语音识别的"声场"。

韦尼克在维也纳的短暂逗留一定对他产生了很大的影响,因为在1874年回到德国大约一年后,他就发表了一本篇幅不长的著作,[8]描述了其他几个患有这种新型失语症的病人。这些症状与布洛卡所报告的明显不同,布洛卡的病人言语贫乏,并伴有发音困难,但患有韦尼克失语症的人说话很流利,只是说出的话令人费解,其中包含着许多无意义的词语和不恰当的表达。此外,与布洛卡失语症患者表现出正常的智力和语言理解能力不同,这些失语症患者几乎听不懂别人对他们说的话。虽然布洛卡以前也遇到过一些韦尼克失语症的症状,但他并没有把这些症状合并成一种模式或病征。然而,韦尼克意识到,他的患者的缺陷代表了一种新的失语症,这种失语症与左侧颞叶受损有关——这一区域与额叶有一定的距离。

对于一个仅仅接受了3年神经学培训的26岁医生来说,这本身就是一个巨大的成就了,但韦尼克接着又提出了一种新的脑处理语言的理论模型。韦尼克认识到,布洛卡失语症基本上是一种语音生成障碍,而颞叶缺陷则是一种理解障碍,这是一个深刻的洞见。更具体地说,韦尼克认为,颞叶存储着用来识别词语的记忆,当听觉信息从耳朵传递到位于颞叶的"声场"时,理解过程就开始了。在这之后,一个内部的语言表征被传递到额叶皮层,额叶皮层包含着用以控制舌头和咽喉产生语言声音的模板。韦尼克称颞叶缺陷为"感觉失语症",而称额叶缺陷为"运动失语症"。他试图把解剖和功能性的发现联系起来,从而创造一个普遍的语言的神经解剖学理论,这可以说是一个精彩的想法。

韦尼克的新模型也做出了一些有趣的预测,特别是它暗示了存在一条从韦尼克区直接到布洛卡区的路径(见图9.3、图9.4)。尽管韦尼克并不知道有任何这样的纤维系统,[9]但他能预测出这些纤维受损的后果。韦尼克想象,如果病人的这种连接路径受到损伤,那么他们仍旧能够理解语言,因为颞叶的"声音区"是完好的。此外,由于额叶运动区功能正常,同一个人说话仍旧会是流畅的。因此,缺陷必然与语言信息的传递有关,而韦尼克推断,这种缺陷会表现为一个人无法完整或准确地重复别人对他说的话。如今我们知道,韦尼克非常有先见之明。弓状束受损的病人在重复听到的内容方面的确有困难,尤其是抽象词语,尽管他们完全意识不到自己的错误。今天,这一类神经疾病被称为传导性失语症。

225

图 9.3 1874 年,德国医生卡尔·韦尼克(1848—1904)发现了位于颞叶的第二语言中心,它与言语理解有关。来源:国家医学图书馆。

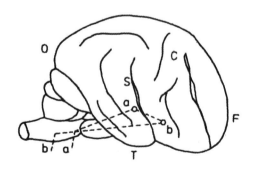

图 9.4 韦尼克设想的语言处理。这幅图显示,听神经投射到了语言理解中心和延伸到脑干区域的运动想象和生产中心。

韦尼克的理论展示了怎样通过整合神经解剖与临床观察来为语言和认知建立模型,这一理论还做了许多其他预测,这些预测都可以由观察和实验来检验。其中一个预测涉及专门负责为书面文字(即阅读)编码的脑区的可能性。韦尼克猜测这一区域就位于颞叶中的言语理解区附近。1892年,法国人约瑟夫·德杰林(Joseph Dejerine)描述了一名患者,尽管他没有明显的视觉缺陷,但却突然失去了阅读能力,这证明韦尼克是正确的。对死者的尸检结果显示,他的角状回(位于视觉皮层和颞部"声音区"之间)曾出现过一次中风。韦尼克的语言处理模型不仅准确,而且极有生命力,它的基本原则在今天仍然为人们所接受。[10] 除了有关失语症的研究,韦尼克还描述了其他疾病,包括在酗酒者中常见的一种因缺乏硫胺而导致的病症。今天,这被称为韦尼克脑病。韦尼克还写了一本《精神病学基础》(*Foundations of Psychiatry*)的教科书,他将其视作自己最重要的工作。不幸的是,韦尼克因为自行车事故受伤,年仅56岁就去世了。

额叶皮层运动区的发现

语言并不是唯一与大脑皮层特定区域有关的功能。1870年,也就是在韦尼克描述感觉性失语症之前大约四年,两名德国医生,爱德华·希齐格(Eduard Hitzig)和古斯塔夫·弗里施(Gustave Fritsch),在额叶皮层后部发现了一个与运动有关的区域。说得更具体一点,他们在狗身上发现了一个区域,对这一区域施加电刺激会引发可预测的运动反应。一开始,人们普遍不相信这个发现,因为当时的人们大都认为大脑皮层对电刺激不敏感。毕竟,这是阿尔布雷希特·冯·哈勒(18世纪)和皮埃尔·弗卢龙(19世纪)这两位在各自的时代中最伟大的脑研究者的观点。事实上,他们使用了各种方法来刺激皮层的灰色外表面,但都没有效果。因此,在18世纪,大脑皮层经常被认为是一个无关紧要的"外皮",这也是拉丁语中皮层的意思。弗卢龙并不认同皮层与运动有关的观点,因为他认为大脑半球负责意志和感觉,而肌肉运动则由纹状体和小脑负责。虽然大多数研究人员同意弗卢龙的看法,但也有一些相反的证据。例如,乔凡尼·阿尔蒂尼(Giovanni Aldini)通过刺激尸体的大脑皮层发现了多种肌肉反应,包括面部和手臂的反应(见第 5 章)。与他同时代的路易吉·罗兰(Luigi Roland)也注意到,当他将一根来自伏打堆的电线插入猪的皮层时,猪的四肢会运动。基于某些癫痫发作时的身体状态,休林斯·杰克逊推断,一定有一个专门的脑部位负责产生运动,这进一步突出了皮层与运动的关系问题。由于他确信癫痫发作引起的意识丧失涉及大脑皮层,这就意味着大脑半球内存在一个运动区。

发现运动皮层的这两位德国人经历很不相同。希齐格曾在柏林大学接受教育,尽管有犹太人背景,但据说他是一个高傲的普鲁士人,举止傲慢而严厉。颇受当时的人推崇和看重的电击疗法就是由他确立起来的。在其中一次电击治疗中,希齐格首次发现,如果在患者脑后施加一股强电流,患者的眼球就会不由自主地运动,这让他怀疑导致这种反应的部位是否在大脑皮层。弗里施也想过同样的事。虽然受过医学训练,但弗里施是一名冒险家,他曾在南非生活过几年,并对那里布须曼人的社会文化做过详细的研究。他还去过埃及、叙利亚和波斯探险,并出版了几本体质人类学方面的著作。[11]1864 年,弗里施大概正在普鲁士—丹麦战争中担任外科医生,有一次,当他正在为一名伤员包扎开放性的头部伤口时,这个伤员开始剧烈地抽搐,这表明他的大脑皮层表面正处于某种兴奋状态。19 世纪 60 年代末,弗里施搬到了柏林,在那里他遇到了希齐格,当时希齐格刚刚开始对兔子进行电刺激实验。由于他们两人都对大脑皮层的兴奋性感兴趣,于是一拍即合,决定一起研究。

希齐格和弗里施的合作始于 1870 年,当时他们开始用电刺激狗的大脑皮层表面(见图 9.5)。尽管两人都是柏林生理研究所的成员,但由于研究所没有从事这类工作的设备,他们不得不在希齐格的家里工作,为了研究,还征用了希齐格妻子的梳妆台。[12]在没有麻醉的情况下,他们将一只狗绑起来,去除了它的一部分头盖骨,暴露出了它的脑。[13]接着他们用连接在电池上的细铂电极产生的低电流(刚好能够被舌尖感觉到)探测皮层表面。很快,他们的操作就引发了狗的肢体痉挛,而刺激正是施加于肢体对侧的额叶皮层的。更准确地说,微弱的电流引发了一小群肌肉的抽搐,而更强的电流则会引起更为显著的肌肉收缩,并扩散到身体两侧。随着研究的继续,他们将引发运动的部位定位在额叶皮层的中后部。[14]在更加仔细地研究了这个区域之后,弗里施和希齐格发现,有四个不同的区域分别对应着颈部、前臂、后肢和脸部(见图 9.6)。

227

图 9.5 一群德国生理学家和解剖学家(摄于 1880 年前后),其中包括古斯塔夫·弗里施(标号 6)和爱德华·希齐格(标号 7)。通过对大脑皮层直接施加电刺激,他们引发了狗的身体运动,这表明,大脑皮层并非像他们之前认为的那样,对电刺激不敏感。

来源:伦敦威尔克姆图书馆。

228

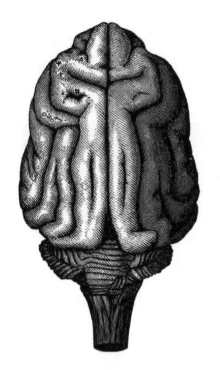

图9.6 狗的大脑皮层背侧图，其中显示了弗里施和希齐格施加刺激来引发运动的区域。对三角形标注区域的刺激引起颈部运动，刺激两个交叉标注的部位造成了前臂的运动，刺激"井"字形标注区域引起了后肢的运动，而刺激圆形标注的区域则造成了面部的运动。

来源：伦敦威尔克姆图书馆。

为了确认就是这一皮层区负责产生身体运动，弗里施和希齐格破坏了最初引起运动反应的那个位置。道理很简单：如果这一位置造成运动，那么相对于刺激这一位置造成的运动来说，破坏它就应该造成相应的运动障碍。结果证实了他们的预测。例如，当弗里施和希齐格切除了负责右前爪运动的区域，狗就再无法正常运动右前肢，而只能跛足行走。尽管破坏并没有造成这一肢的完全瘫痪，但它确实损坏了运动的力度和准确性。

1870年，弗里施和希齐格出版了他们的研究。这一研究不仅为皮层定位理论提供了进一步证据，而且支持了休林斯·杰克逊早先对癫痫患者所做的观察。然而，由于不知道这个英国人的工作，弗里施和希齐格在他们的文章中并没有致谢杰克逊。[15]这个疏忽激怒了大卫·费里尔(David Ferrier)。尽管如此,通过表明大脑皮层的电兴奋性,弗里施和希齐格成功地开创了脑研究的新途径。他们的工作也提出了几个新的问题。例如,损伤并没有造成完全瘫痪,这一点表明一定还有其他负责运动的脑区。事实上,弗里施曾在 1884 年提出,在负责运动的一个皮层中心被去除以后,肢端也会出现残余运动就好像政府部长休假时官僚机构继续运转一样。这就好比说,脑并没有一个特定的或执行命令的功能,相反,它是由许多独立的部分组成的,这些部分在必要时也可以做出重要的决定。虽然这是一个支持皮层定位的想法,但它也暗示脑的组成部分更像民主政体而不是专制政体一样发挥功能。

229

定位的证据:大卫·费里尔

如今,通过电刺激皮层来探索脑的新方法已经成为可能,而苏格兰人大卫·费里尔充分地利用了这项技术。费里尔是一个研究成果极为丰富,但不时也会引起争议的人。他在阿伯丁大学学习哲学,在海德堡大学学习心理学,1868 年从爱丁堡大学医学专业毕业。1870 年,费里尔在伯里圣埃德蒙兹当了一段时间的医生,完成了他的医学博士论文,之后,他搬到了伦敦,在国王学院医院担任神经病理学家。大约在同一时期,他还在国家麻痹和癫痫医院[16]工作,与休林斯·杰克逊有过私下接触,这一经历极大地鼓舞了费里尔从事研究工作。1873 年,约克郡韦克菲尔德的西雷丁精神病院主管詹姆斯·克里希顿-布朗(James Crichton-Browne)邀请费里尔前去工作,正是在这里,他有机会展开研究。西雷丁精神病院是维多利亚时代最大的精神病院之一,有超过 1000 名病人,它同时还为科学家提供了英国国内最好的实验室和动物设施。对费里尔来说更重要的是,他可以在这里通过"实验证明休林斯·杰克逊所持观点……并继续进行弗里施和希齐格的病理学研究。对于一个雄心勃勃的年轻研究者来说,这是一个独一无二的机会。在接下来的三年里,费里尔将会在许多重要的方面扩展希齐格和弗里施的研究成果"。

费里尔的一个创新之处在于他使用了感应电刺激,这种电刺激使用一种更恒定、对脑造成伤害更小的交流电(见图9.7)。这与希齐格和弗里施使用的伽伐尼电流刺激相比,有了很大的进步,伽伐尼电流刺激持续的时间短,产生的只是肌肉抽搐。使用新的方法,费里尔很快就证实,对大脑皮层施加几秒钟的电刺激可以诱发癫痫,这和休林斯·杰克逊所暗示的一样。然而,费里尔还想绘制脑的运动区域,以证实希齐格和弗里施的发现。在这个过程中,费里尔开始意识到,如果他事先把动物麻醉,那么刺激可以持续更长的时间,并且还可以更加灵活地使用感应电刺激。在低强度下,刺激能引起非常精细的运动,如眼睑闭合、耳朵轻弹或爪子的活动。然而,如果增加强度,行为就会变得更加复杂,包括协调的肢体运动和头部方向的变化。费里尔还把他的刺激应用到大量的动物上,包括猫、兔子、狗、豚鼠、老鼠、鸽子,甚至豺。尽管他的结果支持希齐格和弗里施刺激额叶皮层的离散区域会产生运动的观点,但受刺激区域的相对大小和外形却因动物而异。这一发现表明,每一种动物都进化出自己独特的专门负责运动的区域(见图9.8)。

230

图 9.7　大卫·费里尔爵士(1843—1928)用电刺激脑来检查大脑皮层的定位。

来源:伦敦威尔克姆图书馆。

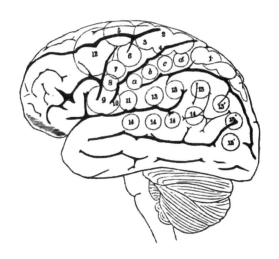

图 9.8　人脑图,在这张图上叠加了通过电刺激猴子大脑皮层所发现的
位置。这种类型的脑图对神经外科的早期开拓者有很大的帮助。

1873 年,这些实验的结果首先发表在《西雷丁精神病院杂志》上,第二年,费里尔应邀为英国皇家学会做了克鲁尼安讲座,这些实验结果因此得到了更为广泛的认可,也使得费里尔的工作得以在英国皇家学会的《哲学学报》上发表,当时,《哲学学报》是英国最为权威的科学期刊之一。不过这一切并非一帆风顺。费里尔对希齐格和弗里施在 1870 年发表的重要论文中对他的导师休林斯·杰克逊的工作只字未提一直耿耿于怀。结果,作为报复,他的文章也几乎没有提到这两个德国人。这种情况让期刊编辑拒绝发表费里尔的论文,但费里尔并不打算改变立场。当期刊编辑要求他重写论文时,费里尔在文章中只提到他用猴子所做的研究,这样就可以避免提及希齐格和弗里施的工作,因为他们的研究完全是在狗身上进行的。[17]

1874 年,由于英国皇家学会的资助,费里尔开始用猴子进行研究,这一举动激怒了许多动物保护人士。[18]尽管如此,费里尔还是希望这一研究有助于他更加准确地定位人脑的运动皮层。这对当时已经开始为切除肿瘤和血块而进行脑部手术(见第 13 章)的外科医生是有实际好处的。确定人体的运动区域是很重要的:如果知道它们的位置,外科医生在手术中就可以避开它们,从而减少并发症——比如瘫痪——的可能性。事实上,费里尔在猴子的大脑皮层中发现了 19 处不同的产生运动的区域,包括负责手臂收缩、行

305

走、手腕的弯曲和伸展、张嘴、嘲笑和眨眼的区域。此外，这些区域与在其他哺乳动物和鸟类中发现的额部位置相一致。费里尔把这个区域称为自主运动的主要中心。然而，很明显，猴子的脑比其他动物要复杂得多，因为费里尔还发现，某些完整的动作可以从顶叶和额叶的诸多区域被激发出来。

刺激人脑

231 　　就在费里尔开始研究猴子的同一年，《美国医学科学杂志》发表了一篇耸人听闻又令人不安的论文，描述了脑电刺激对一个有意识的人的影响。这篇论文的作者是来自辛辛那提的 42 岁的医生罗伯特·巴塞洛（Robert Bartholow），此前他因为对男性性功能障碍的研究而闻名，他还为新发明的注射器写过一本用药指南。1874 年初，巴塞洛接收治疗了名叫玛丽·拉弗蒂（Mary Raffery）的 30 岁爱尔兰女佣。这名女子后来死于头皮的恶性溃疡，溃疡是她假发上的一块鲸骨摩擦造成的，她戴假发是为了掩盖儿时一次事故留下的难看的烧伤痕迹。溃疡造成她后颅骨的一大部分萎缩，暴露了大脑皮层表面。当拉弗蒂进入医院时，看起来心情不错，尽管有些营养不良，意志消沉。不幸的是，她的病情无法治愈，而且迅速恶化。巴塞洛意识到这是一个独一无二的机会，可以设法解决以前在刺激动物的研究中出现的一些问题，尤其是当时仍旧有争议的大脑皮层是否存在电兴奋的问题，（尽管拉弗蒂意志消沉）在得到她的许可之后，巴塞洛就用电流在拉弗蒂暴露出的大脑皮层上做实验。[19]

　　尽管拉弗蒂的头盖骨前部是完整的，这意味着巴塞洛不能进入费里尔所确认的自主运动的主要中心，但能触及顶叶的大部分区域已经足以让巴塞洛感兴趣了。巴塞洛的实验为期四天，分六次进行。在第一次实验中，巴塞洛首先确定电极没有产生"机械刺激"，然后用温和的感应电流刺激覆盖在左侧皮层上的硬脑膜。费里尔以前曾证明过这一操作可能引起剧烈的抽搐，拉弗蒂的反应证实了他的发现。更具体地说，刺激使拉弗蒂的右臂和手指僵硬地伸出，腿向前伸展，而头猛烈地转向右边。刺激右侧硬脑膜对左侧身体产生了同样的效果。尽管这一操作可能会让拉弗蒂感到剧痛，因为和脑组织不同,硬脑膜是有痛觉感受器的,但巴塞洛却对此未置一词。此外,他也没有提及用来施加电流的电极的大小。

这些实验让巴塞洛"意犹未尽",他接着就把注意力转向了刺激外露的脑组织。一开始,他用感应电流刺激拉弗蒂的左半脑,病人不受控地突然伸出右臂和右腿——这一反应一开始让她觉得好笑。不过,拉弗蒂很快就用劲地揉自己的右臂,她抱怨说,右臂有一种不舒服的刺痛感。接着,巴塞洛开始用更强的电流刺激她的右半脑。就在这时,拉弗蒂痛苦地叫了起来,并且伸出了左手,"就好像要抓住她面前的什么东西"。巴塞洛继续用电流刺激,并不觉得有什么。接下来,拉弗蒂的嘴唇变得青紫,瞳孔扩大,持续痉挛了 5 分钟,这导致了大约 20 分钟的昏迷。醒来以后,拉弗蒂抱怨说不舒服,由于仍旧不时出现间歇性抽搐,拉弗蒂被要求卧床静养。两天后,巴塞洛试图恢复电刺激实验,但是拉弗蒂的情况出现恶化,她右侧偏瘫,并伴有痛苦的刺痛感。尽管巴塞洛不得不放弃计划,但还是打算在第二天做最后的努力。然而,拉弗蒂不断陷入昏迷,健康状况已经无可挽回。那天夜里,拉弗蒂突发严重癫痫,不省人事,不幸之中算幸运的,她在第二天就死了。

232

对拉弗蒂的尸检在她的脑浸泡在铬酸溶液中硬化了 24 小时之后进行,只有通过尸检才能够确定电极放置的位置。根据当时的报道,虽然在脑的两边发现电极留下的印记,但它们已经被液化物质污染了,这表明脓和液体已经从患病的大脑表面渗出。1874 年 4 月,也就是几个月以后,巴塞洛发表了一篇论文,概述了他做出的发现。这招致了许多批评与反对,不过费里尔的反应要更积极一些,他在《伦敦医学记录》(1874 年 5 月)上说,这个实验"对脑生理学来说关系重大"。不过,两年后,他谴责了这项工作,认为其程序"不值得称赞,也不太可能被复制"。就连巴塞洛也不得不承认,再次进行这样的操作"是最严重的犯罪"。然而,这似乎并没有对巴塞洛的职业生涯造成负面影响。5 年后,他担任费城杰弗逊医学院的院长,并在那里一直做到退休。

听觉与视觉皮层区

费里尔的许多发现表明，至少在猴子身上存在一些额叶皮层之外的区域，它们负责协调运动。其中一个位置在颞叶上部，与大脑侧裂[20]（也就是大致位于耳朵后面的区域）相邻。当费里尔用电流刺激这个区域时，猴子的头就会突然转动起来，就像一只动物被一种意外的声音吓了一跳。这个反应暗示了颞叶的一部分可能与听觉有关，为了进一步研究这种可能性，费里尔损伤了猴子双侧的这一区域，并测试了它们对各种刺激的反应。他发现猴子对声音完全没有反应——当两只单侧损伤的动物均显示出只有一只耳朵听不到声音时，这一发现得到了证实。因此，费里尔看起来已经成功将听觉功能定位到了上颞叶皮层。

不过，这些发现并不是没有争议的。其他研究人员开始检测费里尔的发现，并得到了不同的结果。例如，意大利人路易吉·拉齐亚尼（Luigi Laciani）用狗做实验动物，他发现上颞叶损伤只产生短暂的耳聋。部分问题在于费里尔的实验猴子都活不长，它们往往在手术后不久就会死于感染。为了解决这个问题，费里尔开始改进他对防腐剂的使用方法，这使他能够在一只存活了一年多的猴子身上重复他的实验。由于这只猴子的听力完全丧失，费里尔甚至带着它参加了 1881 年在伦敦举行的国际医学会议，在会上，他在猴子的耳侧开了一枪，这一举动震惊了在场的观众，但猴子却没有感到惧怕。虽然费里尔的发现仍有争议，但我们现在知道他发现了初级听觉皮层的大致位置（大脑皮层接收来自耳朵信息的主要区域）。这个区域也靠近"声场"，声场被梅奈特和韦尼克认为在语音识别中是很重要的。

233　　　　然而，引起更大骚动的是费里尔宣称他找到了脑中负责视觉的区域。费里尔在 1875 年提出这一论断，当时他在猴子的顶叶中发现了一个叫作角回的区域，[21]它位于枕叶附近，[22]对这一区域施加电刺激会产生眼球运动和眨眼，就好像猴子正在体验视觉感受。更有争议的是，费里尔宣称他发现了人们长期以来寻找的视觉皮层。视觉问题是脑研究中最古老的问题之一，据说从公元前 500 年人们就开始探索这个问题，当时克罗托纳的阿尔克迈翁发现视神经进入了脑。此后,其他研究者也做了许多同样的工作来定位脑的视觉中枢。1724 年,意大利人乔瓦尼·桑托里尼(Giovanni Santorini)将视觉中枢置于丘脑的一个小区域,后来这个区域被称为外侧膝状体核(lateral geniculate nucleus)。然而,当弗卢龙在实验中证实去除大脑皮层会导致失明以后,视觉的主要部位就被置于了大脑皮层。当然,弗卢龙否认功能定位,他坚持认为视觉是由整个大脑皮层调节的。然而,这个想法在 1855年遭到了意大利人巴塞洛梅奥·帕尼扎(Bartholomeo Panizza)的驳斥,帕尼扎注意到枕部区域的中风会导致失明和视觉缺陷。帕尼扎还曾使一只狗的单侧失明,并将此导致的视神经退化一直追踪到枕叶皮质。更具有说服力的是,这个区域的损伤会导致完全失明,而切除一个半球会导致对侧的眼睛失明。尽管这是一个视觉区域定位的有力证据,但帕尼扎的研究在当时基本上是无人问津——也许是因为弗卢龙的观点仍然占据着主导地位的缘故。

费里尔知道帕尼扎的研究,但他自己的发现并不支持视觉区域位于大脑皮层最后部(即枕叶皮层)这一观点。事实上,当费里尔刺激帕尼扎确认的大脑区域时,眼球运动并没有出现,他对枕叶的损伤也没有产生任何明显的视觉障碍。因此,费里尔继续坚持认为是位于顶叶边缘的角回,而不是皮层最后部的区域与视觉有关。当费里尔损伤猴子的角回时,他的理论也得到了支持:将单侧角回切除会造成对侧的眼睛失明。费里尔甚至报告了这样一个例子:有一只患了双侧角回损伤的猴子,将一杯茶放在它的眼睛前面,它也看不到(它非常喜欢茶)。费里尔在 1876 年将这些发现提交给了英国皇家学会,并于同年在广受赞誉的《脑功能》(*The Functions of the Brain*)一书上发表了这些发现。他有足够的信心宣称角回是脑中负责视觉的部位。

费里尔的错误

然而,费里尔的主张在两年后遭到了柏林教授赫尔曼·蒙克(Hermann Munk)的猛烈抨击。与帕尼扎一样,蒙克也表明,失明并非是由于角回的损伤,而是由于枕叶皮层两侧的损伤。不过,蒙克还提出了另一个重要的主张:单侧病变并不会像费里尔所说的那样导致对侧眼睛的失明,而是导致视网膜中对侧视野的缺失。换句话说,如果大脑皮层的左侧受到损伤,那么动物两只眼睛就无法看到右侧的东西了。这意味着脑的视神经比之前想象的要复杂得多。最重要的是,蒙克发现枕叶某些区域的小损伤可能会产生费里尔并没有报道的有趣的视觉缺陷。这其中包括看到物体,却无法识别它们的意义。例如,受损伤的动物经常注意不到水或食物,尽管它们很饿。把一根点燃的火柴放到它们的眼睛前,它们既不害怕也不退缩,它们对危险视若无睹。然而,这样的狗却可以正常行走,避免撞到障碍物。蒙克解释说,这样的狗失去了存储的视觉记忆图像,或者像他所说的"心理失明"(psychic blindness)。换句话说,这些狗已经没有了对视觉经验的记忆。然而,这些状况并不是永久性的。蒙克发现,经过 4～6 周的再训练,狗可以重新习得视觉世界的意义。而且,如果动物有足够的时间恢复,即使是完全失明也可以逆转,前提是它的枕叶皮层的部分得以保留。

费里尔和蒙克之间的意见分歧导致了一场激烈而长期的争论。最终蒙克被证明是正确的。费里尔被角回误导有几个原因。一个是他的手术技术太差。他的大多数猴子在手术后只能存活几周,这样费里尔检查它们行为的时间就很有限。相比之下,蒙克可以研究他的动物数月甚至数年。这使得蒙克获得了很大的优势,因为他很快就意识到角回损伤对失明的影响不是永久性的。另一个问题是费里尔切除了枕叶。他在皮层表面以一个叫作月状沟(lunate sulcus)的位置作为标记来界定枕叶与顶叶。然而,这并不是精确的标记,结果就是没有检查枕叶的几个重要部分。这其中包括距状裂(calcarine fissure)。事实上,我们如今知道距状裂对视觉是至关重要的,因为它是枕叶直接接收来自眼睛的视觉输入的部分。[23] 即使在距状裂区域有少量的皮层残余也会导致动物产生某种程度的视觉。这些都是可以理解的错误,尽管这并不会减少蒙克对费里尔的批评。1881 年,蒙克在柏林生理学会的报告中严厉批评了这位苏格兰人的工作,他说:"关于这件事没有什么好说的。"而且"费里尔先生也没有做出正确的猜测,他所有的说法都是错的"。这些批评是如此严厉,以至于美国人威廉·詹姆斯(William James)在他的

《心理学原理》(*Principles of Psychology*)一书中不得不回应道:"蒙克对自己观察结果的绝对语气和他在理论上的傲慢毁掉了他的权威。"

对皮层定位的检测

尽管越来越多的证据支持皮层定位,到 19 世纪晚期,它已经扩展到语言、运动、听觉和视觉,但仍然有人反对这种观点。一个批评者是斯特拉斯堡大学的弗里德里希·戈尔茨(Friedrich Goltz)教授。1869 年,当发现一只无脑蛙能游泳、跳跃,并从热水中跳出时,他第一次对定位问题产生了兴趣。如果脊髓的适当部位受到刺激,一只无头蛙也能发出呱呱的叫声。看起来很多行为都不需要大脑,在 19 世纪 70 年代,戈尔茨开始对研究去除狗的大脑皮层的效果感兴趣。尽管他的手术明显影响了动物的智力(戈尔茨写道,他的狗表现得像"白痴"),但它们并没有失去感觉。例如,喇叭的嘟嘟声会把一只去除了皮层的狗从睡梦中唤醒,而且它也能避开亮光。这只动物还会走路,虽然有点笨拙。尽管不寻找食物,但它却能毫不费力地吮吸牛奶和吃东西。戈尔茨去除了三只狗的大脑皮层,带着它们出现在欧洲的各种科学会议上。这些动物的行为似乎提供了强有力的证据反对皮层定位的观点。尽管戈尔茨并不否认皮层的特定区域受到损伤以后有可能出现缺陷,但他认为,没有任何单一的区域对一种特定功能是不可或缺的。事实上,他倾向于支持这样一种理论:任何损伤的结果都可以被解释为注意力的普遍缺陷,他认为这种缺陷是由整个皮层负责的。

1881 年,戈尔茨在伦敦举行的国际医学大会上展示了他的两只狗,这次大会为世界上最杰出的医学研究者提供了一个公开展示他们工作成果的论坛。有 12 万人参加了这次盛会,其中包括来自 70 多个国家的 3000 多名代表。其中的一场会议有关功能的大脑皮层定位,会议一开始,戈尔茨展示了一只被去除了大部分大脑皮层的狗。所有人都看得明白,这只动物能够四处跑动,能看见、听见和感觉到疼痛。因此,大脑皮层对这些行为似乎并不重要。然而,下一个轮到费里尔。他用一小群猴子来做演示,每只猴子大脑皮层都有一个小的局部损伤,这些损伤会导致特定的障碍,如运动、听觉或

235

视觉障碍。来自这些动物的行为证据显然与戈尔茨的观点相矛盾。在随后的辩论中，费里尔指责他的对手没有完全去除他的狗的大脑皮层，这造成了一定程度的功能残余。费里尔的指责促使会议主席询问戈尔茨和费里尔是否愿意牺牲他们的动物，好让一个独立的仲裁小组来检查它们的大脑。两个人都同意了，接下来的工作由剑桥大学的科学家进行，其中包括约翰·兰利和年轻的查尔斯·谢灵顿。当年晚些时候发表的研究结果显示费里尔对损伤的估计是正确的，而戈尔茨严重低估了从狗身上移除的皮层量。对于大多数观察者来说，这证明了费里尔有关大脑皮层定位的观点是正确的。

然而整个故事还没有收尾。费里尔所做的展示被反活体解剖联盟的成员们盯上了。反活体解剖联盟是一个有影响力的组织，1876 年由于说服议会通过了《虐待动物法案》，获得了广泛的支持。这是世界上首部动物保护法案，它的规定表明研究人员可能会因为虐待动物而被起诉，除非他们获得许可并能为工作提供正当的理由。该法案还要求，一项会对动物造成痛苦的实验只有在"所提议的实验对于拯救或延长人的生命这一正当的要求是绝对必要的"情况下才可以进行。在大会结束三个月后，费里尔接到了波街警察局（Bow Street police station）的传唤，他被指控在没有许可的情况下对猴子进行外科实验。有趣的是，由于一些不为人知的原因，[24] 费里尔虽然申请过执照，但是被拒绝了，尽管他以前有过动物实验的经验。最终，费里尔被无罪释放，因为外科手术是由他在国王学院的同事和有执照的杰拉德·杨（Gerald Yeo）做的。这个案例被广泛报道，人们由此开始关注医学研究上收益和成本的困境。就像 19 世纪一样，这在今天依然是一个问题。

菲尼亚斯·盖奇的故事

费里尔检查的另一个脑区是额叶，由于布洛卡在 1861 年发现了语言中枢，弗里施和希齐格在 1870 年发现了运动区，人们已经针对额叶提出了定位理论。然而，语言中枢和运动区都相对较小，位于额叶较后的边缘，还没有触及更靠前端的更大的额叶区域。许多研究人员对这一区域着迷，尤其是因为人脑的这一部分比其他物种更发达。举个例子：人脑的额叶约占大

脑皮层的 30％,相较而言,黑猩猩约占 17％,而老鼠仅占 3.5％。因此,额叶
通常被认为是脑最晚演化的部分,是使人类独一无二的东西。这种情况导
致 19 世纪下半叶的许多研究人员,包括著名的英国哲学家和演化生物学家
赫伯特·斯宾塞(Herbert Spencer)(曾创造了"适者生存"这个表达)推测,
额叶的前部必定负责着人类的高级功能,如抽象思维、道德责任和人格。

当费里尔在 19 世纪 70 年代开始研究额叶时,他发现额叶最前部的区
域对电刺激没有反应。然而,将它们切除却导致了"动物性格和行为的明显
改变"。特别是,受到损伤的猴子从专注力强和具有好奇心变成了情绪冷
淡、无动于衷和萎靡不振。虽然很难准确地定义这些变化,但这些动物似乎
已经失去了智力和注意力,这种缺陷让费里尔想起了痴呆症。他由此得出
结论:额叶皮层是"那些奠定高级智力活动基础的心理过程的基质"。换句
话说,它们是智力的基础。在这方面,甚至戈尔茨也支持费里尔,戈尔茨承
认,通过僵硬的面部表情和缺乏恐惧就可以识别额叶受损的狗。然而,这一
看法与许多研究者的观点大相径庭,他们未能发现额叶受损后有任何明显
的障碍。德国人雅克·勒布(Jacques Loeb)或许对这一点做了最好的总结,
他在 1900 年表示:"对狗来说,也许没有什么手术比切除额叶更无害了。"至
少,由此导致的行为上的缺陷并不像从如此高度演化和引人注目的脑结构
中人们可以合理预期的那样严重。

1878 年,费里尔在古尔斯顿讲座(Goulstonian Lectures)中向英国皇家医
师学会展示了他在额叶方面的实验工作。[25] 然而,让这些演讲更广为人知的
是一个至今仍吸引着许多人的人类案例研究,这就是菲尼亚斯·盖奇
(Phineas Gage)的故事,在一次可怕的事故中,盖奇失去了部分额叶。盖奇
是新英格兰一个铁路建筑施工队的工头,他的工作是平整铺设铁轨的地面,
这需要用到一根大铁棒"夯实"炸药上的沙子。在 1848 年 9 月的一个早晨,
灾难性的事情发生了。盖奇不小心把铁棒掉在了地上,点燃了火药,爆炸导
致铁棒穿过他的左脸颊,从头顶射了出去。爆炸的力量如此强大,以至于长
度超过 1 码、重约 13 磅的棒子落在 30 米远的地方。[26] 盖奇被摔得不省人事,
但几分钟后又恢复了意识,也没有什么明显不对劲的地方。一辆牛车将盖
奇送到附近的一家旅馆,约翰·哈洛(John Harlow)[27] 医生为他做了检查。

哈洛看到他的病人直愣愣地坐在椅子上，受伤处一览无余。通过头骨上一个类似"倒漏斗"的伤口，哈洛可以观察到"脑的脉动"。哈洛拿掉了几块骨头碎片，把更大的几块重新安了回去，并包扎伤口。尽管经历了脑外伤的痛苦，但盖奇的精神状况似乎并没有受到影响，也没有要人帮助，他独自一人没有再接受治疗就走了。

237 盖奇觉得要不了几天他就会回去工作，但很快就神志不清，陷入了昏迷。另一个危险是出现脑部感染——这种状况要求他要定期清理伤口。然而，盖奇的身体逐渐完全恢复了健康，并在两个月内就被宣布治愈。事故留下的唯一可见的迹象是在他的头骨上有一个明显的空洞和他左眼的失明。尽管盖奇看起来是健康的，然而，铁路公司再也没有重新雇用他。虽然身体还可以应付工作，但盖奇的性格却发生了巨大的变化。在事故发生之前，盖奇在人们眼中是一个负责任、工作努力、善解人意的人，他甚至被赞誉为公司"最有效率和能力的雇员"。但是在事故发生后，盖奇的行为变得越来越乖张、不受约束，很容易冲动。朋友们很快就远离了他，因为他对同伴很轻慢，对社交礼节毫不在意，更糟的是他还动不动就说些污言秽语。在哈洛看来，反复无常、难以捉摸、朝令夕改的盖奇"在智力上是个孩子，但却有着一个强壮男子动物般的激情"。

人们对事故发生后几年里盖奇的生活了解很少，但是知道他一直把那根锥形的铁棍保留在身边。人们相信，有一段很短的时间里，他曾是纽约巴纳姆美国博物馆（Barnum's American Museum）的一个景点。按照一种说法，只要多给10美分，游客就可以撩起盖奇的一缕头发，看到一层皮肤下颤动的脑。[28]盖奇似乎还在新罕布什尔州和智利做过公共马车司机。但据他母亲说，他从来不能长时间地从事一份工作，总是找到一些并不适合他的工作。大约在事故之后12年，他开始遭受癫痫的折磨，这可能导致他在1860年，38岁时去世。他死后并没有进行尸检，1867年，他的尸体被挖了出来，头骨被送给了哈洛，哈洛估计锥形铁棍基本毁掉了他的左前部额

238 叶。[29]哈洛对这个案例的报道引起了费里尔特别的兴趣，因为他认为盖奇行为上的变化与他那些被损伤的猴子的行为变化有某种对应关系。他们都表现出意志消沉、冷漠、注意力无法集中。费里尔还以盖奇为例，说明

额叶损伤如何在不改变感觉或运动功能的情况下造成明显的性格变化。多亏了费里尔,菲尼亚斯·盖奇的案例如今是临床神经心理学中最著名的案例之一。他的故事也进入了流行文化,成为戏剧、电影、电视节目甚至是 YouTube 短视频的主题。盖奇的头骨和锥形铁棍如今在哈佛医学院博物馆展出(见图 9.9)。

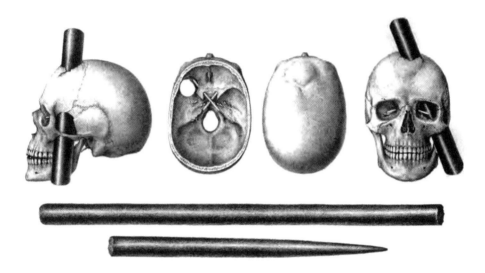

图 9.9 1848 年,锥形铁棍穿过菲尼亚斯·盖奇的颅骨和脑的轨迹。

来源:由沃伦医学博物馆提供。

盖奇活在心理学家的脑海里,但费里尔在伟大的神经科学家中的地位却是复杂的。作为一个经常引起争议的角色,费里尔在他的职业生涯中犯了许多广为人知的错误,尤其是将视觉功能定位在位于顶叶的角回中。尽管如此,费里尔比任何其他 19 世纪的人物都更加证实了皮层定位的观点,其基本的原则如今已经得到了广泛的支持。查尔斯·谢灵顿就是支持者之一,他在 1892 年称赞费里尔的成就时写道,费里尔把大脑定位置于神经学研究的中心,并为"科学颅相学"奠定了基础。费里尔的大部分工作都集中在两本广受好评的著作中,一本是 1876 年的《脑功能》一书,这本书描述了他的实验结果(1886 年这本书得到扩充和修正),另一本是 1878 年的《脑疾病的定位》(The Localizatiom of the Brain),在这本书中,他用皮层定位的概念为神经外科学的发展铺平了道路(参见第 13 章)。由于这项工作，费里尔获得了许多荣誉，包括 1911 年获封骑士爵位。费里尔也是《脑》杂志（1878 年首次出版）的创始人之一，他与约翰·休林斯·杰克逊、约翰·巴克尼尔（John Bucknill）爵士和詹姆斯·克里奇顿-布朗（James Critchton-Browne）爵士一起创办了这本杂志。

注释：

1. 这个区域现在被认为包括内侧颞叶中的海马和杏仁核、皮层下方的扣带皮层、基底前脑中的下丘脑。

2. 几年后的 1870 年，弗里施和希齐格发现了运动皮层。现在已知这是皮层—脊髓束的源头，皮层—脊髓束是穿过脑干的运动通路。

3. 情况比布洛卡想象的要复杂得多。拉斯穆森和米尔纳（1977 年）的研究表明，96% 右撇子的语言区偏侧于左半脑。对于左撇子来说，这一数字降至 70% 左右。剩下的左撇子要么语言区偏侧于右半脑（正如布洛卡认为的那样），要么位于两个半脑。

4. 向大脑皮层供血的三条主要成对动脉之一，尤指大脑皮层的外侧。

5. 这些是：(1) 以智力普遍下降为特征的失语症；(2) 以常常词不达意，说一些无法理解的话为特征的言语健忘症；(3) 以发音含混不清为特征的失语症；(4) 以丧失对发音器官——包括舌部和声带——的神经控制为特征的失语。

6. 现在波兰西部的塔诺沃斯基·戈里。

7. 通俗地说，颞叶是大脑皮层的一部分，位于大脑半球的外侧（耳朵内侧）。

8. 失语症症候群。

9. 实际上，人们已经知道这一联系了。1809 年，约翰·克里斯蒂安·瑞尔（Johann Christian Reil）发现了一组纤维，它们靠近穿过颞部、顶叶和额叶的大脑侧裂。后来，德国解剖学家卡尔·弗里德里希·伯达赫（Karl Friedrich Burdach）在 1819 年至 1826 年出版的三卷本著作《脑与脊髓的结构与发育》（*Vom Bau and Leben des Gehirns und Rückenmarks*）中对这条通路进行了更详细的描述,并将其称为弓状束。

10.它通常被称为韦尼克-格什温(Wernicke-Geschwind)语言模型。　　239

11.1908年,70岁的弗里施还发表了一部关于人类视网膜的比较种族形态学的杰出著作,在这部著作中引入了"中央凹"一词。

12.尽管大多数报道称手术是在希齐格夫人的梳妆台上进行的,但也有说法称手术是在弗里施夫人的梳妆台上进行的。

13.希齐格和弗里施后来在进行这类实验时使用了外科麻醉。在最初的实验中,他们大概没有使用,因为害怕它会使大脑皮层变得"无法兴奋"。

14.在人身上,这个区域位于中央前回,就在中央沟的前面,中央沟是额叶和顶叶之间的主要分界点。加拿大人怀尔德·彭菲尔德的研究证实了这一区域的运动功能(见第13章)。

15.这也许并不奇怪。杰克逊把许多作品发表在不出名的期刊上。例如,他对运动皮层的推测是在圣安德鲁医学毕业生协会的会报上发表的,这在德国是不可能知道的。即使人们在英国以外的地方看到这篇论文,杰克逊的许多作品也常常被指责为晦涩难懂。

16.现在是国家神经科和神经外科医院。

17.在后来的作品,包括他的书籍中,费里尔对希齐格和弗里施的成就给予了更多的肯定。

18.第一个动物福利组织出现在19世纪。世界上第一个这样的组织——防止虐待动物协会(SPCA)——成立于1824年。后来在1840年由于维多利亚女王的赞助,它成为皇家防止虐待动物协会(RSPCA)。

19.目前还不清楚巴塞洛是用什么方法得到她的许可的。1874年,巴塞洛在写给《美国医学科学杂志》的一封信中为自己的行为辩护,他只是说拉弗蒂"同意"了这次实验。

20.这是分开颞叶和顶叶的裂。

21.我们已经知道,在1892年,法国人约瑟夫·德杰林(Joseph Dejerine)发现角回的损伤也会导致失读症。

22.枕叶(与头骨的枕骨有关)是人类大脑皮层四个成对的叶中最小的,位于皮层最后部(即皮层覆盖物的后部)。

23. 事实上，脑的这个区域（即初级视觉皮层）是可识别的，因为它包含一条被称为真纳里条纹（Gennari's stripe）的细白线。它最初是由意大利人弗朗西斯科·真纳里（Francesco Gennari）在 1776 年发现的。

24. 费里尔在伦敦的第一次实验实际上是在房子后面的棚屋里进行的，但由于反活体解剖人士的抗议，不得不把这项工作转到国王学院，那里为他提供了设备。

25. 这些讲座是 1639 年在托马斯·古尔斯顿（Thomas Goulston）的遗赠下开始的。

26. 锥状铁棍实际上有 3 英尺 7 英寸长，直径为 1.25 英寸，逐渐变细，另一端大约只有 0.25 英寸。

27. 费里尔的报告参考的是哈洛在 1868 年发表的关于盖奇的第二次报告。

28. 参见杜瓦·德雷斯马的《精神错乱》（*Douwe Draaisma*）一书。

29. 1994 年，汉娜和安东尼奥·达马西奥（Hanna and Antonio Damasio）利用计算机技术进行了一项研究，他们用数字技术重建了铁棒通过盖奇脑部的路径。研究显示，它从左眼下方进入头骨，然后从头顶出去，对两侧额叶都造成损伤。

参考文献

Benson, D. F. (1993). The history of behavioral neurology. *Neurologic Clinics*, 11(1), 1-9.

Benton, A. L. (1964). Contributions to aphasia before Broca. *Cortex*, 1(3), 314-327.

Benton, A. L. (1984). Hemispheric dominance before Broca. *Neuropsychologia*, 22(6), 807-811.

Benton, A. L. (1991). The prefrontal region in early history. In Levin, H., Eisenberg, H. and Benton, A. L. (eds.), *Frontal Lobe Function and Dysfunction*. New York: Oxford University Press.

Berker, E. A. , Berker, A. H. and Smith, A. (1986). Translation of Broca's 1865 report. *Archives of Neurology*, 43(10), 1065-1072.

Bigelow, H. J. (1850). Dr Harlow's case of recovery from the passage of an iron bar through the head. *American Journal of Medical Science*, 16 (39), 12-22.

Catani, M. and Mesulam, M. (2008). The arcuate fasciculus and the disconnection theme in language and aphasia: History and current state. *Cortex*, 44(8), 953-961.

Colombo, M. , Colombo, A. and Gross, C. G. (2002). Bartolomeo Panizza's observations on the optic nerve. *Brain Research Bulletin*, 58(6), 529-539.

Critchley, M. and Critchley, E. A. (1998). *John Hughlings Jackson: Father of English Neurology*. Oxford: Oxford University Press.

Damasio, A. (1994) *Descartes' Error*. London: Vintage.

Damasio, H. , Grabowski, T. , Frank, R. , et al. (1994). The return of Phineas Gage: Clues about the brain from the skull of a famous patient. *Science*, 264(5162), 1102-1105.

Draaisma, D. (2006). *Disturbances of the Mind*. Cambridge: Cambridge University Press.

Eggert, G. H. (1977). *Wernicke's works on Aphasia: A Source Book and Review*. Moulton: The Hague.

Eling, P. (2006). Meynert on Wernicke's aphasia. *Cortex*, 42, 811-816.

Ferrier, D. (1876). The *Functions of the Brain*. New York: Putnam.

Ferrier, D. (1878). The Goulstonian lectures on the localization of cerebral diseases. *British Medical Journal*, 1(904), 443-447.

Ferrier, D. (1878). *The Localization of Cerebral Disease*. London: Smith & Elder.

Ferrier, D. (1886). *The Functions of the Brain*. 2nd ed. London: Smith & Elder.

240

Geschwind, N. (1967). Wernicke's contribution to the study of aphasia. *Cortex*, 3(4), 448-463.

Giannitrapani, D. (1967). Developing concepts of lateralization of cerebral functions. *Cortex*, 3(3), 353-370.

Gibson, W. C. (1962). Pioneers in localization of function in the brain. *Journal of the American Medical Association*, 180, 944-951.

Glickstein, M. (1985). Ferrier's mistake. *Trends in Neurosciences*, 8, 341-344.

Greenblatt, S. H. (1984). The multiple roles of Broca's discovery in the development of the modern neurosciences. *Brain and Cognition*, 3(3), 249-258.

Gross, C. G. (1998). *Brain Vision Memory: Tales in the History of Neuroscience*. Cambridge, MA: MIT Press.

Gross, C. G. (2007). The discovery of the motor cortex and its background. *Journal of the History of the Neurosciences*, 16(3), 320-331.

Harlow, J. M. (1848). Passage of an iron rod through the head. *Boston Medical and Surgical Journal*, 11(2), 281-283.

Harlow, J. M. (1993). Recovery from the passage of an iron bar through the head. *Publications of the Massachusetts Medical Society*, 4(4), 327-347.

Harrington, A. (1985). Nineteenth-century ideas on hemisphere differences and "duality of mind". *Behavioral and Brain Sciences*, 8(4), 617-634.

Harrington, A. (1987). *Medicine, Mind and the Double Brain*. Princeton, NJ: Princeton University Press.

Harris, L. J. and Almergi, J. B. (2009). Probing the human brain with stimulating electrodes: The story of Robert Bartholow's (1874) experiment with Mary Rafferty. *Brain and Cognition*, 70(1), 92-115.

Heffner, H. E. (1987). Ferrier and the study of auditory cortex.

Archives of Neurology,44(2),218-221.

Iniesta,I. (2011). John Hughlings Jackson and our understanding of the epilepsies 100 years on. *Practical Neurology*,11(1),37-41.

Jefferson,G. (1953). The prodromes to cortical localisation. *Journal of Neurology,Neurosurgery and Psychiatry*,16(2),59-72.

Joynt, R. J. and Benton, A. L. (1964). The memoir of Marc Dax. *Neurology*,14,851-854.

Macmillan, M. (2008). Phineas Gage: Unravelling the myth. *The Psychologist*,21(9),828-831.

Marshall,J. C. and Fink,G. R. (2003) Cerebral localization,then and now. *Neuroimage*,20(1),S2-S7.

Marx,O. (1966). Aphasia studies and language theory in the nineteenth century. *Bulletin of the History of Medicine*,40(4),328-349.

Morgan,J. P. (1982). The first reported case of electrical stimulation of the human brain. *Journal of the History of Medicine and Allied Sciences*, 37(1),51-64.

Neylan,T. C. (1999). Frontal lobe function:Mr Phineas Gage's famous injury. *Journal of Neuropsychiatry and Clinical Neuroscience*, 11 (2), 280-283.

Pearce,J. M. S. (2003). Sir David Ferrier MD, FRS. *Journal of Neurosurgery and Psychiatry*,74(6),787.

Pearce, J. M. S. (2003). The nucleus of Theodor Meynert (1833— 1892). *Journal of Neurosurgery and Psychiatry*,74(9),1358.

Philips, C. G. , Zeki, S. and Barlow, H. B. (1984). Localization of function in the cerebral cortex:Past,present and future. *Brain*,107(1),327- 361.

Schiller,F. (1992). *Paul Broca:Explorer of the Brain*. Oxford:Oxford University Press.

Steinberg,D. A. (2009). Cerebral localization in the nineteenth century:The

241

birth of a science and its modern consequences. *Journal of the History of Neurosciences*, 18(3), 254-261.

Stookey, B. (1954). A note on the early history of cerebral localisation. *Bulletin of the New York Academy of Medicine*, 30(7), 559-578.

Stookey, B. (1963). Jean-Baptiste Bouillaud and Ernest Aubertin. *Journal of the American Medical Association*, 184, 1024-1029.

Taylor. C. R. and Gross, C. G. (2003). Twitches versus movements: A story of motor cortex. *History of Neuroscience*, 9(5), 332-342.

Tesak, J. and Code, C. (2008). *Milestones in the history of Aphasia*. Hove: Taylor & Francis.

Tizard, B. (1959). Theories of brain localization from Flourens to Lashley. *Medical History*, 3(2), 132-145.

Walker, A. E. (1957). The development of the concept of cerebral localization in the nineteenth century. *Bulletin of the History of Medicine*, 31(2), 99-121.

Walker, A. E. (1957). Stimulation and ablation: Their role in the history of cerebral physiology. *Journal of Neurophysiology*, 20(4), 453-449.

Wernicke, C. (1874). *Der aphasische Symptomencomplex: Eine Psychologiische Studie auf anatomisher Basis*. Braslau: Cohn & Weigert.

Whitiker, H. A. and Ethlinger, S. C. (1993). Theodor Meynert's contribution to classical nineteenth century aphasia studies. *Brain and Language*, 45(4), 560-571.

Wilgus, J. and Wilgus, B. (2009). Face to face with Phineas Gage. *Journal of the History of Neurosciences*, 18(3), 340-345.

Young, R. M. (1968). The functions of the brain: Gall to Ferrier (1808—1886). *Isis*, 59(3), 251-268.

Young, R. M. (1990). *Mind, Brain and Adaptation in the Nineteenth Century*. Oxford: Oxford University Press.

10　精神病学和神经病学的兴起

要实现病理解剖的目标就必须不断将所研究的病变,包括发展　242
过程中最细微的细节,与临床发生的病理事件联系起来。

——让·马丁·沙可

我将早发性痴呆称之为精神分裂症,因为我希望表明,几种精神
功能的分裂是其最重要的特征之一。

——尤金·布鲁勒

概　述

对精神疾病的研究和治疗,也就是所谓的精神病学,比神经病学的
历史要长得多,在神经病学中,疾病与神经系统的某些特定功能障碍有
关。事实上,从希波克拉底时代起,人们对某些现在被归类为精神病的
疾病,如躁狂症、忧郁症和歇斯底里症就已经有所认识。相比之下,直
到 18 世纪人们才认识到神经系统在健康和疾病中的重要性。这一发
展可以说是源于托马斯·威利斯创造的"神经病学"一词,该词于 1681
年进入英语词典。尽管这个词的意思是"神经学说",但在 18 世纪,当人
们发现,神经系统失调与各种躯体和精神疾病有关时,这个词的含义大

大拓宽了。另一个关键点是乔瓦尼·莫尔加尼(Giovanni Morgagni)的伟大著作《疾病的位置和病因》(*De sedibus*)于1761年的出版,这本书与传统的体液理论彻底决裂。取而代之的则是认识到疾病源于"受苦器官的叫喊"。莫尔加尼将患者的生活史与验尸结果联系起来,以此来确定疾病的解剖部位,这一方法提供了一种检测新疾病及其器官基础的有力手段。不过,使用这种解剖—临床方法最著名的是让·马丁·沙可(Jean Marie Charcot)。1862年,沙可接管了巴黎妇女救济院。当时,这类机构中的患者患有各种神经和精神疾病,包括精神错乱、癫痫和麻痹性痴呆。然而,在不到20年的时间里,通过定义一系列的神经系统疾病,建立它们的解剖学基础,并构建了一个精确的分类系统,沙可结束了这种混乱的局面。这些成就使得巴黎大学在1881年为沙可创立了世界上第一个神经疾病教授职位,由此临床神经病学成为医学的专业领域。然而,精神病学的发展需要一种不同的方法,因为许多精神疾病没有器质性损伤,而且五花八门的症状使精神病的分类更加困难。尽管如此,通过德国人埃米尔·克雷佩林(Emil Kraepelin)的努力,这方面还是取得了进展。克雷佩林在1887年首次确定了早发性痴呆(精神分裂症),被许多人视为医学精神病学的奠基人,他对精神疾病的分类构成了现今美国精神病协会和世界卫生组织等权威机构所使用的分类的基础。

疾病的新概念:乔瓦尼·巴蒂斯塔·莫尔加尼

疾病的现代概念在很大程度上是从18世纪的变化中产生的。这有时被称为启蒙运动时期,人文主义、理性和科学进步的新信念在这一时期扫除了过去的那些古老而陈旧的学说。这些变化表现在许多方面,尤其是在医学上,包括希波克拉底体液学说的那些旧概念让位于对疾病及其治疗更加

243

理性的理解。可以说,促成这一变化最为重要的人是意大利的乔瓦尼·巴蒂斯塔·莫尔加尼。莫尔加尼出身卑微,虽然如此,在 1698 年 16 岁的时候他就在博洛尼亚投在伟大的解剖学家安东尼奥·瓦尔萨尔瓦(Antonio Valsalva)门下学习医学。[1] 即便年纪轻轻,莫尔加尼似乎就已经开始怀疑他所学的东西。这种怀疑让他在 1705 年当选为不安人学院(Academia degli Inquieti)的主席,不安人学院是一家著名的学术机构,它的成员质疑传统教义,并热衷于通过自己的努力促进科学发展。一年后的 1706 年,莫尔加尼发表了他的第一本重要论著《解剖学》(*Anatomical Writings*)。这本书以其精确和解剖细节而闻名,后来扩展到五卷,莫尔加尼因此成为意大利最受尊敬的解剖学家之一。在威尼斯稍事休整又在其家乡福尔利(Forli)做了一段时间医生之后,莫尔加尼在 1715 年被任命为帕多瓦(Padua)大学的解剖学教授。这是意大利最负声望的教席,维萨里(Vesalius)和法罗皮奥(Fallopio)在之前都曾担任过这一职位。解剖学家莫尔加尼的大名吸引了来自欧洲各地的学生,这些学生称他为"解剖学陛下"。

　　无论怎么看,莫尔加尼都是一位不知疲倦的医生、教师和研究者,尽管在之后的 45 年里,莫尔加尼没有再创作出重要的作品,但这并不意味着他没有成果。相反,莫尔加尼始终仔细研究疾病的症状,并通过尸检了解更多病理解剖学知识。成果之一是 1761 年完成了 5 卷本皇皇巨著《疾病的位置与病因》。这部著作出版时莫尔加尼 79 岁,它代表了他一生的观察、解剖和细致的思考。这部著作也是医学思想上的一个重大进步,因为它的主要论点否定了传统的体液理论,认为所有疾病的原因都在于身体器官的故障,对于 18 世纪中叶来说,这是全新而又激进的概念。有趣的是,如果莫尔加尼没有在 1740 年与一个年轻的、对科学问题有着浓厚兴趣的"业余爱好者"朋友一起度假的话,这本书可能根本不会问世。在好奇心的驱使下,莫尔加尼和朋友开始了书信往来,在 20 年的时间里他们通了 70 封信,这些信描述了他的患者的临床病史和验尸结果。受到朋友不断评论和提问的推动,这些信件被结集和修订,从而构成了莫尔加尼这部巨著的基础。

　　《疾病的位置与病因》基本上是一个内容广泛的医疗纲要,书中明确提到了大约 700 名莫尔加尼亲自检查和治疗的患者(见图 10.1)。这本书还将

244

莫尔加尼自己的观察与瑞士解剖学家泰奥菲尔·博内特（Théophile Bonet）的工作结合起来，博内特提供了 3000 多个验尸资料。[3]《疾病的位置与病因》强调对疾病的病理解剖，全书分为 5 卷，每一卷都涉及不同的器官系统。对于对神经科学感兴趣的读者来说，处理头部疾病的第一卷最有用。这一卷对几种脑部疾病做了详细分析，包括小儿脑瘫、脑瘤、炎症和脑内积液（脑积水）。莫尔加尼描述的另一种疾病是中风，他认为中风是由于脑软化或脑血管意外（即大出血）引起的，而脑血管意外有许多可能的原因，包括精神焦虑、大便用力和打喷嚏。莫尔加尼也意识到大脑半球的损伤，包括中风，会造成身体对侧的偏瘫（瘫痪）。

图 10.1　乔瓦尼·巴蒂斯塔·莫尔加尼（1682—1771）。基于 700 名患者的临床和尸检记录，莫尔加尼撰写了《疾病的位置与病因》。这本著作用将疾病与身体器官的损害联系起来的理论取代了有关健康的旧的体液理论。

来源：伦敦威尔克姆图书馆。

　　尽管可以说莫尔加尼并没有做出有关脑的任何根本性的新发现,但《疾病的位置与病因》仍然是一个转折点,因为它鼓励医生将疾病视为由局部区域或器官引起的异常,而不是干扰了整个身体的某种体液的不平衡。换句话说,它说服医生相信我们现在认为是理所当然的事情:疾病的症状是由影响身体某一部分的痛苦造成的。或者就像莫尔加尼令人印象深刻的表达:疾病是"受苦器官的叫喊"。也许同样重要的是了解疾病是如何产生的。在莫尔加尼看来,身体是精细调节的装置,每个器官都对整体的全部功能做出了贡献。因此,一个器官可能因疾病而出故障,从而导致整个身体机能紊乱或停止运作。因此,解剖学家的任务是确定各种类型的疾病是如何在身体局部器官中出现,并利用这些知识来明确更合理和有效的治疗形式。这些想法迅速被人们接受,并导致在 19 世纪初欧洲几所大学设立了最初的病理解剖学教职。正如我们将看到的,这也将是之后的神经病学和精神病学发展的重要一步。

18 世纪神经疾病的出现

　　随着执业医师或"江湖医生"的兴起,18 世纪对新的合理医学体系的探索也导致了健康的日渐商业化。英国的情况尤其如此,病人开始更频繁地咨询医生,要求获得新的疗法和药物。一种常见的疾病是神经疾病,尽管它们与今天人们所认识的神经疾病差别很大。这一时期最常见的三种"神经"疾病是歇斯底里症、忧郁症和消化不良,它们都与一系列令人困惑的身心疾病有关。以歇斯底里症为例,它被认为是女性的一种症状,与子宫的偏离运动有关(一种可以追溯到希波克拉底的观念),会导致过分情绪化、言语不理智、瘫痪和抽搐。[4] 忧郁症也同样严重,它是一种引起抑郁、嗜睡、焦虑和对发疯的病态恐惧的慢性疾病。从我们现代的观点来看,消化不良可能是最难理解的,因为它的特征是慢性消化不良和肠胃胀气。然而,它经常导致心悸、肿胀、眩晕、昏厥和极度紧张。这些疾病也出奇的常见。例如,在 17 世纪,托马斯·西德纳姆(Thomas Sydenham)估计,人类易患疾病的六分之一都是由包括忧郁症在内的歇斯底里症引起的。不到一个世纪,乔治·切尼

(George Cheyne)便称三分之一的英国人都受到这种类型疾病的折磨。

这些疾病也让医生处于尴尬的境地，因为病人既然很少表现出任何疾病的体征，因此也就没有明显或合理的治疗方式。传统上，这种状况是通过体液的不平衡来解释的。更确切地说，歇斯底里症起源于子宫；忧郁症则是脾脏；而消化不良，则是胃。随着体液理论日渐式微，而神经系统越来越多地与健康和疾病相关联，必须寻找其他的解释。这一发展中的一个关键因素是托马斯·威利斯的工作，他在其伟大的三部曲中概要叙述了许多神经疾病。[5]当塞缪尔·波达吉(Samuel Pordage)1681年将《大脑解剖》从拉丁文译成英文，从而将"神经学"一词引进英语后，威利斯的影响就更大了。尽管这个术语开始只是指对神经的研究，但是由于神经系统参与协调身体的生理机能，这一概念在18世纪获得了更广泛的含义。另一个因素是神经纤维的概念在不断变化。一直到17世纪，人们都普遍认为神经是中空的，由此为动物精气的流动提供了通道。然而，到了18世纪，神经纤维被认为是硬实的，这使它们容易遭受物理损伤。这也激发了一种观点，即神经系统可能会处于紧张状态，从而迫使它出现某种"故障"。

随着神经紊乱越来越多地与身体和精神失常联系在一起，它导致"神经"这个常用的表达意味着某些类似情绪激动或焦虑之类的东西。最早推广这种思维的作家是苏格兰医生乔治·切尼，他在1724年发表的《论健康与长寿》(*An essay on Health and Long Life*)使他成了名人。这篇短论在一定程度上说就是自白，切尼在文中承认他毁了自己的健康，并且由于酗酒和生活奢侈而变得肥胖。不过这本书的主要信息是说服读者要为自己的健康负责。切尼的另一部名著是1733年问世的《英国病》(*The English Malady*)。这又是他与饮食和抑郁斗争的个人自述，尽管"英国病"指的是城市生活的压力与不节制和奢侈的生活方式带来的紧张情绪。按照切尼的说法，这可能导致严重的神经疾病，如忧郁症、歇斯底里症、疑病症和精神错乱。《英国病》还将神经疾病定义为"神经系统及其纤维明显松弛"和"损坏"的疾病。虽然这些词语可能并不是切尼创造的，但他帮助这些词语日益普及，而诸如"磨损的神经"或"极度疲劳的神经"等表达激增，人们越来越多地用这些词语来解释与身心有关的各种疾病。

切尼已经表明,人的脾性和神经系统之间存在着重要的联系。尽管切尼用的是通俗的方式,爱丁堡教授威廉·卡伦(William Cullen)还是赋予了审视这种联系的新视角。卡伦是苏格兰启蒙运动中最杰出的人物之一,他意识到神经系统控制着人体的大多数生理活动。实际上,他认为"神经能量",而非动物精气是控制生命过程的力量。卡伦将这个想法推广到健康领域,认为神经能量的过剩或不足会导致许多疾病。或者正如卡伦所说:"生命是神经能量的一种作用……疾病主要是由于神经失调。"由于脑是人体内神经力量的主要来源,因此我们只能认为,脑一定是决定个人健康的最重要器官。

卡伦提供了一种理解神经疾病的新方法,在4卷本著作《疾病分类方法概要》(*Synopsis nosolgia methodicae*)中,卡伦介绍了他的观点。这一4卷本著作在《疾病的位置与病因》出版8年后的1769年面世,在书中卡伦试图提供一种使疾病分类的新方法。然而,这本书也引入了一个术语,它将对精神病学的发展产生重要影响。这一术语就是"神经官能症"(neurosis)。按照卡伦的看法,神经官能症描述了一组以神经系统普遍"不和谐"为特征的疾病,在这些疾病中无法观察到任何病理损伤。[6]事实上,卡伦定义了4类神经症:comata(中风)、adnamiae(无意识反射活动)、spastici(痉挛)和vesaniae(一个指精神错乱的古拉丁词语,包括忧郁症和躁狂症)。最后一类特别有趣,因为卡伦认为某些形式的疯癫可能起源于脑的"神经能量"。这是现代精神病学建立的一个前提。

帕金森综合征的发现

1817年,伦敦一位名叫詹姆斯·帕金森(James Parkinson)的医生出版了一本小册子,名为《论震颤麻痹》(*Shaking Palsy*),这本书描述了一种新的渐进性衰弱状态,其特征是静止性震颤、麻痹和步态慌张。这种疾病现在被称为帕金森综合征,被认为是最常见的脑退行性疾病之一。它持续吸引着现代医学专家的注意力,他们设法更全面地了解其病因并改善治疗。然而,帕金森可能不是第一个观察到这种疾病的人,因为在《艾德温·史密斯纸草文稿》中可能就已经提到了这种疾病。其中，国王被描绘成一个嘴巴松弛、爱流口水的人。莎士比亚的《亨利四世》(Henry IV)中也有非常类似于帕金森综合征状况的描述，甚至伦勃朗的素描《好撒玛利亚人》(The Good Samaritan)中也有非常类似于帕金森综合征的形象。不过的确是帕金森首先将震颤和瘫痪的症状视为一种特殊的神经系统疾病。他正确地推断，静止性震颤并不像以前认为的那样是其他状况，比如酗酒和衰老的继发性后果。它的"麻痹类型"与中风或脑压迫而造成的类型也不一样。相反，帕金森认为它与特定的步态紊乱有关，因此很可能它是潜在的基础性的脑部疾病本身的表现。

　　帕金森出生在伦敦的肖尔迪奇区，父亲是药剂师和外科医生。帕金森在 1784 年获得了外科医生的资格，但在父亲去世后，他接管了家里的诊所，在此后的工作生涯中，他一直是一名教区医生。[7] 他还担任了地方救济院的主治医生以及地方教会的督察员。像那个时代许多受过教育的绅士一样，帕金森有着广泛的兴趣，他是几个科学协会的成员，包括英国地质学会(他是该协会的创始成员)和伦敦医学会——他还在学会中生动讲述了 1789 年两名男子被闪电击中的情景。帕金森还是一位多产的作家，著有古生物学、地质学和大众医学方面的书籍。帕金森的另一个有趣之处是他参与了英国政治。19 世纪初是一个社会发生巨变的时代，法国大革命的余波仍在回荡，美洲殖民地脱离了英国。帕金森对这些发展表示支持，他还以"老赫伯特"的笔名出版了一些批评国王和政府的政治小册子。[8] 帕金森的这些活动导致他被枢密院传唤，并且因为他知悉 1794 年暗杀乔治三世国王的阴谋而被审查。尽管没有证据表明帕金森与这起阴谋有牵连，但他只是在得到保证不会被迫自证其罪后才作证。有趣的是，虽然帕金森是他圈子中的杰出人士，但如今却没有他的照片或肖像存世。[9]

248　　在 1817 年，帕金森出版了一本只有 66 页的专著，这本书是在他生命的最后几年写的，他将因为这本书而被永远铭记。帕金森最先在他的一个病人身上注意到这种"乏味和令人痛苦的疾病"。他对这一疾病特别好奇，因为这个患者始终过着非常节制和严肃的生活，也从未患过风湿病、头痛或癫病,而所有这些都是当时已知的运动异常的原因。在对这种疾病的症状产生警觉以后,帕金森开始在其他人身上留意这些症状。事实上,他还观察了另外两个病人的状况,以及三个偶然在街上遇到的人,其中一个他无法亲自检查,只能"在远处观察"。将这种疾病命名为震颤性麻痹(或者拉丁语称作paralysis agitans)是恰当的,因为这种疾病的关键特征是四肢僵硬麻痹,在试图移动时还伴有明显的震颤。这种震颤有时非常剧烈,以至于帕金森生动地写道,它不仅可以"摇动床上的挂件,甚至可以摇动房间的地板和窗框"。帕金森还概述了该病的进展情况,其发病先兆通常是单臂震颤,导致驼背、动作迟缓、姿势僵硬和肌肉无力。这些症状最终导致病人卧床不起,毫无办法。

帕金森无法研究患者的脑,所以只能推测病变部位。尽管如此,他还是认识到,这种疾病并不会影响到患者的"感觉和智力",因此认为,造成这种疾病的并不是大脑皮层,因为如果是这样,将会影响到患者的思维。相反,帕金森怀疑损伤位于脑干的延髓,他认为脑干延髓会影响脊髓上部的活动。帕金森非常确信自己的预测,他呼吁进行尸检来确定脑病理学。[10]他甚至用延髓理论发明了一种治疗这种疾病的方法,推荐从颈部放血,使患者皮肤起水泡和发炎。他还建议将小块的软木插入水泡中,让水泡产生"脓性分泌物"。他相信,这些做法会使血液和血压从延髓中转移。

尽管帕金森的专著在首次出版时似乎受到了英国医疗机构的好评,但它很快就被人们遗忘了。原因之一可能是帕金森的著作从未再版,也很少重印。今天已知他著作的副本只有 5 份,这使它成为收藏家们所知道的最有价值的医学文献之一(价值超过 1 万英镑)。在 1824 年,也就是在这本著作发表 7 年后,帕金森就去世了,这实在是一件不起眼的事,以至于医学界在当时的学术期刊上没有留下任何讣告。然而,不应忘记的是,帕金森毕竟只是一名地方上的医生,而且他激进的社会主义政治观点也无助于他的事业。不过,帕金森的工作后来在法国变得更为人知,因为他对这种疾病的描述得到了伟大的神经学家让·沙可的承认,沙可将这种疾病命名为"帕金森综合征",以作为对他的纪念[11]。奇怪的是,1869 年沙可做出这一命名之后,英国外科医生威廉·高尔斯(William Gowers)在他 1888 年出版的最畅销的神经病学教科书中仍将这种疾病称为震颤性麻痹。

救济院的拿破仑：让·马丁·沙可

要说是谁将现代神经病学发展成为一个独特的医学专业领域，那一定非让·马丁·沙可莫属。沙可出生于 1825 年，父亲是一个工人阶级的巴黎马车制造商，在家里的四个孩子中，沙可排行老二。据说，他父亲只能供养一个孩子上学，于是，他决定让老大负责家里的作坊，两个小的去参军，而让最好学的让·马丁未来去当医生。不知道这是否是最适合沙可的职业，因为他也有艺术天赋，经常画画——后来作为临床医生在记录病人的行为异常时他用到了这项技艺。尽管如此，在法国大革命后的平等主义时代，出身卑微的沙可却在巴黎救济院(Salpêtrière)创立了世界上第一所神经病学学校，并且成了那里最伟大的医生。不过沙可的成功并非一帆风顺。1844 年，沙可在巴黎开始了他的医学学习。1847 年，他第一次参加竞争实习(即医院实习)资格的考试，但没有通过。一年后，他获得了实习资格，在巴黎不同的医院进行了 4 次为期一年的轮换，并完成了一篇关于关节疾病和类风湿关节炎的医学博士论文后，沙可于 1852 年完成了他的训练。即便如此，在接下来的 10 年里，沙可还是要在巴黎的几家医院里做常规的医生工作，并在各种门诊里给病人看病。

沙可实习的其中一家医院是救济院。[12]它始建于 1603 年，最初是巴黎市中心的一个弹药库，名字就来源于它所生产的硝石(火药中的一种化学物质)。出于安全考虑，1634 年，这家弹药库被重新改建在塞纳河左岸。1656 年，根据一项皇家法令，它被改成了穷人的收容所。虽然收容所没有义务照顾病人，但它吸引了残疾人和精神病患者，这使它成为一家救济院。在 19 世纪早期最高峰的时候，救济院是欧洲最大的收容所，有超过 8000 名收容者住在 45 栋楼里。实际上救济院自己就是一座小镇，占地 100 英亩，有街道、广场、花园和一座古老的教堂。1793 年，菲利普·皮内尔(Philippe Pinel)去掉了救济院许多病人的枷锁，这让救济院获得了国际认可。人们普遍认为，这一事件为精神疾病患者带来了一种新的人道的"道德治疗"。其他地方很快采纳了这种做法,其中包括德国,1808 年,约翰·克里斯蒂安·赖尔(Johann Christian Reil)在德国创造了"精神病学"一词。

然而到了 19 世纪中期,妇女救济院已经没落了,管理非常混乱无序,待在这里的主要是 4500 名女性患者。尽管如此,这里却似乎给年轻而有抱负的沙可留下了深刻的印象:他有许多病人可以研究,这些病人中大多数终生都要待在这里,遭受着"人类疾病的折磨"。沙可觉得这是一个独一无二的机会,在这里他会有巨大的收获。1862 年,沙可与朋友和同事阿尔弗雷德·瓦尔比安(Alfred Vulpian)[13]一起回到这里并主管医疗事务。刚一到达,他们就开始检查患者的状况并为患者安排病房,也因此,《英国医学杂志》在 1879 年将他们称为"实验生理学和病理学的双子星座"(Castor and Ppllox)。与只待了 5 年的瓦尔比安不同,沙可一直在救济院工作。由于有大量的临床资料可资利用,沙可将自己打造成了世界上最伟大的神经系统疾病专家。沙可身型矮胖,头大,脖子粗,他对医院说一不二的管理方式让人们有时把他称为救济院的拿破仑(见图 10.2、图 10.3)。

250

图 10.2　救济院的拿破仑,让·马丁·沙可(1825—1893)。他利用各种人类疾患,既发现了新的神经疾病,也更好地理解了人们已知的神经疾病。

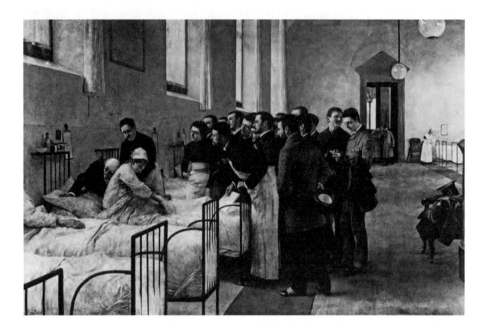

图 10.3　展出于塞维利亚省艺术博物馆的路易斯·西蒙尼斯·Y. 阿兰达（Luis Jimenez Y Aranda）的画作《妇女救济院的沙可》。

来源：伦敦威尔克姆图书馆。

解剖—临床方法

当沙可回到救济院的时候，救济院收容了两类女性患者。第一类是疯癫或者精神错乱的患者，她们占了救济院人数的三分之一。剩下的则是因为疾病丧失劳动能力而住在医院里的人，这些疾病包括"瘫痪、肌肉痉挛和惊厥"。沙可最感兴趣的是第二类患者。大约 75 到 125 名妇女住在破旧的房子里，沙可意识到他的这些病人为他建立一个新的神经系统疾病大数据库提供了可能。事实上，他"拥有了一个活的病理学博物馆，其藏品几乎是取之不尽的"。不过首先，沙可和瓦尔比安必须让他们的医院恢复秩序。为此，他们对病人进行了详细的临床检查，并用笔记和其他支持性文档进行记录。这些记录一直要更新到病人死亡。此外，沙可和瓦尔比安还在一个废弃的旧厨房里建立了一个病理学实验室，可以在那里进行尸检。虽然一开始,实验室只有一台显微镜和一些神经染色剂用来分析脑组织和脊髓病变部分,但随着时间的推移,这里成为一个辉煌的病理博物馆。从一开始,沙可和瓦尔比安的目标就很明确:他们想要把在病人身上观察到的各种行为症状与死亡时的生理异常联系起来。后来,这种方法被称为解剖—临床方法,它被证明是一种非常有效的方法,据此可以基于他们的神经系统病理学,对救济院的患者进行划分。

解剖—临床方法并不是新生事物,它由莫尔加尼首创,其他许多人都用过,但正是在沙可手里,这一方法变成了划分不同类型疾病的一种有效途径。这固然离不开许多"神经疾病"患者的帮助,但其成功更大程度上要归功于沙可对临床观察的依赖,而临床观察依靠从许多不同的来源收集信息。有趣的是,和那个时代的其他住院医生不同,沙可很少在病房里照顾病人。相反,病人被带到他的诊疗室,在诊疗室里,他们会被脱去衣服,病史也会被读出来。据说沙可在亲自检查病人或要求病人做一些动作之前,常常会用手指敲打桌子。沙可还为这些诊疗做了细致的笔记,有时他会把观察到的情况画下来或拍下来,或者用记录的步态或有关颤抖的数据来建立有关疾病的档案。对沙可来说,仔细的临床观察是至关重要的,因为他知道不同的疾病往往具有相似的症状。尽管如此,或许是由于他的艺术家气质,沙可似乎拥有敏锐的观察能力,能看到疾病独特的特征。这将有助于他确定以前未知的疾病,并大大增加对已知疾病的了解。

发现多发性硬化症

沙可对神经系统疾病分类最重要的贡献之一是他在 1868 年对多发性硬化症所做的描述。沙可并不是第一个发现这种疾病的人。事实上,对这种疾病的最早记载可以追溯到 14 世纪,当时荷兰斯西单的卢德维纳(Ludwina,她在 1890 年被封为圣徒)在 15 岁时的一次滑冰事故后肌肉越来越无力。她最初的病状是行走困难,在接下来的 37 年里病情持续恶化,导致平衡感丧失、视觉障碍和瘫痪。卢德维纳把她的缓解期看作来自上帝的神圣信息,让其将自己的使命视为治疗他人的疾病,她也因此获得了治疗师和圣女的名声。其他关于这种疾病的记载来自奥古斯都·德埃斯特（Augustus d'Este），他是英国国王乔治三世私生子的孩子，在超过 26 年的时间里，他用日记记下了自己的症状。在他的病例中，疾病开始于视觉障碍，然后逐渐发展为严重的反复发作的运动障碍和肌无力。尽管 19 世纪的一些医生很熟悉这种疾病，但人们对它了解很少，而且常常把它与许多其他疾病混淆起来。

19 世纪 60 年代中期，沙可第一次对这种疾病产生兴趣，当时他在救济院遇到 3 名病人，她们多年来一直患有下肢的运动和感觉障碍。大约在同一时间，他还碰到一个女清洁工，她的步态很笨拙，而且在有目的地走动时还特别颤抖。沙可非常好奇，他雇用这个清洁女工做他的私人女佣，尽管她可能打碎他昂贵的瓷器。沙可最初诊断这名妇女患有震颤麻痹症（即帕金森综合征）。然而，当这名女子于 1866 年去世时，沙可发现尸检结果并不支持他最初的诊断。事实上，她的大脑和脊髓的白质中布满了硬化和变色的斑块。沙可并不是第一个观察到这种病理的人。1838 年，一位名叫罗伯特·卡斯韦尔（Robert Carswell）的年轻苏格兰内科医生和大约在同一时期的巴黎教授让·克鲁维利尔（Jean Cruveilhier）也在行动困难的患者身上发现了类似的斑块。尽管如此，沙可意识到他并不是在处理震颤性麻痹，于是他开始寻找更多有斑块的病人，以便更好地描述与这种疾病相关的临床症状。

在接下来的几年里，沙可在他许多学生帮助下继续了解多发性硬化症，在这些学生中，有一个正在攻读博士学位的年轻德国人利奥波德·奥登斯坦（Leopold Ordenstein）。奥登斯坦做出了一个重要的发现，他意识到瘫痪的患者可能会表现出两种不同类型的震颤：一种是在患者休息时发生的震颤（静止性震颤），另一种是在患者试图移动时发生的震颤（自发性震颤）。更重要的是，尸检结果显示，自发性震颤的患者总是有硬化斑块，而静止性震颤的患者则没有。因此，奥登斯坦发现了区分多发性硬化症和震颤性麻痹的独特方法。这是一个里程碑式的发现，因为这两种疾病很容易混淆。尽管这是奥登斯坦的发现（他在 1868 年的博士论文中发表了这一发现），但沙可获得了大部分的赞誉，因为他在 1865 年向同事们展示了三例多发性硬化症。这种疾病由于他的讲座而广为人知,1877 年讲座内容以英文出版。当时,沙可已经能够表明这种疾病是由于脊髓和脑中的髓鞘(围绕神经纤维的脂肪性白色物质)变性引起的。他的临床和病理描述是如此彻底,以至于在 1877 年,德国人朱利叶斯·阿尔特豪斯(Julius Althaus)呼吁将多发性硬化症称为沙可病。然而,这种疾病在英国更广泛地被称为弥散性硬化症,直到 20 世纪 50 年代"多发性硬化症"一词才变得普及。

在救济院发现的其他神经系统疾病

对多发性硬化症的可靠诊断也让沙可对震颤性麻痹做出了更好的临床描述。帕金森将静止性震颤描述为这种疾病的主要表现,但沙可观察到,这种症状起伏非常大,有时甚至完全消失,于是他开始认为"震颤性麻痹"一词是不恰当的,因为患有该疾病的患者并不总是表现出震颤。也许正因如此,1869 年沙可开始将这种疾病称为帕金森综合征。沙可还注意到这种震颤通常伴随着其他三种主要症状:行动迟缓、平衡障碍和肌肉僵硬。帕金森似乎忽略了最后一种,但沙可意识到肌肉身体僵硬对患者弯腰的姿势和身体僵直有很大影响。沙可还识别了其他特征,包括在震颤期间拇指的不停移动、面无表情以及字迹很小。所有这些症状都很容易观察到,沙可因此可以在演讲中自信地展示患有帕金森综合征的患者,从而有助于这种疾病引起更广泛的医学关注。

虽然有这些明显的症状,但当进行尸检时,沙可却找不到帕金森综合征患者神经系统损伤的任何迹象。尽管如此,他还是确信迟早有一天会在脑中发现病变。与主张放血的帕金森相比,沙可还提供了更有效的治疗方式,其中有许多药物治疗方法,包括从致命的茄属植物中提取东莨菪碱。这种药物对神经系统具有有效的抑制作用,而且如今仍用于这种疾病的早期治疗。由于在 1892 年观察到乘火车长途旅行常常对帕金森综合征患者有益之后,沙可发明了一种装置,它可以把病人吊在一个悬挂的吊带上,模仿火车的摇摆运动。

沙可所使用的将临床症状与病理解剖联系起来的"划分和分类"方法还

253

导致了运动神经元疾病的发现，这种疾病也称为肌萎缩性侧索硬化症。19世纪60年代在检查了两组患者的症状后，沙可首次意识到这种疾病：具有痉挛状态（即以非自愿性肌肉痉挛为特征）的患者和肌肉萎缩的患者。经过多次尸检，沙可意识到这两组患者的脊髓损伤类型不同。具有痉挛状态的患者表现出脊髓侧柱的变性，[14]而具有肌肉萎缩症的患者则是脊髓前角损伤。[15]从这些观察结果中，沙可猜测后面一组肌肉萎缩的原因是前角变性后产生的神经刺激缺乏。随着沙可进行了更多的尸检，他发现少数病人同时表现出痉挛和肌肉萎缩，并且脊髓侧柱和前角都有损伤。沙可意识到他已经发现了一种新的疾病，其特征是从中年开始的一种快速发展的消耗性疾病，通常在几年内致命。我们已经知道许多名人都患有运动神经元疾病，包括棒球运动员卢·格里克（Lou Gehrig）、作曲家肖斯塔科维奇（Shostakovich）和演员大卫·尼文（David Niven）。物理学家史蒂芬·霍金（Stephen Hawking）是另一位受害者，不过他的病情发展得异乎寻常的缓慢。

妥瑞氏综合征（Tourette's syndrome）是在救济院发现的最吸引人的疾病之一，这种疾病以商人的儿子乔治·吉尔斯·德拉·妥瑞（Georges Gilles de la Tourette）的名字命名（见图10.4）。[16]1881年妥瑞去巴黎跟随沙可实习，他是一位喜欢发明新疗法的医生（他曾设计出一种在治疗面部神经痛和眩晕方面似乎很成功的振动头盔），最初研究的是歇斯底里症治疗中的催眠状态。很快，妥瑞就成了沙可最受信任的助手之一，1884年，沙可看到了美国人乔治·比尔德（George Beard）的论文，比尔德的论文描述了一名具有法国血统的男子的行为，这名男子在听到突如其来的噪声之后会毫无征兆地咆哮和跳跃，随后，妥瑞获得了一项特殊任务。沙可推断，法国也可能有这样的人，于是他让吉尔斯·德拉·妥瑞寻找新的病例。不到一年的时间，妥瑞发现了九个人，他们都表现出奇怪的抽搐和突然的发声，还常常伴有做鬼脸或想要模仿他人行为的冲动。妥瑞还意识到这种状况解释了著名的法国贵妇，丹皮埃尔侯爵夫人（Marquise de Dampierre）的行为，由于总想冲动地大喊大叫一些污言秽语，这名贵妇隐居了起来。沙可对这种新的情况印象深刻，因此将其称为妥瑞抽搐症。不幸的是，妥瑞没有得到他或许应得的名声。两年后,一名曾在救济院里接受过治疗的年轻女子在他的办公室中向他开了三枪,因为她认为自己受到了妥瑞催眠的影响。尽管妥瑞从受伤中恢复了过来,但整个人变得越来越反复无常。1901 年妥瑞被医院解雇,此后不久,他被诊断出患有梅毒,被瑞士的一家精神病医院收治,1904 年他在这家医院去世。

图 10.4　乔治·吉尔斯·德拉·妥瑞(1857—1904)。1885 年妥瑞发现了以他的名字命名的疾病。

来源:伦敦威尔克姆图书馆。

沙可对歇斯底里症的研究

在职业生涯的后期,沙可将重心转移到歇斯底里症这一领域,这个词后来就被广泛用于描述女性的极端情绪行为。歇斯底里症最初被认为是由希波克拉底所提出的游移的子宫的运动造成的,虽然有些意识到歇斯底里症

255 也可能发生在男性身上的人对此提出了异议，但这一信念一直到 19 世纪都很顽固。尽管歇斯底里症仍然难以界定，但通常被认为它是由心理或精神原因引起的生理异常。歇斯底里最令人困惑的方面，尤其是对于 19 世纪的医生而言，可能就是它呈现出许多奇怪的形式。例如，它的症状经常包括过度的笑或哭、胡乱的身体运动、麻痹、麻木或暂时性耳聋和失明。此外，许多表现出歇斯底里症的患者显示出对触觉的敏感性增强，产生昏厥并且容易发生虚假性和欺骗性的行为——所有这些症状都具有高度间歇性，并且因压力而加剧。在他还是年轻医生的时候，沙可就了解歇斯底里症，而那些患有抽搐性疾病的妇女引起了他对这种疾病的兴趣。尽管大多数病例其实是癫痫，但有一些被认为是模仿癫痫发作的歇斯底里症患者。造成这种行为的原因还是个不解之谜。有些医生认为这些症状在脑中具有器质性基础，而另一些医生则认为歇斯底里症患者只是在装病或表演。的确，许多歇斯底里症患者表现出症状，但这些症状找不到神经学解释。"手套麻醉"（glove anaesthesia）便是一个例证，在这种情况中，患者报告手部无感觉，但手腕和手臂有感觉。因此，救济院里的歇斯底里症患者往往是由专门从事精神疾病的医生治疗，而不是由沙可管理的病房负责。

　　1870 年，政府机构决定重组救济院，结果歇斯底里症患者被安置到了沙可的病房中。这鼓励沙可运用他过去用来理解神经系统疾病的方法直面歇斯底里症的挑战。有几年，沙可简直迷上了这种令人费解的病症。他也让其他人对歇斯底里症产生了兴趣，部分原因是歇斯底里症的症状很有戏剧化效果，而沙可在他的周二讲座中利用了这一点。这些"表演"开始于 18 世纪 70 年代早期，这一活动如此成功，以至于还为此专门建造了一个能容纳 600 名学生的圆形剧场。这所剧场也是欧洲第一家在大屏幕上投影幻灯片的剧场。在这个剧场中的讲座既有教育功能，又有娱乐功能，沙可在讲座中通常用的都是他以前从未见过的病人。为了诊断这种疾病，沙可会采访患者，然后进行某种类型的测试以表明症状。例如，有一次，沙可让他的病人站在一个发光的屏幕后面，穿着羽毛做的衣服，以说明不同类型的震颤。沙可有时用模仿来指出不同疾病的特征，或用自己的艺术技巧在黑板上描绘出病人的行为，很大程度上是即兴创作的，且不乏幽默感。周二讲座还为沙可提供了一个论坛,以供思考新想法或介绍特征不明显的罕见疾病。[17]这些活动吸引了许多著名的研究者到巴黎,其中包括阿尔弗雷德·比内特(Alfred Binet)、威廉·詹姆斯(William James)和西格蒙德·弗洛伊德(Sigmund Freud),还有许多好奇的民众从四面八方赶来观看这些活动(见图10.5)。

256

图10.5　安德烈·布劳耶(Andre Brouillet,1887)创作的,这幅画描绘的是沙可正在解释如何诊断歇斯底里症,而两名修女则等待着病人(布兰奇·维特曼)倒下时扶住她。

来源:伦敦威尔克姆图书馆。

尽管讲座介绍了各种各样的神经系统疾病,但有关歇斯底里症的讲座总是引起最多的关注。部分原因是沙可发现患歇斯底里症的病人特别容易受到催眠的影响——西格蒙德·弗洛伊德利用了这一发现,后来将这种技术用作揭示无意识欲望的一种手段,从而建立了精神分析这一学科。催眠和谈话的结合也有助于视觉效果,特别是沙可还发现可以通过按压许多歇斯底里症患者身体上的一些部位来触发或减轻歇斯底里症的症状。沙可经常用位于卵巢所在的下腹上方的一个区域来证明歇斯底里症的突然性和不稳定性。他的一些患者也成为表演明星，其中最著名的是一个名叫布兰奇·玛丽·维特曼(Blanche Marie Wittman)的女子，她在1878年首次被诊断患有歇斯底里症。维特曼被称为"歇斯底里症女王"，她的令人吃惊的情绪化状态、全身僵硬以及梦游的症状在医学期刊以及更一般的媒体上都有所报道，这甚至造成了谣言说她是沙可的情妇。

到18世纪70年代后期，沙可开始将歇斯底里症视为一种遗传病，它出现在神经系统"易受影响"的个体中，休克或高度创伤性的个人事件会触发症状的出现。因此，它类似于一种生理疾病，有必要探寻其生物学原因。但是，大多数医生都排斥这些观点。此外，对歇斯底里症患者的关注会产生许多无法预料的后果。在救济院里歇斯底里症已经成为最常见的疾病，18世纪40年代还只有1%的发病率，而到了80年代初，发病率超过了20%。更令人不安的是，歇斯底里症在整个法国变得越来越普遍，人们都说它是"时代的疾病"。在许多人看来，歇斯底里症的增加所反映的不可能是神经系统疾病的问题，沙可的学生约瑟夫·巴宾斯基(Joseph Babinski)给出了更令人信服的解释，他指出歇斯底里症患者可能更容易受到暗示。换句话说，如果病人来到救济院，感觉不适，对自己的病情又语焉不详，那里的医生，包括沙可本人在内，就很可能会说服他们相信自己患上了歇斯底里症。弗洛伊德证实，这一想法是完全有可能的，他的工作表明，口头暗示会强有力地影响某些患者的心理健康和身体行为。

沙可的遗产

1862年，沙可被任命为救济院的首席医生，在大约20年的时间里，他将其从一个"人类苦难的避难所"变成了享誉世界的神经学研究所。救济院建立的专业病房配备优质的研究实验室和教学设施，吸引了来自世界各地的学生。沙可也从一位极受人尊敬的医生成长为神经系统疾病的国际知名专家。所有这一切都得到了法国政府的关注，1881年他们奖励了沙可20万法郎，在巴黎大学创立了世界上第一个致力于神经疾病的教席。这标志着临床神经病学成为医学的一个专业领域。沙可对这一新学科的影响表现在多个方面,特别是,他的解剖—临床方法表明,发现迄今为止被混淆甚至未被察觉的新的神经疾病是可能的。实际上,在沙可之前,被认为具有神经基础的疾病相对较少,卒中癫痫、神经梅毒、截瘫、先天性痴呆和"脑热病"是为数不多的几个例外。在沙可之后,医生能够更好地区分出脑和脊髓功能障碍、神经和肌肉疾病以及精神异常。沙可几乎是凭一己之力奠定了现代神经学分类的基础。

沙可也因教学而出名。周二的讲座已经在上文中有所提及,后来他还在周五用更正式的报告补充了周二讲座。报告都是提前精心准备的,演讲的记录会交给助手去编辑出版。这些笔记最终形成了一个大型作品集,被称为《全集》(Oeuvres Complètes),在 1877 年至 1890 年之间陆续出版了九卷。其中一些笔记被翻译成了英语,分别是《关于脑和脊柱疾病定位的讲座》(Lectures on Localisation of Cerebral and Spinal Diseases)和《关于神经系统疾病的讲座》(Lectures on the Diseases of the Nervous System)。这形成了诸多神经学思想,它们有助于确立神经学的基础。约瑟夫·巴宾斯基的评论也许可以算是对沙可影响的最好总结:"如果去掉沙可的所有发现,那么神经学将会变得面目全非。"

关于歇斯底里症,历史对沙可不太友好。这种疾病的奇特魅力和沙可临床演示的戏剧性效果为他招致了许多敌人,而所谓他的傲慢和不喜欢被反驳的态度强化了这种状况。对沙可的批评还来自作家和社会评论家,比如托尔斯泰(Tolstoy)和莫泊桑(Maupassant),他们嘲讽认为歇斯底里症是一种生理性脑疾病的观点。布兰奇·玛丽·维特曼的命运证明了他们的看法是正确的。1893 年的某天,沙可在勃艮第乡村进行了一天的步行之旅后,突然毫无征兆地去世了,享年 67 岁,随之,维特曼歇斯底里症的抽搐、瘫痪和谵妄也突然消失了。沙可治疗的许多其他病人也是如此。维特曼症状的消失原因很简单:救济院不再需要歇斯底里症女王了。尽管如此,维特曼并没有立即离开她住了 16 年的医院,而是受雇于摄影实验室,并晋升为放射科技术员。她在这一领域的专业知识让她为发现了放射性物质且为两次获得诺贝尔奖的居里夫人(Marie Curie)工作。佩·奥雷佛·恩奎斯特(Per Olov Enquist)2007 年出版的小说中戏剧化了她们的

258

故事。小说将维特曼描述成了一个悲剧人物,因为辐射失去了双腿和手臂,去世时只有美丽的身躯但却没有了四肢。[18]不过真实情况并没有那么耸人听闻:她失去了手指、手和部分前臂。维特曼在 1913 年死于癌症,据信癌症是由辐射引起的。

划分精神疾病的新方法:埃米尔·克雷佩林

沙可的成功很大程度上得益于他对神经症状进行分类的创新方法,其他人也将对精神障碍采取类似的策略。在这方面最有影响力的人是埃米尔·克雷佩林(Emil Kraepelin),他被公认是现代精神病学的创始人(见图 10.6)。克雷佩林出生在德国北部的斯特里茨,据一本传记上说,他的父亲是一名酗酒的演员,离家出走,抛下了以演唱为生的妻子,她只能独自抚养两个儿子和一个女儿。虽然经历了这些早期的挫折,克雷佩林还是因为他哥哥卡尔[19]而对生物学产生了兴趣,卡尔激励克雷佩林学习医学。1874 年,克雷佩林开始了在伍尔茨堡大学的学习,在听了在莱比锡创建了世界上第一个心理学实验室的威廉·冯特(William Wundt)的课程后,他转向了精神病学。四年后,完成了医学论文的克雷佩林搬到慕尼黑与解剖学家伯恩哈德·冯·古登(Bernhard von Gudden)[20]合作。不幸的是,对克雷佩林来说,之后是一段艰难的时期,他被指派负责管理一个男性精神病病区,其中住着 150 个危险而暴力的病人,而在研究上他也没有得到任何回报,因为克雷佩林左眼的失明妨碍了他使用显微镜,致使他并不适合从事神经解剖工作。在过了四年不如意的生活后,克雷佩林在莱比锡的一家诊所谋了一个职位,在保罗·弗莱希格(Paul Flechsig)手下工作。由于与弗莱希格发生了冲突,几个月后克雷佩林被解雇了。[21]此时的克雷佩林比以往任何时候都更加坚定了要从事心理学研究的决心,为此他动用自己的积蓄加入了冯特的实验室。在实验室,除其他的工作外,克雷佩林还检查了各种药物对脑的影响。

图 10.6　埃米尔·克雷佩林(1856—1926)对精神疾病进行了分类,构成了当今许多精神疾病分类的基础。他还是第一个认识到我们今天称为精神分裂症的研究者。
来源:伦敦威尔克姆图书馆。

　　此时的克雷佩林发现自己的处境是既没有钱和满意的工作,也没有获得进一步培训的机会,而和青梅竹马的恋人订婚又加剧了这种糟糕情况。考虑到这种无望的处境,克雷佩林接受了一项任务——写一篇关于精神疾病的简介。这一任务对他似乎没有什么吸引力,而书的内容也不丰富,因为这篇介绍显然是克雷佩林在 1883 年复活节假期间赶出来的。然而克雷佩林不可能知道,他的薄薄的《精神病学纲要》(*Compendium der psychiatrie*)将变成《精神病学教科书》(*Textbook of Psychiatry*),如今仍旧是现代精神病学使用的所有主要分类系统的基础。[22]这也确保了克雷佩林以医学为导向的观点继续主导着现代精神病学。在其最初的形态中,《精神病学纲要》只不过是重现了当时的德国人对精神障碍的思考。不过这让克雷佩林更加意识到当时有关精神病的知识的不足,而让他感到尤其震惊的是对精神病的诊断缺乏一致性。尽管在 19 世纪中叶存在着许多分类系统,但它们往往基于主观的标准,这导致了一些非常可疑的状况,如"手淫性精神错乱"或"新婚夜精神病"。除了强调精神病学有必要更加客观以外,克雷佩林对改变这种情况也几乎无能为力。然而,这却激发了克雷佩林对精神病学分类的兴趣,正是这一点吸引他从实验心理学回到临床工作。

1886 年,在德雷斯顿一家精神病院担任负责人之后,克雷佩林意外地获得了爱沙尼亚多尔帕特大学的教授职位。当时他年仅 30 岁,尽管不会说爱沙尼亚语或俄语,但他从事精神病研究的梦想可以实现了。克雷佩林管理着 80 张精神病床位,他建立了一个专门进行心理学研究的实验室。他还开始编写教科书的第二和第三版,这激励他更认真地考虑对精神病进行分类的其他方法。当时,精神疾病通常是通过一种主要症状——如忧郁症或精神错乱——来诊断的,并归因于一种心理创伤,如失去朋友或神经衰弱。然而,克雷佩林开始意识到,任何一种症状本身并不构成一个明确的特征,因为大多数精神障碍都有许多类似的异常症状。对克雷佩林来说,明显需要一种新的方法,于是他开始实验其他的想法。克雷佩林最初的创新之一是更密切地比较不同的彼此无关的疾病的病程和发展,并将它们分为"可以治愈的"和"无法治愈的"。

在爱沙尼亚度过了被他称为"流放"的五年之后,克雷佩林于 1891 年接受了海德堡大学的教授职位。这所大学完全处于德国学术生活的中心,克雷佩林在这里负责一个有数百名患者的大型精神病诊所,这家诊所还获得一个设备齐全的病理研究实验室的支持。克雷佩林仍旧致力于追踪不同疾病的发展,开始编纂特别设计的索引卡(zählkarte),用来记录来他诊所的患者的"临床图像的基本特征"。这些患者即使已经出院,他们在随后一两年后也会被随访,以评估最初的诊断是否正确地预测了他们的结果。几年时间里,克雷佩林就用从上千名患者那里收集的资料建立了一个大型数据库。虽然这些卡片主要提供了克雷佩林判断其临床策略是否成功的方法,但也是一种非常宝贵的资源,使他能够对病人身上发现的症状进行分组和重新分组。事实上,这显然是他度假时最喜欢的消遣活动!克雷佩林不仅试图绘制出患者疾病的病程,而且还尝试通过将行为模式分类为综合征来建立精神障碍的新类别。也就是说,确定某些症状组合是否经常同时出现。

精神分裂症的发现

如今,精神分裂症被认为是典型的精神疾病。事实上,如果要求一个人想象"疯狂"一词,那么他的脑海中很可能会出现类似精神分裂症的东西。这是一种以奇怪、混乱和妄想思维为特征的精神心理障碍(即"现实测试"障碍),伴有幻觉以及正常情绪的感受能力下降等症状。尽管 19 世纪的精神病学家知道这些症状,但他们将这些症状看作其他疾病的一部分。然而,当克雷佩林试图理解他从诊断卡片中收集到的信息时,发现它们是相关的。这最初是在 18 世纪 90 年代早期发现的,当时克雷佩林注意到他的大部分病人,不管他们早期的临床表现如何,最终都呈现早老性痴呆的状况。对这些病人的进一步检查显示,他们主要患有三种疾病中的一种,这些疾病分别是:早发性痴呆(青少年心智能力的衰退)、紧张症(一种以昏迷和兴奋发作为特征的状态)、妄想痴呆症(通过妄想错觉来鉴别)。克雷佩林在他教科书的第四版(1893 年)中介绍了这个观点,并提出了所有导致脑退化的方面。克雷佩林在他三年后出版的第五版教科书中迈出了更大胆的一步,将这三种疾病合并为一个单一的病症——早发性痴呆。这反映出他相信这些疾病都出现在年轻人身上,并导致不可逆转的心智退化。他还将早发性痴呆分为四种亚型:(1)笨拙,冷漠,社交能力缓慢下降;(2)偏执,以妄想为特征;(3)紧张症,表现为运动贫乏;(4)青春期痴呆症,表现为"愚蠢"或"孩子气"的思维方式。尽管克雷佩林并没有完全意识到,但他已经识别了后来被证明是精神分裂症的东西。

克雷佩林在他的《教科书》(*Texbook*)的第六版中进行了又一次影响深远的改变,他将所有精神病分为 13 组。尽管他的分类中的大多数,包括神经衰弱症和智力低下等都是已经明确了的,但其中有一类是新的。这是一组常见的精神障碍,称为精神病(psychoses),它们在本质上是许多疾病的集合,对这些疾病,人们并没有发现任何器质性原因。克雷佩林将这些疾病分

261

为躁狂抑郁症和早发性痴呆。这是一个重大发展，因为躁狂抑郁症是两种疾病，即忧郁症和躁狂症的混合，2000多年来，这两种疾病一直被认为是不相关的。因此，克雷佩林是第一个意识到它们之间存在某种基本联系的人。尽管如此，克雷佩林认为躁狂抑郁症是一种间歇性且不恶化的疾病，而早发性痴呆却会引起心智官能的不可逆转的退化。重要的是这种分类使精神疾病的诊断和治疗变得更加简单：如果患者悲伤或愉快，并且情绪发生明显变化，则他们患有躁狂抑郁症，并且有可能会好转；但如果他们缺乏情绪并表现出思维障碍，则他们患有早发性痴呆并且不大可能改善。如今，没有精神科医生会接受这些预后结果，因为在大多数情况下，这两种类型的疾病都可以治疗成功。尽管如此，精神疾病分类中仍然保留着躁狂抑郁症和早发性痴呆之间的区别。

克雷佩林对早发性痴呆的重新定义显著改善了精神疾病的分类，但1911年瑞士出生的精神病学家尤金·布鲁勒（Eugen Bleuler）却拒绝早发性痴呆这个说法。作为一名深受弗洛伊德理论影响的医生，布鲁勒的工作就是与精神病患者打交道，在他的苏黎世诊所，布鲁勒每天都要与他们互动。这种紧密关系使布鲁勒认识到痴呆的不可逆过程并不总是像克雷佩林所坚持的那样。更确切地说，布鲁勒观察到他的许多病人都有明显的心智状态的改善——这一发现也与疾病是由器质性脑功能障碍引起的这一观点相矛盾。相反，布鲁勒开始将早发性痴呆的决定性特征看作人格的情感和理智功能分裂而导致的思维混乱。他把这种现象称为精神分裂，这个词来自希腊语"schizo"（分裂）和"phrene"（精神）。布鲁勒还用四个A来定义精神分裂症的主要症状：（1）迟钝的"情感"（affect），导致情绪反应减弱；（2）"联想"（associations）的放松，导致思维混乱；（3）"矛盾心理"（ambivalence）或无法做出决定；（4）"自闭症"（autism），指过分关注自己或自己的想法。布鲁勒进一步指出，精神分裂症的症状有可能是积极的，表现为过度活跃的思维或行为，也可能是消极的，表现为贫乏的思维过程和行动。100年后的今天，我们对精神分裂症的理解仍然与布鲁勒的表述紧密联系在一起。

一种新型痴呆症:阿洛伊斯·阿尔茨海默

有一种形式的痴呆如今被认为是公共健康最为巨大的威胁之一,克雷佩林对命名和确立这种痴呆也发挥了关键的作用。这种痴呆就是阿尔茨海默病,一种不断发展、无法治愈的退行性疾病,这种疾病会造成严重的记忆丧失、情绪变化和身体功能衰退。阿尔茨海默病是以德国人阿洛伊斯·阿尔茨海默(Alois Alzheimer)的名字命名的,他在1905年首次描述了该病的病理特征。阿尔茨海默出生在巴伐利亚的马克布雷特,在柏林和维尔茨堡学习医学,1888年他提交了有关产生耵聍的腺体博士论文。阿尔茨海默的外貌很醒目,脸上有一道在年轻时用军刀决斗留下的从左眼一直到下巴的伤疤,阿尔茨海默还酷爱抽雪茄,在他周围总能看见烟头。在取得医师资格之后,阿尔茨海默搬到了法兰克福并在市精神病院工作,在那里他研究梅毒的神经病理学,[23]当时人们认为梅毒是精神障碍的主要原因。实际上,到了19世纪末,这种疾病占到精神病院中所有住院病人的一半和所有痴呆症的至少10％。许多名人也受到这一疾病的困扰,包括贝多芬、尼采、莫泊桑和伦道夫·丘吉尔(Randolph Churchill)等。白天阿尔茨海默给他的病人检查身体,晚上他就会待在实验室里。在工作中,他还成了著名的组织学家弗朗茨·尼斯尔(Franz Nissl)的好朋友,他们志同道合,一起花了很多时间用显微镜检查从尸体中取出的组织切片。在这一时期,阿尔茨海默的工作极富成效,证明了麻痹性痴呆与血管损伤导致的皮层组织软化萎缩有关,血管损伤会抑制脑的血液供应。一直到19世纪60年代末,人们都普遍认为这是导致老年性痴呆的主要原因。

在1901年,一个叫作奥古斯特·德特(Auguste Deter)的52岁女士被丈夫带到阿尔茨海默的诊所,她无法照顾自己,整个人糊里糊涂、坐立不安、偏执多疑。最初的临床检查显示,德特有严重的记忆问题,无法记住自己的姓氏,对简单问题的回答也颠三倒四。她的情况在之后的5年里迅速恶化,昏迷在床、大小便失禁,处于一种"完全低能"的状态。德特死于1906年4月,虽然当时阿尔茨海默已经去了慕尼黑克雷佩林做主任的一个实验室,但他对这个病例很感兴趣,而且已经得到了德特的脑和病历。阿尔茨海默决定用一种相对未经尝试的银浸渍技术来检查她的神经组织,这种技术几年前由马克斯·别尔肖斯基(Max Bielschowsky)发明。对阿尔茨海默来说,这是一次幸运的选择,因为当他用显微镜检查德特的脑时,观察到了大脑皮层的明显萎缩。更重要的是他观察到了大量缠结的神经纤维和广泛分布的类似于微小淀粉颗粒的"特殊物质"(见图10.7、图10.8)。[24]尽管他有丰富的经验,但这些病理迹象对阿尔茨海默来说仍旧是陌生的,这增加了发现一种新的退行性疾病的可能性。1906年11月,阿尔茨海默在图宾根的一次医学会议上公布了他的发现,并且在第二年的一篇三页的文章中发表了这些发现。

263

图10.7 阿洛伊斯·阿尔茨海默(1864—1915)。阿尔茨海默是德国精神病学家,1905年,他在一个严重精神错乱的病人身上发现神经纤维缠结和斑块,1910年埃米尔·克雷佩林将这种疾病命名为阿尔茨海默病。这幅画像的原件保存在马克斯·普朗克神经生物学研究所的历史图书馆里。

来源:图片由悉尼大学教授努埃尔·格雷伯(Manuel Graeber)提供。马克思·普朗尼研究所惠允。

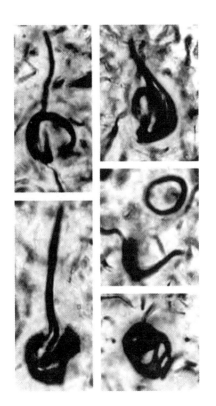

图 10.8　阿尔茨海默病实验室绘制的痴呆症患者神经细胞中各种形式的神经纤维缠结。

来源：图片由悉尼大学教授曼努埃尔·格雷伯提供。马克斯·普朗克研究所惠允。

　　继阿尔茨海默报告之后，医学文献中很快就报道了许多类似的病例。其中一些来自他在慕尼黑的同事，意大利人加埃塔诺·佩鲁西尼（Gaetano Perusini）。佩鲁西尼搜索了他们研究所的记录，看看能否找到和德特类似的心智衰退的患者。他发现了三名这样的患者（年龄分别为 45 岁、63 岁和 65 岁），他们的脑也被保存起来用于神经病理学研究。重要的是，正如阿尔茨海默所描述的那样，所有的患者都显示出遍布皮层的神经纤维缠结和淀粉样的斑块。有趣的是，这些患者中没有一个表现出血管损伤，而血管损伤是"正常"痴呆或老年性痴呆典型具有的。1907 年，布拉格大学的奥斯卡·菲舍尔（Oskar Fischer）发表了另一项相关研究，他在 16 名患者中的 12 名脑中发现了斑块，尽管在他的样本中，所有患者的心智衰退和记忆丧失都要慢得多。这使得菲舍尔相信斑块是老年性痴呆的一个普遍症状。

克雷佩林对这种新疾病印象深刻，他认为这种疾病已经获得了临床和病理方面的描述，于是将其收录在他的第八版《精神病学教科书》(1910)中。他还将其命名为阿尔茨海默病。奇怪的是，克雷佩林强调它是一种早老性痴呆(senile form of dementia)，症状开始于 50 岁左右。尽管佩鲁西尼所描述的两名患者已经 60 多岁，而且菲舍尔也已经指出那些认知能力下降较轻的患者中有皮层缠结和斑块。对于克雷佩林将阿尔茨海默病定义为前老年性痴呆(pre-senile dementia，即区别于 65 岁左右开始的老年性痴呆)是否合适，是存在质疑的。事实上，克雷佩林似乎只知道三个前老年性痴呆的病例符合阿尔茨海默所提供的临床描述，这也导致了对克雷佩林做出这个结论的指责：克雷佩林并没有真实的依据，而是出于提高实验室的声望才这么做的。无论事情的真相是什么，克雷佩林对阿尔茨海默病的描述都使得这种疾病被看作始于中年的一种迅速发展的痴呆症。糟糕的是，克雷佩林的错误导致，作为一种健康隐患，一直到 20 世纪 70 年代早期这种疾病在很大程度上都被忽视了。在此之后它才最终被承认是西方世界最常见的痴呆症。如今，65 岁以上的人中约有 5％患有该病，80 岁以上的人中有 20％患有该病，它成为仅次于癌症、心脏病和中风的第四大死因。

注释：

264　　　1. 瓦尔萨尔瓦以耳朵解剖工作而闻名。例如，他创造了"咽鼓管"(一种连接中耳和鼻腔的管子)一词，并正确地指出了它的功能(例如保持耳朵内恰当的压力)。

2. 这是一项里程碑式的工作，有效地提供了一个包含 3000 份带有临床报告的尸检数据库，其中包括约翰·威弗尔(Johann Wepfer)和托马斯·威利斯的工作。

3. 歇斯底里这个词来自希腊语的 hystera，意思是子宫。

4.《大脑解剖》(1667 年)、《脑病理学》(1667 年)、《动物器官》(1672 年)。

5.到了19世纪末,弗洛伊德将神经症变成了一种纯粹的精神疾病,其病因源于无意识。

6.有趣的是,帕金森并不完全具备医生的资格。

7.其中最有名的小册子是《不流血的革命》,或者《要改革,不要反抗》,据说卖出了2000本。

8.尽管人们在他受洗、结婚和下葬的教堂(肖尔迪奇区的圣伦纳德教堂)纪念他,但帕金森的坟墓已经无法辨认了,这进一步加强了他的神秘性。他的雕像建于1955年,以纪念他诞辰200周年。

9.在这方面,帕金森最终被证明是错误的,帕金森病的病变原理要到19世纪60年代才被完全确定,研究者发现一个位于脑干最上部的被称为黑质的小暗色核的变性是造成帕金森病的原因。

10.就连沙可也发现很难弄到一份帕金森论文的副本,经过一番令人气馁的寻找之后,终于从曼彻斯特大学的图书管理员温莎博士那里弄到了一份。

11.救济院如今依然存在,1997年戴安娜王妃发生致命车祸后就被送往那里。

12.瓦尔比安最为人所知的是对肾上腺髓质的研究,这导致了肾上腺素的发现,以及将显微镜引入死后的病理检查。

13.这部分脊髓包含着脑控制随意运动的下行通路。

14.控制身体骨骼肌的神经就是从这部分脊髓开始的。

15.妥瑞曾说自己丑得像个虱子,但很聪明。

16.在周二的报告有关于亨廷顿舞蹈症和弗里德赖希共济失调病例的展示。

17.佩·奥雷佛·恩奎斯特所著《布兰奇和马利的故事》(古典书局)。

18.后来成为汉堡自然历史博物馆的馆长。

19.冯·古登还是巴伐利亚国王路德维希二世的私人医生,路德维希二世患有被迫害妄想症,人们相信他精神错乱。1886年6月,路德维希和古登在伯格城堡附近的施塔恩堡湖被发现溺水而死,有可能是被谋杀了。他们的死亡一直是一个谜。

20.不清楚为什么会出现这种状况。据克雷佩林说，他是在弗莱希格就职宣誓时发表了不敬言论后被解雇的，尽管另一消息来源称弗莱希格指责克雷佩林忽视了他的病。

21.1923年出版的第八版是最后一版，这一版有4卷，超过3000页。

22.人们认为梅毒是由哥伦布的水手从美洲带回来的，第一次大爆发出现在1493—1494年西班牙和法国的那不勒斯冲突中。梅毒通常表现为生殖器溃疡，溃烂能侵蚀骨骼和面部。在导致痴呆和精神错乱以前，该病能潜伏多年。

23.它们后来被称为老年斑（senile plaques）。

参考文献

Alexander, F. G. and Selesnick, S. T. (1966). *The History of Psychiatry*. New York: Harper & Row.

Berrios, G. E. and Hauser, R. (1988). The early development of Kraepelin's ideas on classification: A conceptual history. *Psychological Medicine*, 18(4), 813-821.

265 　　　Berrios, G. E. and Porter, R. (1995). *A History of Clinical Psychiatry: The Origin and History of Psychiatric Disorders*. London: The Athlone Press.

Bick, K. L. (1994) The early history of Alzheimer's disease. In Terry, D., Katzman, R. and Bick, K. (eds.), *Alzheimer's Disease*. New York: Raven Press.

Boller, F. and Forbes, M. (1998). History of dementia and dementia in history: An overview. *Journal of the Neurological Sciences*, 158 (2), 125-133.

Braceland, F. (1957). Kraepelin, his system and his influence. *American Journal of Psychiatry*, 113(10), 871-876.

Bynum, W. F. (1964). Rationales for therapy in British psychiatry: 1780—1835. *Medical History*, 18(4), 317-333.

Decker, H. S. (2004). The psychiatric works of Emil Kraepelin: A many-faceted story of modern medicine. *Journal of the history of the Neurosciences*, 13(3), 248-276.

Draaisma, D. (2006). *Disturbances of the Mind*. Cambridge: Cambridge University Press.

Duvosin, R. (1987). History of Parkinsonism. *Pharmacology and Therapeutics*, 32(1), 1-17.

Engstrom, E. J. (2003). *Clinical Psychiatry in Imperial Germany*. London: Cornell University Press.

Gelfand, T. (1999). Charcot's brains. *Brain and Language*, 69(1), 31-55.

Goetz, C. G. (2000). Amyotrophic lateral sclerosis: Early contribution of Jean-Martin Charcot. *Muscle and Nerve*, 23(3), 336-343.

Goetz, C. G., Bonduelle, M. and Gelfand, T. (1995) *Charcot: Constructing Neurology*. New York: Oxford University Press.

Hakosaio, H. (1991). The Salpetriere hysteric—a Foucauldain view. *Science Studies*, 4, 19-33.

Hare, E. (1991). The history of "nervous disorders" from 1600 to 1840, and a comparison with modern views. *British Journal of Psychiatry*, 159(1), 37-45.

Hustvedt, A. (2011). *Medical Muses: Hysteria in Nineteenth-Century Paris*. London: Bloomsbury.

Kent, D. (2003). *Snake Pits, Talking Cures, and Magic Bullets: A History of Mental Illness*. Minneapolis, MN: Twenty First Century Books.

Knoff, W. F. (1970). A history of the concept of neurosis with a memoir of William Cullen. *American Journal of Psychiatry*, 127(1), 120-124.

Kyziridis, T. C. (2005). Notes on the history of schizophrenia. *German Journal of Psychiatry*, 8(3), 42-48.

Lehmann, H. C. , Hartung, H. -P. and Kieseir, B. C. (2007). Leopold Ordenstein：on *paralysis agitans* and multiple sclerosis. *Multiple Sclerosis*, 13(9),1195-1199.

Maurer,K. and Maurer, U. (2003). *Alzheimer：The Life of a Physician and the Career of a Disease*. New York：Columbia University Press.

Maurer,K. ,Volk,S. and Gerbaldo, H. (1997). Auguste D and Alzheimer's disease. *The Lancet*,273(5271),1546-1549.

Morris,A. D. (1989). *James Parkinson：His Life and Times*. Berlin：Birkhauseer.

Müller, U. , Fletcher, P. C. and Steinberg, H. (2006). The origin of pharmacopsychology：Emil Kraepelin's experiments in Leipzig, Dorpat and Heidelberg (1882—1892). *Psychopharmacology*,184(2),31-138.

Murray,T. J. (2009). The history of multiple sclerosis：The changing frame of the disease over the centuries. *Journal of the Neurological Sciences*,277(1),53-58.

Palha,A. P. and Esteves,M. F. (1997). The origin of dementia praecox. *Schizophrenia Research*,28(2-3),99-103.

Parkinson, J. (1817). *An Essay on the Shaking Palsy*. London：Sherwood,Neely and Jones.

Parry Jones, W. (1987). "Caesar of the Salpétrière"：J-M Charcot's impact on psychological medicine in the 1880s. *Bulletin of the Royal College of Psychiatrists*,119(5),150-153.

Pearce,J. M. S. (2005). Historical descriptions of multiple Sclerosis. *European Neurology*,54(1),49-53.

Riese,W. (1945). History and principles of classification of nervous diseases. *Bulletin of the History of Medicine*,18(5),465-512.

Schutta, H. S. (2009). Morgagni on apoplexy in De Sedibus：A historical perspective. *Journal of the History of the Neurosciences*,18(1), 1-24.

266

Shepherd, M. (1995). Two faces of Emil Kraepelin. *British Journal of Psychiatry*, 167(2), 174-183.

Shorter, E. (1992). *From Paralysis to Fatigue: A History of Psychosomatic Illness in the Modern Era*. New York: The Free Press.

Shorter, E. (1997). *A History of Psychiatry: From the Era of the Asylum to the Age of Prozac*. New York: John Wiley.

Stone, M. H. (1997). *Healing the Mind: A History of Psychiatry from Antiquity to the Present*. London: Pimlico.

Stott, R. (1987). Health and virtue: or how to keep out of harm's way. Lectures on pathology and therapeutics by William Cullen *c*. 1770. *Medical History*, 31(2), 123-142.

Tally, C. (2004). The history of the (re)naming of multiple sclerosis. *Journal of the History of the Neurosciences*, 13(4), 351.

Tan, S. Y. and Shigaki, D. (2007). Jean-Martin Charcot (1825—1893): Pathologist who shaped modern neurology. *Singapore Medical Journal*, 48(5), 383-384.

Tedeschi, C. G. (1974). The pathology of Bonet and Morgagni. *Human Pathology*, 5(5), 601-603.

Tubbs, R. S., Steck, D. T., Mortazavi, M. M., et al. (2012). Giovanni Battista Morgagni (1682—1771): His anatomic majesty's contributions to the neurosciences. *Childs Nervous System*, 28(7), 1099-1102.

Tyler, K. L. and Tyler, H. R. (1986). The secret life of James Parkinson (1755—1824): The writings of Old Hubert. *Neurology*, 36(2), 222-225.

Weber, M. H. and Engstrom, E. J. (1997). Kraepelin's "diagnostic cards": The confluence of clinical research and preconceived categories. *History of Psychiatry*, 35(4), 375-385.

Wender, P. H. (1963). Dementia praecox: The development of a concept. *American Journal of Psychiatry*, 119(12), 1143-1151.

Yahr, M. D. (1978). A physician for all seasons: James Parkinson 1755—1824. *Archives of Neurology*, 35(4), 185-189.

Yonace, A. H. (1980). Morgagni's letters. *Journal of the Royal Society of Medicine*, 73(2), 145-149.

Young, A. W. (1935). Franz Nissl 1860—1918, Alois Alzheimer 1864—1915. *Archives of Neurology and Psychiatry*, 33(4), 847-852.

11　揭开神经冲动的秘密

所有的科学不是物理学,就是集邮。　　　　　　　　　　　　　　267

欧内斯特·卢瑟福

1933 年,在研究乌贼的神经系统时,我注意到某些透明的管状结构,直径大约有一毫米。起初我把它们当成血管……

约翰·扎卡里·杨

概　述

神经冲动,也被称为动作电位,对我们理解脑是如何工作的至关重要。有意识地阅读单词、推理和思考、欢笑和哭泣、从事自愿活动等这些能力,依赖于成千上万个通过神经系统的轴突纤维的微小电脉冲。因此,如果神经科学家想要了解脑,以及它是如何奇迹般地产生了人类行为,就必须破译这种令人难以置信的嘈杂的电信息。然而,在 20 世纪初期,人们对神经冲动知之甚少。研究者所知道的只不过就是相比于其外部,静息神经细胞内的电压是负的,而当冲动通过轴突时,这种差异会瞬间逆转。事实上,埃米尔·杜波依斯-雷蒙德把这种现象称为"相对负性波",赫尔曼·冯·赫尔姆霍茨在 1850 年估计它的速度大约是每秒 27 米。这一速度暗示了生理化学事件的介入,然而还要再花 50 年的时间才会有一个可靠的理论对此做出解释。做出这一解释的是朱利叶斯·伯恩斯坦(Julius Bernstein),他将神经元的静息负性归因于存在于细胞内外带电粒子(被称为离子)的不均等分布。他进而推测,神经冲动是由于细胞膜暂时"破裂",让带正电荷的离子瞬间流入轴突而产生的。尽管当时还没有办法证实伯恩斯坦所预测的电化学事件,但这是一个巧妙的理论。直到第一次世界大战后,包括放大器和示波器等新技术被用于解决这个问题,才有了进一步的进展。这带来了一些人所说的神经生理学的英雄时代,许多科学家对我们理解动作电位做出了重要贡献,他们后来都获得了诺贝尔奖。1936 年,牛津大学生物学家约翰·扎卡里(John Zachary)发现了巨型乌贼的轴突,这是最重要的突破。巨乌贼的轴突足够大,大到可以把简单的电线或电极植入神经细胞内,从而记录下精细的动作电位电流及其离子相关物。这一成就与英国生理学家艾伦·霍奇金(Alan Hodgkin)和安德鲁·赫胥黎(Andrew Huxley)的工作关系最为密切,他们在 1952 年发表了一系列精确的数学方程,用化学和物理语言描述了动作电位的形成。自那以后,他们对神经冲动的解释从未受到过严峻挑战,人们普遍认为,这是 1791 年伽伐尼发现动物电以来,科学所取得的最伟大的研究成果之一。

动作电位与离子:朱利叶斯·伯恩斯坦

电生理学可以说始于 19 世纪 20 年代克里斯蒂安·奥尔斯特德发明的电流计,它通过罗盘磁针的简单偏转来测量电流(见第 5 章)。意大利人卡洛·马泰乌奇用这一装置表明,生物组织能够产生一种通过神经纤维扩散的电流。尽管仍有许多问题待解决,但它实际上证实了路易吉·伽伐尼在 1791 年首先提出的动物电。1842 年,德国人埃米尔·杜波依斯-

雷蒙德注意到另一件事:相比于内部,一根"静止"的神经纤维的外表面带有正电荷。换句话说,未被激活的神经细胞内部的负极和外部的正极之间存在电压差。如今,这被称为膜电位。[1]然而,当神经冲动通过纤维传递时,这种差异就会发生短暂的逆转。例如,如果一个电极通过纤维表面传递,那么人们会看到电流计的指针迅速地从正极转向负极。杜波依斯-雷蒙德相信这个"相对负性波"代表了神经冲动。后来在 1850 年,赫尔曼·冯·赫尔姆霍茨通过对青蛙的神经和肌肉使用反应时间方法测得这个冲动的速度大约是每秒 27 米。虽然速度很快,但比在电线中流动的电流要慢得多。这暗示着一个活跃的生物过程正在起作用,赫尔姆霍茨称其为"动作电位"。动作电位使得人们再一次关注相对负性波的问题,因为如果它的速度与神经冲动相似,这就是一个强有力的证据,证明这两种东西是同一现象的不同表现形式。

当时在海德堡大学的德国人朱利叶斯·伯恩斯坦证明了相对负性波与神经冲动完全遵循相同的时间参数。伯恩斯坦是杜波依斯-雷蒙德以前的学生,也是赫尔姆霍茨的助手。1868 年,伯恩斯坦通过发明一种叫作"差示式电流断续器"(differential rheotome,字面意思是"电流切割器")的装置取得了这一成就。差示式电流断续器本质上是一个专门的电流计,它可以在可变的延迟之后记录神经纤维的电活动,持续的时间可以比 1 毫秒少得多。[2]由于采样间隔可以做到非常短,伯恩斯坦能够研究负变化任何部分的电压特性。重要的是,这也让他可以描绘出其时间进程的画面。结果表明,负变化有大约 0.3 毫秒的上升时间,持续时间约为 0.9 毫秒。此外,它的移动速度约为每秒 28 米,这与赫尔姆霍茨测量的神经冲动的速度非常相似。实际上,伯恩斯坦提供了现在被普遍认为是对动作电位的第一个定量描述。

另一个与伯恩斯坦有关的问题是,他试图理解当神经细胞处于静息状态时,神经细胞内外的电压差。到 19 世纪后期,许多科学家开始相信这个问题的答案在于不同浓度的带有电荷的化学物质,即离子。[3]离子是失去或得到电子的原子。要理解为什么这给了原子一个电荷,就必须认识到原子总是中性的——因为它带正电荷的原子核被周围带负电荷的电子抵消了。因此,失去一个电子会使原子带上正电荷。事实上,对于某些原子,如钠

269

(Na)和钾(K)，这种情况经常发生，因为它们的外层轨道上只有一个电子。因此，它们很容易变成离子(Na⁺ 或 K⁺)。另一个重要的生物离子是氯(Cl)。然而，它的原子结构意味着它很可能获得一个电子，使其成为带负电的氯离子(Cl⁻)。当生理学家开始了解这种类型的药理学时，他们意识到，神经细胞内外的不同浓度的离子可能就是解释它的电特性的关键。遗憾的是，要验证这一点并不容易。尽管人们已经知道身体中的有些细胞，比如肌肉细胞的内部与细胞外腔室的钾离子与钠离子的水平不同，但对于离子化学来说，神经细胞实在太小，无法用这种直接的方法测量。

尽管有这些困难，伯恩斯坦还是在 1902 年试图说明离子的运动如何能解释动作电位的形成。首先，他假设神经细胞内部的负压是由内部有比外部更多的负离子引起的。因此，神经处在失衡状态。然而，在正常情况下，神经细胞的膜充当了阻止离子流动的屏障，从而维持了这种差异。从这个角度看，神经细胞就像是在其终端被连接之前储存着正电荷和负电荷的电池。然而，伯恩斯坦的伟大洞见是，他意识到神经细胞的膜可以渗透离子。也就是说，如果细胞膜的阻力暂时失效，那么正离子就会进入细胞，使细胞内部的负电荷变为中性(零)。[4]如果发生这种情况，电压的突然变化就会在其表面表现为相对负性波。这一理论也很好地解释了为什么当电流通过细胞时，神经冲动会慢得多。如果伯恩斯坦是正确的，那么随着细胞膜暂时对轴突上的离子渗透能力增强，动作电位会发生小的跳跃。虽然伯恩斯坦理论的一些细节后来被证明是错误的，[5]但他关于离子流的基本思想是正确的。伯恩斯坦的膜理论是针对神经冲动做出的现代第一个合理的物理化学解释。

全有全无律

270 　　大约在伯恩斯坦阐述他的动作电位离子理论的同时，利物浦大学和牛津大学的神经生理学家弗朗西斯·高奇(Francis Gotch)试图更好地对神经冲动进行描述。高奇是最早使用毛细静电计做研究的人之一，毛细静电计是 1870 年发明的，用途是测量神经纤维对特定刺激的电反应。这个装置本质上是装了一半水银的薄 U 形管，在水银顶部有少量稀释的硫酸。当神经电流通过这种混合物,水银会在 U 形管一侧向上移动一小段距离。用一束光照射混合物并在 U 形管后放置一小带胶片,微小的运动就会留下运动轨迹。就电流计的指针偏转来说,这是一个显著的改善。虽然这种反应不过是出现一个毫无特征的尖头(通常是 1 毫米高、2 毫米长),但它为神经冲动提供了一个更准确的视觉记录。通过使用这种新仪器,高奇证实了伯恩斯坦的结论:动作电位只持续了几毫秒。此外,它的电压很小,只有 130 毫伏。

但是高奇也注意到其他情况:这个"尖头"的形状(即它的电压强度和持续时间)总是一致的,不管它是由强刺激还是弱刺激产生。换句话说,神经冲动似乎是全有或全无的——它要么完全出现,要么完全没有。没有"中间"或分级的反应。这并不是全新的发现,因为美国生理学家亨利·皮克林·鲍迪奇(Henry Pickering Bowditch)在 1871 年已经针对心肌描述了这种现象。因此,如果刺激超过某个阈值,心肌纤维总是会最大限度地收缩。然而,高奇是第一个意识到它可能也适用于神经系统的人。此外,高奇还观察到,在第一个"尖头"消失之前,对神经纤维施加第二个刺激并不会产生第二个冲动。换句话说,存在一个神经纤维对进一步刺激并不敏感的短暂时刻,高奇将这种效应称为不应期(见图 11.1)。这些都是重要的发展,因为它提供了神经系统编码方法的线索。这一线索暗示:每一次神经冲动的持续时间和强度都是一样的,但在冲动之间有微小的时间间隔,就像是非常简单版的摩尔斯电码。

对改变人们理解神经细胞如何传递信息来说,全有全无律是一个重要进展。在高奇的发现之前,一些研究者仍旧相信每个神经细胞都有自己独特的能量形式,这一观点最早是由德国生理学家约翰尼斯·穆勒在 19 世纪早期首次提出的。作为证据,穆勒指出,虽然电刺激可以影响所有感觉器官(如眼睛、耳朵、舌头等),但每种感觉神经对它的反应都不同。例如,一种神经传递的电刺激是光,另一种是声音,再一种是味道。因此,对于穆勒来说,无论如何被刺激,每种感觉神经都有其独特之处。这一理论也反驳了物理能量和神经能量是相同的观点,从而支持了活力论或某种精神力量存在的可能性。然而,通过表明全有或全无就是编码信息的神经信号的频率,全有或全无律的发现为反对穆勒的特定性假说提供了强有力的证据。也就是说,所有的神经细胞使用相同的能量,但它们的冲动模式不同。

271

图 11.1　弗朗西斯·高奇(1853—1913)第一次表明了神经冲动全有或全无的性质。他还发现了出现在接续冲动之间的不应期。

来源:伦敦威尔克姆图书馆。

1904—1905 年,剑桥教授凯斯·卢卡斯把全有全无律扩展到了骨骼肌纤维。他试图回答一个简单的问题:肌肉是如何在收缩中产生分级变化的?可以用我们弯曲手臂来说明这一问题。如果拿起一个重物,我们的肌肉必定会比拿着一个轻物时收缩得更厉害。我们的肌肉是如何做出这种调整的呢? 有两种可能性:(1)所有肌肉纤维以相同的速度一起收缩;或者(2)只有一些纤维会收缩,而当它们收缩时,它们会以全有或全无的方式收缩。卢卡斯研究了这个问题。他取了一只青蛙的背皮肌,把它切成包含 12～30 条纤维的小条状。卢卡斯选择这块肌肉是因为他知道有单独一根神经纤维投射到这块肌肉上,这根纤维支配着大约 20 条肌肉纤维。接着他用电流刺激这一神经通路。当刺激增加时,肌肉条带的收缩强度呈现出明显的阶梯跳跃状。这一结果证明,一些肌肉纤维以全有或全无的方式最大限度地收缩,而其余肌肉纤维则完全没有反应。这一发现还暗示,神经冲动以一种全有或全无的方式被激活。然而,卢卡斯不愿意做出这一主张,而宁愿等到有更确切的证据。不幸的是,他没能看到证据的出现,1916 年,他在测试皇家空军的装备时,不幸死于索尔兹伯里平原上空的一次相撞,年仅37 岁。

热离子管和放大器

1912 年,获得了自然科学一级学位、堪称典范的年轻剑桥学生埃德加·道格拉斯·阿德里安(Edgar Douglas Adrian)加入卢卡斯的实验室,研究神经冲动是否遵循全有或全无律。有关这种可能性出现了许多前后矛盾的证据。一种反对的声音来自这样一个发现,即当一个动作电位通过一段被冷却或麻醉的神经纤维时,其电强度会减弱。这意味着,至少在某些情况下,可能会出现分级或部分反应。为了确定这是不是真的,阿德里安将一小段蛙神经暴露在酒精蒸气中,然后沿着纤维追踪神经冲动。结果显示,虽然酒精"阻塞"会导致信号强度减弱,但这种效果持续的时间很短。换句话说,神经冲动就像一串燃烧的火药:只要它的余烬没有完全熄灭,就会重新恢复全部"力量",这支持了全有或全无律。它还表明沿着神经纤维的能量流动不是一个被动的过程。相反,似乎有一种自我再生机制在起作用,让冲动的全部力量得以恢复。

尽管阿德里安的研究在第一次世界大战期间被搁置了,在战争期间他在圣巴塞洛缪医院做医生,但在 1919 年回到了剑桥,接管了卢卡斯的实验室。对参与神经生理学的工作来说,这是一个更加令人兴奋的时期。在战前,许多研究者因为当时技术的局限而感到沮丧。电流计慢而不准,毛细静电计提供的细节很少。这两种方法都不适合测量存在于神经纤维中的微小电流。然而,热离子管(或者真空管)的出现使得在没有失真的情况下微小的神经冲动可以放大 50 倍,这种情形在战后有了很大的改善。[6]第一个改善这种情形的人是哈佛大学教授亚历山大·福布斯(Alexander Forbes)。作为电子学和无线电通信方面的专家,福布斯在1918 年利用战时的知识制造了第一个用于神经生理学工作的真空管放

272

大器。在被晶体管取代之前，这一装置在未来30年里给研究带来革命性的变化。阿德里安很快意识到新装置的重要性，并在1921年邀请福布斯到剑桥来帮助他制造装置。作为回报，阿德里安教福布斯开飞机。

大约在同一时间，有人开始意识到，如果通过一系列放大器的中继，真空管对神经冲动的放大效果可以显著增加。1921年，在圣路易斯的华盛顿大学工作的赫伯特·加塞尔（Herbert Gasser）和约瑟夫·厄兰格（Joseph Erlanger）首次采用了这种方法，他们建造了一个能将神经信号放大5000倍的装置。这种增强最终使研究者能够对动作电位做出合理准确的记录。加塞尔和厄兰格使用了阴极射线示波器进一步改进了这项技术，阴极射线示波器可以将动作电位的时间和电压参数显示在屏幕上。而且，通过将电极置于暴露的神经纤维并将其连接到放大器上，与动作电位相联系的细胞外电流可以被高度准确地记录下来。

不久之后，加塞尔和厄兰格有了一些重要的发现。例如，很明显，外周神经纤维（比如那些从皮肤和关节延伸到脊髓的神经纤维）实际上是由数百个神经轴突组成的。而且，加塞尔和厄兰格在这些神经束中识别出三种纤维，它们以不同的速度传递神经冲动。传导信息最快的被称为A纤维，它的速度是大约每秒100米。之后是B纤维，速度大约是每秒10米。最慢的是无髓鞘的C纤维，它传递冲动的速度大约每秒2米。不仅如此，每种纤维还被发现与不同的功能有关，肌肉感觉和触觉的感觉传递是由A和B纤维来实现的，而低强度的痛觉信息则由C纤维来传递。因此，很明显，外周神经系统优先处理的是有关运动反射和运动的信息，而不是疼痛信号。加塞尔和厄兰格因为他们的工作在1944年获得了诺贝尔奖。

273

单神经纤维记录：埃德加·阿德里安

让我们回到剑桥，阿德里安此时正在利用热离子管的新的放大能力分析神经传导的性质。在一项研究中，他记录了与青蛙腿上腓肠肌相连的神经活动。通过在肌肉上悬挂50克重物，阿德里安发现，神经纤维中冲动的

数量增加了。这些冲动从静止时的每秒 10 个增加到完全伸展时的每秒 50
个。换句话说,冲动的发放率编码了施加在肌肉上的力的大小。这进一步
证实了弗朗西斯·高奇首次提出的观点,即神经信息是一种模式编码。然
而,阿德里安发现这种效应持续的时间很短,冲动的数量仅仅在两到三分钟
后就逐渐减少了。这表明神经系统的编码优先用于察觉新信息。事实上,
当阿德里安检查从皮肤上传递触觉的纤维时,这一点的重要性很快就变得
清晰起来。结果是相似的:当压力施加在皮肤上时,它会导致传递到脊髓的
神经冲动频率的增加,而如果触摸保持恒定,脉冲活动会迅速减弱。这种现
象如今被称为"习惯化",它被认为是忽略那些不再具有任何意义的信息的
重要手段。

　　到目前为止,所有关于神经细胞电生理性质的研究都是在外周纤维
上展开的,正如加塞尔和厄兰格所展示的,这些外周纤维实际上是由许
多更精细的单个轴突组成的束。这意味着每一个记录下来的神经事件
都是一个复合反应,它通常涉及数百个神经细胞一同放电。虽然由此产
生了诸如频率编码、全有或全无律等理论,但这些规律仍必须在单神经
纤维水平上加以确认。然而,这似乎是不可能的。研究者无法在一根给
定的纤维中分离出一个嵌入并缠绕在数百个轴突中的微小轴突。然而,
在 1925 年,阿德里安当时正与一位名叫英格威·佐特曼(Yngve
Zotterman)的年轻瑞典研究者一起工作,佐特曼想要分离出肌肉组织中
编码拉伸的探测器,也就是所谓的肌梭。[7]为了做到这一点,阿德里安和
佐特曼开始逐步切除肌肉,他们兴奋地发现可以将肌肉组织切除到只剩
单个的肌梭。这是一个重要的时刻,因为他们知道肌梭附着在一个单独
的神经轴突上。而且,尽管这根轴突位于一束含有大量不活跃轴突的纤
维中,但对其进行记录却是可能的。有了这一新的发现,阿德里安成为
单细胞记录的开创者,他是第一个记录下单个神经纤维动作电位的人
(见图 11.2)。

274

图 11.2　埃德加·道格拉斯·阿德里安（1889—1977）。他是对单个轴突进行记录的第一人，证明了所有神经元都用一种频率编码形式来编码信息。

来源：伦敦威尔克姆图书馆。

　　阿德里安所得到的反应在示波器的屏幕上呈现为快速出现的小尖峰，而且确认了许多人的猜想：神经冲动始终有相同的高度和相同的传递速度，无论引起冲动的刺激是什么。由此，阿德里安证实了神经传递的全有或全无律。他的研究结果还表明，一个轴突每秒传输的神经冲动可以达到 400 个。这是一个很高的数字，虽然不是完全出乎意料，因为人们知道，动作电位只持续了几毫秒。很明显，轴突可以在短时间内传递大量信息。不过，重要的是这些反应的模式。简而言之，阿德里安证明了更大的刺激量增加了每秒的峰值数量。也就是说，一个轴突中冲动的数量与感觉刺激的强度（或其变化）成正比。这几乎就像是神经细胞在用摩尔斯电码编码信息——只不过它们被限制使用点模式（pattern of dots）。事实上，阿德里安在 1927 年曾用过一个令人难忘的比喻，把这种编码的神经信息比作从机关枪里射出的一连串子弹。如果神经冲动通过放大器输入，并通过扬声器播放，那么它们听起来实际上就是这样的。

　　神经系统所使用的编码从根本上说是很简单的。在确认全有或全无律之后的几年里,阿德里安将他的单细胞记录扩展到了从皮肤感受器——包括那些与痛觉有关的感受器——到传递触觉信息的感觉神经元。他还研究了某些运动神经元,包括控制膈肌的膈神经。无论研究的是何种神经元,它们总是以相同的方式编码信息,也就是通过小而短暂的“全有或全无”的电冲动的方式来编码。1932 年,阿德里安已经有充分的信心可以说,它是所有类型的神经系统使用的普遍的编码机制。穆勒提出的特定神经能量的旧概念已经多余了。

275

　　1932 年,43 岁的阿德里安和查尔斯·谢灵顿爵士因为他们有关神经元功能的发现而一起获了诺贝尔奖。在剑桥大学继续研究工作时,阿德里安把注意力转向了其他一些感官系统,包括嗅觉和耳朵的前庭器官。他还写了几本很有影响力的著作。[8]不过,他在这一时期最重要的成就也许是认识到了脑电图(EEG)的重要性。这个装置是由德国人约翰尼斯(汉斯)·伯杰[Johannes(Hans)Berger]1924 年发明的。最初伯杰在患者的头皮下放置了两根银导线,一个在头前,一个在头后,来记录脑电活动(后来他用两张锡箔作为记录电极)。这样,伯杰用电流计记录下了微小的电压,小到只有万分之一伏特,他还成功拍下了电流计在持续三秒的爆发中的活动。

　　引人注目的是,伯杰发现大脑皮层并没有像预期的那样随机出现大量神经“噪音”。相反,它显示出一个整齐的节律,在一个闭着眼睛休息的有意识的人身上,这个节律大约是每秒 10 个循环(节拍)。伯杰称其为阿尔法节律(见图 11.3)。当人被唤醒时,这种节律变得更快(每秒 12 个周期或更多),被称为贝塔节律。这一装置具有巨大的临床潜力,但不知为什么,德国医疗当局对伯杰的发现反应冷淡,还抱着敌意。按照一些传记作家的说法,是因为伯杰反对纳粹统治,而这导致他在 19 世纪 30 年代末被瑞士耶拿大学(Swiss University of Jena)除名,这有可能是造成他 1941 年上吊自杀的一个因素。不过,近来一些评论家也给出了其他一些说法。[9]不管真相如何,有一件事是清楚的:阿德里安在 1932 年阅读了伯杰的研究,之后在 1934 年他向剑桥生理学学会展示了这项研究,直到那时,脑电图才被广泛了解。此后,脑电图迅速被用作诊断癫痫症的重要工具,并成为测量脑活动的实验手段。

图 11.3　约翰尼斯（汉斯）·伯杰（1873—1941）。1924 年，通过记录被试头皮下的电位，伯杰首次发现了阿尔法波。

来源：弗雷德里克·A.吉布斯医生拍摄的照片。

救火队员巨乌贼

276　　到 19 世纪 30 年代末，人们对神经传导的性质已经有了很多了解。全有或全无律已经确立，人们已经知道，神经系统使用一种频率编码的形式来加密信息，这是向前迈出的巨大一步。然而，最大的问题仍然没有解决，即动作电位之下的电化学事件。这种无知不足为奇。在哺乳动物中，神经元和轴突的直径不超过几微米，这种微小的尺寸意味着不可能记录细胞内发生的电压变化。研究人员也无法测量神经冲动期间通过细胞膜的微小电流。这两方面都需要在细胞内外放置足够小的探针。伯恩斯坦的理论提出，电流是神经细胞内外的离子或化学成分存在差异造成的，由于相同的问题，这一理论仍旧没有得到验证。因此，虽然有现代真空管放大器和示波器的发展，神经元的微小尺寸意味着许多关于动作电位的基本问题仍旧无法解决。

出乎意料的是，1936 年，在冷泉港研讨会上，[10]牛津生物学家约翰·扎卡里·杨（John Zachary Young）向科学界提出了这些问题的解决方案。杨

仪表堂堂,待人友好,热情又富有感染力,经常戴一条红色领带,以表达对社　　277
会主义的同情(见图 11.4)。他是头足类软体动物神经系统方面的专家,头
足类软体动物包括章鱼、乌贼和墨鱼。1933 年,杨在普利茅斯的海洋生物协
会用北大西洋长鳍乌贼(Loligo peali)做研究,当时他注意到它们的套膜腔
(身体中保护鳃的部分)含有巨大的透明管状结构。起初,杨认为这些是血
管,但仔细观察后,开始怀疑它们可能是神经节。1936 年,杨得到洛克菲
勒基金会的资助在美国工作,在那里证实了这些管状结构的确是能够传
导动作电位的神经节。事实上,它们成了用来控制套膜和虹吸系统的一
部分,这一系统使乌贼能够迅速远离危险的环境。更重要的是,这些轴突
的直径有大约 1 毫米。换句话说,这个直径比任何哺乳动物的轴突直径要
大 100 多倍。

图 11.4　约翰·扎里卡·杨(1907—1997)在 1936 年报道了乌贼有巨大的轴突。
20 世纪神经生理学中的一些最重要的发现都有赖于此。

来源:伦敦威尔克姆图书馆。

371

这个(就如人们所称的)"巨轴突"是电生理学家们期待的重要突破。它的直径不仅大到足以植入简单的电线或电极,允许记录动作电位期间的电压变化,而且有可能将细胞质"挤压"出轴突来检测其成分。因此,它为验证伯恩斯坦的离子假说提供了一种有效的方法。对于研究者来说,用镊子和解剖显微镜将轴突从乌贼的外膜中取出,并将其置于盐水中保持活性也是一个相对简单的过程。事实证明,用这种方法来操控乌贼极为理想,实验人员通常可以对分离出来的轴突进行长达 12 小时或更长时间的测试。现在,研究者有办法来揭示神经冲动的秘密了。1973 年,诺贝尔奖得主、生理学家艾伦·霍奇金(Alan Hodgkin)——在其工作中,霍奇金充分利用了巨乌贼的轴突——这样评价这一发现:

> 可以说,就过去 40 年对轴突学的贡献而言,没有任何其他单一进展比得上杨在 1936 年采用了乌贼的巨型神经纤维。事实上,一位杰出的神经生理学家最近在国会晚宴上评论道(我认为不是说俏皮话),真正应该获得诺贝尔奖的是乌贼。

测试伯恩斯坦的膜假说

1939 年夏天,在马萨诸塞州伍兹霍尔工作的肯尼斯·科尔(Kenneth Cole)和霍华德·柯蒂斯(Howard Curtis)与在英格兰普利茅斯工作的艾伦·霍奇金和安德鲁·赫胥黎(Andrew Huxley)[11]开始研究巨乌贼轴突的电性质。虽然双方各自独立工作,但霍奇金在科尔的实验室工作过一段时间,他们之间存在着友好的竞争关系。这两个研究小组采用的基本实验技术是在轴突中插入一个极细的电极(铂丝或银丝),同时在轴突表面放置另一个电极,其尖端刚好穿过另一层膜。这一技术让他们能够在动作电位期间测量两个位置的电压差。科尔和柯蒂斯首先报道了一项发现,他们使用了一种叫作惠斯通电桥的设备来测量膜的电阻。他们发现,轴突的膜在动作电位的作用下,电阻突然降低到之前的四分之一左右,换句话说,在那个时间点,当带电离子通过时,膜的通透性提高了 40 倍。这一发现为伯恩斯坦的化学假说提供了相当大的支持,伯恩斯坦的假说提出,动作电位是由膜上形成离子通道导致的。而且,就像伯恩斯坦表明的,膜上通道的形成时间很短,只有 3～4 毫秒的时间。

不过,对伯恩斯坦的理论更关键的检测出现在两个研究小组开始记录轴突内部与外部的电压差的时候。第一步要做的是测试静息状态(即在动作电位之前)的轴突,很快就出现了一些意想不到的发现。例如,当霍奇金和赫胥黎测量电极尖端之间的电位差时,他们发现,与轴突外部相比,其内部约为 −45 毫伏。尽管自 19 世纪以来人们就知道,静息神经细胞的内部是负的,但这种不平衡却远远超出人们的预期。事实上,正是电压差使轴突承受了相当大的电张力。科尔和柯蒂斯证实了这种静息电位,他们估计这个数值是 −51 毫伏。科尔和柯蒂斯还表明,这种差异部分是轴突内部钾离子浓度要比外部钾离子浓度高造成的。伯恩斯坦的膜理论又一次做出了同样的预测。

然而,当霍奇金和赫胥黎研究在动作电位期间乌贼轴突内部发生的电压变化时,伯恩斯坦的理论却没有得到支持。伯恩斯坦的理论预测,轴突内部的电压会随着膜上通道的打开而变为零,但霍奇金和赫胥黎发现,进入轴突内部的电流要远远大于预测的,这导致电压增加,或者飙升到约 45 毫伏。事实上,整个动作电位可以被视为一个持续时间不超过 2～3 毫秒的事件,在这一过程中,轴突内部的电压从静息状态下的大约 −45 毫伏大幅跃升至 40 毫伏的峰值,然后又回落至其静息值(见图 11.5)。这个飙升表明有某种"额外"的过程,而不是膜的被动破缺在起作用。不幸的是,由于第二次世界大战,这个问题的解决方案不得不再搁置几年。在英国,霍奇金把注意力转向了发展雷达,而赫胥黎则致力舰炮射击学。甚至在战争结束以后,科学活动的恢复也很缓慢。在英国,燃料和食品短缺,普利茅斯实验室也被德国的炸弹炸毁。结果,霍奇金和赫胥黎一直到 1947 年才再一次开始合作。

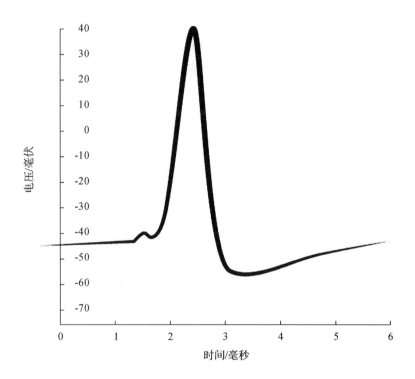

图 11.5　早期对取自示波器描迹的动作电位的一个刻画，这个动作电位由霍奇金和赫胥黎在 1939 年植入巨乌贼轴突的微电极记录下来。神经细胞的静息电位第一次被显示为大约−45 毫伏，在动作电位持续约 3 毫秒的过程中，电位飙升到40 毫伏，然后又回落了。

钠在动作电位中的作用

霍奇金在 1945 年重返工作岗位（而赫胥黎则要在一年以后），并开始考虑为什么在动作电位期间会发生如此显著的膜电位逆转。伯恩斯坦曾认为，钾离子（K^+）是造成电流穿过轴突膜的原因。然而，霍奇金开始怀疑还有钠离子的参与。一方面，人们知道，钠离子在细胞外浓度很高，在维持体内电解质平衡方面起着重要作用。另一方面，到 19 世纪 40 年代，研究人员知道肌肉的兴奋依赖于细胞外液中的钠离子，如果肌肉兴奋是由钠离子激发的，那么为什么神经轴突不行呢？1947 年，霍奇金在药理学家伯纳德·卡茨(Bernard Katz)的帮助下检验了这个想法。方法很简单,通过改变钠离子在轴突所处液体中的浓度,他们检查了钠离子对动作电位形成的影响。结果很显著:降低钠的水平就会降低动作电位的强度,而从液体中清除钠则完全消除了神经冲动。相反,提升钠的水平会使乌贼的轴突更加兴奋。这是一个强有力的证据,它证明钠离子流入神经细胞,参与了产生正"尖峰"(即去极化)的过程,而这就是动作电位的特征。

霍奇金和卡茨还发现了轴突去极化的另一个特征,这个特征后来被证明对理解动作电位是如何启动的至关重要。简单地说,他们表明,只有当轴突的初始静息值(即-45毫伏)提高15毫伏(即达到约-30毫伏)时动作电位才会启动。因此,-30毫伏是产生动作电位关键的临界阈值。就像霍奇金和卡茨已经表明的那样,正是在这一临界阈值,细胞膜降低了对钠离子的阻力,从而启动一系列事件,将细胞内的电压从负值逆转为正。事实上,霍奇金和卡茨证明流入细胞的钠有两种类型。相对温和的一种产生刺激动作电位出现的阈值(启动值),而第二种更激烈的则负责引发轴突迅速去极化到大约40毫伏。

280

解释动作电位

另一个重要的目标是测量动作电位期间伴随电流进出轴突的离子浓度。即使是用巨型乌贼的轴突,一开始这也是不可能做到的,因为动作电位太快,而电流太小。然而,电压钳技术的发明解决了这个问题,肯尼斯·科尔在1949年最早使用了这项技术,后来霍奇金和赫胥黎采用了这项技术。[12]这一解决过程涉及一个电子监控系统,其中两根细金属丝(电极)被植入轴突内,一根测量细胞内的电压,另一根产生电流,它可以将电压调整到实验者需要的水平。因此,这项技术使研究者可以设置细胞内的电位,然后维持这一电位(即"保持它"),而无须启动动作电位。虽然这明显是人为的情况,但可以让通过膜的电流在维持点被准确地记录下来。或者,这一方法可以让神经纤维的动作电位在其存在期间的任何时刻立即停止,从而可以观察对其特征所做的一毫秒一毫秒的视觉检查。这很重要,因为这样一来,实验者就可以检查任何时刻轴突膜通透性的变化,并判断离子流的流动,这一流动对造成观察到的电压变化是不可缺少的(见图11.6)。

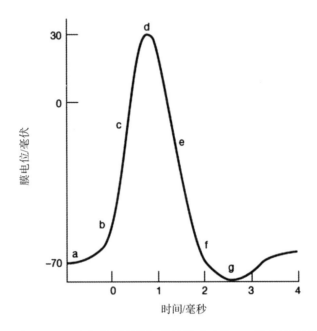

a—静息电位;b—运用去极化刺激增加膜的钠通透性;c—钠离子通道打开,钠涌入细胞(钾离子通道也打开了);d—钠离子通道关闭;e—钾流出细胞;f—钾离子通道关闭;g—不应期

图11.6 对由霍奇金和赫胥黎的工作首次建立的动作电位的典型描述。如果静息电位(这里显示为−70毫伏)增加到−55毫伏左右,钠离子将进入细胞,引起膜电位达到50毫伏左右的峰值。当到达这一峰值,钠通道关闭,钾离子流出轴突,使膜电位恢复到静息状态。

来源:威肯斯,2009。

从1948年到1951年,霍奇金和赫胥黎夏季在普利茅斯工作,冬季在剑桥工作,他们使用电压钳技术收集了大量的数据,这些数据描述了动作电位出现的变化。特别是,他们将这种方法与其他方法结合使用,比如改变轴突周围的离子浓度,或者使用已知可以干扰特定类型离子跨膜运动的药物。他们最关键的发现也许是表明动作电位的向上峰值(即它的正去极化)是由钠离子的向内流动引起的,而峰值的回落、电压回到负值则是由钾离子的向外流动引起的。因此,神经细胞使用的是在时间上分开的两股电流,而不是伯恩斯坦设想的一股。霍奇金和赫胥黎还意识到了其他的东西:细胞膜并不只是打开通道以便让这些离子通过。相反,有一些特殊的通道或孔洞,它们"主动地"运载钠离子和钾离子穿过细胞膜,造成两种不同但同步的电流。这是伯恩斯坦无法想象的,它使理解轴突膜变得更加复杂。

这些无疑都是突破性的实验,但是霍奇金和赫胥黎并没有就此止步,他们还用数据创造了一系列数学方程,这些方程充分描述了动作电位的形成过程(见图 11.7)。有关这些方程是如何得到的故事已经是生理学的传奇了。最初的分析是在 1947 年的严冬里做出的,当时赫胥黎无法使用剑桥大学的计算机(那是剑桥大学当时唯一的计算机),他不得不"戴着手套,用手摇动一台布伦斯维加(Brunsviga)计算器"。[13]这是一项艰巨的任务,赫胥黎花了大约 6 个月的时间来完成所有的计算。[14]不过,这一努力带来的是现代神经生物学最重要的理论成果。这些方程发表在 1952 年《生理学杂志》具有里程碑意义的 5 篇论文中,它们概述了动作电位的所有关键生物—物理性质,包括动作电位的形式、持续时间、波幅和速度,以及反应所必需的离子运动的强度。这些论文甚至更进一步,基于假设的或开或闭的孔洞和通道建立了电流和电压的模型,同时使用统计方法来估计进出细胞的离子数量。

霍奇金和赫胥黎对动作电位的描述和解释是如此准确,以至于它从未受到严峻的挑战。他们的合作也被认为是在实验和理论之间达到了典范性的平衡,也许在神经科学史上这是独一无二的。由于他们杰出的工作,霍奇金和赫胥黎在 1963 年获得诺贝尔生理学或医学奖(与约翰·埃克尔斯一起)。两人也获封爵士(霍奇金在 1972 年,赫胥黎在 1974 年)。令人惊讶的是,在完成他们的经典工作之后,尽管都在剑桥,他们也没有再继续合作。霍奇金继续他对巨乌贼轴突的研究,而赫胥黎则把注意力转向了骨骼肌。尽管如此,他们的卓越成就代表了自 1791 年伽伐尼展开研究以来一直到与他们同时期的其他伟大研究的顶峰。

282

281

(A)   (B)

图 11.7 （A)艾伦·劳埃德·霍奇金(1914—1998)和 (B)安德鲁·菲尔丁·赫胥黎(1917—2012)。他们合作在 1952 年连续发表了 5 篇文章,这些文章给出了一系列数学公式,描述了动作电位的离子基础。

来源:英国皇家学会。

钙的作用

霍奇金和赫胥黎已经表明了许多有关动作电位的事情,其中之一就是带正电的钠离子穿过细胞膜进入轴突和钾离子向外运动重新使电位恢复到静息态的重要性。就在霍奇金和赫胥黎发表一系列论文的同一年,证明存在具有不同功能的另一类型离子的证据出现了——这一次是钙离子。钙在人类生理中的重要性早已为人所知。在 19 世纪,英国生理学家悉尼·林格(Sydney Ringer)就已经开发了一种含有钠、钾和钙盐的溶剂,可以用它来保持被灌注的青蛙的心脏存活(即林格氏溶液)。稍做变动,人们发现这个溶液与血液是等渗的,而且用作静脉滴注也有效。然而,伦敦大学学院的伯纳德·卡茨和他的合作者根据霍奇金和赫胥黎的研究认为,钙也与神经递质的释放有关。

卡茨出生在德国,父亲是俄罗斯毛皮商,母亲是波兰犹太人。由于觉察到纳粹德国的危险,1935 年卡茨从莱比锡大学医学专业毕业后就离开了祖国。刚到伦敦,卡茨只有一份国际联盟的无国籍证明和 4 英镑,他投在了著名生理学家阿奇博尔德·希尔(Archibald Hill)门下。3 年后,卡茨在大学学院获得了博士学位,并在不久后(1939 年)获得了卡内基奖学金,他用这个奖学金在悉尼与约翰·埃克尔斯一起工作。[15] 战后,卡茨回到大学学院,并在 1952 年接替阿奇博尔德·希尔成为教授。在伦敦,卡茨开始与英国神经生理学家保罗·法特(Paul Fatt)合作,研究青蛙的神经肌肉连接。[16] 他们将新发明的微电极植入肌肉的终板,结果发现,在刺激其运动神经元后,电压会出现持续几毫秒的短暂微小上升。他们将其称为终板电位(EPP)。虽然 EPP 的振幅很小(例如大约 5～10 毫伏),但它通常会导致肌肉收缩。法特和卡茨还发现箭毒会消除 EPP,箭毒是一种已知的会阻断乙酰胆碱受体的药物。相反,能提升乙酰胆碱水平的毒扁豆碱会增加肌肉的兴奋性。[17] 当时,关于突触化学神经传递的观点仍然备受争议(见下一章)。然而这些结果为其存在提供了很好的支持——至少在神经肌肉连接处是这样。

在这项研究中,法特和卡茨注意到了一个新现象。在研究肌肉细胞的终板电位时,示波器有时会在没有任何运动神经元刺激的情况下,以随机的间隔显示极微小的电压“尖头”(例如 0.5 毫伏左右)。因为这些尖头很小,法特和卡茨称它们为“微终板电位”(mEPPs)。他们最初也相信它们是由仪器的电子“噪音”而来的人为产物。然而,当他们将箭毒应用于终板——这样做会消除微终板电位——这一想法被证明是错误的。换句话说,“噪音”是由突触处的化学活动(最有可能的是乙酰胆碱)产生的。当他们切断支配运动终板的运动神经并发现这消除了肌肉细胞中所有 mEPP 的活动时,这一点得到了证实。因此,mEPPs 是一种生物现象。

为了进一步研究这些微小的电位,法特和卡茨将钠(Na^+)从浸泡神经肌肉连接处的溶液中去除,这既消除了 EPPs,也消除了 mEPPs。这一发现并不令人惊讶,因为钠早已被确认为是一种具有电性质的离子,人们知道,它流入终板会引起肌肉收缩。然而,当法特和卡茨降低钙离子水平时,获得了一个意想不到的结果:这一操作显著降低了 EPPs 的振幅,但对 mEPPs 毫无影响。虽然一开始还不清楚为什么会这样,但法特和卡茨发现钙离子具有重要的生理作用:它们会在神经冲动到达时进入运动神经的轴突末端,在那里会触发乙酰胆碱的释放。因此,当动作电位沿着轴突传递到达运动神经的神经末梢时,钠的流入被钙离子取代。正是这种特殊的离子使得乙酰胆碱被分泌到突触中。这个过程被称为胞外分泌,如今它被认为是所有神经递质释放的基本特征。

神经递质的量子释放

然而,肌肉终板上存在 mEPPs 仍旧是个谜。是什么导致了这些微小的电事件? 法特和卡茨的进一步研究表明,这是一小包乙酰胆碱从突触前末端间歇性释放的结果。换句话说,mEPPs 是随机事件,它自发地出现,与运动神经轴突末端的任何钙离子的流入无关。尽管它们似乎没有任何明显的功能,法特和卡茨认为 mEPPS 可能以某种方式有助于肌肉终板,在神经肌肉连接处的突触连接仍旧在"工作"。接着,法特和卡茨又有了另一项突破。对 EPPs 做更仔细的观察后,他们发现,每一个都是 mEPP 的整数倍(0、1、2、3 或更多)。这是一个重要且信息极为丰富的发现,因为法特和卡茨现在可以推断出 EPPs 是由轴突末端分泌的非常小的乙酰胆碱包(或者他们称之为"量子"的东西)加总的结果。每个都是一个 mEPP 的大小。或者换一种说法:乙酰胆碱不是以连续的分泌流被释放的,而是以具有固定大小的小单元或包的形式被释放的。

这一发现引起的一个问题是,一个量子包中存储了多少乙酰胆碱? 由于数量太小,无法直接测量,卡茨和同事何塞·德尔·卡斯蒂洛(Jose del Castillo)用一种特殊的统计分析方法解决了这个问题。他们的计算表明,一个量子会释放大量的乙酰胆碱分子——也许多达 10000 个。他们还估计,创造一个典型的 EPP 大约需要 200 个量子。在得到这个计算结果之后不久,电子显微镜就在 1954 年拍摄了第一张细致的神经肌肉连接照片。它为量子释放理论提供了进一步的支持,因为显微照片显示轴突末端包含许多

小囊泡,这些小囊泡为乙酰胆碱分子提供了存储库。有一点也变得很明显:
当这些囊泡与细胞膜融合,并引发其内容物被释放到突触时,神经递质释放
也随之发生,这一过程是由钙离子流入轴突末端直接触发的(见图11.8)。

图11.8　伯纳德·卡茨(1911—2003)因其在神经递质的"量子"释放方面
的研究获得了1970年的诺贝尔奖。他的工作对于确定钙在神经递质释放中的
作用也很重要。

　　来源:英国皇家学会。

发现离子通道

　　按照伯恩斯坦首创的关于神经冲动的化学理论的设想,细胞膜对离子　285
流的阻力完全丧失。然而,这个想法已经被霍奇金和赫胥黎表明是错误的。
事实上,他们理论的核心是这样一种理论,即钠离子和钾离子的电压依赖于
离子通道的可能性。当神经细胞内部达到某个阈值电位时,钠离子和钾离

子的特殊通道就会在细胞膜上打开，允许离子进入和离开轴突。然而，霍奇金和赫胥黎只能从数学分析中推断这些离子通道的存在。这远远不能令人满意，但他们没有其他办法，因为离子通道太小，即使用电子显微镜也无法直接观察。的确，神经膜的厚度非常薄。据估计，如果把一个典型的哺乳动物细胞放大到西瓜大小，那么它的膜就会像一张办公用纸一样厚。因此，在霍奇金和赫胥黎的时代，离子通道的实际存在还仍旧是假设。

尽管离子通道的存在还远未得到证实，但研究者对其打开机制做出了推测。按照推测，离子通道是膜上的某种特殊装置，它只允许适当的离子在适当的时间通过，但它是如何做到这一点的却不清楚。一种可能是通道里有某种电"门"。在静息状态下，"门"会被关闭，但当细胞内部达到电压阈值时，它就会被打开。在这时，离子会流入（或流出），直到门再次关闭，但也有其他的可能性，包括某种类型的转运系统携载离子通过膜，事实上霍奇金和赫胥黎更喜欢这一选项。遗憾的是，似乎没有办法来回答或解决离子通道的问题。

然而，在20世纪70年代早期，德国马克斯·普朗克研究所的两名研究人员，埃尔文·内尔（Erwin Neher）和伯特·萨克曼（Bert Sakmann）试图分离出微小的肌肉膜，它足够小到只包含一个单独的离子通道。为了做到这一点，他们使用了一种新开发的微量吸液管，它的开口极小，只有0.5～1微米。[18] 通过它的吸力，内尔和萨克曼能够取下一小片膜。他们将这种技术称为膜片钳法。内尔和萨克曼意识到，任何通过这层膜的离子都必须通过这个通道。而且，不管电流有多小，都可以通过置于移液管中连接在一个非常灵敏的放大器上的电极来测量。糟糕的是，当内尔和萨克曼尝试这样做时，他们无法保持移液管和膜之间完善的电密封性。因此，流经移液管的电流与流经膜的电流并不相同。虽然如此，内尔和萨克曼还是设法在示波器上产生了方形的"光点"，它似乎提供了一种测量通过单离子通道电流的方法。这些痕迹也显示了通道是以全有或全无的方式打开的。考虑到他们技术的局限性，这是一个鼓舞人心的开始。

令人沮丧的是，内尔和萨克曼试图完善密封性的努力不断受挫，直到1980年的一天，他们注意到，如果把温和的吸力施加到移液管内部，密封的效果会显著提高。这样一来,他们将微管壁与膜之间的电阻增加了 1000 倍以上。现在,用精确的振幅和时间分辨率来刻画单离子通道已经足够严格了,而他们用这种方法得到的结果超出了所有预期。例如,内尔和萨克曼检测到大约 1～2 皮安的电流,相当于 0.0000000000001 安培。他们还观察到由乙酰胆碱激活的单离子通道反复打开和关闭,其开关时间不足 10 皮秒(1 皮秒是 1 万亿分之一秒)。事实上,通过仔细分析,内尔和萨克曼甚至能够确定,在培养的肌肉细胞中,主要钠电流的平均振幅为 1.6 皮安,持续时间仅 1 毫秒。由此他们可以计算出大约 10000 个钠离子在 1 毫秒内通过乙酰胆碱激活的通道。

事实证明,膜片钳法用途极为广泛,它揭示了两种基本类型的离子通道:一种是由附着在受体上的神经递质打开的离子通道(配体门控),另一种是由细胞内部电压变化打开的离子通道(电压门控)。每个类型也有许多不同的通道,甚至单一类型的离子也有不同的通道。因此,通道是根据它们的离子选择性(如钠、钾、钙和氯)及它们的机制(电压门控、配体门控)来描述的。这也为旧的研究发现提供了新的阐述。例如,正如霍奇金和赫胥黎假设的那样,我们现在知道乌贼轴突有可以渗透钠离子和钾离子的两种通道。两者都是电压门控的,因此包含一个能够检测细胞静息电位变化的传感器。尽管如此,这两个通道的运作方式是不同的:钠通道比钾通道先打开,但后者开放时间更长。然而,膜片钳法所做的不仅仅是回答老问题,它彻底改变了我们对电生理学的理解。在其发明之前,高分辨率记录只能针对相对大的细胞,它需要两个微电极来穿透细胞,而现在几乎可以针对任何类型的细胞做记录,包括从脑切片中提取的细胞。此外,通过对移液管施加不同的神经递质或药物,就可以确定这些细胞对化学刺激的电特性。鉴于离子通道的普遍性和重要性,膜片钳法的发明带来了大量有关脑的新知识也就不足为奇了。埃尔文·内尔和伯特·萨克曼因此获得了 1991 年诺贝尔生理学或医学奖。

注释：

1.今天，我们知道几乎所有的植物和动物细胞——或者至少是那些被膜包围的细胞——的内部与其外部相比，都表现为负电压。在大多数情况下，这使得细胞的诸部分发挥了像电池一样的功能，为特定的膜功能提供"能量"。然而，在神经细胞和肌肉细胞中，带负电的内部发挥了传递电信号的作用。

2.1毫秒是千分之一秒。

3.19世纪30年代，迈克尔·法拉第首次使用"离子"一词来指代电解过程中产生的带电粒子。然而，人们很快就知道，离子可以在没有电流的情况下形成。例如，当氯化钠（盐）被放入水中后，会分解成带正电的钠离子和带负电的氯离子。

4.一个正电荷总是被一个负电荷吸引（反之亦然）是一个基本的科学规律。同样，高浓度的区域总是会被低浓度的区域所吸引（反之亦然）。这两种力都解释了为什么细胞外的正离子被内部的负离子吸引。

5.伯恩斯坦认为，在静息状态时，膜可以渗透钾离子，钾离子流出神经细胞，使其呈负电。当动作电位产生时，伯恩斯坦假设，膜向所有离子开放，这接着又引发了带正电的离子暂时流入细胞。我们现在知道，主要存在于细胞外液中的钠离子远比伯恩斯坦所设想的重要。

6.热离子管发明于1904年，英国皇家空军对其加以发展，用于增强无线电信号。

7.这是一个又长又细的嵌入肌肉组织的感觉探测器，查尔斯·谢灵顿在19世纪90年代首次认识到了它的重要性（见第8章）。

8.其中包括《感觉的基础》（1928年）、《神经活动机制》（1932年）以及《知觉的物理背景》（1947年）。

9.有指控称，伯杰实际上是党卫军成员，在强制犹太人绝育的遗传健康法庭任职。

10.冷泉港实验室坐落于纽约月桂谷（Laurel Hollow），始建于1890年，

287

是一个拥有 400 多名科学家的重要生物学研究中心。这里出了 8 位诺贝尔奖得主。

11. 安德鲁·赫胥黎是作家阿多斯·赫胥黎(Aldous Huxley)同父异母的兄弟,是 19 世纪著名生物学家,为演化论摇旗呐喊,是人称"达尔文斗牛犬"的托马斯·赫胥黎(Thomas Huxley)的孙子。

12. 目前还不清楚是谁首先发明了可以跨膜控制电压的电压钳法。虽然肯尼斯·科尔 1947 年在伍兹霍尔首次尝试了这一方法,但众所周知,霍奇金和赫胥黎在战时就知道这个方法了。

13. 布伦斯维加机器通过手动调节杠杆输入数字,以数字形式显示在一系列轮子上输出。然后必须把这些值誊写到纸上。

14. 赫胥黎后来回忆说,他花了大约 8 个小时的时间计算,才绘制出一个给定变量的 5 毫秒描述。

15. 战争期间,卡茨加入了澳大利亚空军,是一名雷达军官。

16. 运动神经与被称为终板的肌肉特殊部位进行突触接触的区域。

17. 毒扁豆碱抑制一种叫乙酰胆碱酯酶的酶,这种酶的作用是分解乙酰胆碱。抑制这种酶会提高乙酰胆碱的水平。

18. 1 微米是 1‰毫米。

参考文献

Adrian, E. (1965). The activity of the nerve fibres: Nobel lecture, December 12, 1932. In: *Nobel Lectures: Physiology or Medicine* 1922—1941. Amsterdam: Elsevier.

Bennett, M. R. (2001). *History of the Synapse*. Amsterdam: Harwood Academic.

Bradley, J. K. and Tansey, E. M. (1996). The coming of the electronic age to the Cambridge Physiological Laboratory: E. D. Adrian's valve amplifier in 1921. *Notes and Records of the Royal Society of London*, 50 (2), 217-228.

Cole, K. S. and Curtis, H. J. (1939). Electrical impedance of the squid axon during activity. *Journal of General Physiology*, 22(5), 649-670.

Cowan, W. M., Südhof, T. C. and Stevens, C. F. (2001). *Synapses*. London: John Hopkins University Press.

Debru, C. (2006). Time, from psychology to neurophysiology: A historical view. *C. R. Biologies*, 329(5-6), 330-339.

Erlanger, J. and Gasser, H. S. (1968). *Electrical Signs of Nervous Activity*. Philadelphia, PA: University of Pennsylvania Press.

Frank, R. G. (1994). Instruments, nerve action, and the all-or-none principle. *Osiris*, 9(1), 208-235.

Goldensohn, E. S. (1998). Animal electricity from Bologna to Boston. *Electroencephalography and Clinical Neuropsychology*, 106(2), 94-100.

Häusser, M. (2000). The Hodgkin-Huxley theory of the action potential. *Nature Neuroscience*, 3(1165), 2000.

Hodgkin, A. L. (1972). The ionic basis of nervous conduction: Nobel lecture, December 11, 1963. In: *Nobel Lectures: Physiology or Medicine 1963—1970*. Amsterdam: Elsevier.

Hodgkin, A. L. (1976). Chance and design in electrophysiology: An informal account of certain experiments on nerve carried out between 1934 and 1952. *Journal of Physiology*, 263(1), 1-21.

Hodgkin, A. L. (1979). Edgar Douglas Adrian, Baron Adrian of Cambridge. *Biographical Memoirs of the Royal Society*, 25, 1-73.

Hodgkin, A. L. and Huxley, A. F. (1939). Action potentials recorded from inside a nerve fibre. *Nature*, 144, 710-711.

Horn, J. P. (1992). The heroic age of neurophysiology. *Hospital Practice*, 27(7), 65-74.

Huxley, A. F. (1972). The quantitative analysis of excitation and conduction in nerve: Nobel Lecture, December 11, 1963. In: *Nobel Lectures: Physiology or Medicine 1963—1970*. Amsterdam: Elsevier.

288

Huxley, A. (2002). From overshoot to voltage clamp. *Trends in Neurosciences*, 25(11), 553-558.

Jasper, H. H. and Sourkes, T. L. (1983). Nobel laureates in neuroscience: 1904—1981. *Annual Review of Neuroscience*, 6(1), 1-42.

Jeng, J.-M. (2002). Ricardo Miledi and the calcium hypothesis of neurotransmitter release. *Nature Reviews Neuroscience*, 3(1), 71-75.

Katz, B. (1962). The Croonian Lecture: The transmission of impulses from nerve to muscle, and the subcellular unit of synaptic action. *Proceedings of the Royal Society of London. Series B, Biological Aspects.* 155 (961), 455-477.

Katz, B. (1996). Neural transmitter release: from quantal secretion to exocytosis and beyond: The Fenn Lecture. *Journal of Neurocytology*, 32(5-8), 677-686.

Keynes, R. D. (1958). The nerve impulse and the squid. *Scientific American*, 199(6), 83-90.

Keynes, R. D. (2005). J. Z. and the discovery of squid giant nerve fibres. *The Journal of Experimental Biology*, 208(2), 179-180.

Lenoir, T. (1986). Models and instruments in the development of electrophysiology, 1845—1912. *Historical Studies in the Physical and Biological Sciences*, 17(1), 1-54.

Lohff, B. (2001). Facts and philosophy in neurophysiology: The 200th anniversary of Johannes Müller (1801—1858). *Journal of the History of the Neurosciences*, 10(3), 277-292.

Lucas, K. (1912). Croonian Lecture: The process of excitation in nerve and muscle. *Proceedings of the Royal Society of London, Series B*, 85 (582), 495-524.

McComas, A. J. (2011). *Galvani's Spark: The Story of the Nerve Impulse*. Oxford: Oxford University Press.

Marasco, D. D. (2011). The great era of English electrophysiology:

from Francis Gotch to Hodgkin and Huxley. *Archives Italiennes de Biologie*, 149(1), 77-85.

Messenger, J. (1997). John Zachary Young (1907—1997). *Journal of Marine Biological Association*, 77, 1261-1262.

Nicholls, J. and Hill, O. (2003). Bernard Katz: His search for truth and beauty. *Journal of Neurocytology*, 32(5-8), 425-430.

Nilius, B. (2003). Pflügers Archiv and the advent of modern electrophysiology. *Pflugers Archives: European Journal of Physiology*, 447(3), 267-271.

Piccolino, M. (2002). Fifty years of the Hodgkin-Huxley era. *Trends in Neurosciences*, 25(11), 552-553.

Robinson, J. D. (2001). *Mechanisms of Synaptic Transmission*. Oxford: Oxford University Press.

Schuetze, S. M. (1983). The discovery of the action potential. *Trends in Neurosciences*, 6, 164-168.

Seyfarth, E.-A. (2006). Julius Bernstein (1839—1917): Pioneer neurobiologist and biophysicist. *Biological Cybernetics*, 94(1), 2-8.

Shepherd, G. M. (2010). *Creating Modern Neuroscience: The Revolutionary 1950s*. New York: Oxford University Press.

Verkhratsky, A., Krishtal, O. A. and Petersen, O. H. (2006). From Galvani to patch clamp: The development of electrophysiology. *Pflugers Archives: European Journal of Physiology*, 453(3), 233-247.

Wickens, A. P. (2009). *Introduction to Biopsychology*. Harlow: Prentice Hall.

Young, J. Z. (1938). The functioning of the giant nerve fibres of the squid. *Journal of Experimental Biology*, 15(2), 170-185.

12 发现化学神经传递

那么,肾上腺素可能是一种化学刺激物,每当冲动到达外周时,它就会被释放出来。

托马斯·雷顿·艾略特

这的确是一个非凡的转变。人们会情不自禁地想起去往大马士革的路上,扫罗突然被亮光笼罩,鳞片从眼中掉落。

亨利·哈利特·戴尔

概　述

可以说,20 世纪在理解神经系统的工作原理方面取得的最大进展是确立了化学神经传递的概念。这一发现不仅使人们认识到脑中充满了各种各样的神经递质,而且抗精神病和抗抑郁药物也因此在 20 世纪 50 年代出现。神经药理学的发展可以说从此改变了我们的世界。然而,在 20 世纪初不可能预见到这种状况。尽管早在 1878 年,卡哈尔就已经发现了突触,并推测了化学通信的可能性,但通过电通信看起来仍旧更为可信。毕竟,电信号在神经细胞之间的传播距离是最小的,即使在传输过程中消耗了一些能量，它也可能在到达下一个细胞时再生。相比之下，化学传播似乎过于缓慢和复杂。然而，在接下来的年头里，得到支持的是化学理论，尤其是研究者开始发现一些药物，它们对身体产生的作用非常类似于神经刺激。1905 年，剑桥大学教授约翰·兰利(John Langley)提出，交感神经系统中存在专门的肾上腺素受体。十年后，亨利·戴尔(Henry Dale)发现针对乙酰胆碱的烟碱型和毒蕈碱型位点遍布全身，这无可置疑地确立了受体的存在。然而，神经传递最生动的例子出现在 1920 年，当时奥地利人奥托·洛伊(Otto Loewi)在青蛙心脏上做了一个经典实验，该实验显示，迷走神经分泌了一种减缓心脏跳动的化学物质(后来证明这种物质是乙酰胆碱)。尽管如此，许多研究人员，包括坦率直言的澳大利亚人约翰·埃克尔斯(John Eccles)都不愿将化学神经传递扩展到脑和脊髓的范围。这场如今被称作"汤与电火花的争论"(the soup and sparks controversy)在学术会议代表中引起了激烈辩论和恐慌，尤其是在第二次世界大战后的那些年。然而，这个问题在 1952 年得到了决定性的解决，当时埃克尔斯在亲自做了关键性实验后，不得不承认在中枢神经系统中的确发生了化学传递。从此，研究者再度开始在脑中寻找神经递质，并绘制它们的通路，这为药理学和神经科学的研究开辟了许多新的途径。

290

箭毒的奇怪效应

到了 19 世纪中期，人们越来越清楚地认识到，某些药物可以通过直接作用于神经系统而发挥作用。这个观点最有力的证据也许来自著名的法国生理学家克劳德·伯纳德(Claude Bernard)。[1]19 世纪 40 年代初，伯纳德在法兰西学院攻读博士学位，是弗朗索瓦·马让迪的无薪助手，他们两人都试图了解不同药物对身体各部分的影响。1844 年，伯纳德收到了一份意外的礼物，一个朋友给了他两支从南美买回来的箭，上面涂抹了箭毒。[2]某些亚马逊印第安部落至今仍在使用这种药物，他们把它涂抹在飞镖上，用吹管发射，猎捕小动物。虽然毒药会在几分钟内导致肌肉麻痹和呼吸衰竭，但由于箭毒在胃和消化道中很快被分解，猎物却是可以食用的。自从沃尔特·罗利(Walter Raleigh)爵士在 1595 年的奥里诺科河探险中发现箭毒以来，欧洲人就一直对这种药物着迷。尽管如此，一种含有箭毒的浓缩提取物"黑髓"直到 1745 年才被法国人查理·马利·德拉孔德迈(Charles Marie de la Condamine)从亚马逊带回欧洲。孔德迈还在莱顿大学展示了箭毒对鸡的一些致命影响。

伯纳德很好奇他的新礼物的效应，据说他将一支涂有箭毒的箭插进一只兔子的大腿并观察这只动物瘫痪和死亡的过程。伯纳德决心要搞清楚怎么会有这样的效应，他花了 6 年的时间，进行了一系列实验。有趣的是，伯纳德发现要发挥致命作用，箭毒必须进入血流。他还发现箭毒并不会引起抽搐或疼痛，它是通过呼吸衰竭造成死亡的。最令人费解的是，伯纳德发现，在呼吸停止很长一段时间后，动物心脏还在继续跳动。事实上，伯纳德可以表明，经过箭毒处理的动物，只要给它带上人工呼吸器，并给予足够的时间让药物排出身体，动物就会在中毒后活下来。

伯纳德还试图理解箭毒是如何导致肌肉麻痹的。为此，他使用了一个制备，其中，他先用箭毒对一只青蛙进行了预处理，然后将它与腿部肌肉相连的坐骨神经提取出来。伯纳德发现这根神经现在对电刺激不敏感，因为它并不能引起肌肉收缩。然而，直接作用于腿部肌肉的刺激引起了腿部肌肉正常收缩。这是一个重要的观察，因为如果经箭毒处理过的动物的肌肉仍然可以抽搐，那么药物可能是作用在神经上。在这个实验之后，伯纳德又做了更多的实验。在其中一个实验中，他再次启用他的青蛙神经-肌肉制备，但这一次他将坐骨神经浸泡在箭毒溶液中，将坐骨神经与肌肉的连接点暴露在溶液之外。当伯纳德刺激神经时，他发现箭毒并没有影响神经传导，青蛙的腿部对刺激做出了有力的抽搐回应。然而，如果神经肌肉连接处浸泡在箭毒溶液中，刺激就没有效应。由此，

291

伯纳德得出结论:箭毒必定在神经和肌肉连接处的某个地方起作用。

　　另一个重要的发现是箭毒对感觉神经没有影响。例如,伯纳德准备了一只做过结扎的青蛙,结扎严重地切断了流到下半身的血液。这样做是为了让进入身体上半部分的箭毒无法到达腿部肌肉。事实上,正如预期的那样,这个过程造成了明显的躯干麻痹。然而,当伯纳德捏瘫痪了的青蛙上半身的皮肤时,这引起后肢的反射性运动。这只能意味着一件事:箭毒阻止神经信息到达肌肉(即导致瘫痪),但它却没有阻止感觉神经将触觉信息传递到脊髓。因此,箭毒的关键作用是非常特定的:它只能作用于控制身体肌肉组织的运动神经或者它们与肌肉的连接点(见图 12.1)。这是一个激动人心的发现,它显著缩小了药物在体内发挥作用的范围。

292

图 12.1　克劳德·伯纳德(1838—1878)用来自南美的毒药箭毒做的实验表明,它作用于身体的一个非常特定的部位——神经和肌肉的连接处。

来源:伦敦威尔克姆图书馆。

对化学神经传递的首次表述

运动神经的终板支配肌肉的部位被称为神经肌肉连接点,1869 年德国人威廉(威利)·屈内[Wilhelm (Willy) Kühne][3]已经对其做出了详细的描述。不过,当时,屈内无法确定运动神经是与肌肉接触,还是以某种方式与肌肉融合。但不管怎样,伯纳德的研究清楚地表明,对这个部位的了解对解释某些药物的作用具有重要的意义。事实上,伯纳德认为,箭毒以某种方式阻断了沿着神经纤维的传递——也许是通过麻醉神经纤维的末端而实现的。然而,在1875年,他的学生阿尔弗雷德·瓦尔比安(Alfred Vulpian)提出,箭毒通过阻断神经冲动作用于运动神经纤维另一侧——也就是肌肉本身。[4]这一理论在1886年被证明更加可行,当时屈内对神经肌肉连接进行了更详细的检查,并清楚地观察到了运动终板和肌肉纤维之间的缝隙。实际上,屈内已经发现了神经肌肉突触,[5]而他在1888年英国皇家学会的克罗尼安讲座中报告了这一发现。

屈内对神经肌肉突触的发现提出了许多有关神经传递性质的问题。例如,屈内假设神经纤维和肌肉的紧密接触足以"使兴奋从后者传递到前者"。换句话说,他认为穿过突触的信号本质上是电性的。但是,不能排除化学信息。事实上,在屈内发现神经肌肉连接点突触的大概10年前,埃米尔·杜波依斯-雷蒙德在1877年关于神经和肌肉生理学的两卷著作中就已经概述了两种可能性。他写了通常被认为是有关化学神经传递的第一个概要:

> 在已知可能传递兴奋的自然过程中,我认为只有两种是值得讨论的——要么在收缩物质的边界处存在一种刺激性分泌物……或者其他强刺激性物质,要么这种现象在本质上是电性的。

杜波依斯-雷蒙德并不知道什么化学物质可以发挥突触信使的作用,尽管他提出乳酸和氨是两种候选物质。不管怎么说,杜波依斯-雷蒙德并没有否定化学传递的可能性。

绘制交感神经系统示意图

躯体神经系统是负责将运动输入带至肌肉组织和将感觉信息带出的外周神经系统。伯纳德和屈内把注意力集中在支配骨骼肌的神经上，他们一直在研究这个系统的组成部分。他们的研究还得益于这样一个事实：在 19 世纪末，人们对躯体神经系统已经有了相当好的理解。事实上，查尔斯·贝尔和弗朗索瓦·马让迪已经表明，脊髓前根产生了其向外的运动神经元，而脊髓后根则接收向内的感觉纤维。此外，谢灵顿曾精心绘制由每一根运动神经支配的身体区域图。然而，身体还包含一个被称为自主神经系统的第二神经系统，它调节通常超出了我们有意识控制的活动，如心率、呼吸、胃肠活动、血压和能量调动等。因此，这个系统由一组不同的运动神经元组成，它们投射到身体的平滑肌（包括血管和细支气管），以及心肌和各种腺体。此外，自主神经系统还通过感觉神经元对内脏器官和血管进行监测，这些感觉神经元向脑下部区域——包括脑桥和髓质——提供输入信息。因此，躯体系统和自主系统是完全独立的。

最早提到"非随意"系统的是盖伦，他发现迷走神经支配心脏，膈神经控制膈肌。因此，盖伦被认为是第一个把神经活动与心脏和血液的运动以及呼吸过程联系起来的人。然而，托马斯·威利斯在 17 世纪第一次意识到身体有一个与传递到骨骼肌的神经系统分开的神经系统，它支配着个体的冲动和本能。尽管威利斯对这些神经有一些误解（他认为这些神经来自小脑，并将小脑与非随意行为联系在一起），但仍然正确地认识到它们是一连串从头骨底部沿脊椎两侧一直延伸到尾骨的神经节。[6]威利斯还意识到，神经离开这个神经节分布到了身体各处，支配着大量的器官。虽然他相信这些神经让身体的众多器官彼此"共鸣"，但仍称它们为肋间神经（意思是位于或发生于肋骨之间的神经）。在 1732 年，一位在巴黎工作的丹麦籍教授雅各布·温斯洛（Jacobus Winslow）引入了更流行的术语"交感神经系统"。这一称呼继而导致沿脊髓两侧延伸的神经干被称为交感神经节。[7]

19世纪中期,研究者在理解交感神经系统的生理作用方面取得了进展,他们开始意识到交感神经系统的某些神经纤维控制着血液循环。例如,德国维尔茨堡的阿尔伯特·科立克(Albert Kölliker)一直将某些交感神经追踪到嵌在动脉壁上的肌肉层,而巴黎的查理·布朗-西科瓦德(Charles Brown-Séquard)发现这些神经受到刺激后,血管收缩,血流加快和血压升高。1845年,在那不勒斯召开的意大利科学家大会上,爱德华·韦伯(Eduard Weber)和恩斯特·韦伯(Ernst Weber)兄弟向大会报告了另一个有趣的发现。他们无意中发现了一种不寻常的效应:对迷走神经的电刺激会使心跳减慢,甚至能够停止心脏的跳动。大多数生理学家第一次充分意识到了一个矛盾的事实:刺激神经有时能够抑制而不是激发自主活动。[8]不久之后,另一些人发现,通过刺激另一组交感神经纤维可以提高心率。因此很明显,人体某些器官,如心脏,受到来自交感神经节的抑制性和兴奋性神经通路的支配。

在他们做出这些发现的时候,人们还无法在解剖学上区分兴奋性和抑制性纤维。剑桥生理学家沃尔特·霍尔布鲁克·加斯科尔(Walter Holbrook Gaskell)解决了这个问题。在19世纪80年代,加斯科尔通过切断脊髓连续的分节并用锇酸染色试图追踪他所说的"非随意神经系统"的通路。他之所以选择这种染色剂,是因为它可以区分交感神经系统的细小的神经纤维和支配骨骼肌的大得多的神经纤维。有趣的是,加斯科尔发现,更小的非随意神经纤维以三种主要"外流"方式离开脊髓。这三种方式分别产生于颅骨或脊髓的上部,胸椎/腰椎(即胸部和下背部区域),以及脊髓的底部或骶部。此外,这三个系统具有不同的解剖特征。虽然它们都是从覆盖着白色髓鞘的脊髓发出的,但只有胸椎/腰椎纤维进入了附近的交感神经节。奇怪的是,这些神经纤维却使神经节成为髓鞘神经纤维(这使得交感神经纤维可分为神经节前纤维和神经节后纤维)。相反,当颅神经纤维和骶神经纤维进入身体,它们仍有髓鞘。因此,加斯科尔成功地在胸椎/腰椎纤维与那些来自脊髓上部(颅部)和脊髓下部(骶部)的纤维之间找到了一个简单的解剖学上的区分方法。

然而,当加斯科尔意识到无髓鞘和有髓鞘纤维具有相反或对抗性作用

294

时，人们也就发现了这种解剖学上的差异具有重要的功能意义。例如，当他用电流刺激从胸椎/腰椎出发的神经时，刺激会使这些神经支配的器官兴奋起来。因此，刺激模拟了身体兴奋的效应，包括心脏的快速跳动，呼吸变得急促，血管舒张。相反，刺激从颅部和骶部发出的神经却会抑制相同的器官，并使身体的兴奋状态恢复正常。因此，很明显，这个非随意神经系统是由两个分离但又互补的部分组成的。加斯科尔还做出了另一个惊人的发现：他发现几乎每个身体器官都有兴奋性和抑制性神经纤维。虽然加斯科尔的大部分研究对象是爬行动物，包括鳄鱼和海龟，但他相信，这可能也适用于哺乳动物。加斯科尔的预测很快就被他的同事约翰·纽波特·兰利证实了。

确定交感和副交感系统：约翰·纽波特·兰利

约翰·兰利是纽伯里一位学校老师的儿子，1871 年他入读剑桥大学学习数学和历史，但后来受到迈克尔·福斯特（Michael Foster）爵士（1883 年，福斯特成为剑桥大学第一任生理学教授）的影响，他改学了自然科学（见图 12.2）。在毕业之前，兰利在福斯特的实验室工作，他的任务是研究一种叫毛果芸香（jaborandi）液的物质（来自巴西的灌木毛果芸香）的生理作用。当时已经知道这种物质中含有一种名为匹罗卡品的活性生物碱，[9] 有许多生物碱因为显著的生理效应引起药理学家的注意，匹罗卡品就是其中之一。没过多久，兰利就发现给猫狗静脉注射匹罗卡品会减慢它们的心跳，并导致明显的流涎。兰利知道心脏是由"抑制性"迷走神经支配的，因此他假定毛果芸香以某种方式作用于迷走神经。为了测试这一理论，兰利把箭毒用于迷走神经，他相信这一操作会麻痹支配心脏的神经末梢，从而抑制毛果芸香的效应。然而，这种阻碍作用并没有发生。相反，毛果芸香的生理作用只是被另一种叫作阿托品的生物碱（来源于颠茄属植物）抑制了。这是一个令人费解的现象，兰利只能通过假设毛果芸香和阿托品并不作用于迷走神经（迷走神经不被这两种药物影响），而是直接作用于心脏组织本身来解释它。

图 12.2　剑桥生理学家约翰·纽波特·兰利(1852—1925)。在绘制自主
神经系统示意图(他在 1898 年创造的一个术语)方面,兰利是最关键的人物。
1905 年,他还提出了"接受性物质"这一概念。

来源:伦敦威尔克姆图书馆。

1889 年,兰利和他的合作者威廉·李·狄金森(William Lee Dickinson)
把注意力转向了另一种生物碱——尼古丁,这种烟草中的主要成分与一系
列的生理活动有关。虽然尼古丁由于会引起许多兴奋的症状而为人们熟
知,但兰利和狄金森发现了一个意想不到的效应:如果将尼古丁溶液用画家
的细小画笔直接涂在交感神经节上(尼古丁容易渗透进神经节),它就会阻
止神经冲动从胸椎/腰椎出发的有髓鞘纤维向无髓鞘纤维的传递。例如,支
配面部和头部的颈上神经节是从胸椎/腰椎向外延伸的神经通路之一。当
兰利和狄金森刺激猫体内进入这一通路的有髓鞘神经纤维时,发现猫眼睛

的瞬膜收缩,瞳孔扩大,面部和颈部的毛发竖起。然而,如果用尼古丁预先处理颈上神经节,则不会产生这些效应。

虽然它的药理作用当时还不为人所知,但尼古丁的阻断效应却被证明极有价值,可以用来绘制出加斯科尔称之为"非随意神经系统"的纤维。通过结合许多不同的技术,包括电刺激、损伤和尼古丁阻断,兰利可以追踪非随意神经系统的三个主要部分的所有神经纤维如何到达它们在身体上的终端。由此,兰利就可以评估它们特殊的生理功能。也许更重要的是,兰利也开始利用一套全新的命名法来描述这些系统,在世纪之交,他用"自主的"取代了"非随意的"这一术语。后来,在1905年,他将兴奋性的胸椎/腰椎系统称为"交感的",而把抑制性的颅和骶系统称为"副交感的"。这些词语一直到今天还在使用。

297　　　兰利对自主神经系统的研究还揭示了其他一些重要的事:交感和副交感神经系统都包含两套纤维,他称之为"神经节前"和"神经节后"。神经节前纤维起源于脊髓,尽管从胸椎/腰系统进入交感神经节的纤维长度较短(如加斯科尔所示),而从颅和骶离开脊髓的纤维(即副交感神经系统)则长得多。事实上,后一种神经向外延伸进外周,投射到更小的神经节,这些神经节靠近或位于特定的内脏器官,如结肠和膀胱等。相反,离开交感神经节的神经节后纤维总是很长,而副交感神经纤维总是更短,因为它们已经接近最终的目的地(见图12.3)。有趣的是,神经节前和神经节后纤维的存在表明,在交感神经系统和副交感神经系统中都存在两种突触:一种在神经节内,另一种则位于支配目标器官的神经节后纤维的末端。[10]

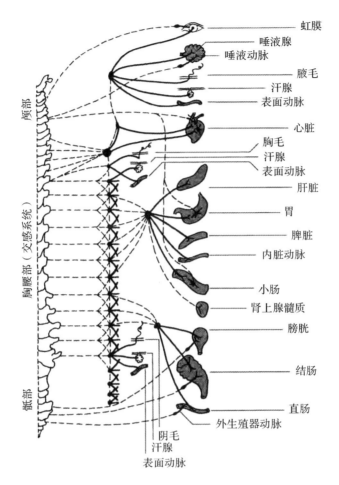

296

图12.3　自主神经系统示意图。我们对这个系统的理解主要是基于约翰·兰利的工作,他区分了兴奋性交感神经系统(胸椎/腰椎)和抑制性副交感神经系统(头和骶)。尽管对于交感神经系统和副交感神经系统,突触的位置是不同的,但兰利表明,这两个系统都包含神经节前纤维和神经节后纤维。

提出神经递质和受体的概念

1901年,兰利将注意力转向了肾上腺素,一种已知的由肾上腺分泌的物质。19世纪90年代初,约克郡医生乔治·奥利弗(George Oliver)开始用当地的一位屠夫准备的肾上腺提取物进行实验,他的实验首次得到了这些腺体与产生刺激性生理效应的化学物质联系起来的证据。作为一名非常投入的业余研究者，奥利弗在家里有自己的实验室，他的主要兴趣在血压上，通过自己发明的记录设备，他对血压现象展开研究。在这项工作中，奥利弗已经意识到，肾上腺受损的患者，比如爱迪生氏病的患者，会同时患有低血压。奥利弗很想知道为什么，于是他说服儿子吃了少量的肾上腺组织，这样他就可以测量所产生的效应。令他吃惊的是，这很快就导致了血压突然增高，非常危险。由于意识到肾上腺提取物一定含有一种具有重要生物学作用的未知化学物质，奥利弗动身去了伦敦，向大学学院教授爱德华·斯卡弗（Edward Scafer）演示了它的功效。斯卡弗将这种物质注射到他的一只实验狗身上，几分钟后，这只狗的血压变得如此之高，以至于记录仪都无法测量。后来，日本化学家高峰让吉（Jokichi Takamine）在1901年发现这种提取物中的活性成分是肾上腺素。

对肾上腺素的研究让兰利意识到，肾上腺素对身体产生的影响与交感神经系统受到电刺激后产生的影响非常相似。例如，肾上腺素通过收缩动脉和静脉壁上的平滑肌使血压升高。它还能加快心跳、扩张支气管通道和刺激唾液分泌。肾上腺素是如何产生这些效应的呢？一开始，证据支持的是肾上腺素与神经系统无关的观点。奥利弗和斯卡弗的确为这一观点提供了支持，他们发现，把一种肾上腺素提取物直接注入一只没有中枢神经系统的青蛙的动脉系统中会引起平滑肌的大规模收缩。兰利在狗、猫和兔子身上也发现了同样的效应，他发现在所有交感神经通路被切断后，肾上腺素仍旧能够发挥生理作用。因此，肾上腺素似乎直接作用于靶组织肌肉。

然而，这种情况提出了另一个重要的问题：肾上腺素从何而来？虽然人们已经知道肾上腺素是由肾上腺产生的，但它对交感神经系统的目标作用起得太快，以至于肾上腺这一腺源不可能是源头。必须寻找另一种解释，而一种可能是，肾上腺素作为一种从交感神经末梢释放出来的神经递质起作用。当时，神经系统中突触的存在并没有受到严重的怀疑。事实上，查尔斯·谢灵顿在19世纪90年代已经证明了它们在调节脊髓反射活动中的重要功能，而兰利在尼古丁实验中也证明了突触存在于自主神经系统中。然而，突触的化学传递仍然是一个极具争议的理论，尽管可以肯定兰利一定考虑过这种可能性,但他并没有公开表达过。不过当时在兰利实验室工作的医学研究生托马斯·雷顿·艾略特(Thomas Renton Elliott)打破了沉默(见图12.4)。1904年,在伦敦生理学学会发表的演讲中,艾略特提出肾上腺素参与了神经传递。他的主张并非空穴来风。例如,艾略特指出,肾上腺素只作用于受交感神经支配的组织,对副交感神经系统或骨骼肌没有影响。在总结他的演讲时,艾略特表述了化学神经传递的可能性,如今这被认为是现代第一次对化学神经传递的明确描述:

298

图 12.4　托马斯·雷顿·艾略特(1877—1961)是兰利的研究生,他在1905年最早提出了与肾上腺素有关的化学传递的概念。

来源:伦敦威尔克姆图书馆。

那么,肾上腺素可能是一种化学刺激物,每当冲动到达外周时,它就会被释放出来。

299

一年后,艾略特发表了一份更详细的报告,他在报告中推测,所有突触,无论是自主神经系统的突触,还是位于运动神经和骨骼肌之间的突触,都可能使用神经递质物质。虽然他认为每种情况下的化学信使可能不同,但确信自主神经系统交感分支的神经末梢释放了肾上腺素。

然而,由于许多问题还是没有答案,大多数生理学家仍然高度怀疑化学神经传递的说法。例如,神经细胞产生神经递质的机制还不清楚。艾略特也无法解释一种化学物质是如何对其靶组织或器官产生生物学效应的。不过,1905 年,约翰·兰利在一篇试图解释尼古丁和箭毒的药理作用的文章中回答了后一个问题。到目前为止,兰利已经将使用尼古丁的研究范围从自主神经系统扩展到了躯体神经系统。更具体地说,兰利发现尼古丁还会引起骨骼肌收缩。例如,给鸡注射尼古丁会导致鸡腿上的肌肉僵硬和伸展。在支配肌肉的神经被切断后这种效应还会出现,这表明尼古丁不是作用于神经本身,而是直接作用于肌肉。事实上,尼古丁对骨骼肌的兴奋作用与毛果芸香对心脏的刺激作用并无差异(如上所述)。而且,当兰利发现他可以通过先给鸡注射箭毒来阻止尼古丁发挥作用时,这种相似性就进一步得到了突出。因此,它的作用与阿托品阻断毛果芸香的效应类似。

为了解释这些效应,兰利提出,尼古丁必定作用于肌肉的某些特殊部位或"接收物质"上。接着,尼古丁"受体"以某种方式利用化学信息来启动肌肉细胞内的生物效应。兰利还推断,肯定有两种受体:一种对尼古丁敏感能使肌肉收缩;另一种对会导致肌肉麻痹的箭毒的抑制效应很敏感。虽然兰利没有直接使用"受体"这个词,但这却是第一次用这种概念来解释药物作用。然而,受体并非一个完全陌生的概念,因为在 1900 年保罗·埃利希(Paul Ehrlich)就已经在免疫学领域使用了这个术语。因此,有许多生物学家承认兰利的想法是可行的。事实上,受体理论是现代药理学史上的关键突破之一,它使人们更好地理解了药物作用,并支持化学神经传递的理论。

亨利·戴尔研究麦角的性质

化学神经传递的概念进一步得到了英国最伟大的药理学家之一亨利·

哈利特·戴尔的支持。戴尔是斯塔福德郡一个陶瓷制造商的儿子。1894 年他开始在剑桥大学学习自然科学,并曾在约翰·兰利的手下工作过一段时间。1904 年,戴尔在圣巴塞洛缪医院完成了医学训练,在大学学院短期工作以后,在伦敦的威尔克姆实验室获得了一个研究职位。这是一个不同寻常的选择,因为威尔克姆研究所是一家成立于 19 世纪 90 年代生产白喉抗毒素的商业机构。他在大学里的朋友反对他的职业选择,他们害怕这会危及戴尔作为学者的独立性。然而,戴尔充分利用了威尔克姆研究所提供的稳定工资和职业发展机会,在 1906 年成为研究所所长。他在这个位置上一直工作到 1914 年,然后加入了新成立的国家医学研究所。[11]戴尔为人和蔼,性情温和,受到同事们的极大尊敬,他超过半个世纪的辉煌职业生涯与组胺和乙酰胆碱这两种神经化学物质密切相关。他发现这两种化学物质是动物组织和神经递质物质的天然成分。

当戴尔在威尔克姆开始新工作时,威尔克姆的老板亨利·威尔克姆(Henry Wellcome)爵士鼓励他研究一种被称为麦角的寄生真菌的化学成分,这种真菌会感染黑麦和其他谷物。在中世纪时人们就已经熟知这种真菌会产生一种名为圣安东尼之火(St Amthony's fire)的有毒物质,这种物质会导致受害者出现痉挛、幻觉和强烈的灼烧感。这些流行病最常出现在中欧部分地区,在那里谷物必须储存越冬。到了 18 世纪,人们发现麦角会引起血管和子宫的严重收缩,这导致助产士采用麦角来引产和产后止血。然而,若是使用不当,它也会导致坏疽,失去四肢甚至生命。一开始,戴尔对于通过检查麦角来首次涉足药理学并不特别感冒。不过,事实证明,亨利·威尔克姆爵士的建议是独具眼光的。戴尔刚开始研究麦角时就意识到麦角是一个活跃的药理学物质的宝库,在这些物质中,有许多都是由他的同事,才华横溢的年轻化学家乔治·巴格尔(George Barger)分离出来的。

戴尔在麦角上的第一个突破是偶然获得的。一天,他需要测试一种肾上腺提取物,看它是否含有肾上腺素或去甲肾上腺素。[12]他在一只预先用麦角处理过的猫身上测试了这种提取物,结果惊讶地发现,这只猫的血压并没有像预期那样升高。显然,麦角中的物质抑制了肾上腺提取物的效应。这种物质就是麦角毒素——一种阻止肾上腺素对血管平滑肌起收缩作用的化

300

学物质。事实上，戴尔发现了第一个肾上腺素能阻滞剂，现在肾上腺素能阻滞剂是一类用来治疗高血压的药物。戴尔继续研究去甲肾上腺素，他发现这种物质比肾上腺素更如实地模拟了交感神经刺激的效应。戴尔因此在1910年提出，在交感神经系统中传递突触信息的化学物质是去甲肾上腺素而不是肾上腺素，最终在1946年，瑞典的乌夫·冯·欧拉（Ulf von Euler）证明这一预测是正确的。

1910年，戴尔和巴格尔在麦角中发现了另一种具有强大生理作用的化学物质，这种物质会引起子宫平滑肌和细支气管收缩。它还会导致血压突然下降，以及过敏性休克（一种与危及生命的低血压和呼吸困难相关的反应）等许多症状。事实上，他们已经发现了组胺——一种体内自然产生的化学物质，最初是在肠壁中发现的。在接下来的10年里，戴尔证明了组胺分布在全身，生物组织在应对损伤时会释放出组胺，它会造成血管扩张和毛细血管渗漏。因此，它对免疫反应有巨大的帮助。组胺也是过敏反应的一部分，它会引起诸如打喷嚏、发痒和肿胀等症状。后来，人们发现这种物质存在于脑的神经细胞中（20世纪40年代）并且是一种神经递质（20世纪60年代）。

发现乙酰胆碱

301   然而，与亨利·戴尔联系最紧密的神经化学物质是乙酰胆碱。人们最初知道这种化学物质在神经系统中起作用是由于在奥利弗和斯卡弗使用的肾上腺提取物中发现了一种叫作胆碱的相关物质。胆碱并不是一种新发现的物质。早在1864年，安德烈亚斯·斯特莱克（Andreas Strecker）就首次在牛的胆汁中发现了这种物质，并在两年后合成了它。但是在肾上腺提取物中发现它则暗示了它发挥着生物学功能，而这一点在1906年得到证实，当时美国药理学家里德·亨特（Reid Hunt）发现胆碱会引起血压下降。这也与肾上腺素所起到的效应相反。有趣的是，胆碱的作用被阿托品阻断了（兰利已经表明阿托品与毛果芸香的效应相反）。这些发现促使亨特合成了许多胆碱衍生物，其中之一就是乙酰胆碱。值得注意的是，

乙酰胆碱被证明在降低血压方面比胆碱要活跃 10 万倍。这种极大的效力 302
表明它在身体中可以发挥药理作用(也就是只需少量就能产生生物效应)。
然而,在当时还没有证据证明乙酰胆碱和胆碱一样是身体中天然具有的
物质。

戴尔对乙酰胆碱的兴趣始于 1913 年,当时他怀疑麦角中含有一种名为
毒蕈碱的化合物。1869 年,这种化学物质首次被从标志性的红顶白斑毒蝇
蘑菇(白毒蝇伞菌)中提取出来,由于它能产生广泛的生理效应,药理学家
对它产生了极大的兴趣。这些效应包括减慢心率、降低血压和收缩瞳孔。
有趣的是,这些效应似乎模拟了副交感神经系统的抑制作用。换句话说,
它们与交感神经产生的效应相反。然而,在与同事亚瑟·埃文斯(Arthur
Ewins)合作研究后,戴尔意识到,麦角中的抑制物质不是毒蕈碱,而是乙酰
胆碱。这意味着乙酰胆碱是作为副交感神经系统的神经递质起作用的,不
过戴尔当时并没有说明这一点。乙酰胆碱是一种神经递质这一想法不仅很
激进,而且由于乙酰胆碱的高度不稳定性,能很快被人体分解成惰性物质,
证实这一想法也遇到了实验上的困难。要想探测到乙酰胆碱,即使它天然
存在于神经系统中,也是极其困难的。

在接下来的一年里,戴尔比较了毒蕈碱和乙酰胆碱在人体许多部位的
作用,这让他意识到,它们产生了非常相似的生理效应。这主要是因为这两
种物质作用于相同的器官,不过戴尔也发现了一些显著的例外。其中一个
例外是,在神经肌肉连接处,只有乙酰胆碱能引起肌肉收缩,而毒蕈碱不行。
神经肌肉连接处还显示出另一个有趣的特征:乙酰胆碱的作用类似于尼古
丁。然而,在这个部位上的乙酰胆碱和尼古丁都被之前的箭毒阻断了。相
比之下,毒蕈碱对副交感神经系统的作用没有被箭毒阻断,而是被生物碱阿
托品阻断。1914 年,戴尔试图对这些结果做出解释,他认为所有这些药物都
因为乙酰胆碱而在突触处起作用。更重要的是,他提出有两种具有不同化
学亲和力的胆碱能受体:毒蕈碱型和烟碱型。虽然戴尔不愿意做进一步推
测,但这已经是默认了神经递质这一概念。由于第一次世界大战的爆发,他
对乙酰胆碱为期数年的研究也告一段落。此后,他将重点放在组胺上,而其
与战斗创伤后会产生休克状态有关(见图 12.5)。

图 12.5　亨利·哈利特·戴尔（1875—1968）以研究寄生真菌麦角而闻名，他通过这一研究发现了组胺和乙酰胆碱。他的工作对于确定神经传递的化学性质也很重要。

来源：伦敦威尔克姆图书馆。

　　有关化学物质如何影响外周神经系统的认识如今呈现出一个复杂的局面，在此不妨回顾一下过去 20 年左右的主要发现。兰利和艾略特已经表明，肾上腺素（人们已经知道天然存在于人体内）可以模拟交感神经系统的作用。与此相反，戴尔和他的同事已经表明，乙酰胆碱（尚未证明是一种天然存在于人体的物质）可以模拟副交感神经系统的作用。兰利发现，尼古丁可以对交感神经节产生影响，而戴尔通过胆碱机制发现尼古丁作用于神经肌肉连接点。虽然艾略特已经正式提出了神经递质的概念，但没有多少人——包括戴尔在内——打算公开支持这一概念。尽管人们已经知道神经系统的某些部位存在突触，但对许多人来说，神经通信更有可能是通过电，而非化学物质来实现的。在这方面进一步的推进只有等到第一次世界大战之后了。

证实化学神经传递:奥托·洛伊

1920 年,奥托·洛伊进行了一项开创性的实验,这项实验即使没有被 303
证实,也增强了自主神经系统中存在化学神经传递的可能性。洛伊是来
自法兰克福的德国犹太人,在学生时代,他承认自己对哲学课比对医学课更
感兴趣。1909 年,洛伊成为格拉茨大学(University of Graz)的药理学教授
(见图 12.6)。他非常了解关于化学神经递质的争论,因为在 1902 年和 1903
年访问英国时曾见过约翰·兰利、托马斯·艾略特和亨利·戴尔。然而,洛
伊当时主要的研究兴趣在于一般代谢,后来又转向了肾脏和胰腺的功能。
事实上,几乎没有证据表明他对自主神经系统的运作有任何实际的兴趣,直
到 1920 年复活节的晚上,洛伊从梦中醒来,脑子里出现了一个关于实验的
想法。在草草记下他的想法后,洛伊又回去睡觉了,第二天早上起来,他却
搞不清楚自己写了些什么。幸运的是,第二天晚上,洛伊做了同样的梦。这
一次,洛伊骑车去了实验室,在那里他做了一个不到两个小时的简单实验。
它是药理学上最著名的实验之一。据说洛伊的研究助理在第二天早上看到
研究结果时就说,这个实验将为他赢得诺贝尔奖。尽管有人对洛伊戏剧性
的故事情节的真实性表示怀疑,这其中包括他的好朋友亨利·戴尔,但他助
手的预言却成真了。

洛伊的实验相对简单。他从一只青蛙身上取出仍旧连接着副交感神经
(迷走神经)和交感神经的心脏,将其放入一个装有盐水溶液的小容器
(chamber)。接着洛伊刺激迷走神经,引起了心跳减慢——这是一个标准的
操作,以前已经做过很多次了。然后,洛伊做了一些新的事情:他从容器中
提取了一些溶液,并把它用于第二颗已经切除了迷走神经的心脏。这也立
即导致心脏跳动减慢。换句话说,第二颗心脏的表现就好像接受了来自迷
走神经的刺激一样。接着,洛伊又回到第一颗心脏,现在他刺激交感神经,
这个过程使心脏跳动得更快。他再次提取了一些溶液,并把它用于第二颗
传导神经受到阻滞的心脏。这一次,心脏跳动速度加快。[13]对此只有一种说
得通的解释:有化学物质从第一颗心脏受刺激的神经中释放出来,当这些化

学物质作用于第二颗心脏时，就会使它的心跳发生变化。洛伊将这种来自迷走神经的抑制剂称为迷走神经素（vagusstoff），而把加速剂称为加速神经素（acceleransstoff）。

304

图 12.6　奥托·洛伊（1873—1961），德国药理学家，他的著名实验让许多人接受了化学神经传递的可能性，这个实验据说是在 1920 年复活节当晚做的。

来源：伦敦威尔克姆图书馆。

1921 年，洛伊在一篇只有四页的文章中公布了他的实验，大胆地宣称他已经证明了化学神经传递的存在。他还认为，从神经末梢释放出来的这两种化学物质对心脏自身的"末梢器官"产生了影响，这就默认了兰利的受体概念。不过并不是所有的药理学家都买账。许多人仍然对化学神经传递持怀疑态度，而且其他人很难复制洛伊的青蛙心脏实验这一点又增加了他们的怀疑。如今我们知道，洛伊很幸运，他是在一年中气温较低的时候做的实验，这增加了神经递质的稳定性（神经递质会被失活酶迅速分解）。要是洛伊在一个温暖的月份做实验，他可能并不会得到一个积极的结果。而且青蛙心脏现在被认为是这类实验的最佳制备——这是洛伊做出的另一个幸运选择。不过由于复制实验很困难,洛伊被要求在 1926 年斯德哥尔摩国际会议上演示他的实验。据说他已经在 18 个不同的场合成功地演示了他的实验。这在很大程度上有助于消除人们对实验真实性的怀疑。[14] 这也使更多的人相信化学神经传递的可能性。

在实验之后的几年里,洛伊开始尝试搞清楚他所称的迷走神经素和加速神经素是什么,这两种物质能分别抑制和加速心跳。虽然洛伊怀疑前者是乙酰胆碱,而后者是一种类似肾上腺素的物质,但要搞清这一点还需要大量的实验。在 5 年的时间里,乙酰胆碱理论逐渐得到支持。例如,洛伊表明,允许乙酰胆碱被分解以前在突触中存在较长时间的毒扁豆碱增强了迷走神经对心脏的抑制效应。此外,洛伊还发现阿托品(兰利证明阿托品是可以阻断毒蕈碱对心脏慢化作用的药物)可以起到抑制迷走神经素的作用,这再一次支持了乙酰胆碱理论。然而无论是毒扁豆碱还是阿托品都对交感神经分泌的加速物质没有什么影响。事实上,这种物质会被麦角毒素阻断,而戴尔已经表明,麦角毒素与肾上腺素起到的作用相反。不过,洛伊不愿意接受加速神经素就是肾上腺素的观点。后来的研究表明,他是正确的,因为在 20 世纪 40 年代,研究人员发现加速神经素是去甲肾上腺素,也就是戴尔发现的模拟了交感神经刺激效应的那种物质。

305

证实乙酰胆碱是一种神经递质

到 20 世纪 20 年代末,已有足够的证据表明乙酰胆碱至少是外周神经系统中的一种神经递质。例如,它被证明与从迷走神经通路释放到心脏的迷走神经素是同一种化学物质。乙酰胆碱也被与毒扁豆碱类似的被称作胆碱酯酶的物质灭活。非常重要的是,1930 年,洛伊在心脏组织中发现了微量的胆碱酯酶。然而,在人们完全确定乙酰胆碱是一种神经递质之前还有一件必须要做的事,那就是确认它是一种人体组织中天然存在的化学物质。这可不是一件容易的事。神经末梢只产生少量的乙酰胆碱,而且几乎立即就被分解成了胆碱和乙酸。问题似乎无法解决。就在洛伊将乙酰胆碱确立为神经递质的同时,戴尔正在伦敦的医学研究所研究组胺的作用。人们猜测组胺也发挥了神经递质的作用，尽管就像乙酰胆碱一样，当时还不确定组胺是否是身体的自然组成部分。不过，在 1927 年，由于戴尔设法从肝脏和肺中分离出了组胺，怀疑也就烟消云散了。在组胺上的成功让戴尔更认真地考虑检测乙酰胆碱的问题，1929 年，他与化学家哈罗德·杜德利（Harold Dudley）开始了这项工作。戴尔和杜德利拜访当地的屠宰场，收集刚宰杀的马和牛的脾脏，他们获得了 71 磅组织，并从中提取了三分之一克的乙酰胆碱。尽管量很小，但这足以证明乙酰胆碱是生物组织中的天然成分。

到 20 世纪 30 年代初，大多数药理学家都接受了迷走神经的副交感神经支分泌在突触位置上进行化学神经传递的是乙酰胆碱这一观点。不过，乙酰胆碱虽然与许多其他生理活动有关，但很少有令人信服的证据表明它在神经系统的其他部分也以类似的方式起作用。1933 年，情况有了变化，这一年，戴尔安排威廉·费尔德伯格（Wilhelm Feldberg）在他的实验室工作。费尔德伯格是犹太人，以前曾在柏林大学工作。纳粹党掌权后，费尔德伯格被迫离职。这引起了戴尔的注意，因为费尔德伯格开发过一项技术，这项技术利用了从水蛭身上提取的对微量乙酰胆碱也极其敏感的收缩肌肉。更重要的是，费尔德伯格还带来了一种叫毒扁豆碱的药物，将这种药物加入到肌肉制备中会把对乙酰胆碱的敏感性提高 100 万倍。这是一种药理学技术，其灵敏度足以检测出从猫和狗等动物身上提取的乙酰胆碱。

费尔德伯格在戴尔的实验室里开始了工作，他首先对给定的神经施加刺激，然后收集从附近静脉抽取的血液，希望以此能发现极少量的乙酰胆碱（实验用的是水蛭的肌肉）。在接下来的 3 年中，费尔德伯格和戴尔用这种方法来确定乙酰胆碱在整个外周神经系统释放的位置，结果非常成功。他们在《生理学杂志》上发表了 24 篇论文。这是一项开创性研究，它表明，神经系统释放乙酰胆碱的位置远比以前所设想得多。正如所料，实验发现，副交感神经系统的神经末梢分泌乙酰胆碱，它会抑制内脏器官的功能。此外，实验还发现，在神经节前和神经节后纤维之间的交感神经系统（即交感神经干）的突触所释放的化学物质是乙酰胆碱。实验进一步证实了乙酰胆碱是位于神经肌肉连接处的神经递质。因此，乙酰胆碱既是自主神经系统，又是躯体神经系统的神经递质。

1936 年,"因为在神经冲动的化学传递方面所做出的发现",戴尔和洛伊这两位 30 多年的好朋友共同获得了诺贝尔奖。然而,在格拉茨大学工作的洛伊的生活很快就改变了。获奖两年后,德国入侵奥地利,他们抓了洛伊和他的两个小儿子。在被监禁了两个月之后,洛伊同意放弃所有证券,包括他的诺贝尔奖奖金,以此换得释放。在设法逃到伦敦之后,他和戴尔一起住了几个月。尽管已经 60 多岁,洛伊还是收到了纽约大学医学院的邀请,他很高兴地接受了邀请。纽约大学的邀请让洛伊能够在纽约市西区购置一套公寓。1946 年洛伊成为美国公民。他用大部分时间讲课、写文章,并通过讲述他如何发现化学神经传递的故事来激励新一代的美国药理学家。洛伊一直生活在纽约,直到 1961 年去世。[15] 戴尔比他的好朋友长寿,在有生之年,他获得了许多荣誉,在 1940 年到 1945 年担任英国皇家学会主席,1948 年获封爵士。1954 年,约翰·埃克尔斯以他的名字命名了"戴尔原理"(Dale's principle),按照这一原理,神经元只释放一种类型的神经递质(现在人们知道这是错误的)。1968 年,戴尔在剑桥疗养院去世,享年 93 岁。[16]

"汤与电火花"的争论

在 1936 年的诺贝尔奖获奖演说中,戴尔推测在脑和脊髓中有可能也会发现化学神经递质。然而,采用包括神经肌肉连接或心脏的迷走神经刺激这些相对容易的方法来证明在外周神经系统中存在化学神经传递就已经足够困难了,而要在中枢神经系统中建立同样的原则是更为艰巨的挑战。而且,戴尔知道,即使找到了化学物质作为候选,要确定它们是作为神经递质起作用,还是发挥其他生理功能,也几乎是不可能的。更麻烦的是,有些人认为中枢神经系统的化学神经传递就不可行。澳大利亚人约翰·卡鲁·埃克尔斯对这一想法提出了最直言不讳的批评,他支持突触电传递的观点(见图 12.7)。在 20 世纪 30 年代末和 40 年代的科学会议上,埃克尔斯的直率态度引发了激烈的争论,这场争论被称为"汤与电火花之争"。尽管这些会议经常显得火药味十足,但执拗的埃克尔斯并不惧和更老练的戴尔发生冲突,不过在生活中,这两人是好朋友,他们会通信,分享实验结果。虽然在20世纪30年代,埃克尔斯不得不接受迷走神经和心脏之间存在化学传递的观点,但他认为这是一个例外。主要原因是他相信化学传递对于肌肉收缩或脑内的信息流动来说太慢了。尽管如此,埃克尔斯在1939年还是承认乙酰胆碱也许是通过提高肌肉对于电刺激的兴奋性而在神经—肌肉连接处发挥了某种次要作用。

307

图 12.7　约翰·卡鲁·埃克尔斯(1903—1997)毫不掩饰地抨击中枢神经系统化学传递的观点,直到1952年,他的一个实验提供了令人信服的证据。

来源:伦敦威尔克姆图书馆。

埃克尔斯是土生土长的墨尔本人,从墨尔本大学医学院毕业以后,获得了著名的牛津大学罗德奖学金,1928年成为查尔斯·谢灵顿的博士生。在牛津大学,埃克尔斯将研究注意力转向了神经生理学,这显然是因为他对脑如何与心智相互作用的问题深感兴趣。1929年获得博士学位后,埃克尔斯在牛津大学担任了几个学术职务,1937年,回到澳大利亚,成为悉尼一家研究所的所长。虽然埃克尔斯的主要职责是提供临床病理学服务,但他也利用有利的职位研究神经—肌肉连接点的电生理特性,同时吸引了许多有才华的研究人员来他的实验室。7 年后,埃克尔斯去了新西兰达尼丁的奥塔哥大学,1950 年,在那里对中枢神经系统的神经细胞进行了第一次细胞内记录。取得这项成就要归功于极细玻璃微量吸液管电极的发展,这种电极尖端的直径只有约 0.5 微米(大约五万分之一英寸)。这些电极小到埃克尔斯甚至不能用显微镜引导它们进入细胞,因为它们的尺寸比光的波长还小。相反,必须将它们连接到一个示波器上,然后根据电位的变化将它们植入细胞。幸运的是,人们发现微量吸液管周围的细胞膜密封性很好,这使微量吸液管在插入神经元以后好几个小时中,神经元都能正常工作。

308

利用这项新技术,埃克尔斯检测了被麻醉的猫的脊髓中神经细胞的反应。更具体地说,他将注意力集中到分布在大腿股四头肌的运动神经元上。之所以这样,是因为正如谢灵顿已经表明的,(位于脊髓中的)运动神经元的细胞体接收来自纤维的感觉反馈,这些纤维传递(来自肌梭的)肌肉拉伸的信息。当埃克尔斯用小电流刺激这条反馈通路时,发现这并不能触发运动神经元的动作电位,但它确实导致细胞内的静息电位稍微增加了电压。埃克尔斯将这种暂时效应称为兴奋性突触后电位(EPSP)。当埃克尔斯增加这种刺激,从而激活更多的感觉神经纤维时,他发现,EPSP 会带更多的正电。事实上,如果多个 EPSP 的总和使运动神经元内的静息电位增加大约 15 毫伏,它就会触发一个动作电位。简单地说,埃克尔斯发现,感觉纤维和运动神经元之间的单个突触的活动本身不足以产生神经冲动。相反,在运动神经元"兴奋"到足以产生动作电位之前,必须有大量的突触的活动。这也就是说,一个 EPSP 不会产生动作电位。但是,如果同时出现多个 EPSP,动作电位就会出现。

一年后的 1952 年,埃克尔斯用同样的基本方法做了神经生理学史上最重要的实验之一。埃克尔斯再次将微量移液管植入从脊髓投射到四头肌的运动神经元的细胞体中。这一次,他没有刺激来自肌梭的感觉神经,而是刺激了后大腿腘绳肌,也就是与股四头肌相对的肌肉的感觉神经。主要由于谢灵顿的工作,在 19 世纪晚期,人们就已经知道这两块肌肉是相互作用的,当其中一块收缩,另一块就松弛。很明显,只有当系统中的某些突触以一种抑制的方式发挥作用时,这种情况才会发生。这种抑制向埃克尔斯提出了一个问题,他只能通过假设电兴奋性输入被阻止到达细胞来解释这个问题。然而,当刺激来自腘绳肌的感觉神经时,他在股四头肌运动神经元中观察到抑制性突触后电位(IPSP)。换句话说,细胞内带负电的静息电位在短时间内变得更负,这使细胞对放电更具抵抗力。这与埃克尔斯的预期相反。更关键的是,他的理论(即阻断跨突触的电能流动)完全无法解释 IPSP。

只有一种合理的解释:兴奋性和抑制性突触必须同时存在于感觉神经的轴突末梢和使用化学传递的股四头肌运动神经元之间。在这个关键时刻,埃克尔斯不得不承认,在电化学传递这个问题上,他是错的。[17] 由于之前在这个问题上他曾直言不讳,这也许是科学史上最大的反转。戴尔忍不住评论说这是一个"非凡的转变",就好像"在去往大马士革的路上,扫罗突然被光亮笼罩,鳞片从眼中掉落"。[18] 尽管历史证明,埃克尔斯拒绝承认化学神经传递是错误的,但他的关键实验却证实了它的存在。接下来,埃克尔斯致力于研究抑制是如何通过突触前的操作来调节中枢神经系统的神经递质释放的。这项研究帮助他在 1963 年与艾伦·霍奇金和安德鲁·赫胥黎一起获得诺贝尔奖。有趣的是,埃克尔斯是一位虔诚的罗马天主教徒,也是为数不多的几个对上帝有强烈信仰的诺贝尔奖得主之一。埃克尔斯甚至相信神的干预,他写道:"在生物进化的物质层面之上还有神意。"

脑中的神经递质

在脊髓中发现化学神经传递也使人们对脑中可能存在神经化学物质越来越感兴趣,不久人们就在脑中发现了去甲肾上腺素和乙酰胆碱存在的证据,而且它们似乎发挥着重要的功能作用。例如,20 世纪 50 年代,在爱丁堡工作的马尔特·沃格特(Marthe Vogt)表明,实验动物在遭受巨大压力后,下丘脑中的去甲肾上腺素水平会下降。与之对照,剑桥的 J. F. 米切尔(J. F. Mitchell)发现,在猫的爪子受到刺激后,猫的体感皮层会分泌乙酰胆碱。更有趣的是,药理学家也开始在脑中寻找潜在神经递质存在的新证据。其中一种是 5-羟色胺(血清素)。这种化学物质于 1948 年首次在血清中被发现,作用是凝血。5 年后,也就是 1953 年,人们在脑中发现了大量的血清素。当人们发现麦角酸二乙胺(LSD)可以阻断血清素对血管平滑肌的作用时,血清素作为神经递质的地位得到巩固。许多人因此怀疑 LSD 也作用于脑中含血清素的神经元。另一种吸引了大家注意力的物质是多巴胺。直到 20 世纪 50 年代末,多巴胺只被认为是一种参与去甲肾上腺素合成的化学物质。然而,在 1958 年,瑞典药理学家阿尔维德·卡尔松(Arvid Carlsson)在脑中发现了多巴胺,以及多巴胺主要集中的纹状体。在 20 世纪 60 年代,纹状体多巴胺的重要性进一步得到强调,当时纹状体多巴胺几乎完全耗尽被认为是造成帕金森病的一个原因。

在大约 50 年后的今天,我们知道大约有 100 种物质在脑和脊髓中充当神经递质或具有某种神经调节作用。这些物质有许多不同的形式,包括单胺、氨基酸、多肽甚至气体。讲述对这些物质的发现和我们对脑的现代化学理解需要另写一本书。不过,在 20 世纪 50 年代和 60 年代,即便是证明去甲肾上腺素或乙酰胆碱的神经递质的地位也是缓慢而困难的——尤其是因为要被确立为一种神经递质需要满足一系列条件。这些标准有:(1)神经递质必须有前体和/或合成酶;(2)神经递质必须被表明存在于轴突的突触前末梢;(3)量必须足以影响突触后细胞;(4)必须有专门的受体;(5)神经递质失活必须有专门的受体。这些标准至少说明了神经药理学家在证实化学传递方面所面临的一些困难。

然而,明确神经递质的第一步在于确定它是神经组织中天然存在的物质。这一点并不像一开始看起来那样简单明了,因为神经递质并不稳定,在释放后很快就会分解。由于它们通常无法直接检测,药理学家不得不寻找其他方法来识别它们。约翰·霍普金斯大学的乔治·库勒(George Koelle)在 1949 年开发了一种早期检测乙酰胆碱的方法,他使用了乙酰胆碱酯酶染色剂(AChE)。这种酶会在乙酰胆碱被释放到突触后分解它。基于任何乙酰胆碱出现的地方都会发现乙酰胆碱酯酶这一合理假设,库勒使用这种染色方法来识别乙酰胆碱在脑中的位置。20 世纪 60 年代,剑桥大学的查尔斯·舒特(Charles Shute)和彼得·刘易斯(Peter Lewis)更有效地运用了这一技术,他们将 AChE 染色与选择性破坏脑区的损伤方法结合起来使用。通过检查某些损伤是如何破坏 AChE 染色的,舒特和刘易斯发现乙酰

310

胆碱定位在不同的通路上。例如，他们的研究显示，前脑(大脑皮层、边缘系统和纹状体)的大部分胆碱能的神经分布来自从脑干出发的纤维，或者接近下丘脑的前脑基底部。

研究人员还开发了一种不同的绘制去甲肾上腺素分布图的技术。20世纪50年代中期，赫尔辛基大学的奥拉维·埃尔安科(Olavi Eränkö)发现，如果将肾上腺细胞用甲醛蒸气处理并暴露在紫外线下，它会发出绿色荧光。这也使组织内的肾上腺素可以在显微镜下观察到。这一发现促使其他人考虑是否可以将其扩展到脑中的神经细胞。60年代初，瑞典人本格特·法尔克(Bengt Falck)和尼尔斯-阿克·希拉普(Niss-Ake Hilarp)攻克了这一难题。他们只用了几周就成功地识别了去甲肾上腺素能神经元，而且表明轴突末端是这种化学物质浓度最高的地方——这一模式显然支持去甲肾上腺素作为神经递质发挥功能的观点。阿尼卡·达尔斯特伦(Annica Dahlstrom)和科耶尔·福克斯(Kjell Fuxe)拓展了这项工作，他们发现了一种基于荧光染色区分去甲肾上腺素、多巴胺和血清素的方法。这是一项重要的突破，因为他们的方法可以与损伤相结合，绘制出脑中包含这些物质的通路。他们的工作揭示了许多新的神经化学通路，其中大部分来自脑干或中脑中小而明确的区域。例如，前脑中大部分去甲肾上腺素纤维起源于脑桥的叫作蓝斑(locus coeruleus)的小核团。相比之下，大部分血清素纤维来自附近的被称作中缝核(raphe)的核团。达尔斯特伦和福克斯还发现，这些包含去甲肾上腺素和血清素的纤维在整个前脑中分布广泛，而且在大多数区域都有重叠。然而，由位于中脑的黑质和腹侧被盖区发出的包含多巴胺的通路则投射到脑的更局部的区域，包括纹状体、额叶皮层和腹侧纹状体(伏隔核)。这些发现有助于彻底改变我们的理解，尤其是对药物如何影响行为和心理过程的理解。

第一款治疗精神疾病的药物

在20世纪50年代，随着治疗精神疾病的精神活性药物的上市，精神药理学和精神病学领域发生了一场革命。在这方面，1954年3月26日是值得提及的一天,美国食品和药品管理局在这一天批准了将氯丙嗪(冬眠灵)作为治疗精神分裂症的药物。这是第一次有专门治疗精神疾病的药物上市,而在 10 年内,许多其他药物相继上市,包括抗抑郁药和抗焦虑药。今天,很难想象一个没有治疗精神疾病药物的世界,但在 50 年代之前,情况就不同了。任何不幸患有严重精神疾病的人都没有什么选择。也许可以给他们服用巴比妥帮助入睡,或者服用安非他明类刺激剂来再次激活大脑。对于重度抑郁症,电休克(ECT)疗法甚至额叶切除术都是常见的治疗方法。对于好心的精神病医生来说,这样的疗法是为帮助病人所做的孤注一掷的尝试。尽管如此,还是有许多精神病患者被送进了精神病院,他们往往要在那里待很长时间,而且康复的希望渺茫。事实上,到 50 年代中期,精神病院的人数已经达到了创纪录的水平。随着氯丙嗪的上市,这种情况发生了巨大的变化。氯丙嗪使不安的精神病人平静下来,让他们能够在精神病院之外过一种相对正常的生活。这种药物的成功之处在于,它使有精神健康问题住院的患者人数显著下降:美国精神病院的住院患者数量 1955 年达到高点 55.9万,仅仅 10 年后就下降到了 45.2 万。

虽然氯丙嗪的发现在很大程度上是偶然的,但它也离不开敏锐的临床观察。氯丙嗪属于酚噻嗪类药物,酚噻嗪在 19 世纪后期作为染料定色剂首次引起了纺织业化学家的注意。它们甚至在兽医业中被用作驱虫药。更重要的是,在 20 世纪 30 年代,一些酚噻嗪被发现具有抗组胺特性。当时,戴尔正在进行他关于组胺的经典研究,制药公司开始认识到酚噻嗪的商业价值。法国的罗纳一普朗克公司(现在的赛诺菲一安万特)开始合成抗组胺药物,包括不同类型的酚噻嗪。1947 年,保罗·夏庞蒂埃(Paul Charpentier)合成了异丙嗪。虽然最初在需要麻醉的手术中异丙嗪被作为一种抗组胺药来稳定血压,但人们发现它也能在手术前使焦虑的病人平静下来。这是一个有趣的效应,尤其是因为当时需要在精神病学中引入新的镇静剂。受这一新效应的鼓舞,1950 年,夏庞蒂埃在异丙嗪的一个环中加入了一个氯原子,从而形成氯丙嗪。法国神经外科医生亨利·拉伯利特(Henri Laborit)在对氯丙嗪进行测试时发现,他的病人表现出了一种异乎寻常的冷静和淡漠状态,于是他把氯丙嗪推荐给了两名精神病医生,让·迪莱(Jean Delay)

和皮埃尔·丹尼克(Pierre Deniker)。他们很快发现这种疗法对治疗精神分裂症非常有效。氯丙嗪不仅使难对付的病人更容易控制,而且减少了包括幻觉、妄想和不切实际的想法在内的核心精神疾病症状。氯丙嗪也不同于其他镇静剂,因为在大剂量使用时它不会导致昏迷。迪莱和丹尼克在1952年发表了他们的发现,这导致1954年氯丙嗪在欧洲(在欧洲被称为Largactil[19])和美国上市。据估计,在10年内,有5000万病人使用了氯丙嗪。

1958年,比利时简森制药公司的创始人保罗·简森(Paul Janssen)开发了第二种抗精神病药物氟哌啶醇。简森相信,如果他能找到一种逆转安非他明中毒的药物,就找到了克服精神病行为的潜在物质。他偶然发现了一种丁苯酮化合物(不是酚噻嗪),它的作用和氯丙嗪相似,但效力却比氯丙嗪强大得多。简森的第一个病人是一个患有偏执型精神分裂症的16岁男孩,他在这名男孩身上试验了这种药物,据他的报道,药效是"惊人的"。病人每天服用药物不超过1毫克,后来他从建筑系毕业,结婚,育有两个孩子。此外,氟哌啶醇比氯丙嗪产生的副作用更小,这使氟哌啶醇更受欢迎,尤其是在欧洲。今天,它仍然是治疗精神分裂症的一线药物。

氯丙嗪和氟哌啶醇不仅给许多病人带来了新的生命,而且为神经科学家更好地了解疾病的生物学成因提供了机会。换句话说,如果可以解释这些药物的药理作用,那么它们就很可能为探寻精神分裂症的潜在神经机制提供重要线索。第一个重要的线索来自20世纪50年代早期由瑞士诺华制药公司从蛇根木中分离出来的利血平。就像氯丙嗪和氟哌啶醇一样,利血平可以使精神病患者平静下来,尽管产生的许多令人头疼的副作用严重限制了它的使用,这些副作用包括严重降低血压和产生像患有帕金森病患者一样的僵直。利血平似乎有一种简单的药理作用,在50年代末,人们发现它会消耗脑中的去甲肾上腺素、多巴胺和血清素。这其中对多巴胺的消耗似乎对其抗精神病的效果最为重要,主要是因为利血平能对抗安非他明(一种已知能引起神经末梢释放多巴胺,也能产生精神病症状的药物)。对氯丙嗪或氟哌啶醇的早期研究表明,这两种药物都不能降低脑中多巴胺的水平。一开始研究人员对这种奇怪的现象感到困惑,直到1963年阿尔韦德·卡尔森和玛吉特·林奎斯特(Margit Lindqvist)提出了一种新颖的解释。他们认为氯丙嗪和氟哌啶醇通过"阻断"多巴胺受体来对脑产生作用。换句话说，这两种药物并没有消耗多巴胺，而是减少了突触内的多巴胺活动。在1963年这种想法还无法得到实验的证实。不过在70年代早期，由于新发现使人们能够更详细地研究受体，卡尔森和林奎斯特被证明是正确的。这项工作还导致出现了精神分裂症的多巴胺能理论(至今仍是我们拥有的最好理论)以及2000年卡尔森[与埃里克·坎德尔(Eric Kandel)和保罗·格林加德(Paul Greengard)一起]获得诺贝尔奖。

第一款抗抑郁药

1954年氯丙嗪上市之后大约3年，第一款抗抑郁药面世了，这就是异丙肼(商品名马西利德)。和氯丙嗪一样，异丙肼的发现更多也是因为运气，而不是计划。抗抑郁药药理学可以说是从一种叫作联氨的物质开始的。在二战末期的德国，这种物质被用作V2火箭的推进剂。战后，大量的联氨被制药公司接手，他们想知道联氨的衍生物是否有临床用途。其中一种衍生物是异烟肼，由霍夫曼-拉·罗谢(Hoffinnan-La Roche)制药公司合成。异烟肼被证明是有效治疗结核病的药物。由于当时结核病是导致死亡的重要原因，异烟肼的合成是一个重要进展，这一进展导致了对其他衍生物的测试，其中一种就是异丙肼。虽然这种药也有抗结核的作用，但除此之外，它还显示出另一个明显的作用，即帮助许多肺部感染严重、身体消瘦的患者增加体重，并让他们感到更加乐观。据美联社1953年的报道，在纽约的一家医院里，异丙肼让结核病人跳起舞来，就好像是在聚会。许多美国精神病学家都注意到了这一情况，这其中包括内森·克莱恩(Nathan Kline)。克莱恩开始用异丙肼对各种患有精神疾病的患者进行临床试验。结果非常引人瞩目，有大约70%的患者表现出明显的情绪改善。因为异丙肼被用于治疗结核病，将其用于治疗抑郁症的营销也就很容易了，1957年，马西利德作为治疗抑郁症的药物面世。在一年内，美国就有超过40万人接受这种药物的治疗。

此外，与抗精神病药物不同的是，研究人员对异丙肼在脑中如何起作用

313

这一点有很好的了解。1952年，在芝加哥工作的生物化学家阿尔伯特·泽拉（Albert Zellar）发现异丙肼可以抑制单胺氧化酶（MAO）。单胺氧化酶是一种负责分解单胺类神经递质（去甲肾上腺素、血清素和多巴胺）的物质。因此，通过抑制 MAO，异丙肼增加了这些神经递质在它们受体上的水平，这似乎发挥了抗抑郁的作用。这是抗抑郁药物可能是通过改变脑中的"化学失衡"而起作用的第一个线索，而这种失衡也提供了疾病的潜在原因。换句话说，抑制 MAO 治疗抑郁症的成功意味着，当胺类神经递质水平异常低，或当它们在脑中的神经化学系统变得不活跃时，就会出现这种疾病。

马西利德并不是 20 世纪 50 年代唯一上市的抗抑郁药。罗纳-普朗克（Rhone-Poulenc）制药公司在开发有效的抗精神病药物方面的成功推动其他公司，包括瑞士的诺华公司，也开始合成抗组胺化合物。这其中的一个被简单地称为 G-22355，后来被叫作丙咪嗪。尽管在瑞士精神病学家罗兰·库恩（Roland Kuhn）的测试中，丙咪嗪是作为一种抗精神病药物（它与氯丙嗪非常相似）来开发的，但人们发现，比起治疗那些遭受幻觉和妄想的患者，它对治疗孤僻和抑郁的患者更有效。这个发现完全出乎意料，以至于在一开始医学界还不相信。然而许多其他研究都证明了丙咪嗪改善心境的效果，于是 1957 年瑞士推出了丙咪嗪，一年后，盐酸丙咪嗪作为一种抗抑郁药在全欧洲上市。从那时直到今天，丙咪嗪一直是最有效的抗抑郁药物之一。

丙咪嗪是一种与马西利德完全不同的药物，因为它的分子结构包含三个环，这类药物因此被称为三环抗抑郁药。此外，它的药理作用不同，因为它并没有抑制 MAO。不过人们发现，丙咪嗪可以增加脑中去甲肾上腺素和血清素。重要的问题在于这是如何实现的。1961 年，在贝塞斯达国家卫生研究所工作的朱尔斯·阿克塞尔罗德（Jules Axelrod）给出了答案。阿克塞尔罗德表明交感神经去甲肾上腺素神经元有一个专门的吸收泵，它会移除来自突触的过量神经递质。这一发现让阿克塞尔罗德在 1970 年获得了诺贝尔奖。阿克塞尔罗德还表明，丙咪嗪阻断了这个过程（后来还表明丙咪嗪也阻断了血清素和多巴胺吸收泵）。通过这种作用方式，丙咪嗪减缓了单胺在突触中的移除过程，从而增加了它们的浓度。这些发现也为抑郁症的单胺理论提供了支持，该理论认为，抑郁情绪是脑中去甲肾上腺素和血清素水平低造成的。即使在今天,这仍然是我们用来解释抑郁症成因的最好理论。

注释:

1.如今,人们对伯纳德印象最深的是他引入了作为生命基本要求的内 314
部环境(有时也称为内稳态)这一概念。"内部环境"基本上是指,当外界环
境不断变化时,生命得以维持就必须严格限制的身体环境。

2.来源于两种木本藤本植物(南美箭毒树和南美防己)。

3.屈内以前在巴黎做过伯纳德的学生,1871 年,他代替冯·赫尔姆霍茨
成为海德堡大学的教授。

4.事实将证明瓦尔比安在这方面是正确的,但要证明这一点还需要
50 年。

5.突触是谢灵顿在 1897 年命名的(见第 7 章)。

6.盖伦和威利斯相信这一神经节源于脑部,但在 1727 年弗朗索瓦-泊
尔弗尔·杜·佩迪特(Francois-Pourfour du Petit)表明这种看法是错的,这
一神经节源于颅骨的下面。

7.虽然这两个神经节与脊髓是分开的,但它们却通过来自脊髓神经的
一团白色神经束与脊髓相连。

8.爱德华·韦伯和恩斯特·韦伯并不是最早揭示神经系统抑制作用的
人。查尔斯·贝尔已经表明,相反的神经力量作用在眼部肌肉上,而沃克曼
在爱德华·韦伯和恩斯特·韦伯之前就已经揭示了迷走神经的抑制作用。
不过,的确是爱德华·韦伯和恩斯特·韦伯的工作最能引起人们的兴趣。

9.生物碱是一组主要含有氮原子的化合物。它们也自然存在于植物
中,其中许多自古以来就被用于娱乐或治疗。

10.除了交感神经和副交感神经成分,兰利还在自主神经系统中增加了
第三个系统,这就是肠神经系统。这个系统是胃肠道壁上固有的。由于它
在很大程度上独立于交感神经与副交感神经系统,它有时也被称为身体的
第二脑。

11.从 1928 年到 1942 年,戴尔是国家医学研究所的所长。

12. 令人不解的是，世界上大多数地方称之为 adrenaline（肾上腺素）的物质，美国人却称之为 epinephrine。更有甚者，noradrenaline（去甲肾上腺素）相应地就被称为 norepinephrine。一般读者只需要知道它们在结构上略有不同就够了。

13. 奇怪的是，洛伊从未提供过他的实验装置的示意图，而众所周知的是，在有些情况中，他在实验中只使用一颗心脏，将溶液用于这颗心脏的不同心室。也有报道说（虽然可能是假的），洛伊使用了一种装置，使位于不同腔室的两颗心脏通过连接管共用同一溶液。

14. 瓦伦斯坦（Valenstein）在他的书《汤和火花的战争》(*The War of the Soup and Sparks*)中也提到，有一次，洛伊被要求站在房间的一端，并向站在房间另一端负责心脏制备的演示者发出操作指令。这样做是为了消除来自洛伊的手指或指甲中的某些物质污染实验的可能性。

15. 1973 年，在洛伊百年诞辰之际，奥地利发行了特别邮票以纪念他。

16. 有关戴尔的一个非比寻常的故事说，1941 年希特勒的副手鲁道夫·赫斯（Rufolph Hess）诡异地从柏林飞到苏格兰，之后，戴尔受命对赫斯的几颗不明药片进行分析。戴尔分析的结果是，这些药片中含有阿托品，在当时，阿托品常用于治疗晕车。

17. 事实上，电突触确实存在，1957 年福斯潘（Furshpan）和波特（Potter）首次在小龙虾身上证明了这一点。此后，在脊椎动物中也发现了电突触。

18. 显然是"大型活动"的意思。

参考文献

Ackerknecht, E. H. (1974). The history of the discovery of the vegatative (autonomic) nervous system. *Medical History*, 18(1), 1-8.

Andersen, P. and Lundberg, A. (1997). Obituary: John C. Eccles (1903—1997). *Trends in Neurosciences*, 20(8), 324-325.

Bacq, Z. M. (1975) *Chemical Transmission of Nerve Impulses: A Historical Sketch*. New York: Pergamon Press.

Bennett, A. E. (1968). The history of the introduction of curare into medicine. *Anaesthesia and Analgesia*, 47(5), 484-492.

Bennett, M. R. (2000). The concept of transmitter receptors: 100 years on. *Neuropharmacology*, 39(4), 525-546.

Burke, R. E. (2006). John Eccles' pioneering role in understanding central synaptic transmission. *Progress in Neurobiology*, 78(3-5), 173-188.

Cannon, W. B. (1929). *Bodily Changes in Pain, Hunger, Fear and Rage*. New York: Appleton-Century-Crofts.

Cowan, W. M., Südhof, T. C. and Stevens, C. F. (2001). *Synapses*. Baltimore, MD: John Hopkins Press.

Dale, H. H. (1953). *Adventures in Physiology: A Selection of Scientific Papers*. London: Pergamon.

Dale, H. H. (1962). Otto Loewi 1873—1961. *Biographical Memoirs of Fellows of the Royal Society*, 8, 67-89.

Davenport, H. W. (1991). Early history of the concept of chemical transmission of the nerve impulse. *The Physiologist*, 34(4), 129-190.

Dupont, J.-C. (2006). Some historical difficulties of the cholinergic transmission. *Comptes Rendus Biologies*, 329(5-6), 426-436.

Eccles, J. C. (1961). The Ferrier lecture: The nature of central inhibition. *Proceedings of the Royal Society of London, Series B*, 153 (953), 445-476.

Eccles, J. C. (1965). The synapse. *Scientific American*, 212(1), 56-66.

Feldberg, W. (1969). Henry Hallett Dale 1875—1968. *British Journal of Pharmacology*, 35(1), 1-9.

Fick, G. R. (1987). Henry Dale's involvement in the verification and acceptance of the theory of neurochemical transmission: A lady in hiding. *The Journal of the History of Medicine and Allied Sciences*, 42(4), 467-485.

Fletcher, W. M. (1926). John Newport Langley in memoriam. *Journal*

315

of Physiology, 61(1), 1-15.

Gray, R. (1918). *Gray's Anatomy of the Human Body*. 20th ed. Philadelphia, PA: Lea & Febiger.

Langdon-Brown, W. (1939). W. H. Gaskell and the Cambridge Medical School. *Proceedings of the Royal Society of Medicine*, 33(1), 1-12.

Langley, J. N. (1903). Sketch of the progress of discovery in the eighteenth century as regards the autonomic nervous system. *Journal of Physiology*, 50(4), 225-258.

Leake, C. D. (1965). Historical aspects of the autonomic nervous system. *Anesthesiology*, 29(4), 623-624.

Lee, M. R. (2005). Curare: The South American arrow poison. *Journal of the Royal College of Physicians of Edinburgh*, 35(1), 83-92.

López-Munoz, F. and Alamon, C. (2009). Historical evolution of the neurotransmission concept. *Journal of Neural Transmission*, 116 (5), 515-533.

López-Munoz, F. and Alamon, C. (2009). Monoaminergic neurotransmission: The history of the discovery of antidepressants from 1950s until today. *Current Pharmaceutical Design*, 15(14), 1563-1568.

Maehle, A. -H. (2004). "Receptive substances": John Newport Langley (1852—1925) and his path to a receptor theory of drug action. *Medical History*, 48(2), 153-174.

Maehle, A. -H. (2009). A binding question: The evolution of the receptor concept. *Endeavour*, 33(4), 134-139.

Morgan, C. T. (1965). *Physiological Psychology*. New York: McGraw-Hill.

Nozdrachev, A. D. (2002). John Newport Langley and his construction of the autonomic (vegetative) nervous system. *Journal of Evolutionary Biochemistry and Physiology*, 38(5), 537-546.

Parascandola, J. (1980). Origins of the receptor theory. *Trends in*

Pharmacological Sciences, 1(1), 189-192.

Parnham, M. J. and Bruinvels, J. (eds.) (1983). *Discoveries in Pharmacology*, *vol. 1: Psycho and Neuropharmacology*. Amsterdam: Elsevier.

Prüll, C.-R., Maehle, A.-H. and Halliwell, R. F. (2009). *A Short History of the Drug Receptor Concept*. Basingstoke: Palgrave Macmillan.

Rubin, R. P. (2007). A brief history of great discoveries in pharmacology: In celebration of the centennial anniversary of the founding of the American Society of Pharmacology and Experimental Therapeutics. *Pharmacological Reviews*, 59(4), 289-359.

Sheehan, D. (1936). Discovery of the autonomic nervous system. *Archives of Neurology and Psychiatry*, 35(5), 1081-1115.

Simmons, J. G. (2002). *Doctors and Discoveries: Lives that Created Today's Medicine*. Boston, MA: Houghton Mifflin.

Skandalakis, L. J., Gray, S. W. and Skandalakis, J. E. (1986). The history and surgical anatomy of the vagus nerve. *Surgery*, 162(1), 75-85.

Snyder, S. H. (1986). *Drugs and the Brain*. New York: Scientific American library.

Tansey, E. M. (2003). Henry Dale, histamine and anaphylaxis: Reflections on the role of chance in the history of allergy. *Studies in History and Philosophy of Biological and Biomedical Sciences*, 34(4), 455-472.

Tansey. E. M. (2006). Henry Dale and the discovery of acetylcholine. *Comptes Rendus Biologies*, 329(5-6), 419-425.

Todman, D. (2008). John Eccles (1903—1997) and the experiment that proved chemical synaptic transmission in the central nervous system. *Journal of Clinical Neuroscience*, 15(9), 972-977.

Valenstein, E. S. (2002). The discovery of chemical neurotransmitters. *Brain and Cognition*, 49(1), 73-95.

Valenstein, E. S. (2005). *The War of the Soup and Sparks: The discovery*

316

of Neurotransmitters and the Dispute over How Nerves Communicate. New York：Columbia University Press.

Weatherall，M. (1990). *In Search of a Cure*. Oxford：Oxford University Press.

Willis，W. D. (2006). John Eccles' studies of spinal cord presynaptic inhibition. *Progress is Neurobiology*，78(3-5)，189-214.

Zigmond，M. J. (1999). Otto Loewi and the demonstration of chemical neurotransmission. *Brain Research Bulletin*，50(5-6)，347-348.

13　神经外科学与临床故事

当一位神志清醒的病人向我重现当时的情形时,我简直不敢相317
信。例如,一位母亲告诉我,当我的电极触碰到她的皮层时,她突然
有了这样一种意识:她正在厨房里,听到她的小男孩在外面院子里玩
耍的声音。

怀尔德·彭菲尔德

归根结底,现代社会歧视右脑半球。

罗杰·斯佩里

概　述

虽然颅外科手术或环钻术的历史可以追溯到史前时代,但对脑的
外科干预却是一个相对较新的现象。这种做法最早出现在 19 世纪后
期,当时的一系列进展使脑外科手术的安全性和可行性都更高了。其
中的一项进展是 1846 年麻醉药的发明,另一项是 1867 年英国外科医生
约瑟夫·李斯特(Joseph Lister)用石炭酸控制感染风险。不过神经外
科学要发展,一个不太明显的先决条件是需要更好地理解脑的行为功
能。尽管 19 世纪中期的外科医生很容易发现病人的脑中有肿瘤或嵌

有弹片,但要知道这些损伤的具体位置却不容易,所以无法进行手术。保罗·布罗卡和大卫·费里尔等研究者的工作克服了这个问题,他们开始识别大脑皮层中负责像语言和运动这些功能的局部脑区。随着这些脑区的确立,外科医生越来越有信心在手术前读取患者的行为信号,从而找出损伤位置。1879 年,威廉·麦克文(William Macewen)在格拉斯哥皇家医院进行了第一次脑外科手术,成功切除了大脑皮层表面的肿瘤。很快,里克曼·戈德里(Richard Godlee)和维克多·霍斯利(Victor Horsley)又在伦敦做了更著名的手术。在这以后,神经外科学以惊人的速度发展,到了 20 世纪早期,它已经牢固确立起了作为医学专业分支的地位。这不仅是各种病人的福音,而且在某些情况下它还让外科医生对人脑的运作获得了非凡的新见解。怀尔德·彭菲尔德(Wilder Penfield)就是这样的一名研究者,1934 年,彭菲尔德创立了蒙特利尔神经学研究所对癫痫患者进行外科治疗。通过在术前刺激清醒、有意识患者的脑,他发现,运动皮层和躯体感觉皮层就像地图一样表征了身体。另一项对理解脑功能有意义的手术进展是切断胼胝体。在罗杰·斯佩里(Roger Sperry)的研究中,对胼胝体受损患者的测试表明,左右大脑半球具有不同的精神和情绪特征。尽管取得了许多成功,但也有失败,最著名的是亨利·莫莱森(Henry Molaison, HM)的案例。在 1953 年,为了缓解莫莱森的癫痫,医生切除了他内侧颞叶功能正常的部分。手术导致了他有严重的顺行性健忘,虽然这引起了心理学家和神经科学家的极大兴趣,但对神经外科学却提出了有益的警告:警惕错误,不可掉以轻心。

从脑损伤中恢复:弗朗索瓦·魁奈

外科手术是人类最古老的职业之一,它的起源可以追溯到史前时代,那

318

时人类第一次开始制造和使用石器(见第 1 章)。随着技术革新,外科手术技术变得越来越复杂。然而,我们今天的现代外科手术的基础更多是随着 18 世纪的发展而奠定的,它也见证了由工业革命的兴起而造就的技术进步。这也是被称为启蒙的时代,在这个时代,理性思维帮助外科手术从常常是危险的"艺术"转变为一门能够治疗许多疾病的科学学科。以截肢为例,在切除肢体又不造成死亡这一点上,18 世纪的外科医生常常取得惊人的成功。尽管没有有效的麻醉药或抗菌剂,外科医生通常还是可以非常娴熟地通过结扎控制出血,清创来避免发炎,并使用缝合线来愈合组织,而在此之后,人类还要 100 年才能理解细菌在疾病与感染中所扮演的角色。

　　然而,即使是 18 世纪,也很少有外科医生打算做脑部外科手术,因为相对简单的钻孔开颅手术也是有巨大风险的。原因很简单:在当时拥挤不堪又不干净的医院里,感染致死的概率太大,有些地方的死亡率甚至高达90％。这意味着绝大多数的头部损伤都只能任其发展。然而,法国外科医生弗朗索瓦·魁奈(Francois Quesnay)是少数持不同观点的医生之一。1694 年,魁奈出生在凡尔赛附近一个富裕的农民家庭,但他没有接受过正规教育,只是跟着他家的园艺工人学会了读写。尽管如此,魁奈还是设法自学了复杂的希腊语和拉丁语。到 16 岁的时候,魁奈掌握了足够的医学知识,做了学徒,学习外科手术。这个经历让他在 1712 年去了巴黎,在那里,魁奈赢得了一个在圣科姆学院学医的机会。由于他的外科造诣,1749 年,魁奈从乡村医生一跃成为路易十五的私人医生。这段时间魁奈真的是如鱼得水,1852 年,他成功让法国的皇太子没有因为天花丧命,为此获得了一大笔钱和一个贵族头衔。[1]

　　也就是在这一时期,法国卷入了几场欧洲战争,魁奈因此治疗了许多从战场上归来的伤兵。基于治疗经历,他写了几篇著名的文章,其中一篇名为《论脑伤》(*Remarks on Wounds of the Brain*),发表于 1743 年,文章描述了骨头碎片、子弹和剑伤造成的脑损伤的影响。与当时人们的普遍观点相反,魁奈意识到许多脑损伤并不是致命的,而当损伤出现在额叶时尤其如此。例如,魁奈描述了一位陆军准将,一颗火枪子弹击中了他的眉毛上方,子弹深入脑有"两指长",但是他却没有出现任何病态症状。同样,另一名铅弹穿

319

透额区的士兵活了许多年,没有任何明显的精神或行为缺陷。相反,小脑的损伤却总是致命的,而胼胝体的损伤对个体的心智状况总会造成毁灭性的影响。

魁奈还用他在狗身上的实验发现来支持这些观察,其中包括用钉子穿过狗脑,这种操作显然没有对狗造成严重的长期损伤。通过这项工作和其他许多观察,魁奈意识到脑对疼痛不敏感,脑的伤口愈合得"几乎和其他内脏的伤口一样快"。魁奈因此开始相信,脑外科手术在某些情况下是可行的,其中包括切除脑组织以寻找脓肿或其他异物,特别是在引起疼痛和瘫痪的情况下。他还认为,脑瘤可以在不造成严重或长期损害的情况下被切除,如果这意味着挽救一个人的生命,就值得尝试。不过魁奈也有所保留,那就是他认为,患者应该在家里,而不是在医院里进行脑外科手术,因为医院里的空气可能"有害健康"。遗憾的是,只有魁奈这样认为,而医学界几乎没有人同意他的观点,在英国他还因为猜测式的外科手术方式受到批评。魁奈后来投身经济学而放弃了医学,这也意味着他的想法很快就被遗忘,之后的神经外科医生几乎不知道他的想法。对神经外科手术的强烈反对一直要持续到 19 世纪末。

现代神经外科的开端

第一次现代脑手术是在何时进行的仍有争议,但许多人认为,这个手术是由格拉斯哥皇家医院的首席外科医生威廉·麦克文(William Macewen)在 1879 年做的(见图 13.1)。在这样一个时间和地点进行这个手术是有其道理的,其中之一是 19 世纪 40 年代麻醉的发明降低了疼痛造成的影响,使在身体上进行新的大胆的外科手术成为可能。另一个则是由于也在格拉斯哥医院工作的外科医生约瑟夫·李斯特(Joseph Lister)的开创性工作,李斯特在 60 年代开发了用石炭酸来消毒手术器械和清创的方法。这大大降低了感染的风险,增加了患者的生存机会。事实上,麦克文是最早追随李斯特的外科医生之一,他穿着消过毒的长袍,在手术前向手术室喷洒石炭酸。不过,脑手术在 19 世纪下半叶越来越可行还有另一个原因。像大卫·费里尔这样的实验研究者的工作支持了皮层定位这一观点,根据这一观点,诸如语言、感觉和运动这些功能都由独立的区域负责。现在有了这些部位的"地图",外科医生可以通过仔细检查病人的行为,更加准确地确定肿瘤、脓肿或损伤在脑中的位置。反过来,如果他们冒险做了手术,可能就是有信心找到脑部病变的位置。

320

图 13.1　威廉·麦克文(1848—1924),苏格兰皇家医院的外科医生,他在1879 年实施了第一次现代脑手术。

来源:伦敦威尔克姆图书馆。

早在 1876 年,麦克文在诊断一个小男孩的疑似脓肿时就第一次考虑做脑外科手术,但是没有得到孩子医生的许可。这个男孩不幸死了,尸检发现他脑中有一个麦克文预先就诊断了的脓肿。3 年后,麦克文进行了第一次脑手术,切除了一个名叫芭芭拉·威尔森(Barbara Wilson)的 14 岁女孩身上的肿瘤。这个女孩的右臂和脸部抽搐,麦克文正确地推断出这是运动皮层附近的左侧额叶病变导致的。为了证实这一点,麦克文在怀疑的部位上方钻孔,在这一过程中,他发现了硬脑膜[2]上的肿瘤。肿瘤的中心有半英寸厚,并且已经扩散到了周围的大部分组织。麦克文成功切除了肿瘤,使病人完全恢复了健康,在自然死亡前,这个女孩又活了 8 年。不知为什么,麦克文并没有立即发表这次手术的结果。尽管如此,手术的成功促使麦克文进行了其他几项手术,包括移除血块、脓肿和碎骨。当麦克文最终在 1888 年发表手术结果时,他已经为 21 个患者进行了脑外科手术,其中有 18 人完全恢复,3 人死亡。

大约在同一时间,伦敦也开始了类似的手术。1881 年 8 月在伦敦举行的第七届国际医学大会推动了这一发展,在一些作者看来,这届大会是奠定现代神经外科学的最重要的事件。[3] 在这次大会上,大卫·费里尔和弗里德里希·戈尔茨就皮层定位的可能性进行了一次著名的公开辩论,一个独立委员会毫不含糊地支持费里尔的立场(见第 9 章)。许多就皮层定位对神经外科学的潜在用途感兴趣的英国医生也目睹了这一事件的进展,其中包括里克曼·戈德里(Rickman Godlee)和维克多·霍斯利(Victor Horsley)。费里尔对皮层定位的演示使许多人相信,很快就可以绘制出一幅可靠的大脑皮层地图。它不仅能帮助外科医生了解行为症状,还能定位脑损伤。此外,费里尔所使用的外科麻醉和消毒技术使猴子在做了大脑皮层侵入性手术之后还长期存活。这是一个令人鼓舞的迹象,它预示着,如今对人类来说脑外科手术后的完全康复是可能的。

伦敦的第一例脑外科手术是在 1884 年 11 月进行的,当时大学学院医院的外科医生里克曼·戈德里应内科医生亚历山大·休斯·贝内特(Alexander Hughes Bennett)的请求为他的一个病人做手术。这个病人是一个患有癫痫的 25 岁农民,他的左侧身体逐渐瘫痪,手臂失去了力量。贝内特基于自己对皮层定位的理解,怀疑这名患者脑中右侧运动皮层有肿瘤。戈德里同意进行手术,约翰·休林斯·杰克逊和大卫·费里尔也参与了这次手术。戈德里用石炭酸给手术器械消毒,并对患者进行了氯仿麻醉。通过解剖学标志在头皮上画线,戈德里计算出运动皮层的位置,接着他用木槌和凿子开了三个环钻孔并取出骨头。虽然在脑的表面没有发现肿瘤,但一个试探性的皮层切口却揭示出在组织深处有一个神经胶质瘤。通过用烧灼法阻止该区域的血液流动,这个胶质瘤被毫不费力地切除了。患者在术后活了下来,一开始情况还不错,但一个月以后,他死于脑部伤口感染。

贝内特·戈德里的手术在医学界和公众中引起了轰动，《泰晤士报》发表了一篇有关这次手术的头版文章，宣称这是首例脑外科手术（其实不是）。这次手术还使人们开始关注动物实验对于医学的巨大价值。在 19 世纪晚期，由于动物保护组织所拥有的政治影响力，活体解剖很不得人心，这使得动物实验成为极具争议的问题。1824 年，世界上第一个动物保护组织——防止虐待动物协会（RSPCA）——在英国成立，在 1840 年由于维多利亚女王的赞助而成为英国皇家防止虐待动物协会。在贝内特-戈德里事件之后，《泰晤士报》刊登了 60 多封关于这个问题的信件，促进了这方面的公众辩论。医学文献也报道了这例手术，劝说其他外科医生进行类似的手术。然而，贝内特和戈德里显然不知道，他们的手术并不是第一次，因为麦克文在几年前就已经做了切除脑表面脑膜瘤的手术。尽管贝内特很有点瞧不起麦克文，指责按照他的方法"不可能得到精确的定位"，而且"发现那个肿瘤完全是侥幸"，但他还是不得不承认这位苏格兰人占了先。

第一个正式的神经外科医生

在将神经外科学确立为医学专业这一点上，维克多·亚历山大·哈登·霍斯利是贡献最大的人（见图 13.2）。1857 年，霍斯利出生于一个与王室有关系的贵族家庭（维多利亚女王是他的教母），他的父亲是伦敦艺术家约翰·考科特（John Callcot），据说圣诞贺卡就是他发明的。尽管出身在门第之家，但霍斯利支持许多激进的社会主义事业，包括妇女投票权、国民保险和免费医疗。终其一生，霍斯利都强烈反对饮酒和吸烟。遵照父亲的建议，霍斯利学习了医学，由于精湛的外科技术，他获得过一枚金牌。1881 年，霍斯利从伦敦大学学院毕业，两年后，成为皇家外科医师协会会员（FRCS）[4]，之后，他去了布朗研究所（Brown Institute）做实验研究。霍斯利在这里取得的成就涉及面很广，主要关注的领域是功能定位，但他也证明，切除甲状腺会引起黏液性水肿（皮肤肿胀），他还成功实施了首个实验性垂体切除术（切除脑下垂体）。考虑到这一时期，霍斯利还在大学学院医院任职助理外科医生，取得这些成就就更令人惊讶了。由于他的外科技术，1886

322

年霍斯利被任命为伦敦国立神经和精神疾病医院的外科医生。[5] 这家机构成
立于 1860 年,是世界上最早致力治疗神经系统疾病的机构。由于戈德里和
贝内特在脑外科手术上的成功,这家医院决定延聘一名专职的脑外科医生,
29 岁的大学学院教授维克多·霍斯利符合它们的要求。

图 13.2　维克多·霍斯利爵士(1857—1916)是伦敦国立神经和精神疾病医
院的第一位神经外科医生。他在这里进行了许多开创性的手术,包括第一例从脊
髓中成功切除肿瘤的手术。

来源:伦敦威尔克姆图书馆。

　　霍斯利的第一例手术是在 1886 年 5 月进行的,手术对象是一名患有持
续性癫痫的年轻人,这种疾病会危及生命,特点是癫痫反复持续发作。在这
名患者还小的时候,在爱丁堡曾被出租马车碾过,车祸导致了他颅骨骨折,
右侧瘫痪。尽管外科医生从他的脑中取出了骨头碎片,治愈了伤口,但他在
十几岁的时候就出现了癫痫症状。这些症状越来越严重,以至于在被送进
国立医院时,每天都会有几次大的发作。由于状况越来越糟,手术势在必
行。手术一开始,霍斯利先移除头骨,打开硬脑膜,暴露出下面的脑。很快,
他就发现了一道大约有 2 英寸长、1 英寸宽的深红色损伤,霍斯利切除了这

个损伤。手术成功地让这个年轻人从痉挛和瘫痪中解脱了出来。霍斯利趁热打铁,为另外两名病人进行了手术。1886年8月,他带着这三个人去布莱顿参加英国医学协会的年会。这届年会明确地将脑外科手术确立为治疗严重癫痫的一种合法形式,医学界的态度由此发生了显著转变。在位于女王广场的国立神经和精神疾病医院的第一年结束时,霍斯利已经进行了11例颅内手术,只有1例死亡。

一年后,霍斯利做了一例外科手术,当时英语世界最著名的医生威廉·奥斯勒爵士(Sir William Osler)称这是"整个外科手术史上最出色的手术"。霍斯利的病人是一个名叫吉尔贝(Gilbey)的45岁军官,1884年,他在一次马车事故中受伤,他的妻子在这次事故中丧生。一开始,受伤没让吉尔贝觉得有什么大问题,不过在接下来的两年里,他的双腿开始麻痹和痉挛。这些症状表明吉尔贝患有脊柱肿瘤——在19世纪,这实际上就是宣判了死亡,因为从来没有人成功地切除过肿瘤。更糟糕的是,在1887年进行手术的时候,霍斯利发现肿瘤并不在预期区域,这种情况意味着他要切除几节位置更高的椎板才能暴露出肿瘤。尽管如此,霍斯利还是成功切除了肿瘤。据报道,在一年以后,这名病人每天工作16个小时,很多时间都是站着和走路。

这是霍斯利辉煌外科手术生涯的开始。到1900年,他已经做了44次手术,其中包括治疗癫痫和脊柱肿瘤,还包括首次切除脑垂体肿瘤,以及找到减轻脑肿胀和失血的新方法。接下来,在1908年,霍斯利帮助生理学家罗伯特·H.克拉克(Robert H. Clarke)发明了立体定位仪,它可以让研究人员瞄准脑内部无法直接看到的任何区域。这是一个简单而灵巧的装置:首先在颅骨上确立一个标记,然后以此标记作为定位外科手术器械(例如活检器械、造成脑损的器械或者植入电极施加刺激的器械)的起点,利用取自解剖图谱的三维坐标,立体定位仪可以准确进入脑部。虽然这一装置最初只是用来损伤猴子小脑的实验设备,但克拉克认识到发展其用于临床的可能性。因此,他在1912年提交了一份人用立体定位仪的专利申请。

霍斯利并不怎么看好这个想法,但克拉克的乐观态度最终证明是有道理的,20世纪40年代,经过30多年的发展,立体定位仪首次用于人体手术。

这彻底改变了脑外科手术,使手术能够针对脑的深部,包括丘脑和纹状体等区域进行,而这些区域以前是无法触及的。现在任何脑结构(理论上)都可以进行手术。立体定位技术还被证明是实验研究人员的一个利器,他们可以用它来评估损伤或电刺激/记录对各种实验动物的影响(见图13.3)。遗憾的是,霍斯利没有看到这些进展。他在第一次世界大战爆发时志愿入伍,1916年由于中暑在伊拉克死在军官任上。直到最后一刻,霍斯利都是一个异乎寻常的人,他的死与他拒绝戴帽子不无关系。

324

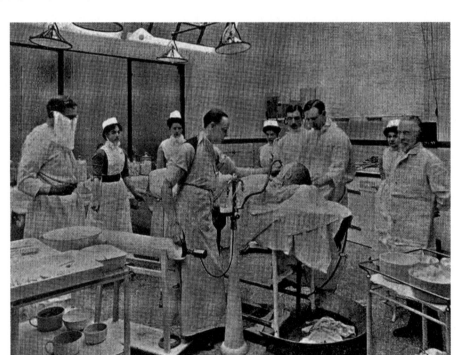

图13.3 国立神经与精神疾病医院的手术室,伦敦女王广场,1906年。

来源:伦敦威尔克姆图书馆。

从癫痫中学习:怀尔德·彭菲尔德

神经外科不仅在20世纪早期的发展中开创了许多新的疗法,而且还为探索人脑的奥秘提供了一种强有力的新手段。怀尔德·格雷夫斯·彭菲尔德医生就利用了这种可能性。尽管生于美国,但在 1956 年,彭菲尔德被人们视为在世的最伟大的加拿大人。[6]彭菲尔德一生最引人注目的成就是创立了享誉国际的专门研究癫痫外科治疗的蒙特利尔神经学研究所。正是在对癫痫提供外科治疗的过程中,彭菲尔德发明了一种非凡的程序:在为患者手术之前,他用电流刺激和探索意识完全清醒的患者的脑部。如果外科医生要避免切除脑中可能导致行为障碍的区域,且这些行为障碍可能比癫痫本身更严重,那么这种程序就是必需的。只需要对头皮进行局部麻醉,这种初步的探索就可以使外科医生能够更自信地移除组织。彭菲尔德还对生理的脑如何产生心理意识很感兴趣,他用他的技术来识别大脑皮层中与各种心理和行为功能有关的区域。彭菲尔德坚信,对脑的了解最终会让人类更好地了解自己。关于癫痫,他有一个著名的说法,将癫痫称为"他的伟大老师"。

彭菲尔德出生在一个医学世家,祖上几代都是医生。小时候彭菲尔德的生活很不顺利,8 岁那年,他父亲行医失败,父母因此离异。尽管生活中出现了巨大的变故,但据说彭菲尔德在整个求学生涯中都"志向坚定",并最终进入普林斯顿大学学习英国文学。在普林斯顿大学,彭菲尔德沉溺于体育运动(他擅长足球和摔跤),但一直以来都想要赢得塞西尔·罗德奖学金,这可以让他进入牛津大学。1913 年获得学位后,彭菲尔德(经过一次失败的尝试)在一年后获得了奖学金,他决定学医。对彭菲尔德来说,在牛津求学是一次鼓舞人心的经历,尤其是在跟随查尔斯·谢灵顿学习之后,他深深迷上了探索脑的奥秘。彭菲尔德在牛津大学学习了两年,又在美国服役了一段时间,1918 年,在约翰霍普金斯大学完成了他的医学学位。第二年,他搬到了波士顿,在那里他在脑外科医生哈维·库欣(Harvey Cushing)手下当学徒。在回到伦敦国立医院完成最后一年罗德奖学金的过程中,彭菲尔德痴迷于癫痫这种疾病。由于想更深入地了解这种疾病,他拒绝了一份在美国做全职外科医生报酬丰厚的工作,而宁愿接受许多短期的、报酬较低但却可以将手术和研究结合起来的工作。

1928 年,37 岁的彭菲尔德最终决定在蒙特利尔维多利亚皇家医院做一名外科医生,并在附近的麦吉尔大学担任学术职位。他的研究也使他对脑损伤后瘢痕组织的形成，以及这如何引发癫痫发作产生了兴趣。彭菲尔德意识到，要想完全了解并成功治疗癫痫，需要多种类型的专家，因此他也开始考虑是否有可能建立这样一个机构，让医生、神经外科专家和病理学家一起工作。然而，在接受蒙特利尔的工作后不久，彭菲尔德就了解到德国的奥特弗里德·福斯特(Otfrid Foerster)已经开始从病人的脑中移除疤痕组织。彭菲尔德很想了解福斯特新的手术方法，于是他带着刚刚组成的家去德国待了 6 个月。返回蒙特利尔后，彭菲尔德的新技能很快就得到检验，因为他的姐姐露丝脑的右额叶长了肿瘤。不幸的是，彭菲尔德发现这个肿瘤是恶性的，而且向他无法触及的脑部扩散。露丝三年后去世了。在洛克菲勒基金会(Rockefeller Foundation)和魁北克政府的大力资助下，彭菲尔德的这一经历激励他在 1934 年成立了蒙特利尔神经学研究所(Montreal Neurological Institute)。

刺激人脑

326   在试图对脑进行外科手术来治疗癫痫的尝试中，彭菲尔德面临的问题之一不是识别引起癫痫发作的疤痕组织，而是用一种不会对患者造成任何行为和心智障碍的方式切除疤痕组织。令人惊讶的是，脑的不少区域在行为上并不重要，即使切除了也不会造成任何明显的缺陷。然而，也有例外，这些例外在损伤发生在负责运动和语言的区域时最为常见。在这类情况下，切除组织可能导致瘫痪和语言障碍。如何检测并避免损伤这些区域呢？为了做到这一点，彭菲尔德和同事赫伯特·贾斯珀(Herbert Jasper)发明了一种技术，在为患者手术前，他们用微弱的电流刺激完全清醒的患者暴露的脑。这样做的目的很简单：如果刺激产生了突然的肢体运动，或导致病人大叫，那就显示了运动区域或语言区域，外科医生在手术时就要避免这些区域。虽然这个过程也许看起来很可怕，但相对是安全的，也不会引起不适，因为脑并没有疼痛感受器。这项操作也很容易实施，只需要对头皮进行局部麻醉，打开部分颅骨就可以了。一旦脑暴露出来，外科医生就会站在坐着的病人身后，让患者在他们用电极刺激皮层表面时报告自己的体验。每当电流引起反应时,彭菲尔德就会把编了号的标签放在皮层上记录下引起反应的位置,但在大多数情况下,患者没有反应,但间或会诱发出诸如四肢有麻刺感、突然动作、发出声音或言语生硬中断等情况。这些都是彭菲尔德后来实际进行脑手术时要避免的部位。

众所周知的蒙特利尔手术是医学治疗癫痫的一大进步,切除疤痕组织已成为世界各地的医院标准和安全的操作。之所以取得这样的效果,是因为彭菲尔德的成就着实令人印象深刻,他的手术在大约45%的患者身上取得了完美或近乎完美的成功;在20%的患者身上取得了好的结果;剩下的35%的病例则没有明显好转。仅彭菲尔德所做的手术就已经建立了一个庞大的患者样本库,彭菲尔德做了超过2000例手术,死亡率不到1%。如今,在引入这一手术80年之后,其成功率仍旧和彭菲尔德的差不多。例如,英国最近一项研究针对615名接受手术治疗癫痫的成年人,调查手术的长期效果,[7] 结果发现,63%的患者在两年中没有癫痫发作,52%的患者是五年,47%的患者在十年。

然而,蒙特利尔手术还有另一个好处:它提供了有关人脑运作的有趣信息。这项工作的第一份报告发表于1937年,当时彭菲尔德和埃德温·博尔德雷(Edwin Boldrey)分析了他们最初的163次手术的结果。他们的刺激主要针对将额叶和顶叶分开的深沟,即中央沟,这一区域包括运动皮层的部分,这些部分最初是由弗里施和希齐戈于1874年在狗身上发现的。彭菲尔德和博尔德雷证实了人类存在运动皮层,他们表明,运动皮层位于一条称为"中央前回"的组织中,它就位于中央沟之前。对这一区域的刺激不仅会产生各种非随意运动,而且这一区域是用类似地图的方式组织起来的,对人体以一种"颠倒"的方式进行表征。例如,刺激中央前回的最上半部分会造成足部的运动。当刺激电极向下移动,腿部、腹部、躯干、手和头部也跟着运动。

很明显,身体的某些部位比其他部位表征得更充分,而尤以针对面部和手部的范围最大。为了帮助人们领会,彭菲尔德和博尔德雷画了一个侏儒,或者叫"小矮人",以漫画的形式描绘出每个区域的相对范围。另一个同样被检查的区域是躯体感觉皮层。这个区域位于顶叶,在中央沟的另一侧,它接收从身体的皮肤和肌肉而来的触觉和本体感受反馈。研究发现,这一区域也以身体地图的方式组织起来,就好像运动皮层的身体地图一样(见图 13.4)。

327

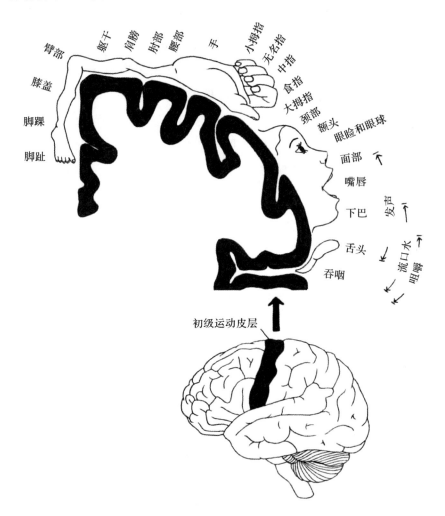

图 13.4　描绘人类运动皮层的小矮人,它最初是由彭菲尔德和博尔德雷在 20世纪 30 年代绘制出来的。

来源:夏洛特·卡斯韦尔重新绘制的。

328　　　彭菲尔德的另一个关注点是脑的语言中心的确切位置。通过让患者大声朗读,然后观察对脑施加刺激是否会导致言语中断,彭菲尔德发现了语言中心的位置。就像之前许多人已经做过的那样,彭菲尔德证实,言语的产生和理解主要位于大脑左半球。除了布洛卡和韦尼克语言区,彭菲尔德还确认了第三个与言语相关的区域,称为辅助运动皮层,它位于紧邻着运动皮层的前部。这表明语言在解剖学上比以前想象中要复杂得多。彭菲尔德还意识到,与总是位于中央前回的运动区不同,没有两个病人的语言区有精确的对应关系。事实上,具有语言功能的脑区广泛分布在大脑皮层中,这就使在手术前对它们进行仔细描绘变得更加重要。在 20 世纪 50 年代,彭菲尔德也开始对儿童进行手术治疗——他的第一个病人是一个 4 岁的孩子,他的脑中部有一个恶性肿瘤。通过这项工作,彭菲尔德发现,即使是在脑受到大面积损伤之后,儿童语言能力的完全恢复也常常是有可能的。他还注意到儿童学习语言比成年人更容易,而这种能力在大约 10 岁时开始衰退。在他的手术发现之外,彭菲尔德还利用这一发现增加了在加拿大的学校展开第二语言早教的教育利益。

探索意识流

在 20 世纪 50 年代,彭菲尔德将注意力转向了为这样一类病人做手术,这些病人的癫痫被认为源于颞叶。1876 年,英国神经学家约翰·休林斯·杰克逊首次描述了这种癫痫,它与剧烈的全身抽搐型癫痫非常不同,在后一种癫痫中,人们的身体会变得僵硬,在剧烈的摇晃中倒地。然而,源于颞叶的癫痫通常会使患者产生一种"梦幻状态"(或者失神),这种状态伴随着一种对已经发生的事情的"回忆"感——一种被称为"似曾相识"的感受。除此之外,还可能会出现其他一些症状,比如嘴里有奇怪的味道,感到特殊的气味,或者明显感到迫近的恐惧。这种癫痫还会典型地引发自动或无意识的身体动作,比如嘴部类似咀嚼的动作,这些动作还可能发展成更复杂的行为样式,比如玩衬衫上的纽扣。在某些情况下,它们甚至会导致患者从眼前的地方神游到另一个地方。值得注意的是,杰克逊是根据大卫·费里尔的工作将这种形式的癫痫定位在颞叶中的,费里尔的研究表明,对猴脑最前部区域施加电刺激很容易造成嘴部的自动运动,这与人类癫痫发作时的表现相似。

虽然失神癫痫与颞叶有关，但在大多数病例中却没有脑损伤的迹象，所以并不需要外科手术。彭菲尔德因此很少把注意力放在检查颞叶上。尽管如此，在 1931 年，当彭菲尔德通过刺激左叶颞叶来检查一名患有局灶性癫痫的妇女时，这名女子突然惊呼，声称看到自己在重演生孩子的一幕，而她生过一个女孩是多年前发生的事。彭菲尔德一开始并没有考虑这个反应，似乎认为这是一个偶然事件。又过了五年，彭菲尔德在一次对颞叶施加刺激的过程中遇到了类似的反应。这次的反应发生在一个 14 岁的女孩身上，329 在颞叶刺激的过程中，这个女孩报告说，她感觉到自己走过一片草地，一个拿着蛇的男子跟着她。这不仅是一段被她母亲证实的记忆，而且体验到这样的景象有时会成为她女儿癫痫即将发作的一个预兆。这对彭菲尔德来说很重要，因为它表明记忆的解剖位置就靠近脑中产生癫痫的部位。换句话说，这是一个潜在的适合切除的地方。不过，彭菲尔德还意识到，他的发现对于理解脑中记忆的存储以及人类意识本身的本质有进一步的意义。

到 20 世纪 60 年代早期，彭菲尔德已经观察了 500 多名接受颞叶刺激的患者。虽然心理反应并不常见，只出现在大约 17% 的情况中，但彭菲尔德成功地区分出了两种类型的反应。第一种反应类似于癫痫发作前的预兆。彭菲尔德称这些反应为解释性的，因为它们本质上是病人对自己当前处境所做解释的一种变化（或错觉）。第二种反应是对过去的生动记忆。彭菲尔德称这些反应是经验性的，因为这个人似乎以某种方式重新经历了过去的事件。例如，一位病人报告说："哦，这是一段熟悉的记忆——在一间办公室的某处。我可以看到桌子。我在那儿，有人叫我——有个人靠在桌子上，手里拿着一支铅笔。"在另一个病例中，一名男子报告他自己站在"街角"，当被问及他在哪里时，他回答说在雅各布街和华盛顿街的"街角"。虽然患者完全清楚这些记忆是由彭菲尔德的刺激操作引起的，但这种经验却是被栩栩如生地感知到的。当一个病人听到管弦乐，以为手术室正在播放唱片时，就会发生这种情况。彭菲尔德还注意到，这些情节遵循实时的事件序列，它们随着时间向前推进，直到电刺激结束。

这些都是值得注意的观察结果，彭菲尔德从中得出了几个结论。例如，他相信，他的刺激激活了真实的记忆，而这些记忆总是以惊人的细节保存着。另一种观点认为,这些记忆以他所说的"意识流"的形式流动,就好像在心灵中放电影,感官图像和思想投射"在一个人意识的屏幕上"。由于很多被唤起的记忆似乎是任意或随机的,彭菲尔德还提出没有什么东西被永远忘记了,长期记忆包含了对每一次经历的记录。彭菲尔德最初假设这些记忆储存在颞叶中,但后来改变了想法,认为它们位于脑的其他地方。尽管如此,他还是认为颞叶是提供了人类记忆和意识的重要机制。正如他在 1960 年所说的:

> 在颞叶的解释区隐藏着理解这样一种机制的关键,记忆按照通过机制打开,并且为了对当下做出自动解释,这种机制似乎还会扫描记忆,似乎也服务于我们对现在的经验与过去类似经验的有意识比较。

今天,许多认知心理学家不同意彭菲尔德对他的研究结果的解释。他们指出,他所引发的许多回忆明显是幻觉。而另一些人则指出,不可能以精确的细节记录每一段记忆。事实上,大多数研究人员会认为,人类的记忆是一种重建,而不是永久的记录。尽管如此,彭菲尔德的研究仍然是神经科学史上最有趣的研究之一。

彭菲尔德的晚年

1960 年,彭菲尔德 70 岁退休时,开始了他的第二职业——写历史小说和医学传记。到那个时候,作为一名开拓性的外科医生、勇敢的研究者和改变了癫痫医学治疗的蒙特利尔神经学研究所的创始人,彭菲尔德已经蜚声国际(见图 13.5)。他因此获得了无数荣誉,包括 1953 年的英国功绩勋章(British Order of Merit,它只授予 24 位在世的人)和 1967 年的加拿大勋章。更有趣的是,退休让彭菲尔德能够自由地思考他关于脑的哲学观点。例如,在他 80 多岁时写的《心灵的奥秘》(*The Mystery of the Mind*)等书中,他就讨论了哲学。在这些书中,读者仍旧会读到一些令人吃惊的东西。彭菲尔德相信,脑的秘密仍然是整个科学领域中未被探索过的最重要的谜。他承

330

认,在年轻时,曾受到一种信念的激励,即脑的神经过程有一天会解释心灵。然而,到了晚年,他改变了自己的看法。事实上,他指出,电刺激绝不会让一个人有意识地愿意做某事或者相信什么,而且彭菲尔德怀疑电刺激永远也做不到这一点。或者,正如他形象的说法:"有一个总机接线员,也有一个总机。"因此,对彭菲尔德来说,还有第二种本质上属于精神性的力量在控制着脑的机械运作。这导致彭菲尔德假设脑和心智是完全不同的东西——这是一种二元论的观点,笛卡儿为其做过最著名的辩护,而彭菲尔德的导师查尔斯·谢灵顿也持这一观点,然而,今天的绝大多数神经科学家都不再支持这一立场了。彭菲尔德在 1976 年 85 岁时去世,去世前三周他刚刚完成了他的自传《结伴而行》(*No Man Alone*),在这本书中,彭菲尔德强调了团队工作在改进外科手术中的重要性和相信人类最终能够理解脑的奥秘。

331

图 13.5 怀尔德·彭菲尔德(1891—1976)。1934 年彭菲尔德创立蒙特利尔神经学研究所,是癫痫外科治疗的先驱。

来源:麦吉尔大学彭菲尔德神经学研究所档案。

瓦达技术

二战结束后,年轻的日本医生胡安·瓦达(Juan Wada)受命治疗一名脑部受枪伤的病人。枪伤导致了危及生命的持续癫痫,其特征是反复或持续的癫痫活动。在阻止痉挛无望的情况下,瓦达将一种短效麻醉剂阿米妥钠注射到向伤者受伤的左侧脑供血的颈动脉。让瓦达欣慰的是,这一操作终止了癫痫发作,尽管它也导致了5~10分钟突然而短暂的失语。麻醉的失语效果不会让瓦达感到惊讶,因为人们早就知道脑的语言中枢更可能位于左脑而不是右脑。尽管如此,瓦达很快意识到,他的新技术的潜在用途——不仅可以用于检查语言的定位,还可以帮助外科医生评估在当时广泛用于治疗抑郁症的电休克疗法可能留下的后遗症。因此,瓦达在另外15名患者身上重复了这一过程,以评估其有效性和安全性。在发表了他的结果之后,瓦达受邀前往蒙特利尔神经学研究所展示他的技术,在蒙特利尔神经学研究所,这项技术被认为是在手术治疗癫痫以前,评估语言和认知功能定位的一种重要新方法。

然而,瓦达测验(the Wada test)很快就被用来回答关于脑功能的其他问题。特别是,研究人员认识到,它可以评估左右利手与语言的偏侧化之间联系的程度。自从19世纪中期布洛卡的工作以来,人们已经知道语言的大脑定位在右撇子或左撇子的人中往往是不同的(见第9章)。换句话说,在某些情况下,人们占优势的语言功能在右脑,而不是左脑,这也与左撇子有关。瓦达测验为检验这种关系提供了有效的手段。也就是说,通过有选择地麻醉两个大脑半球中的任何一个,外科医生就可以确定语言的主导侧,然后确定它是否与患者的利手习惯有关。彭菲尔德的继任者、蒙特利尔神经学研究所的西奥多·拉斯穆森(Theodor Rasmussen)和心理学家布伦达·米尔纳(Brenda Milner)对这一问题展开了研究。1966年,通过对200多个被试进行测试,他们报告了研究结果。研究证实,语言的大脑优势在右利手和左利手之间往往是不同的。例如,瓦达测验显示,92%的右利手和70%的左利手都显示出大脑左半球的语言偏侧化。在左撇子中,有15%的人都有强烈的右半球偏侧化，还有 15％的人则具有混合优势。因为 90％的人都是右撇子，一个简单的计算表明，人口中超过 90％的人都是大脑左半球主导语言，还有少数人（即大约 10％）在言语相关的功能上则显示出大脑右半球的偏侧性。

手术刀下的精神疾病

332   现代神经外科自出现以后，已经取得了巨大的成功，外科手术可以切除脑和脊髓的肿瘤、脓肿以及疤痕组织。不过也有人感兴趣的是将类似的技术应用于精神性疾病，在这类疾病中出问题的是一个人的精神状况。事实上，由于瑞士医生戈特里布·布克哈特（Gottlieb Burckhardt）的努力，这种手术在 19 世纪晚期就已经出现了，布克哈特是一家收容精神疾患的精神病院的主任，这家医院位于纳沙泰尔湖（Lake Neuchâtel）的东北角。尽管布克哈特知道神经外科在英国的发展非常迅速，但他也受到德国同胞弗雷德里克·戈尔茨（Friederick Goltz）的影响，戈尔茨已经表明，切除皮层的狗除了变得更平静、更不容易激动以外，几乎没有什么行为上的变化。布克哈特意识到类似的镇静效果可能对他的病人有益，在 1888 年他对 6 名自然恢复"无望"的精神失常病人进行了皮层切除手术。在打开颅骨以后，布克哈特用刀切下了布罗卡区和颞叶语言区的组织，这样做是为了减少幻听对病人的影响。结果好坏参半，按照布克哈特的报告，有三个病人取得了部分成功，一个没有改善，而另外两个病人的手术失败了（其中一个死于抽搐，而另一个自杀了）。虽然布克哈特认为这些结果值得进一步研究，但他的观点并没有获得医学同僚们的支持，他们强烈地批评他的手术。

      差不多又过了 50 年，才有人开始采用类似的手术来治疗精神疾病——这次是针对额叶。大脑额叶占了皮质层的 40％，正是这一区域在 19 世纪引发了脑功能的定位理论，而在了解到菲尼亚斯·盖奇的案例[大卫·费里尔在 1878 年的讲座中首次描述了这一案例（见第 9 章）]以后，许多研究人员对额叶的兴趣更加浓厚。在一次爆炸中，由于头部被一根铁棍穿过，盖奇失去了相当一部分额叶，虽然从那次受伤中幸存下来，并没有表现出明显的行为障碍，但在随后的几年里，盖奇变得越来越孩子气和轻浮。根据这个案例，再加上他自己对动物的研究，费里尔得出了这样的结论：额叶损伤会导致智力和注意力缺陷。然而，也不乏与此矛盾的证据。著名的美国外科医生莫斯·斯塔尔（Moss Starr）在 19 世纪 80—90 年代对许多额叶受损的患者进行了检查，发现只有一半的患者"精神不稳定"。在某些情况下，似乎根本就没有任何精神异常。事实上，卡尔·拉什利已经证明，猴子额叶皮层的损伤对解决问题的能力（例如，按下杠杆从盒子里逃脱）只有暂时的影响，任何的缺陷都可以通过训练很快克服。

　　正是在这样的背景下，来自耶鲁大学的两位美国人，卡莱尔·雅各布森（Carlyle Jacobsen）和约翰·富尔顿（John Fulton），开始研究额叶损伤对黑猩猩解决问题能力的影响。事实证明，这比最初预想的要困难，因为他们研究的一只名叫"贝基"的猴子实在非常好斗，反复无常，以至于他们认为贝基根本无法训练。尽管如此，他们还是尝试通过两个阶段的手术切除了它的额叶。尽管第一个手术几乎没有产生什么行为影响，但当雅各布森切除余下的大脑皮层时，发生了显著的变化：猴子变得驯服和容易控制，对测试很顺从。1935 年，雅各布森在伦敦的国际神经学大会上报告了这些发现。听众中有一个人是葡萄牙外科医生埃加斯·莫尼兹（Egas Moniz），[8] 他意识到类似的手术也可以用来治疗情绪紊乱的患者。由于痛风导致手部变形，莫尼兹无法亲自进行手术，于是他说服同事阿尔梅德·利马（Almeider Lima）做这种手术。不久后，也就是在听了雅各布森报告不到 3 个月，里斯本医院首次对一位患有严重抑郁症和妄想症的女性患者进行了额叶切除术。在不到 30 分钟的时间里，利马在患者的头骨上钻了两个洞，并将酒精溶液注射到额叶的白质，破坏了脑叶和脑其他部分的纤维连接。手术非常成功，并没有副作用，据说病人的焦虑和妄想程度也明显降低。莫尼兹甚至将其描述为"临床上的治愈"。

　　莫尼兹很快改进了手术技术，设计了一种名为"脑白质切断器"的专用刀，带有可移动和可伸缩的钢丝环。在颅骨的太阳穴位置钻孔后，脑白质切断器被插入脑部，打开环，然后扭动来切出组织的核心。使用这种方法，就无须酒精溶液来破坏纤维。在进行了首次脑白质切除手术的 4 个月内，莫尼兹就向医学界展示了他的结果,数据来自 20 名患有各种疾病的患者,包括精神分裂症、强迫症和抑郁症。他报告说,精神外科手术(psychosurgery,这是他创造的一个词语)已经使 7 名患者完全康复,在其他 7 名患者中取得了良好的效果,而其余患者的状况则没有什么改善。所有患者在术后均活了下来,也没有严重缺陷。一年后,莫尼兹针对另外 18 名病人给出了类似的报告。这一结果令许多精神病学家感到震惊。照这种状况,那些曾经被认为无法治愈的精神病患者现在就可以过上正常的生活。不出所料,世界各地的许多外科医生开始采用这种手术。这也使得莫尼兹由于发现了脑白质切断术对某些精神疾病的治疗价值而在 1949 年成为第一位获得诺贝尔奖的葡萄牙人(见图 13.6)。

334

333

图 13.6 1935 年,埃加斯·莫尼兹(1874—1953)在外科医生阿尔梅德·利马的帮助下进行了第一例现代额叶白质切断手术,并于 1949 年获得诺贝尔奖。1974 年,葡萄牙发行了一套邮票纪念他的诞辰。

来源:Shutterstock Images。

冰锥外科手术

精神外科最具影响力的实践者是美国医生沃尔特·弗里曼（Walter Freeman）和詹姆斯·瓦茨（James Watts），1936年，他们实施了他们的第一例神经外科手术，手术切除了一位患有躁郁症女性的额叶皮层。在成功的鼓舞下，弗里曼和瓦茨对更多的病人进行了手术，并通过在颅骨的一侧钻孔简化了技术，通过这一简化，他们可以将一把薄刀插入脑部，切断连接额叶皮层和下部脑区的纤维束。1948年，弗里曼更进一步，发明了一种叫作经眶脑叶切断术（the transorbital lobotomy）的新技术，这项技术要用到一种类似冰锥的锋利工具，将这一工具置于上眼睑下方，然后用木槌将其打进颅骨底部。在定位以后，利用这一工具来切断额叶皮质和丘脑之间的连接，这样做据信可以抑制情绪反应。这种手术有很多优点，因为它的速度快（有时只需要10分钟），而且只需要局部麻醉，这也可以在没有手术设施的精神病院进行。甚至有报道称，弗里曼在自己的医生办公室里进行手术。由于热衷于这种新型手术，弗里曼甚至开着被叫作"额叶切断车"（lobotomobile）的厢式货车去了美国各地的很多家医院。[9] 在20世纪40年代和50年代，这种手术在美国变得很普遍，据估计，大约有5万名患者接受了这种手术。在这些手术中，仅仅由弗里曼一人在他退休以前负责的病例就超过3000例，这些病例中包括19名儿童，其中一名只有4岁。

与神经外科是被一致接受的医学分支不同，使用精神外科手术治疗精神疾病一直是有争议的，争议既有伦理方面的缘故（尤其是因为它是在缺乏任何神经病理学的情况下实施的），也有所谓的成功率方面的缘故。事实上，在20世纪50年代和60年代，激烈的批评和公开辩论促使一些管理机构出现，它们要评估心理手术的可行性和有效性，并着眼于鼓励更严格的立法。不过经常见诸报道的是精神外科的好处。例如，在英格兰和威尔士的一项调查显示，从1942年到1954年，有1万多名患者接受过某种形式的精神外科手术，其中超过三分之二的患者病情有所好转。然而，其他研究也清楚表明，这些手术通常会造成术后不会立即表现出来的各种精神和行为损伤。虽然患者往往可以过某种独立生活，但也表现出冷漠，缺乏主动性，行为上不顾及社会约束。随着心理测试变得越来越精细，许多接受额叶切除术的患者在遵守指令、解决问题和制订计划上都面临困难。幸运的是，到 20 世纪 50 年代末，随着有效的药物治疗的出现，对精神外科手术的需求显著下降。因此，到了 70 年代，许多国家，包括美国的几个州，都禁止了精神外科手术，不过英国并没有禁止，在英国，这种手术是合法的，但很少见（可能每年有一到两例）。对一些人来说，精神外科手术不过是一种野蛮的做法，它只是把一个疯子变成一个白痴，对脑造成了不必要的伤害。

裂脑术

大约与弗里曼和瓦茨进行第一次前脑叶白质切除术的同时期，一种新的手术技术正在被考虑用于缓解癫痫。这就是切断胼胝体，或称为连合部切开术（commissurotomy），这种手术的目的是停止癫痫活动在脑中的扩散。胼胝体是两个皮层半球之间非常显眼的白色拱形结构，人类很早就知道它。第一次识别胼胝体的人是盖伦，他将其称为"硬皮"（callous），因为它就像坚硬的或增厚的皮肤。维萨里在 1543 年也提到了胼胝体，认为胼胝体除了支撑其上的脑组织和维持脑室形状之外，没有什么作用。到了 17 世纪，托马斯·威利斯认为胼胝体是让大脑精气从一个半球运动到另一个半球的通路，这样胼胝体就与心智功能联系了起来。1712 年，意大利的乔瓦尼·马利·兰希斯（Giovanni Maria Lancisi）甚至把胼胝体看作"灵魂的所在地，是想象、思考和判断的地方"。然而，直到 18 世纪后期，人们才认识到胼胝体的真正功能，当时像乔瓦尼·莫尔加尼（Giovanni Morgagni）和费利克斯·维克·德埃热（Felix Vicq d´Azyr）这样的解剖学家意识到，胼胝体是一束神经纤维（即连合部），它连接大脑两个半球的灰质区。如今，我们已经知道胼胝体包含着 3 亿根"白色"有髓鞘的神经纤维，大脑两个半球可以因此而相互沟通。

20 世纪 30 年代中期，美国神经外科医生沃尔特·丹迪（Walter Dandy）在约翰霍普金斯大学针对人类胼胝体进行了第一次损伤手术。丹迪是神经外科的伟大先驱之一,他将几项重要技术引入外科实践,并因此闻名。这些技术包括 1918 年向脑室中注入空气(空气脑室造影术),这项技术让外科医生能够用 X 光精确定位脑中肿瘤的位置以及 1937 年第一次剪断颅内动脉瘤,对许多人来说,这标志着脑血管手术的诞生。[10]据说丹迪是一名快速而灵巧的外科医生,在巅峰时期,他每年进行超过 1000 次手术。在一次手术中,为了进入位于中脑的第三脑室肿瘤,丹迪切断了部分胼胝体。通过分离胼胝体,他可以通过分离大脑的两个半球深入到脑的内部。这次手术是一场严峻的考验,手术对患者的行为没有任何损害,这让丹迪感到惊讶。事实上,所有这一类患者看起来都很正常。在当时围绕着胼胝体仍然有相当多的谜团。尽管如此,丹迪还是自信地宣称:"胼胝体的分裂不会产生任何症状",并且认为,"这个简单的操作立刻就否定了对胼胝体功能的言过其实的说法"。

鉴于这些临床上的发展,1930 年代末在纽约罗切斯特工作的威廉·范·瓦格宁(William Van Wagenen)开始研究那些其他传统疗法对他们都已经无效的癫痫患者,切断胼胝体有什么影响。范·瓦格宁设想手术可以减少癫痫从一个大脑半球向另一个大脑半球的扩散(这一设想得到了动物实验的支持),他对 10 名患者实施了连合部切开术。根据 1940 年针对手术结果的报道,7 名患者的全面性癫痫或者不再发作,或者发作减少。最令人鼓舞的是,手术似乎没有造成明显的行为缺陷。这也让范·瓦格宁在接下来的几年里为更多的患者做了这一手术并取得了同样的成功。奇怪的是没有其他外科医生做这个手术。为什么会这样还不清楚,不过关键性的因素可能在于,手术会带来的好处有些不可预测,而且越来越多的人认识到,许多全身性癫痫的发作源于脑干或丘脑,而它们绕过了胼胝体。

不过范·瓦格宁已经掌握了可观的胼胝体损伤患者的资料,他决定寻求心理学家安德鲁·阿克莱提斯(Andrew Akelaitis)的帮助以便更仔细地评估手术的行为后果。阿克莱提斯在 1940 年到 1945 年间对病人进行了广泛的神经和心理测试,但并没有发现什么行为损伤的证据。这些患者没有感觉和运动异常,在言语和语言理解方面也没有问题。在所有智力测试中,他们也表现正常。倒是有一个不寻常的结果,但只在两个患者那里出现过,这个结果就是左手和右手之间出现冲突。例如,一个病人报告说他试图用

336

右手开门,而用左手关门。然而,在这两个病例中,这种"反对"效应都被证明是暂时的。考虑到胼胝体面积巨大,以及已知的它在连接两个大脑半球方面的作用,这些发现很令人吃惊。1951年卡尔·拉什利评论说,胼胝体唯一已知的功能就是阻止两个大脑半球下垂,这样说也许并不全是玩笑。

向单个半球提供信息:罗杰·斯佩里

20世纪50年代,罗杰·斯佩里把他的注意力转向了有关胼胝体的问题。斯佩里是康涅狄格州哈特福德人,毕业于俄亥俄州欧柏林学院,主修英语,并获得心理学硕士学位。1941年,他搬到芝加哥,在动物学家保罗·韦斯(Paul Weiss)的指导下攻读博士学位,在那里,斯佩里获得了更广泛的赞誉。不过这时他研究的不是胼胝体,而是神经系统的生长,这也是他在哈佛大学和佛罗里达耶基斯实验室做博士后时主攻的课题。在胚胎发育过程中,神经细胞是如何生长到它们正确的目的地这个问题吸引了许多研究者,拉蒙-卡哈尔在19世纪也研究过这个问题。到20世纪40年代,人们普遍认为,神经系统的连接受到学习经验的强烈影响,导致形成新的连接和通路。一开始,斯佩里通过互换老鼠的屈肌和伸肌来研究这个问题,但后来转而研究两栖动物,因为他发现蝾螈的视神经在被切断以后会从眼睛向后再生到脑(或者更具体地说是顶盖),而且视觉神经通路的生长再次让视力完全恢复。[11]在一组广受好评的实验中,斯佩里把两栖动物和鱼类的视神经切断,然后把眼睛旋转180度。尽管这些动物恢复了视力,但它们看到的世界却是"上下颠倒"和"左右相反"的。更重要的是,当斯佩里追踪再生的视神经时,他发现从眼睛到顶盖的原始模式却一直保持着。换句话说,视网膜神经节细胞与视神经顶盖形成了与它们在更早期的发育中出现的完全相同的解剖连接,即使轴突在其发育中面临障碍,或者离其他突触更近的情况下也是如此。这有力地证明了这样一种观点,即脑的神经回路是固定的(hard-wired),学习在决定神经发育方面没有任何作用。这也促使斯佩里提出了化学亲和理论,按照这种理论,神经细胞被标记上一种特定的化学物质,它引导轴突到达正确的、预定的目的地,就像顶盖的情况一样。

337

　　斯佩里在芝加哥待了7年,在芝加哥他因为解剖一只猴子感染了肺结核。1954年,他被任命为帕萨迪纳加州理工学院的心理生物学教授。在博士生罗纳德·迈尔斯(Ronald Myers)的协助下,斯佩里对胼胝体产生了更大的兴趣。虽然这并不是一次全新的探索,因为在与卡尔·拉什利合作后,斯佩里已经了解了胼胝体的奥秘,但对胼胝体的功能展开了更为精细的研究。斯佩里以猫为实验对象,他想要建立一种方法,通过这种方法,可以将视觉信息单独呈现给每一个半球。然而,这并不像最初看起来那么简单,因为猫的每个大脑半球(和人一样)都从两只眼睛接收信息。因此,为了解决这个问题,斯佩里必须损伤视交叉(视神经通向脑的另一侧的交汇之处)和胼胝体。只有这样做,他才能让每个半球接收来自同侧眼睛的视觉输入。接着,斯佩里训练一只戴着眼罩的猫完成一项视觉辨别任务,当猫看到某种刺激物时,它必须按下杠杆来获得食物奖励。这些操作让斯佩里能够训练猫的一个脑半球。当把眼罩罩在猫的另一只眼睛上时,猫就无法完成这项任务,这表明训练是成功的。有趣的是,最初的结果显示,每个大脑半球的学习能力都是完全相同的,在颅骨中可能并排存在着两个独立的脑。

　　与此同时,在加州理工学院附近一家医院工作的神经外科医生菲利普·沃格尔(Philip Vogel)和约瑟夫·伯根(Joseph Bogen)开始重新审视切断胼胝体以防止癫痫发作的好处。他们还开始对患者进行全连合部切断术,即切断患者所有的胼胝体纤维。由于沃格尔和伯根熟悉斯佩里在猫身上的实验,所以咨询斯佩里是否有兴趣评估和测试他们的被试,斯佩里把这项任务交给了一个名叫迈克尔·加扎尼加(Michael Gazzaniga)的年轻研究生。但是如何来测试每个半球的功能呢?斯佩里知道这些患者仍然保留完整的视交叉。因此,视觉信息即使只呈现给一只眼睛,它们也会进入脑的两侧。换句话说,尽管切断胼胝体,两个大脑半球也都知道发生了什么。幸运的是,斯佩里想出了一个巧妙的解决办法。他设计了一个程序,要求患者盯着屏幕中间的一个固定点,接着对眼睛的左右视野进行短暂的视觉刺激(0.1秒或更短)。这种暴露时长足以让被试开始处理刺激,但还不足以让他们将目光转向刺激。由于视神经在解剖学上的组织方式,这意味着呈现在眼睛左侧视野的刺激只会通达右脑,反之亦然。此外,斯佩里还设计了第二项任务：实验者蒙上患者的眼睛并要求他们识别手中的物品。在人类这里，与视觉系统不同，传递触觉的通路完全通向另一侧的脑。因此，斯佩里就有了第二种选择性地向单一大脑半球提供信息的方法。

脑的两种不同人格

338　　斯佩里通过创新的实验程序对裂脑患者的研究带来了生物心理学史上一些迷人和惊人的发现。简而言之，斯佩里证明了左右脑半球具有不同的功能、专门的能力，甚至是不同的人格。因此，当它们相互"分离"时，这两个皮层就像独立和分离的"脑"一样活动。1962年，在加扎尼加的协助下，斯佩里测试了第一个患者——一名二战伞兵，他在被枪托击中头部后开始癫痫发作。由于多年来癫痫越来越严重，1961年他做了连接部切断术。测试很快证实了两个脑半球之间的差异，尤其是左脑在语言方面的优势。例如，当斯佩里和加扎尼加把"勺子"或"钥匙"这样的单词呈现给左脑时，他能够阅读、说出并理解它的意思。然而，当将单词呈现给右半球时，右半球却无法识别，患者报告说，他看到的只是一道闪光，有时甚至什么也没有看到。左半球还有书写的能力，通过控制右手，它可以潦草地写下简单问题的答案，[12]而左手却做不到这一点。

不过，他的右半脑有它的独特能力。例如，当左手只能通过触摸在一盘东西中寻找图片上呈现给右半脑的物品（比如勺子）时，可以毫无困难地找到了正确的物品。甚至当他没有觉知到呈现在面前的任何视觉输入时，这种情况也会发生。右脑显然有一种独立的觉知，这种觉知与被分开的"左脑"是分离的。

在接下来的大约十年里，斯佩里和加扎尼加又测试了几个裂脑患者。毫无例外，左脑都显示出在语言方面的主导地位。此外，左脑在解决需要分析的问题上比右脑更有优势，因为左脑更具理性和逻辑性。然而，右脑并不是完全与语言无关，因为有些患者可以理解某些单词，甚至可以阅读简单的句子。在涉及空间思维和解决谜题时，右脑也更加擅长。在识别面孔和图片方面，它的表现也总是比左脑优异。此外，右脑（通过左手的表现可以证明）在绘画、迷宫学习、完成拼图和解决几何难题方面表现更加优秀。

有趣的是,大脑的两个半球也表现出不同的个性,而右半球要更情绪化。当把一张裸体照片呈现给被试的右脑时,就会看到这种状况。裸体照片通常会让被试脸红和咯咯发笑,尽管他们无法解释为什么如此。在某些情况下,这甚至导致一个人以一种矛盾的方式行事,这让一些研究者得出结论,两个脑半球有不同类型的意识。例如,在一项任务中,一个裂脑患者被要求用他的左脑将一组积木排列成特定模式,结果该患者的左手(右脑)固执地要来进行这项任务,以至于加扎尼加不得不努力让被试用右手执行任务来阻止他用左手解决问题。当裂脑患者试图左手拿书来读的时候,有时也会出现类似的状况。尽管这些患者可能觉得书很有趣,但他们会把书放下,这可能是因为他们的右脑不擅长阅读,搞不清楚把书拿在手里有什么意义。加扎尼加甚至描述了这样一个患者,他用右手脱裤子,却又用左手穿裤子! 研究者长久以来都对胼胝体的功能感到困惑,现在对它了解得更加清楚了:它将脑的两个不同的、专门化的半球连接起来,使它们发挥一个整体的功能。这在患者保罗·S.的例子中可以看得最为明显,保罗·S.和被斯佩里测试的所有其他裂脑病人不同,他的两个半球都有语言能力。当被问及更喜欢什么工作时,保罗·S.的左脑半球说他想成为绘图员,而他的右脑半球回答说他想成为赛车手。研究者在水门事件丑闻时也对保罗·S.做了检测,结果他的左脑半球喜欢尼克松,而右脑半球却讨厌他。

339

瞬间就忘记的人:HM 的案例

20 世纪神经外科的发展是在医学上的成功,让全世界各地的许多人受益。然而,也有失败的情况,在非常罕见的案例中,从业者的马虎大意会犯下错误,其中最著名的是亨利·古斯塔夫·莫莱森的案例,他在世时一直都是匿名,人们只知道他叫 HM。HM 是一个性情温和的美国人,为了缓解日益严重的癫痫,1953 年,也就是他 27 岁那年夏天的一个早晨,接受了一次外科手术,这让他成为心理学史上被研究和写到最多的病人。人们完全不会料到,在其一生中,他的名字(或者更确切地说,他名字的缩写)会被近 1.2

万篇期刊文章提及。HM 也完全无法理解他对科学知识的独特贡献,因为他生活中的事几乎是刚一发生,他就忘记了。就像 HM 在一次与布伦达·米尔纳(Brenda Milner)的交谈中曾经承认的那样:"现在我在想,我做错或说错了什么吗?你看,在这一刻,一切看起来都很清楚,但是刚才发生了什么呢?这就是困扰我的东西。就像从梦中醒来,我只是不记得了。"虽然 HM 不能工作,也无法照顾自己,但他还是愿意定期参加麻省理工学院的行为实验,结果获得了空前大量有关他失忆的信息。1957 年,HM 的异乎寻常的故事开始为世人所知,它有助于形成认知神经心理学这门学科(科学的一个分支,它关心的是脑如何调节心理过程),并激起了对学习和记忆的生物学基础的新的研究热潮。

在人们眼中,HM 是一个普通的孩子,在康涅狄格州哈特福德的一个工人阶级生活的地区长大(罗杰·斯佩里也出生在这里),他喜欢和朋友们玩耍,喜欢在当地的水库里游泳。然而这个快乐的世界在 HM 9 岁那年结束了,他在一次自行车事故中被撞倒,事故导致他昏迷了几分钟,脸部和头部的伤口被缝了 17 针。几乎可以肯定,就是这次事故引发了 HM 在 10 岁时的癫痫发作,随着年龄的增长,HM 的癫痫变得越来越严重。在 20 岁出头的时候,HM 每周会有大约 10 次昏厥(这是颞叶癫痫的征兆),并可能发展成全身性癫痫。尽管药物治疗已经接近了使人中毒的程度,他想要成为一个电工的理想还是泡汤了。癫痫发作使他身体非常虚弱,没有办法,HM 只能放弃了在一家汽车厂做装配工的工作。酗酒的父亲也没有给他任何的帮助和关爱,反倒是对家里有一个"精神病患者"感到恐惧。1953 年,当地一位医生把 HM 转到一家神经专科医院,著名的神经外科医生威廉·斯科维尔(William Scoville)就在这家医院。斯科维尔是脑白质切除术的专家,1948 年,他发明了眶下切断精神外科手术(orbital undercutting psychosurgical procedure),手术要在眼睛上方的头骨上钻洞,将额叶提起。这样一来,就可以观察到与额叶之下的脑的其他部分相连的神经纤维并将其切断。尽管斯科维尔名声很大,但他并不符合医生的典型形象。据说他野心勃勃,喜欢冒险,因为开着红色美洲豹超速行驶,搞出刺激肾上腺素的危险恶作剧,比如晚上爬乔治·华盛顿大桥,他在警察那里都挂了名。[13] 不幸的是,这些不计后

340

果的性格特征也在斯科维尔为 HM 做手术的过程中暴露无遗。

斯科维尔建议双侧切除内侧颞叶以限制癫痫发作。他的父母同意了，手术在 1953 年 8 月进行。手术中 HM 只接受了头皮上的局部麻醉，这意味着他在整个手术过程中是完全清醒的。为了到达内侧颞叶，斯科维尔从前额下刀，提起皮肤，露出头盖骨。然后他用手钻在骨头上钻了两个洞。透过小孔，斯科维尔用一个压舌板（spatula）向上推额叶，进入了内侧颞区。[14]这样就可以用刀切掉组织，然后用吸管一样的抽吸泵将其取出。事实上，斯科维尔从颞叶两侧取出了一团差不多网球大小的组织，包括海马体的大部分、杏仁核和内嗅皮层。尽管斯科维尔声称他之前切除过这些区域，但这是第一次进行双侧手术。在手术过程中，斯科维尔还决定在 HM 的大脑中放置金属夹子，以防止血管出血。这样一来，就可以在日后用 X 光来评估损伤的边界。斯科维尔不知道这一操作会导致在以后的许多年里无法用高分辨率核磁共振扫描仪扫描 HM，因为电磁波可能会引起夹子移动，导致受伤或死亡。[15]

作为一种限制 HM 癫痫发作的干预措施，斯科维尔的手术是成功的。不幸的是，这种改善付出了可怕的代价，因为 HM 的记忆力明显出现了严重的问题。在手术后最先出现的证据是他立即就忘记了几分钟前还和医生与朋友说过话。糟糕的是，状况并没有得到任何改善。HM 再也没有能力来形成永久记忆了，这种障碍被称为顺行性健忘症（anterograde amnesia），以各种各样的方式对 HM 的生活造成极其不利的后果。例如，HM 不能再认识任何新的人，包括他已经见过很多次的苏珊娜·科尔金（Suzanne Corkin）等研究人员。日常生活中的事，刚一发生，他就忘了，忘了他去过哪里，忘了一切过去的事实或信息。即使是像现任总统的名字或他的年龄这样简单的问题，HM 也没有能力回答，尽管他会试着猜测。有一段时间，HM 受雇做过一项简单的工作，他的任务是把打火机放在展示卡上。尽管这项重复性的任务持续了几个星期，但 HM 还是记不住他每天的工作，或第二天要做什么。

虽然手术也导致了有关 HM 手术前几年的逆行性健忘症，但幸运的是，手术没有毁掉他更早生活的记忆。结果 HM 还记得他的童年和青少年时期。他记得他的父亲是洛杉矶人，母亲是爱尔兰人，以及二战的事情。手术没有影响他的智力，因为按照韦氏成人智力量表，HM 的智商是 118 分，高于平均水平。此外，手术并没有明显损害他的短期记忆。这让 HM 能够把事情"记在"脑子里，也就是说，他能进行谈话，读报纸，看电视，做填字游戏。事实上，他的智商在手术后的几年里略有提高，这可能是由于他喜欢智力游戏。然而，一旦 HM 分心，他就不再知道自己刚才注意的是什么。HM 意识到自己的状况，对自己的失忆感到抱歉，所以他很敏感，听到别人的恭维会觉得尴尬。这让见到他的人都很喜欢他。布兰达·米尔纳（Brenda Milner）是定期拜访他的一位心理学家，据米尔纳说，有一次她的一位同事说他们觉得 HM 非常有趣，这话被 HM 听到，他脸红了，转过身去咕哝着说他觉得他不值得这样的赞扬。

在术后的几年里，HM 所表现出的记忆缺陷要比最初认为的复杂得多，事实证明他在某些类型的任务上表现出了学习能力。例如，HM 在连续几天的镜像绘图任务中提高了自己的表现，镜像绘图需要利用来自反射源的视觉引导绘制一个复杂的形状。HM 还学会用手指在图形迷宫中找到出路，而且当给出帮助触发回忆的线索时，他显示出对图片的识别能力有所提高。在更实际的层面上，HM 还学会了在扭伤脚踝时使用助行架。然而，所有这些学习都是下意识的，因为 HM 并不记得之前经历过这些任务或使用过这些东西。实际上，对这种状况的更好理解是，HM 有完整的程序性记忆（即一种可以让他不假思索地行事的记忆），但没有陈述性记忆（即可以将过去事件"唤回"到意识中的记忆）。HM 的健忘症也让研究者把注意力集中在内侧颞叶，特别是海马体对记忆过程的参与。HM 能够记住他早年生活中的事情，这一事实表明海马体并不是存储记忆的地方。然而，他在术后失去了学习能力，这明显表明海马体与新经验的储存或"巩固"有关。如今，海马体是关于记忆的生物学研究的中心，而在 HM 做手术的那个时期，人们普遍认为海马体是与嗅觉有关的脑结构。

HM 是一个穿着整洁、口齿流利、喜欢开玩笑的人。他为人和蔼，举止温和，富有魅力。然而，他却被迫生活在过去，生活在一个不会前进的世界，在这个世界中，杜鲁门一直是总统，他父母，尤其是母亲的死讯，会不断地让

342

他感到悲伤(HM 由他的母亲照顾,一直到 1980 年 54 岁的时候,他才被安置在护理院里)。他搞不清自己的年龄和当前的日期,也无法估时超过 20秒,这或许也是因祸得福,因为这可能会让 HM 的日子过得更快。不过他对事实信息的健忘症并不像通常报道的那样彻底。例如,在一个新的住处住了 8 年后,HM 能够画出精确的建筑平面图,并能在两到三个街区的距离内找到回家的路。在他混淆了穆罕默德·阿里(Mohamed Ali)和乔·路易斯(Joe Louis)的照片时,也显示出对重要人物和事件的一些了解。他甚至能回忆起一些关于肯尼迪总统遇刺和航天飞机失事的有限但非常混乱的信息。有趣的是,在 20 世纪 90 年代末,当 HM 最终做了核磁共振扫描时,研究者发现,他的海马体竟然还有一部分保留着。这是否解释了他奇怪的记忆片段还不得而知。HM 于 2008 年去世,享年 82 岁。直到那时,他的真实身份才被披露,公众才得以见到他的一张照片(见图 13.7)。在 HM 死后,他的脑在 2009 年被分割成 2000 个切片,并被制作成数字化的三维脑图保存下来。HM 很可能是一个永不会被忘记的传奇人物。

341

图 13.7　亨利·莫里森(HM)(1926—2008)。1953 年,威廉·斯科维尔为HM 做了手术,为了治疗他的严重癫痫,手术切除了内侧颞叶,这导致 HM 患有严重的顺行性健忘症,他几乎立刻就会忘记自己所经历的事情。

来源:由苏珊娜·科尔金免费提供。

注释：

1. 1850 年左右，魁奈将注意力转向经济学，并在 1758 年出版了《经济表》(*tableau economique*)，该书被认为是第一部以分析方式描述经济运行的著作。由于这个原因，魁奈在今天多被认为是一名经济学家而不是医生。

2. 包裹着脑和脊髓的三层膜中的最外层。

3. See Lyons，A. E. (1997). The crucible years 1880—1900：Macewen and Cushing. In Greenblatt，S. H.，Forcht Dagi，T. and Epstein，M. H. (eds.) *A History of Neurosurgery in its Scientific and Professional Contexts* New York：The American Association of Neurological Surgeons.

4. 皇家外科医师协会会员身份是一种专业资格证明，具有这一资格的医生可以在联合王国和爱尔兰共和国以外科医生的身份执业。

5. 现在是国立神经和神经外科医院。

6. 作家埃里克·赫顿 (Eric Hutton) 在加拿大杂志上这样称赞他。

7. de Tisi，J. I.，Bell，G. S.，Peacock，J. L.，et al. (2011). The long-term outcome of adult epilepsy surgery，patterns of seizure remission，and relapse：A cohort study. *Lancet*，378(9800)，1388-1395.

8. 莫尼兹还因发明了脑血管造影术而闻名。这是一种通过血管移位来观察脑瘤的技术，通过注射像碘化钠这样的造影剂可以突出血管移位。

9. 弗里曼最初的一些额叶切除手术是在西弗吉尼亚州的斯宾塞州立医院进行的。在 1980 年 10 月发表的一篇采访中，该院的院长托马斯·C. 卡纳普 (Thomas C. Knapp) 博士说，有一天，弗里曼顺道来做了手术。卡纳普还回忆说："他在神经学领域是个大人物，他有所有正规文件和签名，我所能做的就是看着他。这真是一件可怕的事。"

10. 动脉瘤在动脉壁上形成一个气球状的结构，它是动脉壁上的薄弱之处。在丹迪的技术出现之前，颅内破裂几乎总是致命的。

11. 这种效应通常只在像两栖类这样的低等动物，比如青蛙和蝾螈身上才会看到。哺乳动物切断了的神经通路是不能再生的。

343

12.左半球的运动皮层控制着右手,反之亦然。

13. See Rolls,G. (2005). *Classic Case Studies in Psychology*. London：Hodder Arnold.

14.数年后,脑部扫描显示,HM 的额叶仍然轻微上抬,而且被挤压过。

15.事实上,这些夹子是非铁磁性的,在手术 40 多年后的 1997 年,研究人员用现代扫描技术检查了 HM 的外科手术损伤。

参考文献

Bakay,L. (1985). Francois Quesnay and the birth of brain surgery. *Neurosurgery*,17(3),518-521.

Clarke,R. H. and Horsley,V. (1906). The classic：On a method of investigating the deep ganglia and tracts of the central nervous system. *British Medical Journal*,436(1) 1799-1800.

Cooper,I. S. (1983). Sir Victor Horsley：Father of modern neurological surgery. In Clifford Rose,F. and Brnum,W. F. (eds.), *Historical Aspects of the Neurosciences：A Festscrift for Macdonald Crichley*. New York：Raven Press.

Corkin,S. (2002). What's new with the amnesic patient H. M. ? *Nature Reviews Neuroscience*,3(2),153-160.

Corkin,S. (2013). *Permanent Present Tense*. London：Allen Land.

Corkin,S. ,Amaral,D. G. and Gonzalez, et al. (1997). H. M. 's medial temporal lobe lesion：Findings from magnetic resonance imaging. *The Journal of Neuroscience*,17(10),964-979.

de Tisi, J. I. ,Bell, G. S. and Peacock, J. L. , et al. (2011). The long-term outcome of adult epilepsy surgery, patterns of seizure remission, and relapse：A cohort study. *Lancet*,378(9800),1388-1395.

Finger,S. and Stone,J. L. (2010). Landmarks of surgical neurology and the interplay of disciplines. In Finger,S. ,Boller,F. and Tyler,K. L. (eds.),

Handbook of Clinical Neurology, vol. 95. Amsterdam：Elsevier.

Feindel, W. (1982). The contribution of Wilder Penfield to the functional anatomy of the human brain. *Human Neurobiology*, 1 (4), 231-234.

Gazzaniga, M. S. (1967). The split brain in man. *Scientific American*, 217(2), 24-29.

Gazzaniga, M. S. (2005). Forty-five years of split-brain research and still going strong. *Nature Reviews Neuroscience*, 6, 653-659.

Harris, L. J. (1995). The corpus callosum and hemispheric communication：An historic survey of theory and research. In Kitterle, F. L. (ed.), *Hemispheric Communication：Mechanisms and Models*. New York：Lawrence Erlbaum.

Lyons, A. E. (1997) The crucible years 1880—1900：Macewen and Cushing. In Greenblatt, S. H. , Forcht Dagi, T. and Epstein, M. H. (eds.), *A History of Neurosurgery in its Scientific and Professional Contexts*. New York：The American Association of Neurological Surgeons.

Lyons, J. B. (1966). *The Citizen Surgeon*. London：Dawnay.

Lyons, J. B. (1967). Sir Victor Horsley. *Medical History*, 11 (4), 361-373.

Macmillan, M. (2004). Localisation and William Macewen's early brain surgery part 1：The controversy. *Journal of the History of the Neurosciences*, 13(4), 297-325.

Macmillan, M. (2005). Localisation and William Macewen's early brain surgery part II：The cases. *Journal of the History of the Neurosciences*, 14 (1), 24-56.

Mashour, G. A. , Walker, E. E. and Martuza, R. L. (2005). Psychosurgery：Past, present and future. *Brain Research Reviews*, 48(3), 409-419.

Meador, K. J. , Loring, D. W. and Flanigan, H. (1989). History of epilepsy surgery. *Journal of Epilepsy*, 2(1), 21-25.

Paget, S. (1919). *Sir Victor Horsley. A Study of his Life and his*

344

Works. London:Constable.

Pearce, J. M. S. (1983). The first attempts at removal of brain tumours. In Clifford Rose, F. and Penfield, W. (eds.), The twenty-ninth Maudsley lecture: The role of the temporal cortex in certain psychical phenomena. *The Journal of Mental Science*, 101, 451-465.

Penfield, W. (1958). Pitfalls and success in surgical treatment of focal epilepsy. *British Medical Journal*, 1(5072), 669-672.

Penfield, W. (1975). *The Mystery of the Mind*. Princeton, NJ: Princeton University Press.

Penfield, W. (1977). *No Man Alone*. Boston, MA: Little Brown.

Penfield, W. and Rasmussen, T. (1950). *The Cerebral Cortex of Man*. New York: Macmillan.

Pereira, E., Green, A. and Cadoux-Hudson, T. (2010). Microsurgery: Through the looking-glass. *Advances in Clinical Neuroscience and Rehabilitation*, 300(22), 32-36.

Powell, M. (2006). Sir Victor Horsley-an inspiration. *British Medical Journal*, 333(7582), 1317-1319.

Rolls, G. (2005). *Classic Case Studies in Psychology*. Oxford: Hodder Arnold.

Sachs, E. (1958). *Fifty Years of Neurosurgery*. New York: Vantage Press.

Sauerwein, H. C. and Lassonde, M. (1996). Akelaitis' investigations of the first split-brain patients. In Code, C. (ed.), *Classic Cases in Neuropsychology*. East Sussex: Psychology Press.

Sperry, R. W. (1964). The great cerebral commissure. *Scientific American*, 210, 42-52.

Springer, S. and Deutsch, G. (1989). *Left Brain, Right Brain*. New York: W. H. Freeman.

Stone, J. L. (2001). Dr Gottlieb Burckhardt—the pioneer of psychosurgery.

Journal of the History of Neurosciences, 10(1), 79-92.

Temkin, O. (1971). *The Falling Sickness*. Baltimore, MD: John Hopkins Press.

Thomas, D. G. T. (1989). The first generation of British neurosurgeons. In Rose, F. C. (ed.), *Neuroscience Across the Centuries*. London: Smith-Gordon.

Valenstein, E. S. (1973). *Brain Control. Critical Examination of Brain Stimulation and Psychosurgery*. New York: John Wiley.

Valenstein, E. S. (1986). *Great and Desperate Cures: The Rise and Decline of Psychosurgery and other Radical Treatments for Mental Illness*. New York: Basic Books.

Valenstein, E. S. (1997). History of psychosurgery. In Greenblatt, S. H., Forcht Dagi, T. and Epstein, M. H. (eds.), *A History of Neurosurgery in its Scientific and Professional Contexts*. New York: The American Association of Neurological Surgeons.

Whitaker, H. A., . Stemmer, B. and Joanette, Y. (1996). A psychosurgical chapter in the history of cerebral localisation: The six cases of Gottlieb Burckhardt (1891). In Code, C. (ed.), *Classic Cases in Neuropsychology*. East Sussex: Psychology Press.

Wieser, H. G. (1998). Epilepsy surgery: Past, present and future. *Seizure*, 7(3), 173-184.

14 50 年回顾与展望未来

关于未来,我们可以确定的是,它完全不可思议。

阿瑟·C.克拉克

我们曾以为我们的未来在太空之中。如今我们知道它存在于基因中。

詹姆斯·沃森

概　述

在过去 50 年,人类对脑的认识可能比历史上其他所有时间对脑的认识加起来还要多。虽然对进步速度的估计各不相同,但人们普遍认为,科学和技术进步至少是以指数增长的,即以恒定的速度成倍增长。[1] 如果我们假设,这种增长(保守估计)每十年出现一次,简单计算一下就可以看出,我们关于脑的知识在 20 世纪增加了 1000 倍。[2] 虽然这个数字非常惊人,但指数模型表明,在 21 世纪的头 10 年里,这个数字会翻一番!用一章的篇幅来详细描述过去 50 年左右神经科学历史的所有重大进展显然是不可能的。这样的尝试只能突出这个高度变化的山脉中最高的山峰。在这其中,有两项进展鹤立鸡群。第一项是沃森(Waston)和克里克(Crick)在1953年描述了DNA的分子结构。这一工作无疑是科学史上最重大的发现之一,它揭开了生物学和医学的新篇章,永远地改变了我们的世界。如果要说这项发现对脑研究的特别之处,那就是由于它的持续影响,尤其是对干细胞技术的影响,脑研究的发展在此后要比其他生物科学的发展更加耀眼。第二项重大进步是数字计算机的兴起,其意义也一样深远:它推动了非侵入性扫描技术、人工智能和脑机接口的发展。考虑到这些新发展的潜力,美国国会和欧盟最近在长期和大规模多学科脑项目上投入了巨资,以期做出神经科学上的新发现。最紧迫的需求是针对神经系统退行性疾病的理解和治疗,过去50年,神经科学在这一方面取得了巨大成功,这将是本章主要关注的主题。然而,我们也不要忘记,人脑极其复杂,还有许多奥秘,能产生意识和自由意志。理论上,这些能力不应存在于一个已经先设定了的物质世界中。因此,神经科学的发展有一天将有可能解决这些最令人困惑的难题,也许甚至有可能改变我们所知道的宇宙的性质。

346

成熟的神经科学:帕金森病

过去50年,我们对神经科学的理解已经取得了许多重要成就,这一点从这一时期神经科学领域获得的诺贝尔奖数量就可见一斑。[3]然而,要说神经科学已经成熟到可以改变人们的生活,那么20世纪60年代一定是一个突破性的时期,当时人们发现了帕金森病的脑部致病区域——这一突破带来了第一次成功的药物治疗。正如我们在第10章看到的,詹姆斯·帕金森在1817年首次描述了这种疾病,1869年让·马丁·沙可用他的名字命名了这一疾病。尽管帕金森和沙可都怀疑这是脑部病变,但直到1893年保罗·布洛克和乔治·马里内斯科在巴黎对一名患有单侧帕金森样颤抖的病人进行尸检时,才找到了证据。在尸检中,他们发现了一个"比榛子稍大"的肿瘤,它破坏了上脑干的一个被称作黑质的黑色小核。[4] 不幸的是,病变还压迫邻近的脑区,包括小脑脚(the peduncles of the cerebellum),这也被认为与姿势运动有关。一年后,沙可的另一名学生爱德华·布里绍德(Edouard Brissaud)也强调了帕金森病中的黑质。1919年,俄罗斯人康斯坦丁·特雷蒂亚科夫(Constantin Tretiakoff)在他的博士论文中研究了54名患有各种神经系统疾病者的黑质,似乎证实了这一假设。在特雷蒂亚科夫的研究中包括9例帕金森病患者,他们均有黑质变性。然而,由于发现帕金森病患者脑部的其他脑区——包括部分纹状体——也受到损害,情况变得更加复杂。

20世纪50年代,在伦敦附近威克福德(Wickford)的朗威尔实验室(Runwell laboratory)工作的凯瑟琳·蒙塔古(Kathleen Montagu)在人脑中发现了3-羟酪胺(人们更熟悉的名字是多巴胺),这使帕金森病病变位置的不确定性越发明显。虽然在1910年,G.巴格尔(G. Barger)和V.伊文斯(V. Ewens)首次合成了多巴胺,而且亨利·戴尔(Henry Dale)也表明它对交感神经系统有微弱的影响,但人们认为它是在去甲肾上腺素和肾上腺素合成过程中形成的一种中间化合物。然而,这种立场由于瑞典隆德大学的阿维瑞德·卡尔松(Avrid Carlsson)和他同事的发现而改变了,卡尔松他们发现利血平这种药物可以将动物脑中的多巴胺耗尽,这种结果也会造成运动能力丧失,就好像我们在帕金森病中看到的一样。卡尔森还发现多巴胺的前体左旋多巴能逆转利血平的行为效应,恢复老鼠的运动。这暗示多巴胺是一种神经递质,1959年,在纹状体(脑中去甲肾上腺素相对较少的区域)中发现了高水平的多巴胺,为这一观点提供了进一步支持。这些发现让卡尔松在同年提出,帕金森病是多巴胺缺乏造成的。

大约在同一时间,维也纳的沃勒·霍尼吉维奇(Oleh Horniykiewicz)正在研究人死后多巴胺是如何在脑中分布的,他(在1960年)发现,帕金森病患者的纹状体中几乎就没有这种神经化学物质。这是一个突破性发现,卡尔松而不是霍尼吉维奇因此在2000年获得了诺贝尔奖。[5] 但是在帕金森病

347

患者中为什么会出现多巴胺缺失呢? 许多人猜测这与黑质有关,之所以这样猜测主要是因为实验动物的黑质病变会导致颤抖和僵直,而这些症状与帕金森病非常相似。当瑞典的本特·法尔克(Bengt Falck)和尼尔斯-阿克·希拉普(Nil-Ake Hilarp)在大约一两年后开发出组织荧光技术,使含有多巴胺的神经元可视化时,这一猜测被证实了(见第 12 章)。很快,在 1964 年,他们的同事尼尔斯-埃里克·安登(Nils-Erik Andén)发现,黑质病变导致了纹状体的荧光消失。结果很清楚:黑质是纹状体多巴胺的来源,黑质变性会造成帕金森病的病理性病变。

左旋多巴疗法

这是令人振奋的发现,因为它将帕金森病与脑中多巴胺的枯竭联系了起来,这表明,如果能够找到一种补充这种神经递质的方法,就有可能治愈帕金森病。虽然外周给予多巴胺的方式不可行,因为多巴胺没有穿过血脑屏障,但卡尔松表明,左旋多巴确实可以到达脑部,并被纹状体轴突终端吸收。这导致 20 世纪 60 年代初霍尼吉维奇对左旋多巴第一次进行了试验,他将左旋多巴注射进帕金森病患者的体内,在几个小时内这一操作就改善了患者的症状。口服用药症状也有改善。遗憾的是,左旋多巴只造成了短暂改善,而高剂量会导致"中毒谵妄",伴有神志不清、恶心和低血压。不过 1967 年纽约医生乔治·科齐亚斯(George Cotzias)的工作克服了这些令人沮丧的问题,科齐亚斯每隔几小时就给病人服用小剂量的左旋多巴,在接下来的几周剂量逐渐增加,直到患者可以耐受高剂量的左旋多巴。此外,科齐亚斯还通过使用多巴脱羧酶抑制剂抑制左旋多巴的外周故障,以此降低左旋多巴的毒性。这些措施的效果非常显著,一些病人在丧失运动能力多年以后,症状近乎奇迹般地缓解了。毫无疑问,左旋多巴很快就成为治疗帕金森病的一线药物,直到今天这一地位也没有改变。

帕金森病黑质变性的发现和由此产生的疾病治疗方法让人们看到了脑研究的前景。遗憾的是,左旋多巴虽然有用,却不能治愈帕金森病。尽管最初对大多数患者都有效果,但在使用几年后,左旋多巴的有效性通常会下降,虚弱性运动丧失和颤抖会再次出现。通过增加剂量来克服这一问题的尝试几乎总是导致令人不愉快的副作用,如低血压、恶心、坐立不安和定向障碍。更重要的也许是,左旋多巴并不能阻止黑质根本上的变性。因此,对抗帕金森病的真正战斗才刚刚开始。

基因革命

对帕金森病的研究可以说是 20 世纪 50 年代末和 60 年代脑科学的一大 348 亮点,但在同一时期,生物科学领域发生了一场更大的革命。开创新纪元的革命是从 1953 年 4 月 25 日这一天开始的,《自然》杂志在这一天发表了詹姆斯·沃森(James Watson)和弗朗西斯·克里克(Francis Crick)的一篇论文,这篇论文揭示了脱氧核糖核酸(DNA)的分子结构。这是一项意义深远的发现,因为沃森和克里克解开了遗传之谜——也就是说,遗传物质是如何代代相传的。更具体地说,他们展示了 DNA 是如何由两条(由磷酸盐和脱氧核糖组成的)彼此相互环绕的双螺旋链构成的。把这两条螺旋链连在一起的是被称作碱基的成对的简单分子,就像梯子的梯级。虽然 DNA 只包含四种碱基(腺嘌呤、鸟嘌呤、胞嘧啶和胸腺嘧啶),但每条 DNA 链上都有大量的碱基。沃森和克里克还注意到另一件事:碱基以高度选择性的方式结合在一起。事实上,腺嘌呤与胸腺嘧啶配对,胞嘧啶与鸟嘌呤配对。据此,沃森和克里克推断,如果 DNA 的双链分开,那么每个碱基只会像"磁铁"一样对与自己互补的碱基起作用。因此,如果碱基吸引了新的搭档,得到的将是一条与旧链相同的新链。换句话说,DNA 能够自我复制——这是创造新细胞和最终形成新生物体的至关重要的条件。

研究人员在 DNA 结构首次被描述出来的时候就知道蛋白质是基因以某种方式负责制造的,是结构复杂的三维化学物质,由被称为氨基酸的更小单元组成的长链构成。这些化学物质对生命至关重要,在人体内发挥着多种功能,包括酶、受体、抗体和信使物质。对 DNA 的分析表明我们的基因完全由碱基组成。但令人惊奇的是,简单的字母(A、T、G 和 C)却能够形成复杂的信息，这是因为每条 DNA 链上都有大量的碱基。[6]1961 年，克里克发现，只有 DNA 的特定碱基三联体（即密码子）会提供生成单个氨基酸的密码，这使理解基因与蛋白质的关系迈出了重要一步。由于蛋白质含有的不同类型的氨基酸不超过 20 种，这就意味着在我们的 DNA 中能够说明这些化学物质的三联体数量有限（见图 14.1）。[7]换句话说，我们的基因并不是简单的长而随机的碱基延伸，而是一系列"三个数字"序列（如 CAG），[8]它们每一个都是制造氨基酸的蓝图。

349

图 14.1　詹姆斯·沃森和弗朗西斯·克里克，他们揭示了 DNA 的分子结构——这可以说是 20 世纪最重要的科学成就。

来源：科学图片库。

一个同样重要的问题是,细胞是如何把在 DNA 中加密的密码子转变成功能齐全的蛋白质的。20 世纪 50 年代末,人们开始将注意力集中在名为核糖核酸(RNA)的另一种核酸上,[9]RNA 是单链的,比 DNA 短得多。1961 年南非科学家悉尼·布伦纳(Sydney Brenner)(当时在剑桥大学工作)确认信使 RNA(mRNA)是携带来自 DNA 的遗传指令进入细胞质的运输分子,从而证实了 RNA 参与了蛋白质的合成。随着这一发现,蛋白质合成的各个步骤很快就明确了。简而言之,我们现在知道,DNA 的一部分被"解压"形成 mRNA 的"复制品",这时蛋白质合成就开始了。mRNA 携带来自细胞核的密码,在细胞中寻找一种被称为核糖体的结构,蛋白质就在那里进行组装。在核糖体,mRNA 的密码子一个接一个出现,另一种 RNA——它们被称为转运 RNA——将互补碱基与密码子相接附。一旦一个密码子被填满,一个氨基酸就形成了,这些氨基酸通过肽键结合在一起。当 mRNA 的所有转录本都被填满并结合后,蛋白质就被运送出去完成它的生物功能。

分子神经科学的兴起

对 DNA 的化学解码和随后对蛋白质合成的理解,或者克里克所谓分子生物学的核心主张("DNA 制造 RNA,制造蛋白质")对神经科学产生了很大影响。以前在细胞水平上理解的问题现在可以根据特定分子来处理。这种变化对脑科学的影响是缓慢的,但到 20 世纪 70 年代末,一个高度专业化的研究领域出现了,这就是分子神经生物学。由于分子神经生物学有着强烈的还原论色彩,又受到神经药理学的影响,研究者感兴趣的是明确神经系统的不同细胞是如何使用分子或分子的各个部分来实现五花八门的功能的。这项工作包括搞清楚神经元信号的传递机制,[10]细胞内各种转录因子是如何调控基因表达的。[11]人们还对建立各种细胞结构(如受体和离子通道)的分子的特性,以及神经递质的合成、再吸收和释放产生了浓厚的兴趣。神经元不再仅仅被视作产生电信号和释放神经递质的细胞。相反,它们现在被认为是极其复杂的化学工厂,细胞核内的基因控

350

制着蛋白质的合成和大量的细胞内过程的活动。[12]这类知识也带来了我们在神经疾病理解上的重大进展（见下文）。尽管不能将所有这些进展都归功于 1953 年 DNA 的发现，但毫无疑问，它为随后的分子革命提供了主要动力。

确定亨廷顿舞蹈症的突变

毫无疑问，DNA 改变了我们对遗传疾病的认识。自从 1872 年乔治·亨廷顿（George Hintington）首次描述了亨廷顿舞蹈症以来，研究人员一直对这种遗传疾病很感兴趣（见图 14.2）。亨廷顿舞蹈症是一种脑的退行性疾病，会造成躯干和四肢不规则、痉挛性和不自主的运动，导致瘫痪和死亡。亨廷顿出生于一个在纽约长岛行医数代的医生世家，小时候在跟随父亲四处行医时就见识了这种疾病。这件事给他留下了不可磨灭的印象，因为亨廷顿后来写道："我和父亲一起赶着车……突然遇到两个女人，一个是母亲，一个是女儿，她们都又高又瘦，面色惨白，就像是死人一样，她们弯着腰，扭曲着身子，做着鬼脸。我惊奇地看着，害怕得不行。她们这是怎么了？"1871年亨廷顿取得了医生资格，在回家帮助父亲行医的几个月里，他又一次想到了这种疾病。一年后，亨廷顿在俄亥俄州的一次医学会议上发表了一篇关于西德纳姆舞蹈病（Sydenham's chorea）的短文，在这篇文章的最后七段，亨廷顿描述了他称之为"遗传性舞蹈病"的疾病。虽然亨廷顿不知道基因的存在，[13]但他认识到这种疾病总是由患病的父母传给孩子的。尽管如此，亨廷顿意识到遗传并非不可避免，因为如果疾病没有偶然表现出来，后代就不会患病。事实上，遗传学家还需要 40 年的时间才能完全认识到这种疾病是由一种遵循常染色体遗传模式的单一突变基因造成的。因为一个人大约一半的基因遗传自母亲，另一半遗传自父亲，所以如果父母中的一方携带这种基因，他们将有 50% 的可能把这种基因遗传给后代。

图 14.2　美国医生乔治·亨廷顿(1850—1916)在 1872 年首次描述了一种如
今以他的名字命名的遗传性过度运动障碍。

来源：伦敦威康图书馆。

　　亨廷顿舞蹈症的一大悲剧是，一个人通常到中年时才发病，而到了中
年，携带突变基因的人很可能已经有了孩子，这会让孩子们也面临患病的风
险。然而，这种疾病是由单个基因突变引起的，这一点至少让研究人员有希
望鉴别这一基因，从而发明出测试方法。在 20 世纪 70 年代，重组 DNA 技
术的出现使这种测试成为可能。重组 DNA 技术是在一种名为限制性内切
酶的化学物质被发现后发展起来的，这种化学物质可以在特定的碱基序列
上精确地切割 DNA。虽然这些化学物质最初是在细菌中发现的，其作用是
使入侵细菌的病毒失效，但人们很快就发现，这些化学物质也可以用作实验
室的工具，将 DNA 从活的有机体中提取分离出来，然后放入试管中。这样
就可以获得在相同位置上被整齐剪切的大量 DNA 片段(或多态性)。通过
拼接不同的 DNA 片段，这项技术可以用来在新的生物上进行遗传工程，但
它也有其他用途。事实上，一些人意识到，可以用它搜寻产生亨廷顿舞蹈症
的基因。

　　南希·韦克斯勒(Nancy Wexler)就想到了这一点。韦克斯勒是心理学家,自从母亲患上亨廷顿舞蹈症之后,韦克斯勒也面临着患病的风险。这种情况促使她的父亲、精神病学家米尔顿·韦克斯勒(Milton Wexler)发起了一场对遗传病进行更深入研究的运动。这场运动颇有成效,因为在1976年,美国国会通过了一项法案,旨在成立一个进一步研究亨廷顿舞蹈症的委员会。它的目标之一是缩小那个携带着突变基因的染色体的范围——取得这一进展,就可以对这种疾病进行检测。然而,这项任务颇为艰巨,因为研究人员不知道该基因在人类基因组中的位置。事实上,达成这一目标唯一现实的方法是对大量患者进行筛查,以期找到针对患者的特定遗传标记。麻烦的是,由于这种疾病极其罕见,并没有足够多的受试者。好在亨廷顿舞蹈症委员会很快了解到在遥远的委内瑞拉马拉开波湖岸边有许多人患有这种疾病,在当地,每10万人中就有大约700个亨廷顿舞蹈症患者,他们全都是19世纪60年代将这种疾病带到这一地区的一名女子的后代。

352

　　从1979年开始,南希·韦克斯勒领导的一组医生和科学家每年会去一次马拉开波湖采集血样并编制家谱。两年后,他们成功采集了570个样本,并将其送回美国。在波士顿麻省总医院工作的年轻加拿大人詹姆斯·古塞拉(James Gusella)是最早开始从血液中提取遗传物质的科学家之一。他用的技术很简单:用限制性内切酶把DNA切成小的片段,然后用放射性探针抓住这些片段,这样就能看到它们。他希望找到所有亨廷顿舞蹈症患者血液样本的共同多态性。幸运的话,这个片段可能是基因的一部分,或者至少是在染色体上离它很近。古塞拉预测,至少需要100个探针才能从基因组的各个部分识别出亨廷顿舞蹈病的一个片段,但实际上,他在第12个探针中发现了一个,这个片段位于第4号染色体短臂的末端附近。这是第一次一个与疾病相关的基因(或者更确切地说,它的大致位置)被绘制到人类染色体上。

　　尽管由此开发出了一项针对亨廷顿舞蹈症的血液测试,但研究人员也很想搞清楚该基因的碱基序列,这将为疾病如何发生提供重要的新见解。然而,基因测序又花了10年时间,一些人将其看作分子生物学编年上耗时最长、最令人沮丧的研究。这项研究首先需要开发一套覆盖 4 号染色体的 DNA 探针，然后确定哪一部分被转录成 mRNA。只有这样，研究人员才能开始对该基因进行测序，并将其与正常对照组进行比较。这项任务在 1993 年完成，由来自 10 个不同研究机构的 50 多名研究人员组成的亨廷顿舞蹈症协作研究小组发表了他们的研究成果。他们的研究表明，该基因相对较大，包含了超过 30 万个碱基对。然而，最引人注目的是其突变的性质。该基因包含一个 CAG 三联体，也就是由胞嘧啶、腺嘌呤和鸟嘌呤组成的碱基序列，它提供了氨基酸谷氨酰胺的编码。在正常人中，这个三联体重复的次数在 15～34 次。然而，在亨廷顿氏舞蹈症患者中，重复的次数却在 37～66 次。研究人员还发现，缺陷基因中的重复次数与疾病发作之间存在相关性。也就是说，重复次数越多，发病越早。

重点转向阿尔茨海默病

在阿洛伊斯·阿尔茨海默（Alois Alzheimer）1906 年第一次描述一位中年女性的脑病理学时（见第 10 章），他似乎认为这不过是一个不寻常的痴呆症病例。现代精神病学之父埃米尔·克雷佩林（Emil Kraepelin）也持这种观点，他将这个病例描述为一种罕见的早老性痴呆，与老年发现的痴呆不同。为了支持这一观点，克雷佩林指出阿尔茨海默病患者的脑中有大量的神经纤维缠结和斑块，而且症状发展很快——这两者都不被认为是典型的老年痴呆症。如今我们知道克雷佩林错了：阿尔茨海默病主要是老年人的疾病。甚至有人怀疑，克雷佩林在宣传一种"新"疾病时并不真诚，因为阿尔茨海默报告的所有病理迹象以前都曾在痴呆症中出现过。不管实际情况怎样，克雷佩林的巨大权威都意味着阿尔茨海默病被看作一种罕见的早老性痴呆。值得注意的是，这种观点直到 20 世纪 60 年代末才开始改变，当时纽卡斯尔医学研究委员会的研究人员发现，[14]许多老年痴呆患者表现出典型的阿尔茨海默病的斑块和神经纤维缠结。它表明这种疾病的流行比以前认为的要普遍得多。尽管到 70 年代中期，一些人仍然持怀疑态度，但阿尔茨海默病不再被视为一种神经学上的罕见疾病，相反，它被看作最常见的老年

353

病:65 岁以上的老人约有 5％患病,而 80 岁以上的老人则有 20％,这使得阿尔茨海默病成为美国第四大最常见的死因。

如今阿尔茨海默病已被视为巨大的公共健康问题,人们的注意力转向了搞清楚阿尔茨海默病患者脑中的斑块和神经元纤维缠结是如何产生的。早在 19 世纪,人们就知道这些斑块含有淀粉样物质(amyloid,意思是"像淀粉一样的"),它实际上是一种蛋白质。1984 年,分离和鉴定这种蛋白的工作达到了顶点,当时圣迭戈的乔治·格伦纳(George Glenner)和凯恩·王(Gaine Wong)确定淀粉样蛋白由 40 或 42 氨基酸组成。这使得克隆控制淀粉样蛋白产生的 DNA 成为可能——1987 年研究人员测序了淀粉样蛋白基因,完成了这一任务。这项工作揭示出淀粉样蛋白是一个大得多的 695 氨基酸的蛋白质的一个更小片段,现在被称为 β 淀粉样前体蛋白(β-APP),存在于包括神经元在内的许多细胞的细胞膜上。这种蛋白也有一条短的氨基酸链伸入细胞,还有一条伸出的长尾巴,这表明 β-APP 可能是某种类型的受体分子。然而,为什么 β-APP 蛋白会被分解成更小的片段呢?人们很快就找到了答案:β-APP 蛋白的寿命很短。当这种蛋白发挥它的生物作用时,就会被一类叫作分泌酶的酶"切"成更小的片段,从细胞膜上移除。

到 20 世纪 90 年代初,研究人员已经确定了脑中可以形成两种淀粉样蛋白(40 和 42),而这取决于 β-APP 分子被酶"切割"的方式。当一种分泌酶(称为 α)分解 β-APP 蛋白时,产生了 40 氨基酸。这种淀粉样蛋白似乎是 β-APP 代谢的正常副产物,将其从大脑中去除并不会造成什么问题。然而,在某些情况下,淀粉样蛋白会被一种叫作 β 的分泌酶用两个额外的氨基酸(淀粉样蛋白 42)切断,这种形式的淀粉样蛋白会累积成硬化的片状或块状,在阿尔茨海默病患者的脑中形成斑块。研究人员将这种形式的淀粉样蛋白与随后的神经变性和脑萎缩(可能是由于 β-APP 蛋白的代谢缺陷)联系了起来。现在这一看法被称为淀粉样蛋白级联理论,这种理论的基本主张是,阿尔茨海默病患者脑中淀粉样蛋白 42 团块的形成对周围的神经元具有神经毒性,随着时间的推移,这种团块会引发一系列事件,导致细胞的显著损失。今天,淀粉样蛋白级联理论虽然还远未被一致接受,但它仍然是解释阿尔茨海默病最流行的理论,而其他一些人则强调神经元纤维的缠结参与了病理事件。

阿尔茨海默病的药物治疗

面对老年人口的日益增长,神经科学今天面临的最大挑战之一是需要一种有效的药物来治疗阿尔茨海默病——这一发展将带来巨大的经济效益,并改善数百万人的生活。如果实现了,那么它很可能将是迄今为止药理学的最大成就。遗憾的是,到目前为止,这一领域进展缓慢,药物治疗对阿尔茨海默病患者并没有起什么作用。从 20 世纪 70 年代开始,治疗痴呆症的主要疗法是运用胆碱酯酶抑制剂,它通过抑制一种叫作乙酰胆碱酯酶的酶来增加脑中乙酰胆碱的水平。虽然乙酰胆碱是已知在阿尔茨海默病中严重受损的脑神经递质之一,而这种神经递质被认为对学习和记忆很重要,但胆碱酯酶抑制剂只在疾病的早期有效,改善或稳定症状的时间一般不超过一年。因此,在过去 50 年左右的时间里,尽管我们越来越清楚阿尔茨海默病是如何引起的,但我们还是没有有效的办法来减缓这种造成严重后果的不幸疾病。

然而,这种情况也许很快会改变。之所以这样乐观是因为亚甲蓝(methylthioninium chloride,MHC)的发现。这种潜在的治疗方法在 20 世纪 80 年代首次被发现,当时剑桥大学的研究人员克劳德·魏什克(Claude Wischik)偶然发现亚甲蓝溶解了 tau 蛋白。tau 蛋白是神经纤维缠结中发生"缠绕"的主要纤维蛋白,在阿尔茨海默病中,这种缠绕常常与淀粉样蛋白沉积同时发生。动物研究证实,MHC 减缓了脑中 tau 蛋白的形成过程,这促使魏什克在人类身上进行了首次临床试验。在 2008 年的一次国际会议上公布的研究结果令人印象深刻,300 多名轻度阿尔茨海默病患者每天三次服用这种药物,实验表明,患者的认知能力下降减少了 81％。这促使进一步的临床试验在 2012 年 10 月启动,而这一阶段试验需要 12 到 18 个月才能完成。

另一种药物是由英国莱斯特大学的乔凡娜·马鲁奇(Giovanna

354

Mallucci)教授领导的一个研究小组开发的,在 2013 年 10 月,英国新闻界赞誉其为抗击阿尔茨海默病的"转折点"。研究人员报告说,通过口服一种物质,就可以防止朊病毒引起的小鼠神经变性,这种物质能够抑制被称为激酶的蛋白质修饰酶。[15]虽然阿尔茨海默病不是一种朊病毒病,但这两种疾病都是畸形蛋白的积累而导致的,而畸形蛋白的积累会造成神经变性。朊病毒感染会导致脑为了防御而停止产生新的蛋白质,这会使脑缺乏继续存在所必需的新的健康蛋白质。然而,激酶抑制剂会阻止脑停止蛋白质的供应,以防止由此产生的神经变性——这是首次通过药物阻止这一过程。值得注意的是,小鼠在接受治疗后没有表现出任何行为障碍的迹象。虽然现在还处于早期阶段,但在未来几年,人们有望研制出一种类似的物质,用于对抗阿尔茨海默病。[16]因此,我们至少有理由乐观地认为,总有一天,可以通过药物治疗甚至预防阿尔茨海默病。

神经科学中的基因工程

尽管 DNA 的结构在 1953 年就被发现了,但要对构成一个基因或基因组的碱基序列进行测序还要再过 20 年。[17]这种测序计划最终的成果就是 2003 年 4 月人类基因组计划的告成,这一计划绘制并测序了人类的大约 20500 个基因,以及其他几个物种,包括细菌、果蝇和小鼠的基因组。然而,确定一个基因的碱基序列并不会告诉我们多少它的生物功能。要做到这一点,还需要其他方法,其中的一种方法是用某种方式改变它的功能。正如我们所见,这在 20 世纪 70 年代成为可能,当时人们利用重组技术可以从细胞中提取 DNA 并将其切片。研究人员自此能够分离出 DNA 片段,这一片段包含从一种生物体中提取的基因,并在实验室中对其进行修改,然后将其植入怀孕的雌性的胚胎来培育后代就只是时间问题。这样一来,通过用人造的 DNA 片段取代某个基因,研究人员就有可能敲除一个特定基因。1989 年,由剑桥大学马丁·埃文斯(Martin Evans)领导的研究小组创造了第一个"基因敲除"小鼠,这只小鼠缺少一种称作 HPRT 的酶基因,这会导致一种叫作拉什-尼汉综合征(Lesch-Nyhan syndrome)的罕见疾病。其他研究人员则会将新基因插入小鼠的基因组(基因敲入小鼠),或者以某种根本的方式改变新基因(转基因老鼠)来产生新动物。

基因修饰小鼠为更好地理解疾病的遗传决定因素以及精神分裂症、抑郁症和药物成瘾等疾病提供了强有力的手段,它已经成为神经科学研究的一个重要工具。亨廷顿舞蹈症特别适合这种类型的研究,因为它是由单一突变引起的,而研究也已经带来了一些令人惊讶的发现。例如,研究已经发现,缺少亨廷顿基因两个副本的基因敲除小鼠无法完成胚胎发育,并会在 7～8 天内死亡。然而,被设计携带一个被删除的亨廷顿基因的老鼠却是正常的。这是一个奇怪的发现,因为亨廷顿舞蹈症的大多数病例也是由单一的突变基因引起的(即一个人有一个好的和一个坏的基因)。因此,看起来在人类这里,突变的亨廷顿基因(并没有像预期那样)只是造成效果上的损失,而是实际上导致了"功能的获得"(gain of function),从而引起了一种新型毒性反应。到目前为止,研究人员还不知道这是如何发生的,但可以肯定,答案一定会带来对这种疾病的新的洞见。

阿尔茨海默病是另一种可以利用基因工程小鼠研究的疾病,在我们已经知道这种疾病的某些形式是遗传性的情况下就更是如此。从这种研究中得到的最惊人发现也许是,过度表达淀粉样前体蛋白基因的小鼠并没有表现出显著的神经变性,也没有显示出形成了神经缠结,尽管在这些小鼠的脑皮层和边缘系统出现了显著的淀粉样蛋白沉积,并伴有记忆障碍。尽管这一发现是对淀粉样蛋白级联假说的质疑(见上文),但也有其他类型的小鼠模型被开发出来,包括那些操纵所谓早老基因(也被称为早老蛋白)的模型,这些模型中没有一个完全模仿了人的病理。

尽管这些结果有些令人困惑,但基因修饰研究现在已经处于密集的神经科学研究的中心,可以肯定,在人类基因组被绘制出来,基因工程小鼠可以通过商业买卖获得的情况下,基因修饰研究在未来会日趋精密。随着更新的技术,例如组织特异性靶向技术——将基因引入指定脑结构或者敲除指定脑结构的基因——的出现,基因修饰研究也可能用于其他类型的动物,包括灵长类动物。事实上,通过将亨廷顿舞蹈症患者的遗传物质通过插管插入羊和猪的纹状体,这项技术已经在羊和猪身上得到运用。[18]在未来 10 年中，我们至少可以期待在神经科学的这一领域，尤其是在理解和治疗退行性疾病的方面，看到一些非常引人注目的发展。

干细胞生物学：历史里程碑

356　　可以说，未来几年神经科学最深刻的变化将是干细胞生物学的出现——通过培育新的身体部位或修复受损的部位，这项技术有望彻底改变疾病的治疗方法。同样，它也将会对研究产生重大影响，使人们更好地理解疾病以及行为的许多方面。干细胞基本上就是未成熟的细胞，尚未分化为构成人体结构的专门细胞。换句话说，干细胞有可能成为研究者选择的任何类型的细胞。最重要的是，干细胞可以无限地复制自己。因此，干细胞一旦生成，实际上就成为生成成熟细胞的传送带。干细胞最丰富的来源是胚胎，胚胎在一开始只不过是一个也被称为囊胚的由相同细胞组成的球体。然而，干细胞也存在于完全形成的成体组织中，比如脑、骨髓和肝脏。[19]虽然这些细胞常常多年保持不分裂状态，但在适当的条件下可以进行复制，特别是在组织受损时。人们曾经认为，成体干细胞比胚胎干细胞产生的细胞范围更有限。今天，我们知道这个想法是错误的，就像胚胎干细胞一样，成体干细胞也有可能分化成任何类型的细胞。

　　干细胞的发现可以追溯到1961年，当时多伦多的两位年轻研究人员恩斯特·麦卡洛克(Ernest McCulloch)和詹姆斯·蒂尔(James Till)想要搞明白，为什么接受了新鲜骨髓细胞移植的小鼠常常能不受致命的电离辐射的影响。他们很快就观察到存活下来的老鼠的脾脏中出现了新的结节，这些结节生成了新的血细胞。对这些结节的进一步检查揭示了一类会产生血液中所有细胞成分的细胞。这是对干细胞的首次展示。尽管如此，要到20世纪80年代早期，胚胎干细胞才从小鼠的囊胚中分离出来并加以培养。1995年，威斯康星大学的詹姆斯·汤普森(James Thompson)通过提取恒河猴的胚胎干细胞复制了这一壮举。然而，这只是现代生物学最重要时刻之一的前奏，仅仅三年后，汤普森就从人类胚胎中分离出了干细胞。尽管围绕这一发现存在着巨大争议(这些细胞是由接受体外受精的女性捐献的)，但这一进展有望重塑医学。尤其是因为医生们现在有无限的干细胞供应,这些干细胞既有可能生成用于人体移植的新组织和器官,也可以作为开发新药和治疗方法的实验工具。

神经科学中的干细胞

干细胞令人如此兴奋的部分原因是,有可能通过它们开发出治疗多种退行性疾病的疗法。为此,研究人员正在探索两种主要的方法。其一是从小鼠或人类组织中提取胚胎干细胞,在实验室中培育特定类型的神经元,然后将其移植到脑或神经系统中。瑞典的安德斯·比约克伦德(Anders Bjorklund)率先采用了这种方法,他诱导培养出的神经干细胞分化成原始的多巴胺神经元,将其作为治疗帕金森病中神经替代的一种可能形式(见图 14.3)。为了观察这些新的神经元是否会整合到一个"新的"脑中,比约克伦德将它们植入了黑质受损(帕金森病的动物模型)的成年大鼠的纹状体。虽然在 90 天中,大多数动物都出现了一些新长出的多巴胺神经元并有行为上的改善,但结果基本上是令人失望的,因为大量的细胞不是死亡,就是分化成了其他类型。更令人担忧的是,还有五分之一的老鼠被发现患上了致命的肿瘤。虽然有足够多的积极结果显示出未来的希望,但这个(发表于 2002 年的)早期实验结果表明,在第一次用胚胎干细胞治疗退行性疾病的临床试验之前,还有许多问题需要克服。不过首次在灵长类动物身上采用这些方法进行的研究却要鼓舞人心得多。[20]

另一种方法是使用成体干细胞。值得注意的是,研究人员现在可以从皮肤、肌肉和其他身体部位提取完全成形的细胞,并将它们转化成类似于胚胎中的干细胞。这种干细胞被称为"诱导多能干细胞",它们可以经由化学方法被重新改造成神经元或其他专门细胞。其中一些令人印象最深刻的结果来自路易斯维尔大学的弗莱德·罗伊森(Fred Roisen)。2006 年,罗伊森创建了 RhinoCyte 生物制药公司,该公司率先使用从鼻腔内壁提取的干细胞,将其培养成其他类型的细胞。在一项研究中,罗伊森和他的同事将嗅觉祖细胞转化为多巴胺神经元,并将其移植到通过实验诱导出患有帕金森病

358

的大鼠的脑中。当神经元整合到纹状体时,大鼠不仅行为上改善了,而且还产生了多巴胺,虽然比起在非损伤动物中产生的多巴胺要少。令人振奋的是,这些被移植的动物都没有患上肿瘤。这项技术在人体试验中似乎也是安全的,因为患者既是供体,也是受体,因此也就无须免疫抑制性药物。

357

图 14.3　该图显示了干细胞是如何产生的以及通过操纵干细胞可以产生的组织。

　　来源:Shutterstock Images。

　　虽然干细胞还没有被用于治疗人类退行性脑病,但它们已经开始被用于治疗其他神经系统疾病。这种新的治疗开始于 2009 年 1 月 23 日,当时由汉斯·基尔斯蒂德(Hans Keirstead)——2010 年,基尔斯蒂德因为通过人类胚胎干细胞制造出了视网膜而声名鹊起——领导的一个加利福尼亚团队启动了一项临床试验,为脊髓损伤的患者移植少突胶质细胞(一种存在于脑和脊髓中的神经胶质细胞)。这是世界上第一个用于人类的以干细胞为基础的临床试验。虽然试验人员指出,这项试验主要是为了测试手术的安全性,而且只能针对尚未形成疤痕组织的截瘫患者,但这些患者还是有可能出现某种程度上的髓鞘再生和活动性的增加。如果试验获得成功,它无疑会促进针对包括退行性疾病患者在内的更严重残疾患者的进一步研究。

用于研究的干细胞

希望本书已经简要地展示了在未来几年干细胞技术可能带来的神经障碍治疗方面的一些进展。然而,这并不是利用干细胞的唯一方法。同样重要的是,干细胞可以用于研究,为理解疾病提供新的方法。实际上也正是如此。例如,1998 年,由哈佛医学院的奥利·艾萨克森(Ole Isacson)领导的研究团队从患有两种罕见遗传性帕金森病的患者身上提取了皮肤细胞,并将其培养成神经细胞。[21]对这些神经元仔细检查的结果显示,它们表现出某些虚弱的迹象,包括线粒体(即细胞用来将氧气和葡萄糖转化为能量的细胞器)异常。事实上,具有 LRRK2 基因突变的帕金森病患者生产出耗氧量低于正常水平的线粒体。相比之下,携带 PINK1 突变的帕金森病患者的线粒体氧活度增加。这两项发现都很重要,因为人们已经知道,线粒体会产生一种被称为自由基的高毒性化学物质,它会导致细胞受损。令人鼓舞的是,研究发现服用辅酶 Q10 可以保护这两种类型的培养细胞。此外,研究发现免疫抑制剂雷帕霉素可以保护含有 LRRK2 的神经元,但不保护携带 PINK1 基因的神经元。这些研究结果不仅为理解帕金森病的成因提供了新的见解,而且可能带来针对某些个体的个性化治疗,从而延缓帕金森病的发作。

针对从脑本身提取的神经干细胞的研究也已经开始了。20 世纪 90 年代的一项研究发现,成年人脑的某些区域,尤其是海马体,能够产生新的神经元(这种现象被称为神经发生),这在一定程度上刺激了这项工作。在此之后,在脑的许多其他区域也发现了潜在的神经干细胞,研究人员因此想知道是否可以利用各种营养因子或化学物质诱导这些潜在细胞成为神经元。瑞典的乔纳斯·弗里森(Jonas Frisén)就是尝试这一做法的人之一。1999 年在脑室壁中发现神经干细胞后,弗里森成立了一家名为 NeuroNova 的生物技术公司来开发通过作用于选择出的脑干细胞来刺激神经发生的药物。治疗针对的第一种疾病是帕金森病,2005 年,该公司报告了积极的结果,一种私下被称为 sNN0031 的药物只用了五周就让黑质受损的大鼠从瘫痪中康复。这些发现表明多巴胺神经元出现再生,第一次人体临床试验也因此在 2009 年启动。如果成功,这种方法将会给治疗带来革命,因为不需要在实验室中培养干细胞,相反通过给予正确的化学刺激,脑就具有了修复自身的潜力。

计算机和计算机断层成像的发展

虽然揭示 DNA 的结构可以说是 20 世纪最重要的科学发现,但这个时代最伟大的技术成就无疑是数字计算机。计算机的发明不能归功于任何个人,因为它始于 2000 多年前古巴比伦人发明的算盘。从那时起,许多发明家为现代计算机的发展做出了贡献,因为现代计算机是由许多部件组成的复杂机器,每一个部件都可以说是一项独立的发明。然而大多数人还是会接受现代计算机是始于第二次世界大战前后的一系列进步。其中最重要的也许是阿兰·图灵(Alan Turing)认识到,[22]只要有足够的时间和内存,使用一台能够执行算法的机器(即一个分步的逻辑过程)在理论上可以执行任何数学计算。这让他在 1937 年提出了图灵机的想法,这种机器利用二进制计算来解决任何问题——这一发展极大地帮助定义了现代计算机科学背后的逻辑。这也促成了曼彻斯特小型实验机器(Manchester Small-Scale Experimental Machine)的诞生,这台机器本质上是第一台工作机,它包含 1948 年第一台现代电子计算机所必需的所有元素。结果在 1951 年出现了商用的通用计算机。

这项技术最终对神经科学产生了巨大影响,在 20 世纪 70 年代,随着计算机扫描技术的发展,研究人员可以看到活的脑内部。其实,这种方法也不是全新的,因为可以说它源于威廉·伦琴在 1895 年发现 X 射线。然而,X 光在脑软组织可视化方面的效果不佳,因为软组织的密度在整个脑部几乎是恒定的。尽管如此,还是有人尝试将这项新技术应用于神经学领域。例如,1918 年,美国神经外科医生沃尔特·丹迪(Walter Dandy)发明了一种手术,他将脑脊液从侧脑室取出,然后用空气代替。较低的空气密度使

X 射线能够突出脑室,这对定位肿瘤或血凝块很有用。1927 年末,葡萄牙神经科学家埃加斯·莫尼兹(参见上一章)将放射性染料注入颈动脉,并通过脑部 X 光观察放射性染料的灌注情况。这一方法被称为血管造影术(angiograms),通过影像可以看到脑的血管,从而发现动脉瘤和肿块。

不过,在 20 世纪 70 年代早期,随着计算机轴向断层摄影术(computer axial tomography,CAT)的引入,这两种方法都变得多余了。尽管其他人已经构想出了脑成像,[23]但脑成像的发明通常都被认为是总部位于伦敦的百代公司(EMI)工作的英国人戈弗雷·纽博尔德·亨斯菲尔德(Godfrey Newbold Hounsfield)的成就。亨斯菲尔德学习成绩不好,离开学校以后,为诺丁汉郡当地的一家建筑公司工作。二战爆发时,他加入了皇家空军,在雷达研究方面表现出色。战争结束后,亨斯菲尔德加入百代公司,帮助开发英国 20 世纪 50 年代的第一台全晶体管计算机。这一经历促使他在 1967 年考虑进行医学扫描的可能性。有一次周末在乡下散步的时候,他想到是否有可能给藏在盒子中的物体拍照。他意识到,只要从许多角度用伽马射线对物体进行扫描,就可以做到这一点。将所有微量的吸收物以矩阵的形式加在一起,至少在理论上就有可能重建物体的三维图像。由于认识到这项技术具有重要的实际用途,亨斯菲尔德向英国卫生和社会保障部寻求资金支持,而百代公司也渴望为这款机器申请专利。[24]

1972 年 4 月 20 日,在伦敦帝国理工学院的一次会议上,亨斯菲尔德向与会者展示了第一幅计算机轴向断层摄影术的图像。使用阿特金森·莫雷医院(Atkinson Morley's Hospital)的设备,代表们第一次惊奇地看到了人类大脑的内部图像。尽管这些图像很基础,但其中一张却充分显示出嵌在一名女性患者额叶内的一个圆形囊肿,根据这个图像,神经外科医生詹姆斯·安布罗斯(James Ambrose)成功切除了囊肿。为了获得这张照片,亨斯菲尔德围绕着病人头部一点点地旋转 X 光枪和检测器,获取了大约 28000 个读数。这一操作要求病人一动不动地躺上 15 个小时!在扫描后,数据被带回百代公司用计算机重建,这花费了好几个小时。整个操作取得了巨大的成功,肿瘤清晰可见。看到这张照片的代表们几乎都不怀疑,CAT 将会改变他们的世界,它有可能在不伤害患者的情况下识别出所有类型的脑损伤。不到 3 年，百代公司就推出了一款人体扫描仪，第一台安装在伦敦诺思维克公园医院(Northwick Park Hospital)。

CAT 的发明是一项非凡的成就——尤其是因为亨斯菲尔德给出了将数百束 X 射线转换成辐射密度吸收模式的数学规则，这些规则基于他自己独特的代数技术。尽管足以创建出简单的图像，或断层图，但亨斯菲尔德不知道，南非核物理学家阿兰·科马克(Allan Cormack)在 20 世纪 60 年代早期也发展出了一套理论数学算法，可以更加精确地重建图像。所有这些很快被应用到 CAT 扫描仪的设计中。亨斯菲尔德和科马克两人都在 1979 年获得了诺贝尔奖，1981 年亨斯菲尔德受封爵士。与其开始相比，CAT 扫描技术如今已经取得了不可估量的进步，成为任何一家现代医院不可或缺的配置，每年都会进行数以百万计的扫描。[25] 对于脑研究来说，这一操作现在通常花不到 10 分钟的时间，而重建一个高分辨率的图像(例如 1024 × 1024 像素)只需几秒钟。

实时观察脑

CAT 的发展很快就带来了其他扫描技术，包括正电子发射断层扫描(PET)，这项技术需要将快速衰变的放射性物质注射到血液中。PET 的历史根源与 CAT 非常不同。正电子是带正电的电子，它是由原子核中的中子在分裂时产生的。虽然正电子可以自然存在，但它们是出于实验目的用回旋加速器产生出来的。回旋加速器本质上就是一个用高速质子轰击某些原子(例如氧、碳或氮原子)的装置。原子的反应是发射出一个中子，这一过程使原子核不稳定，导致它发射出正电子。由于它们的衰变速度很快，正电子在体内停留的时间很短，因此对生物研究很有价值。遗憾的是，使用回旋加速器是制造正电子的唯一方法，但建造回旋加速器却非常昂贵。尽管如此，在 20 世纪 50 年代早期，物理学家戈登·布罗姆韦尔(Gordon Bromwell)和神经外科医生威廉·斯威特(William Sweet)在马萨诸塞州制造出了第一台能检测出脑肿瘤的简单 PET 扫描仪。大约在同一时间(1955 年)，第一个用于医学研究的回旋加速器被安装在伦敦的哈默史密斯医院(Hammersmith Hospital)。

　　一开始,PET 只能探测到简单的放射性释放的大致来源。然而,20世纪 70 年代初,用来重建 CAT 图像的新算法促使在圣路易斯工作的迈克尔·菲尔普斯(Michael Phelps)和爱德华·霍夫曼(Edward Hoffman)迅速建造了一种更复杂的 PET 扫描仪(大约在 1975 年)。这是一个重大的进展,因为现在就有可能将一些物质注射进身体,这些物质是一些持续时间很短的放射性同位素,它们最终会到达脑部。接着,扫描仪就可以绘制出这种化学物质的分布图。这项新技术的一个重要用途是测量血流。为了做到这一点,要通过静脉注射放射性标记水,水扩散到脑的血流中并释放出正电子。假设流向某一特定区域的血液量是对脑神经活动的一种衡量,[26]那么心理学家就有了一种强大的手段,可以在进行某种心理任务时观察一个人的脑。因此,PET 是第一个"实时"跟踪脑(即当脑在思考时)的计算机扫描技术。然而,PET 也被证明有许多其他的应用。例如,在临床上,它可以评估脑肿瘤的恶性程度,确定导致癫痫发作的部位,并监测神经系统疾病的治疗。在药物学中,PET 可以观察神经递质活动的部位,测量受体的占用情况,并计算药物离开脑所需的时间。

磁共振成像

　　20 世纪 70 年代出现的另一种扫描技术是磁共振成像(MRI),它利用磁力,而不是有潜在危害的电离辐射来显示人体的解剖结构。磁共振成像的基本思想最早是在 1946 年被提出的。当时斯坦福大学的菲利克斯·布洛赫(Felix Bloch)和哈佛大学的爱德华·珀塞尔(Edward Purcell)(他们两人由于这项工作获得了诺贝尔奖)发现,如果原子的原子核被放置在强磁场中,那么它的质子会开始沿着力线以有序的方式排列。人们发现,在这种状态下,质子能吸收无线电波,这会导致质子产生共振(自旋)。然而,当质子被移出磁场时,它们又恢复到原来的能量水平,并在这一过程中发射出无线电波。这是一个重要的发现,因为通过改变无线电刺激的强度,并测量共振核释放的能量,科学家就可以确定构成特定物质的分子结构。

362

但磁共振成像被应用于医学诊断还需要 25 年的时间。1971 年,纽约大学的雷蒙德·达马迪安(Raymond Damadian)发现,动物组织在受到磁力的作用后会发出无线电信号。人们发现,和健康组织相比,肿瘤会发射出不同类型的无线电波,这对于医学诊断非常重要。然而,在这一点上,磁刺激只能提供有关身体组成的信息,而不能通过图形细节显示身体。伊利诺伊大学的保罗·C.劳特伯尔(Paul C. Lauterbur)找到了解决这个问题的办法。他意识到,如果磁场通过采样以一种系统的方式变化,那么就有可能对不同的组织进行成像。这样,采样的每个部分都接收到自己的磁场,使原子核发出自己独特的共振频率。诺丁汉大学的彼得·曼斯菲尔德爵士(Sir Peter Mansfield)进一步完善了这一观点,他展示了如何能够在数学上对由磁共振所产生的能量梯度做出分析,以重建更精确的身体部位的图像。由此,达马迪安和他的同事在 1977 年对人类胸部进行了第一次磁共振成像扫描,显示了肺和心脏的图像。[27]

在 20 世纪 80 年代,磁共振成像产生的身体内部,包括活的人脑的图像远优于 CAT 提供的图像——这一发展使医生和外科医生能够更有信心对病理做出诊断。大约在同一时间,研究人员开始意识到,磁共振也可以用来检查脑的功能活动。就职于新泽西州美国电话电报公司贝尔实验室的小川教授(Siege Ogawa)率先采用了一种方法,他注意到含氧和脱氧的血液会发出不同类型的无线电波。通过比较这种差异,即所谓的"血氧水平依赖对比"(BOLD),小川意识到他找到了一种测量脑利用能量的新方法。功能性磁共振成像(fMRI)就此诞生。借助功能性磁共振成像,研究者可以通过观察脑对血流中氧气的利用来观察"工作"中的人脑。很快,麻省总医院(Massachusetts General Hospital)的研究人员就在 1991 年首次发表了人类视觉皮层的 fMRI 图像。有了这项新技术,研究人员能够以高分辨率监控脑的血流,并观察脑的不同区域在开始从事某项特定任务时是如何被激活的。

与其他扫描技术相比,MRI 有许多优点。它更加安全,因为使用磁波可以将(X 光照射可能带来的)患癌的微小风险降至最低,而且它有更高的分辨率和更强的区分相似类型软组织的能力。磁共振成像还可以被改进以增强图像的不同特征,这一特征对于对多发性硬化症感兴趣的医生来说是很有帮助的,因为他们想要突出显示轴突周围的髓鞘,而不涉及其他区域。然而,磁共振最大的优势——这一优势尤其与对研究脑认知感兴趣的心理学家有关——也许是可以针对单一个体进行多重扫描。这样就有可能在相对较短的时间内从几个实验任务中收集大量数据。虽然这种设备很昂贵(机器就可能花费超过 100 万英镑),但 MRI 在医学诊断中的重要性已经使其成为医学大部分领域中的临床必备设备。反过来,这也使得许多医院和研究实验室越来越多地使用可以进行功能性脑成像的磁共振成像仪。

脑扫描技术正把我们带向何方?

功能扫描技术的发展开辟了研究人脑的新篇章,被称为认知神经科学 363 的心理学分支[28]应运而生。认知神经科学致力阐明心理活动和思想的神经基质,或者如迈克尔·扎加尼加(Michael Gazziniga)所定义的,理解脑如何使心智成为可能。自 20 世纪 90 年代初兴起以来,认知神经科学已经取得了非凡的成就,如今有数百个实验室在使用扫描设备,这种状况在未来会进一步发展。认知神经科学的普及也反映在研究文章的数量上,1990 年涉及 fMRI 的论文有 146 篇,到 2009 年,这个数字上升到近 7000 篇。[29]这种发展势头不难理解,因为心理学家感兴趣的几乎所有认知功能都可以通过这一技术来研究。此外,基于这种脑扫描技术,人们还可能提出关于人脑非常深刻的问题,包括一些持久的问题,例如脑功能是否定位在一个区域,或者脑是否有替代的方式来进行其心理操作。[30]认知心理学家并不是唯一对 fMRI 感兴趣的人。另一些人用它来帮助人们变得快乐,克服上瘾行为,打击种族主义和改善记忆。功能性磁共振成像也越来越多地应用于临床,以协助各种疾病的评估、诊断和康复。显然,脑成像技术已经就位,而面对神经科学迅速发展的这一分支,心理学家才刚刚起步。

乍一看,功能磁共振成像似乎为我们提供了一种强大手段来理解认知过程,也许甚至会暴露出一个人"真实的想法",人们会恐惧有一天科学家将发现他们内心深处所有的思想和秘密。尽管这项技术的发展潜伏着许多风险,但脑扫描技术已经表明,有可能通过几种方式来预测一个人的行为。例如,洛杉矶大学的研究人员在检查了前额叶皮层的活动后,能够非常准确地猜测出一个人是否会涂防晒霜,或者是否会在看完健康教育影片后有意地尝试戒烟。[31]另一研究小组在评估了纹状体的血流以后,对一个人学习一款名为"太空堡垒"的复杂电子游戏的成功程度做出预测。[32]也许最有趣的问题是 fMRI 是否能确定一个人有没有说谎。事实上,针对前扣带皮层和前额叶区域所做的相关研究表明,fMRI 在测谎上可以达到 75% 到 90% 的准确度,[33]这样的数字表明,尽管有反对的声音,[34]但要不了多久,法庭就会采信这种证据。尽管测谎可能有其积极的用途,但其他类型的信息无疑会引发更大的质疑,这些信息有一天可能会扩展到心理缺陷、性偏好、种族态度,甚至对暴力犯罪或恐怖主义的嗜好。毫无疑问,这会引发广泛关注,尤其是因为雇主、企业和政府自然会对了解某些人的能力、个性、诚实与否以及其他特征感兴趣。

我们不可能知道脑成像未来会怎样发展,但有足够的证据表明,心智的奥秘在很长一段时间都不会被揭开。一个原因是 PET 和 MRI 测量脑活动的视觉分辨率还非常低。例如,在撰写本书时,大多数磁共振扫描仪提供的脑图像包含的体积像素大约是 $5 \times 5 \times 5$ 立方毫米,成像时间不到 50 毫秒,从而整个脑成像用时只有 2～3 秒。虽然这听起来很是不错,但稍微做一点数学计算就可以知道,一个体素必定包含大约 550 万个神经元、5.5×10^{10} 个突触和大约 220 千米的轴突。因此,将所有这些活动简化到一个彩色像素所呈现的充其量只是高度简化了对脑功能的测量,这就像试图从封面读一本书一样。如果我们真想更好地理解脑图像,就需要关于神经递质定位和错综复杂的神经回路的详细信息。对血流的简单测量自然是无法做到这一点的。因此,PET 和 fMRI 可以显示出一个大的细胞群中活动发生的位置,但对活动如何发生它却不能提供任何有意义的说明。所以将使用脑成像技术批评为只不过是现代版的颅相学也就不足为奇。

如何解释脑成像实验也面临许多其他问题的困扰。例如,尽管血流的增加与脑活动的增加相关看起来是一个合理的假设,但实际上在 fMRI 中血氧饱和水平信号的变化滞后于神经元活动大约 1～2 秒,从这一点开始,可能还需要 5～7 秒才能达到它的峰值。更复杂的是,扫描仪产生的不必要噪声,或者大脑的随机活动,可能和信号本身一样大,这就需要研究者重复几次这个过程才能得到更可靠的图像。这不仅使统计分析变得困难,而且在许多情况下,一致的神经活动并不与脑扫描的表现相关。很明显,没有两个人的脑在解剖学上或功能上是完全相同的,这让问题变得更加棘手。事实上,这有助于解释为什么 fMRI 经常产生高度可变和不可复制的数据。因此,到目前为止,对功能性脑成像研究的解释还远远不够直接,而且目前还不清楚这种状况是否会完全得到解决。

人工智能的前景

人工智能,或者说人类思维过程可以被机械化的观点,有着可以追溯到文明开端的悠久历史。古希腊神话中有机械人,古埃及人尊崇会说话的智慧雕像,这些都是人工智能历史久远的证明。从那以后,有过许多次发明可以智能工作的机械装置的尝试,这些尝试也反映在文学作品中,比如具有人类思维能力的弗兰肯斯坦。然而,只有到了 20 世纪,能够执行快速和复杂的数学和逻辑操作的数字计算机出现以后,看似强大到足以模拟人类思维的机器才出现。数字计算机的发展导致人工智能(AI)在 1956 年夏天成为一个专门的学术领域。1956 年,约翰·麦卡锡(John McCarthy,他创造了"人工智能"这个词语)在新罕布什尔州的达特茅斯学院(Dartmouth College)组织了一场为期一个月的会议,召集了当时顶尖的计算机专家。他们希望满满,因为在他们看来,计算机可以模拟人类智能的每一个方面。一些人甚至预测,如果在这个项目上投入足够多的资金,在一代人的时间内就会出现具有类似人类智能的电脑。尽管事实证明,这不过是一种空想,但这次会议确实为未来的人工智能研究奠定了基础,并导致许多大学设立了研究中心。

然而,对一些人来说,人工智能的真正开端始于 1950 年,当时在曼彻斯特工作的阿兰·图灵(Alan Turing)在哲学杂志《心灵》(Mind)上发表了一篇论文,提出了一个看似简单实则困难的问题:机器能像人类一样思考吗?由于意识到这个问题几乎无法回答——部分原因在于人类的思维不能被精确定义——图灵提出了一个测试。简单地说,他提出了一个问题:电脑是否可以和另一个人进行有意义的对话?为了测试这种可能性,图灵想象了这样一种情况:一个人被要求通过使用键盘等设备来询问隐藏在另一个房间里的东西。接着这个人必须根据他收到的回答来判断,这个东西是另外一个人还是一台机器。图灵声称,如果询问者不能在两者之间做出分辨,电脑就可以被认为具有智能思考的能力(见图14.4)。

365

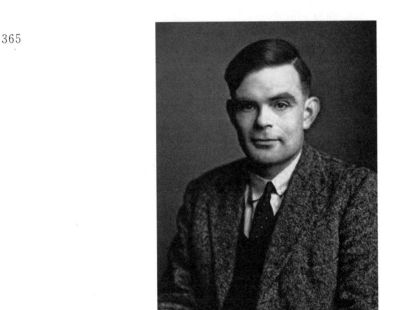

图14.4　阿兰·图灵(1912—1954)在1950年提出了计算机是否能像人类一样思考的问题,可以说他开创了人工智能领域。

60多年过去了,图灵测试即使不是人工智能的"圣杯",也仍然是人工智能最重要的目标之一。有趣的是,图灵相信测试将在2000年左右通过,到那时数字计算机的存储容量大约为10^9。虽然图灵对计算机的预测是准确的,但在对测试的预测上却是错误的,因为没有一台计算机能接近于模仿人类的思维。1991年,美国商人休·罗布纳(Hugh Loebner)发起了一项年度竞赛,承诺奖励(奖金现在是10万美元)任何能够制造出符合图灵标准的计算机的人。这项竞赛每年的最佳尝试奖仍为2000美元,但大多数专家似乎已经放弃了这一挑战。他们似乎无法制造出一种机器,它能够比对已经被编程的语言(re-hash)做得更好。遗憾的是,图灵再也看不到这些。1952年,图灵因同性恋被刑事起诉,他必须接受雌激素治疗以替代坐牢。1954年,41岁的图灵自杀身亡,死因是氰化物中毒。[35]

我们可以提出一个并非不合理的问题:为什么图灵测试如此棘手?是因为我们还没有找到正确的计算机算法?还是说人类的心智有什么特别之处是计算机无法模拟的?美国哲学家约翰·塞尔(John Searle)相信后一种观点。塞尔在1980年发表了一篇文章,试图质疑"强人工智能"的观点。在这篇论文中,塞尔让他的读者想象这样一个场景:一个不懂中文的人坐在一个房间里,这个房间里有一本书,其中讲述了如何识别和操作中文字符。塞尔问道:如果有人通过邮箱发了一个用中文写的问题会发生什么?尽管屋中的人不知道问题的意思,塞尔论证说,这个人仍然能够破译信息,并做出一个足够智能的回复来说服收件人他们是在和一个会中文的人打交道。塞尔在这里提出的中心观点是,房间里的人只是在做计算机做的事情,即操纵符号,但并不理解符号的意义。如果塞尔的怀疑是正确的,那么图灵测试将永远不会通过。换句话说,一台处理信息的机器,无论多么复杂,都不可能拥有"额外"的成分使它具有能够理解或有意识的心智。

不管塞尔的论证正确与否,人工智能都不会因此而失色,因为人工智能领域已经迅速发展成为现代世界的一部分。这一点从以下事实便可见一斑:当今大量的应用程序使用智能计算,包括用于检测信用卡欺诈的系统、能够理解人类语言的电话系统以及诸如谷歌之类的搜索引擎。人工智能甚至产生了一些程序,这些程序发明了新的逻辑定理,[36]或者打败了国际象棋的世界冠军。然而,这样的程序是否能够像人类一样思考仍然是一个问题。尽管如此,有些人相信这一天将会到来,尤其是因为计算机正在变得越来越强大和复杂。摩尔定律可以让我们理解何以会出现这样的变化。1965年,英特尔(Intel)公司的联合创始人戈登·E. 摩尔(Gordon E. Moore)预测,集成电路上的晶体管数量(即控制速度和内存的元件)每两年就会增加一倍,而成本也会以同样的速度下降。事实证明这个预测是准确的,因为计算机已经从房间大小的机器缩小到无法用肉眼看到的芯片。[37]这种新技术的计算能力是惊人的,如果继续下去,人工智能超越人类推理的时代可能就会出现。这一节点被称为"奇点"(1958 年数学家约翰·冯·诺伊曼首次使用这个术语),若是这种情况真的发生,人类的未来很可能变得诡谲莫测。也许只有到那时,计算机才能够找到一种方法,制造出通过图灵测试的有意识机器。一些人相信奇点已经为期不远。2012 年在墨尔本举行的年度奇点峰会上,牛津大学学者斯图尔特·阿姆斯特朗(Stuart Armstrong)对该领域的多位专家进行了调查,预测奇点来临日期的中值是 2040 年。

脑机接口

367　　近年来,神经科学中与计算相关的一个最令人兴奋的进展是脑机接口(BCI)的出现,它试图在脑的指令与能够执行所需动作的设备之间提供连接。这一发展前景广阔,它能够恢复严重残疾人士的运动功能,或恢复盲人或聋人的视力和听力。虽然当汉斯·伯杰在 20 世纪 20 年代发明脑电图(见第 11 章)的时候,这项技术就可以说已经开始了,但直到 60 年代末,才找到用脑电活动激发行为的方法。这一点的最初证明来自动物研究,当时的研究发现,猴子可以学会用来自单个皮层神经元的信号控制指针的偏转,或者在初级运动皮层产生特定的神经活动模式。这些发现显示脑电活动也可以用作人机交流中的信号。1973 年洛杉矶大学的杰奎斯·韦达(Jacques Vidal)[38]实现了这一点,他用从视觉皮层上记录的诱发电位训练被试移动计算机屏幕上的光标,这些诱发电位是通过追踪 8×8 棋盘上发光的方格得到的。

　　这种类型的脑电反馈训练很快扩展到其他脑区,包括感觉运动皮层和运动皮层,对有计划的运动的想象会在这些区域产生神经活动,然后可以将这些活动翻译成计算机信息。另一种以类似方式被利用的脑活动是一种脑电图事件(EEG event),通常由顶叶产生,被称为 P300 波,之所以这样称呼是因为它发生在一个人做出决定后约 300 毫秒。虽然 P300 波有一个小振幅,但它是高度可靠的,并因此提供了很好的信号来控制计算机接口。到 20世纪 80 年代末,研究人员可以利用 P300 事件相关电位让志愿者在电脑屏幕上拼写单词。同样的程序后来教给了截瘫病人,结果他们的表现和正常被试一样成功。[39]

近年来,脑机接口已经发展成为一个主要的科学专业领域。虽然非侵入性脑电图的方法是最常用的,但也有一些方法是将设备植入脑中。其中最常见的方法是在脑的表面放置微电极阵列,或者将微电极插入组织中,而这两种方法通常是用来定位癫痫患者的发作病灶的。这些方法取得了一些显著的成功,其中包括由美国 Cyberkinetics 公司的创始人约翰 P. 多诺霍(John P. Donoghue)领导的团队在 2005 年率先研制的第一台控制假肢手的装置。这些研究人员将由 96 个电极组成的微阵列植入一位名叫马特·内格尔(Matt Nagle)的患者的初级运动皮层,内格尔由于脊柱刺伤导致颈部以下瘫痪。现在仅仅通过想象动作,内格尔就能移动机械臂和手,这使他能操作电视和打开电子邮件。脑机接口要解决的另一个残疾问题是失明,美国人工视觉专家和企业家威廉·多贝尔(William Dobelle)是这一领域的先锋。2000 年,多贝尔将由 68 个电极组成的微阵列植入一个被称为杰瑞(Jerry)的患者的视觉皮层,杰瑞已经失明 30 多年了。通过让杰瑞戴上一副经过特殊设计、与微型摄像机相连的眼镜,然后把输入信息传送到腰带上的电脑中,多贝尔就能够刺激杰瑞的视觉皮层,使他能够探测光线和各种灰色阴影的变化。尽管只有 20 个电极发挥作用,但杰瑞能够在 5 英尺远的地方识别 2英寸的字母,还可以在纽约地铁里行走。

脑机接口设备目前也被用来刺激脑以便控制帕金森病和癫痫等疾病。 368
不难设想,有一天这些设备将帮助克服几乎任何类型的残疾。不过脑机接口技术的前景虽说巨大,但仍旧处于起步阶段,在很大程度上仍旧是实验性的。这种情况短时间内不太可能有显著改善,因为发展临床应用,特别是针对瘫痪和感觉丧失的脑机接口技术投入巨大,又难以实施。这不可避免地需要希望盈利的生物医药公司的资金。因此,要将脑机接口技术日常应用到治疗普通人常见类型的残疾还任重道远。尽管如此,脑机接口技术提供了另一个例子,说明神经科学如何有潜力改变医学景观,治疗最棘手和令人苦恼的残疾。而且,有一天这一切都有可能会实现。

新时代的开始:对脑研究领域的大规模投资

随着神经科学的重要性在 21 世纪的增加,用于其研究的支出也在增长。无论是政府还是私人都在源源不断地向这一领域投入巨额资金,有些资金投向了脑科学的所谓"大问题"。其中之一是人类连接体计划(Human Connectome Project),该计划由美国国家卫生研究院(NIH)于 2009 年发起。[40]尽管人们很早就知道人脑由数以亿计的神经细胞组成,这些细胞之间有大约 100 万亿个突触分隔,从而形成了巨大而复杂的网络,但研究人员仍无法为所有这些连通性绘制出精确的地图。充其量,他们只有一张人脑的概图,这有点像一个大型的道路图册,在其中并没有突出单个的房屋或私家车道。然而,哈佛大学的杰夫·利希特曼(Jeff Lichtman)和约书亚·塞恩斯(Joshua Sanes)在 2007 年开发了一项涉及荧光蛋白生成的新神经成像技术,这项技术使得对脑进行细化到单个神经元和单个突触(即一个"连接体")的完整绘图成为可能。这种神经成像技术被称为"脑彩虹",它利用重组基因技术和细胞染色技术的组合,用不同的红、绿、蓝比例给特定类型的蛋白质着色,进而我们就可能用特殊的颜色来标记每个神经元。在这项技术被发明之前,绘制单个神经元是一个漫长的过程。而现在,脑彩虹技术可以让超过 100 个神经元在一次染色过程中被同时识别(或照亮),由此得到的是视觉上令人感到震撼的图像,研究人员借此能够轻松区分树突和轴突。对于确定脑的完整神经连接来说,做到这一点是一个重要的前提条件。

利用这项新技术,NIH 向一个大学联盟提供了总计近 4000 万美元的资金来构建一个"网络地图",该地图将显示健康人脑的解剖和功能连接,并生成数据,促进对诸如阅读障碍、自闭症、阿尔茨海默病和精神分裂症等脑疾病的研究。[41]其中接受资助的一组包括华盛顿大学、明尼苏达大学和牛津大学,它们将使用各种神经成像技术绘制 1000 多名健康成年人的脑的长纤维连接。这个项目的目标不仅是建立一个毫米分辨率的脑结构模型,而且要将这些信息与用 fMRI 进行的行为测试联系起来。该项目还对数百对双胞胎及其兄弟姐妹进行了调查,以帮助研究人员更好地了解基因对大脑功能的影响。第二组由哈佛大学和洛杉矶大学的团队领导,他们将使用一种叫作弥散磁共振成像(diffusion MRI)的技术,这项技术可以通过追踪水流来绘制脑纤维。为此,麻省总医院建造了一台新的磁共振扫描仪,其功能比大多数机器强 8 倍,还有复杂的计算机算法,可以观察到高分辨率的人脑连接。这台磁共振扫描仪所得到的数据将提供一个参考数据库,该数据库将被上传到人类连接体网站,使其他科学家也能访问这些数据。

369

人类连接体项目可能会带来许多好处。首先,因为神经网络的活动决定了我们的行为、个性、思想和记忆,所以理解它们的解剖结构和功能将有助于更全面地解释脑是如何工作的。其次,它还有助于阐明基因和环境如何改变这些联系,这些联系影响着我们做的每件事,从我们解决难题的能力、演奏音乐到毒品上瘾。再次,神经网络也会随着时间的推移而改变,对这一过程的研究将使我们对神经可塑性、衰老和疾病有更深入的了解。最后,也许最重要的是,连接体可以让我们更好地理解大脑"连接错误"所导致的各种精神障碍,比如自闭症、抑郁症和精神分裂症,而这些知识将有助于治疗这些脑疾病。有人甚至认为,有一天人类也许能够将自己的意识"上传到"电脑中,从而实现某种永生。人类连接体项目能否实现这些目标还是一个问题,但毫无疑问的是,它将在未来几年提供宝贵的信息。

人类连接体项目也影响了其他大规模脑研究项目的创建。其中之一是通过推进创新神经技术展开脑研究(the Brain Research Through Advancing Innovative Neurotechnologies,BRTAIN)的倡议,也被称为脑活动地图计划(Brain Activity Map Project)。2013 年 4 月,美国总统巴拉克·奥巴马(Barack Obama)在白宫首次概述了这一项目并从 2014 年开始提供 1 亿美元的资金,此外还有来自各私营合作伙伴和机构提供的额外支持。[42]然而,只过了一年,这笔款项就增加到大约 2 亿美元。根据约翰·多诺霍的说法,这个项目试图填补脑功能解释方面的空白,这一解释层次介于单细胞水平的测量与使用诸如 MRI 等方法来观察不同脑区的活动之间。"脑"计划

(BRAIN initiative)至少有 15 家 NIH 的机构和中心参与，由于它需要开发许多新技术，并依赖于多个学科的科学家和工程师的合作，人们已经将其与阿波罗太空计划和人类基因组计划相提并论。它的最终目标是"绘制脑回路，测量这些回路中电化学活动的波动模式，并了解它们的相互作用是如何创造出我们独特的认知和行为能力的"。换句话说，它将提供一个革命性的脑动态的新图像，这个图像将首次展示单个细胞和复杂的神经回路如何在时间和空间中相互作用。这不仅能帮助我们理解脑如何思考、感受、感知、学习、做决定和行动，还能帮助研究人员发现治疗和预防脑疾病的新方法。尽管"脑"计划仍处于早期发展阶段，但它雄心勃勃，而且将会补充许多正在进行的人类连接体方面的研究。

另一项雄心勃勃、令人印象深刻的大规模计划是人脑计划(the Human Brain Project)，2013 年，欧盟将该计划列为两项未来新兴技术(FET, Future Emerging Techonology)旗舰计划之一。[43] 这一方案起源于蓝脑计划(Blue Brain Project)，[44] 它是由 IBM 研究院与瑞士联邦理工学院于 2005 年共同发起的，其目的是建造一台可以模拟一个针头大小的柱状结构——其中有大约 10000 个老鼠大脑皮层神经元——的超级计算机。人脑计划[45] 则要更进一步，目标是模拟整个人脑。该计划为期 10 年，将获得 10 亿欧元的资金，有至少 15 个欧洲成员国和近 200 个研究机构的研究人员参与其中。与美国人逐条绘制人脑的神经连接不同，人脑计划试图将解剖学研究和行为扫描研究的数据输入一台高性能计算机来尝试模拟脑功能。研究人员希望通过这种操作能进行数千次统计模拟，并利用这些信息来预测脑的所有神经元是如何结合在一起的。这将提供一个理论模型，而进一步研究获得的真实数据将对这一模型进行检验。因此，从理论上讲，这一工作使得通过数学分析理解脑成为可能。尽管执行项目的科学家们承认，目前的计算机技术还不足以处理该项目产生的巨量数据，但他们相信在 10 年之内就可以做到这一点。如果成功，人们希望这样的机器能够在人脑进行思考或从事某些任务时，实时模拟它的整个生物活动。它还可能导致在未来发明像人一样思考的新超级计算机。这实在是雄心勃勃的梦想，按照曼彻斯特大学史蒂夫·福伯(Steve Furber)教授的说法，这种计算机的运算能力能达到每秒

10^{21}次,甚至可能更多。 370

　　值得注意的是,就推进神经科学的重大举措来说,"脑"计划和人脑计划并不是目前唯一的大规模研究项目。其他值得提到的计划包括 SyNAPSE,[46] 该计划旨在制造包含 100 亿个电子神经元的计算机芯片,这些神经元由 100 万亿个突触连接起来;大脑计划(the Big Brain Project),[47] 该计划已经制造出分辨率为 20 微米的人脑三维模型;EyeWire 项目,[48] 该项目让公众参与完成一些绘制脑神经通路的工作。位于西雅图的艾伦研究所(Allen Institute)还在研究不同类型动物的神经系统的连接,以及绘制脑发育过程中的基因表达。[49]在不久的将来,基于国家精神健康研究所资助的研究领域标准计划(the Research Domain Criteria Project),精神疾病的诊断也有可能改变。这一计划列出了 23 种核心的脑疾病及其相关的神经回路、神经递质和基因,有朝一日,这一标准计划可能会取代目前的《精神疾病诊断和统计手册》,并引发治疗方面的一场革命。[50]所有这些都是激动人心的。

最后的疆域

　　1896 年,著名的博物学家、进化论的拥护者托马斯·赫胥黎把意识比作在阿拉丁擦神灯时突然出现的精灵。一个多世纪过去了,从这个类比来看,我们对意识的理解似乎没有实质性的变化,因为许多人仍然相信人脑有着某种特殊的精神本质,它与脑的机械运作是分离的。这是一个传统上被称为心身问题的古老哲学话题,它所触及的许多根本问题是很多神经科学家常常试图回避的。这些问题包括:心灵的本质是什么? 它与脑的生物学有什么关系? 等,这一困境的核心不难理解。我们的身体是由肌肉和骨骼组成、按照固定的生物规律运行的生理的东西。相反,心灵却似乎没有质量和形状,能够思考、行动和感受,而这些都不是任何其他已知的物质对象,比如 371 岩石和树所具有的性质。更令人惊讶的是,人的心灵不像任何无论是神经的还是其他类型的机器,它似乎具有自由意志,能够自我决定。正因为如此,一些人认为一种具有思考属性的类似灵魂的力量必定存在于我们的脑中,这种观点被称为二元论。不仅世界上各大宗教,而且世界上大多数人都持有这样的观点，20世纪三位最杰出的神经科学家，即查尔斯·谢灵顿、约翰·埃克尔斯和怀尔德·彭菲尔德也持有这样的观点。然而，如果二元论是真的，那就太不可思议了，因为这将证明存在一种新的物质，它可以自我决定，而且完全不受制于已知科学的原则。我们不仅要从根本上改变我们对脑的认识，还要改变我们理解整个宇宙的方式。

毋庸讳言，现代神经科学仍然没有这些问题的答案。我们这个时代最具影响力的哲学家之一丹尼尔·丹尼特（Daniel Dennett）一直都在说，意识是我们要去解决的最后一个谜题。当然，还有许多其他的大问题困扰着人类，包括宇宙的起源、生命的本质和相对论。但丹尼特认为，虽然我们还没有完全解决这些问题，但至少知道如何解决它们。对于拒绝定义和解释的意识来说，情况就不一样了。然而，在1990年，DNA的发现者之一弗朗西斯·克里克与克里斯多夫·科赫（Christof Koch）一起提出了一项倡议，他们认为是时候用神经科学来解决意识问题了。他们的方法是寻找意识经验的神经相关物，也就是说，识别始终伴随着自我觉知的脑过程。这一观点无疑为研究人员提供了一个主要的推动力，而克里克还进一步指出，意识关键性地依赖于丘脑与皮层的连接。他还认为，解决这个问题的最好途径是将注意力放在视觉意识方面，因为我们对视觉的了解超过了对其他任何感觉的了解。然而，25年过去了，意识的神经科学没有取得任何突破。虽然问题有很多，但有一个问题似乎特别棘手——那就是我们脑中视觉和所有感官是如何"汇聚"起来，产生出一个对感官世界的统一经验。这就是所谓的绑定问题，而人们也很容易想象有某种内部剧场，所有这些感官都汇聚在剧场的荧幕上。遗憾的是，我们非常清楚地知道，脑并不是这样工作的。

对一些人来说，搞清楚意识经验的生理基础实际上是相对"容易"的，尽管我们如今还没有完成这一点。澳大利亚哲学家大卫·查默斯（David Chalmers）是持有这种观点的人之一，他相信，随着科学的进步，人们会发现意识的许多神经相关物。然而，这仍然不能解决意识的真正问题，因为真正的困难在于试图理解脑的物理过程是如何产生主观体验的。例如，想象红色的视觉、热乎乎的面包的新鲜气味，或者牙医钻牙的声音。这些方面被称为感受质（qualia），它们构成了意识的核心。然而，物质宇宙并不包含颜色、气味或声音,它只有特定类型的分子、频率和各种类型的力。然而,心灵如何从物质世界中构建丰富多样的主观体验?对于查默斯和许多哲学家来说,这是一个"困难"的问题,有时被称为"解释的鸿沟"。糟糕的是,神经科学无法回答这个问题。查默斯还进一步认为,我们未来不大可能解决这个问题或者理解其他个体的主观经验。哲学家托马斯·内格尔也巧妙地指出了这一点,他问道,成为一只蝙蝠是什么样子?当然,我们永远无法知道,同样,我们也永远无法体验成为另一个人会是什么样子,因为只有他们才能以自己的方式存在。如果这是真的,那就表明,在有关人类心智的问题上,神经科学家所能做出的回答是有明显局限性的。

　　尽管有这样的限制,但对于神经科学来说,这是一个激动人心的时代。毫无疑问,我们正站在一个新时代的边缘,遗传学、干细胞技术和人工智能(仅举几例)的进步都有助于在未来几年改变我们对脑的理解。这一进展将使神经科学有希望回答一些传统上独属于哲学家的问题。也许要将这两种截然不同的学科更充分地融合就需要最终确认人类心智的真正本质。虽然二元论仍有拥护者,但大多数神经科学家如今都相信唯物主义,认为心灵是由物理的事物构成的。因此,如果我们把碳、氢、氧这样的原子按某种方式排列,就可以得到石头或树;而如果改变它们,我们就创造了一个具有精神功能和意识能力的大脑。然而,要找到一种确定的方法来拒斥二元论(如果它确实是错误的)并不容易。而且,即使真的做到了这一点,也肯定会有更多的谜团接踵而至。例如,哪种唯物主义最好地解释了心灵的本质?最简单的版本,即还原唯物主义,认为心理事件只不过是脑状态。因此,如果你刺激运动皮层,你的手就会运动起来,而刺激杏仁核就会产生恐惧和恐慌的感觉。尽管许多神经科学家可能坚持这一基本观点,但也有人认为大多数心理活动不能用这种方式来还原。事实上,有些人主张非还原的唯物主义,认为意识是从脑的所有神经元和突触的活动中"涌现"出来的——就好像水是从氢气和氧气中产生一样。换句话说,意识大于其各部分的总和,并在一个比其基本组成部分更高的层次上运作。最后,我们也不应该排除拒绝精神现象存在的取消式的唯物主义,它认为只有物质世界,因此心智必定是某种巨大的幻觉。取消式的唯物主义者甚至否认我们有看法、欲望或感受,相

372

反,他们相信这些心理主义术语有朝一日会从脑科学中消除。如果这种唯物主义概念被证明是正确的,那么在 100 年后重返地球的神经科学家将会发现他们对脑的理解与现在的完全不同。

注释:

1. 换句话说,人类知识的扩展速度可以用 1、2、4、8、16 这种几何级数来表示。

2. 可以说,进步的速度比这还要快。例如,1958 年,有关脑科学的论文大约有 650 篇,1978 年达到 6500 篇,到 1998 年,这一数字超过了 1.7 万,而 2008 年,在神经科学领域大约有 2.65 万篇研究论文发表。神经科学协会的成员数量也以令人同样印象深刻的速度在增加。神经科学学会成立于 1969 年,当时有 500 名成员。如今,它在 90 多个国家拥有 4.2 万名成员。神经科学协会负责举办年度会议,每次都会吸引超过 2 万名代表参会。

3. 自 1901 年诺贝尔医学奖设立以来,截至 2011 年,共有 199 名男性和 10 名女性获得诺贝尔医学或生理学奖。其中,大约 50 名获奖者可以说对神经科学做出了重要贡献,而这些贡献中的大多数是在过去 50 年中做出的。

4. 黑质最初是由法国内科医生费利克斯·维克·德埃热(Félix Vicq d'Azyr)在 1786 年发现的,他将其称为"黑斑"(即黑色物质),不过人们有时也认为托马斯·索默林(Thomas Soemmerring,1755—1830)是第一个发现的。

5. 250 多名神经科学家在致诺贝尔奖委员会的公开信上签名,抱怨这一疏忽。

6. 我们现在知道,构成人类基因组的 23 对染色体,包含超过 30 亿个碱基对,每条染色体大约有 650 万个碱基对。

7. 事实上,在我们的 DNA 中有 64 种可能的三联体,它们确定了 20 种氨基酸。

8. CAG 是编码谷氨酰胺氨基酸的密码子。

9. 除了糖是核糖(而不是脱氧核糖)以外,RNA 与 DNA 相似,此外,它有一个取代了胸腺嘧啶的尿嘧啶碱基。

10. 信号转导是指神经递质、激素和营养因子在细胞内借以被传递成生化信号的过程。

11. 转录因子是一种与特定 DNA 序列结合的蛋白质,从而控制从 DNA 到信使 RNA 的遗传信息的传递过程。

12. 我们现在知道仅在突触中就有 1461 种蛋白质,神经元的复杂性由此可见一斑。

13. 格雷戈·孟德尔的基因遗传定律直到 1900 年才被重新发现。

14. 其中最著名的是马丁·罗斯(Martin Roth)、加里·布莱斯(Gary Blessed)和伯纳德·汤姆林森(Bernard Tomlinson)。

15. 更具体地说,该物质是激酶 PERK (protein kinase NA-like endoplasmic reticulum kinase)的特异性抑制剂。

16. 也许更重要的是,2014 年 7 月,伦敦国王学院(King's College,London)的一组研究人员报告了首次针对阿尔茨海默病进行的血液检测——这一发现将有助于预后,也有助于未来的临床试验。

17. 测序的基因来自噬菌体 MS2,1972 年由比利时根特大学的沃尔特·费尔斯(Walter Fiers)和他的同事首次发表。接下来,在 1976 年发布了细菌的全基因组。

18. Baxa et al. (2013).

19. 实际上,"成体干细胞"属于用词不当,因为这种细胞也存在于胎儿、胎盘、脐带血和婴儿中。

20. Takagi et al. (2005).

21. 尽管大多数帕金森病似乎是由环境和遗传因素的复杂相互作用导致的,但大约 15% 的病例都有由某些基因突变引起的这种疾病的家族病史。

22. 图灵还因在二战中破译德国密码而闻名,这可以说是对 1945 年盟军赢得欧洲战争最重要的一项贡献。

23. 特别要提到的是美国的威廉·奥登多夫(William Oldendorf),他在 20 世纪 60 年代早期用废弃的零件建造了一台扫描机,但是却没有商业资助来进一步发展他的想法。

24. 尽管百代公司用从披头士乐队的唱片中获得的利润资助 CAT 项目的这种说法流传很广，但并没有证据支持。很明显，百代音乐并没有资助百代医疗。

25. 据估计，2007 年，美国进行了 7200 万次扫描。

26. 这是一个合理的假设，因为所有的细胞都从血液提供的氧气和葡萄糖中获取能量。

27. 尽管达马迪安在核磁共振成像领域做出了重要贡献，但获得 2003 年诺贝尔奖的却是劳特伯尔和曼斯菲尔德。个中缘由颇有争议，不过达马迪安活跃于各种会议，又是一个幼年地球创生论者（Young Earth Creationist），主张地球上的所有生命都是上帝在 5700 年到 10 万年前创造的，这些大概对达马迪安的事业都没有什么帮助。

28. 20 世纪 70 年代末，研究裂脑的迈克尔·扎加尼加和心理学家乔治·米勒在纽约出租车的后座上发明了这个词。

29. See Nikolas Rose and Joelle Abi-Rached (2013).

374　30. 这是一个重要的问题。虽然把脑看作一个有着严格分工的社会网络很诱人，但一个神经元基于过去的经验与其他神经细胞之间建立的连接类型实际上要比它所处的位置更重要。如果这个想法是正确的，我们就可以期待看到脑的许多区域的重叠活动。

31. Falk et al. (2010).

32. Loan et al. (2011).

33. Langleben (2008).

34. Rusconi and Mitchenser-Nissen (2013).

35. 2009 年 9 月 10 日，在一场全国性的运动之后，戈登·布朗（Gordon Brown）代表英国政府，为图灵所遭受的骇人听闻的对待正式公开道歉。2013 年 7 月，他亦获得上议院赦免。

36. 1956 年，艾伦·纽维尔（Allen Newell）、J. C. 肖（J. C. Shaw）和赫伯特·西蒙（Herbert Simon）使用第一个人工智能程序"逻辑理论家"来证明伯特兰·罗素（Bertrand Russel）和阿尔弗雷德·诺斯·怀特海（Alfred North Whitehead）在《数学原理》中定义的基本逻辑等式。对于其中一个等式，即定理 2.85,逻辑理论家发现了一种新的更好的证明,这超出了发明者的预期。

37. 举个例子,2012 年 4 月,英特尔推出了一种芯片,其构成元件的尺寸为 1 毫米的 2200 万分之一,它的运行尺度比细菌还小。

38. 韦达还创造了脑机接口这个术语。

39. Donchin,Spencer and Wijesinghe (2000)。

40. http://humanconnectome. org.

41. 盖茨比基金会(Gatsby Foundation)、霍华德·休斯医学研究所(Howard Hughes Medical Institute)和微软(Microsoft)等各种组织也提供了资金支持,此外还有来自不同个人的匿名捐赠。

42. http:// nih. gov/science/brain/.

43. 另一位获奖者将研究一种名为石墨烯的合成碳基材料的独特特性,石墨烯有望成为 21 世纪的神奇材料。

44. http://bluebrain. epfl. ch.

45. http://humanbrainproject. eu.

46. http://research. ibm. com/cognitive-computing/neurosynaptic-chips. shtml.

47. http://bigbrain. loris. ca.

48. http://eyewire. org.

49. http://alleninstitute. org.

50. See Wilson (2014)。

参考文献

Albright,T. D. ,Jessell,T. M. ,Kandell,E. R. ,et al. (2001). Progress in the neural sciences in the century after Cajal (and the mysteries that remain). *Annals of the New York Academy of Sciences*,929(1),11-40.

Alwasti,H. H. ,Aris,I. and Janton, A. (2010). Brain computer interface design and applications:Challenges and applications. *World Applied Sciences*

Journal, 11, 819-825.

Bandettini, P. A. (2009). Functional MRI limitations and aspirations. In Kraft, E., Gulyas, B. and Poppel, E. (eds), *Neural Correlates of Thinking*. Berlin: Springer-Verlag.

Bargmann, C. I. and Marder, E. (2013). From the connectome to brain function. *Nature Methods*, 10(6), 483-490.

Baxa, M., Hruska-Plochan, M., Juhas, S., et al. (2013). A transgenic minipig model of Huntington's disease. *Journal of Huntington's Disease*, 11 (10), 47-68.

Bayés, A. I., van de Lagemaat, L. N., Collins, M. O., et al. (2011). Characterization of the proteome, disease, and evolution of the human postsynaptic density. *Nature Neuroscience*, 14(1), 19-21.

375   Bennett, M. R. and Hacker, P. M. S. (2003). *Philosophical Foundations of Neuroscience*. Oxford: Blackwell.

Benraiss, A. and Goldman, S. A. (2011). Cellular therapy and induced neuronal replacement for Huntington's disease, *Neurotherapeutics*, 8 (4), 577-590.

Bloom, F. E. (ed.) (2007). *Best of the Brain from Scientific American*. New York: Dana Press.

Breunig, J. J., Hayder, T. F. and Rakic, P. (2011). Neural stem cells: Historical perspectives and future prospects. *Neuron*, 70(4), 614-625.

Burton, R. A. (2013). *A Skeptics Guide to the Mind*. New York: St Martin's Press.

Cai, D., Cohen, K. B., Luo, T., et al. (2013). Improved tools for the brainbow toolbox. *Nature Methods*, 10(6), 540-547.

Carey, N. (2012). *The Epigenetics Revolution*. London: Icon.

Churchland, P. S. (1989). *Neurophilosophy: Toward a Unified Science of the Mind / Brain*. Boston, MA: MIT Press.

Clay, R. A. (2007). *Functional Magnetic Resonance Imaging: A New*

Research Tool. Washington, DC: American Psychological Association.

Costandi, M. (2013). 50 *Ideas You Really Need to Know the Human Brain*. London: Quercus.

Damadian, R., Goldsmith, M. and Minkoff, L. (1977). NMR in cancer: XVI FONAR image of the live human body. *Physiological Chemistry and Physics*, 9(1), 97-100.

Dielenberg, R. A. (2013). The speculative neuroscience of the future human brain. *Humanities*, 2(2), 209-252.

Donchin, E., Spencer, K. M., Wijesinghe, R. (2000). The mental prosthesis: Assessing the speed of a P300-based brain computer interface. *IEEE Transactions on Rehabilitation Engineering*, 8(2), 174-179.

Doty, R. W. (1998). The five mysteries of the mind, and their consequences. *Neuropsychologia*, 36(10), 1069-1076.

Duvosin, R. (1987). History of Parkinsonism. *Pharmacology and Therapeutics*, 32(1), 1-17.

Falk, E. B., Berkman, E. T., Mann, T., et al. (2010). Predicting persuasioninduced behavior change from the brain. *The Journal of Neuroscience*, 30(25), 8421-8424.

Geschwind, D. H. and Konopka, G. (2009). Neuroscience in the era of functional genomics and systems biology. *Nature*, 461(7266), 908-915.

Gonzalez, R. and Berman, M. C. (2010). The value of brain imaging in psychological research. *Acta Psychologica Sinica*, 42(1), 111-119.

Hardy, J. and Allsop, D. (1991). Amyloid deposition as the central event in the aetiology of Alzheimer's disease. *Trends in Pharmacological Sciences*, 12(10), 383-388.

Henderson, M. (2009). 50 *Genetics Ideas You Really Need to Know*. London: Quercus.

Henson, R. (2005). What can functional neuroimaging tell the experimental psychologist? *The Quarterly Journal of Experimental Psychology*, 58(2),

193-233.

Horstman, J. (2010). *The Scientific American Brave New Brain*. San Francisco, CA: Jossey-Bass.

Insel, T. R., Landis, S. C. and Collins, E. S. (2013). Research priorities: The NIH initiative. *Science*, 340(6133), 687-688.

Jaworski, T., Dewachter, I., Seymour, C. M., et al. (2010). Alzheimer's disease: Old problem, new views from transgenic and viral models. *Biochimica et Biophysica Acta*, 1802(10), 808-818.

Kevles, B. H. (1997). *Naked to the Bone: Medical Imaging in the Twentieth Century*. New Brunswick, NJ: Rutgers University Press.

Kopin, I. J. (1993). Parkinson's disease: Past, present and future. *Neuropsychopharmacology*, 32(9), 1-12.

Kurzweil, R. (2006). *The Singularity is Near: When Humans Transcend Biology*. London: Duckworth.

Kurzweil, R. (2013). *How to Create a Mind*. London: Duckworth.

Kwint, M. and Wingate, R. (2012). *Brains: The Mind as Matter*. London: Wellcome Trust.

376   Langleben, D. D. (2008). Detection of deception with fMRI: Are we there yet? *Legal and Criminal Psychology*, 13(1), 1-9.

Leavitt, D. (2006). *The Man Who Knew Too Much: Alan Turing and the Invention of the Computer*. London: Phoenix Books.

Lebedev, M. A. and Nicolelis, A. L. (2006). Brain-machine interfaces: Past, present and future. *Trends in Neurosciences*, 29(9), 536-546.

Lebedev, M. A., Tate, A. J., Hanson, T. L., et al. (2011). Future developments in brain-machine interface research. *Clinics*, 66(1), 25-32.

Leergaard T. B., Hilgetag C. C. and Sporns O. (2012). Mapping the connectome: Multi-level analysis of brain connectivity. *Frontiers in Neuroinfomatics*, 6(14), 1-6.

Legrenzi, P. and Umilta, C. (2011). *Neuromania: On the Limits of*

Brain Science. Oxford: Oxford University Press.

Lein, E. and Hawrylycz, M. (2014). The genetic geography of the brain. *Scientific American*, 310(4), 57-63.

McCormack, P. (1979). *Machines Who Think*. San Francisco, CA: W. H., Freeman.

National Research Council (2002). *Stem Cells and the Future of Regenerative Medicine*. Washington, DC: National Academy Press.

Nicolas-Alonso, L. F. and Gomez-Gil, J. (2012). Brain computer interfaces: A review. *Sensors*, 12(2), 1211-1279.

Nicolelis, M. (2011) *Beyond Boundaries*. New York: Times Books.

Nutt, R. (2002). The history of positron emission tomography. *Molecular Imaging and Biology*, 4(1), 11-26.

Ogawa, S., Tank, D. W., Menon, R., et al. (1992). Intrinsic signal changes accompanying sensory stimulation: Functional brain mapping with magnetic resonance imaging. *Proceedings of the National Academy of Sciences*, 89(13), 5951-5955.

Otte, A. and Halsband, U. (2006). Brain imaging tools in neuroscience. *Journal of Physiology*, 99(4-6), 281-292.

Paigen, K. (2003). One hundred years of mouse genetics: An intellectual history. II. The molecular revolution (1981—2002). *Genetics*, 163 (4), 1227-1235.

Palmer, G. M., Fontanella, A. N., Shan, S. et al. (2012). High-resolution in vivo imaging of fluorescent proteins using window chamber models. *Methods in Molecular Biology*, 872, 31-50.

Phelps, M. E., Hoffman, E. J., Huang, S-C. and et al. (1978). ECAT: A new computerized tomographic imaging system for positron-emitting radiopharmaceuticals. *Journal of Nuclear Medicine*, 19(6), 635-647.

Poldrack, R. A. (2011). The future of fMRI in cognitive neuroscience. *Neuroimage*, 62(2), 1216-1220.

Raichle, M. E. (1998). Imaging the Mind. *Seminars in Nuclear Medicine*, 28 (4), 278-289.

Raichle, M. E. (1998). Behind the scenes of functional brain imaging: A historical and physiological perspective. *Proceedings of the National Academy of Sciences*, 95(3), 765-772.

Rose, H. and Rose, S. (2012). *Genes, Cells and Brains*. New York: Verso.

Rose, N. and Abi-Rached, J. M. (2013). *Neuro: The New Brain Science and the Management of the Mind*. Princeton, NJ: Princeton University Press.

Rose, S. (2005). *The Future of the Brain*. Oxford: Oxford University Press.

Rose, S. (2006). *The 21st Century Brain*. London: Vintage.

377   Savoy, R. L. (2001). History and future directions of human brain mapping and functional neuroimaging. *Acta Psychologica*, 107(1-3), 9-42.

Scott, C. T. (2006). *Stem Cell Now: A Brief Introduction to the Coming Medical Revolution*. London: Plume Books.

Selkoe, D. J. (1993). Physiological production of the ß-amyloid protein and the mechanism of Alzheimer's disease. *Trends in Neurosciences*, 16 (10), 403-409.

Seung, S. (2012). *Connectome*. London: Allen Lane.

Simeral, J. D., Kim, S-P., Black, M. J., et al. (2011). Neural control of cursor trajectory and click by a human with a tetraplegia 1000 days after implant of an intracortical microelectode array. *Journal of Neural Engineering*, 8 (2), 025027.

Slack, J. (2012). *Stem Cells: A Very Short Introduction*. Oxford: Oxford University Press.

Southwell, G. (2013). 50 *Philosophy of Science Ideas You Really Need to Know*. London: Quercus.

Sweeney, M. S. (2009). *Brain*: *The Complete Mind*. New York: National Geographic.

Takagi, Y. , Takahashi, J. , Saiki. H. , et al. (2005). Dopaminergic neurons generated from monkey embryonic stem cells function in a Parkinson primate model. *Journal of Clinical Investigation* ,115(1) ,102-109.

Taylor, K. (2012). *The Brain Supremacy* : *Notes from the Frontiers of Neuroscience*. Oxford: Oxford University Press.

Ter-Pogossian, M. M. (1992). The origins of positron emission tomography. *Seminars in Nuclear Medicine* ,3 ,140-149.

Vanderwolf, C. H. (1998) Brain, behavior, and the mind: What do we know and what can we know? *Neuroscience and Biobehavioral Reviews* ,22 (3) ,125-142.

Wagner, H. N. (1998). A brief history of positron emission tomography. *Seminars in Nuclear Medicine* ,28(3) ,213-220.

Wickens, A. P. (1998). *The Causes of Aging*. Amsterdam: Harwood.

Wickens, A. P. (2009). *Introduction to Biopsychology*. Harlow: Prentice Hall.

Wijeyekoon, R. and Barker, R. A. (2011). The current status of neural grafting in the treatment of Huntington's disease. *Frontiers in Integrative Neuroscience* ,5 ,78.

人名索引

（条目后的数字为原书页码）

主题索引

（条目后的数字为原书页码）